全国高职高专“十二五”规划教材

计算机网络基础（修订版）

主　编　唐继勇　李　腾

副主编　武春岭　杨　磊

中国水利水电出版社
www.waterpub.com.cn

内 容 提 要

本书共设计了七大项目：认识计算机网络、探索处理计算机网络问题的方法、组建和管理小型办公网络、组建和管理局域网、实现网络互联、设计和实现 Internet 网络服务、构建安全的计算机网络。每个项目作为一个章节，按照网络规模由小到大、技术涵盖内容由少到多、层层递进的方式来组织教材内容。每个项目按照“项目导引→项目描述→项目分析→任务分解→知识准备→任务实施”的层次流程对教学内容进行了优化，并将一些纯理论的内容合理安排到具体的实践案例中去介绍，让学生在完成工作任务的同时自然而然地掌握知识，达到相应的实践效果，真正做到理论与实践相结合，能够学以致用。

本书可作为高等院校计算机、电子信息等专业本科生、专科生的计算机网络课程教材，也可供从事计算机网络工程技术和运行管理的人员参考。

图书在版编目（CIP）数据

计算机网络基础 / 唐继勇，李腾主编. -- 2版（修订本）. -- 北京 : 中国水利水电出版社，2015.4（2021.1重印）
全国高职高专“十二五”规划教材
ISBN 978-7-5170-2731-7

Ⅰ. ①计… Ⅱ. ①唐… ②李… Ⅲ. ①计算机网络－高等职业教育－教材 Ⅳ. ①TP393

中国版本图书馆CIP数据核字(2014)第289181号

策划编辑：寇文杰　责任编辑：李　炎　加工编辑：石　磊　封面设计：李　佳

书　名	全国高职高专“十二五”规划教材 计算机网络基础（修订版）
作　者	主　编　唐继勇　李　腾 副主编　武春岭　杨　磊
出版发行	中国水利水电出版社 （北京市海淀区玉渊潭南路 1 号 D 座　100038） 网址：www.waterpub.com.cn E-mail：mchannel@263.net（万水） sales@waterpub.com.cn 电话：（010）68367658（发行部）、82562819（万水）
经　售	北京科水图书销售中心（零售） 电话：（010）88383994、63202643、68545874 全国各地新华书店和相关出版物销售网点
排　版	北京万水电子信息有限公司
印　刷	三河市鑫金马印装有限公司
规　格	184mm×260mm　16 开本　16.25 印张　402 千字
版　次	2010 年 2 月第 1 版　2010 年 2 月第 1 次印刷 2015 年 4 月第 2 版　2021 年 1 月第 10 次印刷
印　数	25001—28000 册
定　价	32.00 元

前　　言

20 世纪末以来是互联网发展最快的时期，诞生了百度、腾讯、淘宝等一个又一个互联网的传奇，“网络就是计算机”“网络无处不在”正在变成现实。云计算、物联网、移动互联网等更是令人眼花缭乱，因特网时代的名言“在网上没有人知道你是一条狗”已经不能描绘变化了的场景，网络的边界进一步拓展到物理世界，计算机网络的发展并没有停留在因特网时代，泛在计算的时代已经来临。

本书第一版自 2010 年完成后，于 2012 年被原教育部高职高专计算机教学指导委员会评为优秀教材，已经在教学中连续使用了五年，这期间计算机网络世界发生了翻天覆地的变化。为了更好地适应教学的要求，在认真听取有关高校教师和读者的反馈意见后，结合计算机类和电子信息类各专业的教学特点，修正了第一版教材中的错漏和不妥之处，如修订了全书中的一些图表和文字错误；调整了部分章节的顺序，如将分组交换技术从项目二调整到项目一中，将 IP 地址的概念从项目五调整到项目二中进行介绍；增加了部分计算机网络新技术，如云计算、物联网、IPv6、移动互联网、高速以太网技术和量子密码技术等；删减了已经过时或难于理解而后续课程应用不多的内容，如 RS232-C 接口标准、ICMP 报文的格式及选项等；改变了难于理解而较为重要的内容的叙述方式，使之更浅显易懂，如对 IP 数据报的转发过程，在叙述的时候和生活中出差旅行例子进行类比；优化了部分工作任务，使配备案例贴近实际应用，更具操作性、更易学生理解，如将工作任务使用 Wireshark 捕获并分析协议数据包替代使用 Etherpeek 捕获并分析协议数据包；保留了部分不流行或落后内容，如物理层上的设备中继器和集线器、总线以太网技术等，已经退出历史的舞台，但背后的技术思想却常常被传承下来，并成为创新的起点。鉴于此，在构思这本教程时，作者认为，成熟的协议体系及其背后的技术思想，应该是教材和教学强调的重点，也是开启学生网络技术悟性的钥匙。

本书共分七大项目，每个项目作为一个章节，按照网络规模由小到大、技术涵盖内容由少到多、层层递进的方式来组织教材内容。这个过程基本符合人们的认识规律，也基本符合 TCP/IP 网络体系的层次结构。

项目一：认识计算机网络。围绕计算机网络是什么这一主题，通过完成参观计算机网络、制作标准网线和绘制计算机网络拓扑等工作任务，让读者领会计算机网络的概念和组成。

项目二：探索处理计算机网络问题的方法。围绕解决计算机网络的基本工作原理这个最本质的问题，通过完成使用超级终端传输文件和使用 Wireshark 捕获并分析协议数据包等工作任务，使读者深刻理解 OSI/RM 和 TCP/IP 分层模型的内涵。

项目三：组建和管理小型办公网络。围绕单段线路上的数据如何传输这一主题，通过完成组建对等式共享网络和使用 ADSL 接入 Internet 两个工作任务，使读者深刻理解数据通信的基本概念和物理层协议。

项目四：组建和管理局域网。将视野扩展到小范围多主机之间的通信问题上，通过完成组建交换式局域网和管理交换式局域网两个工作任务，使读者理解局域网是如何工作的。

项目五：实现网络互联。将计算机网络的连接和通信范围扩展到多个网络环境，通过完成规划公司网络 IP 地址、配置与调试网络互联设备及配置静态路由和动态路由三个工作任务，使读者能够实现多网络互联和通信。

项目六：设计和实现 Internet 网络服务。在实现了本地主机经过互联网络到远端主机之间的数据传输基础上，将计算机网络从数据通信层次拓展为资源应用层次，围绕“网络进程－网络进程”可靠的数据传输这一主题，使读者理解 Internet 网络服务功能是如何实现的。

项目七：构建安全的计算机网络。围绕缺乏安全保障和管理的网络系统会丧失功能这一主题，通过完成使用加密软件实现数据传输安全和实施网络访问控制策略两个工作任务，使读者能够根据企业需求构建企事业单位用户之间安全地传递信息的全新网络环境。

作者认为，良好的教学效果取决于先进的教学理念、合理的知识结构、简洁的内容表述、丰富的教学资源和良好的教学指导。为此，本教材的编写特别注重了以下几个方面，这也是本教材的主要特色。

（1）本书贯彻了“以职业标准为依据，以企业需求为导向，以职业能力为核心”的先进理念，满足不同专业学习计算机网络课程的内容也不尽相同的需求，即“懂网、建网、管网、用网”等不同的教学定位。“懂网”就是理解计算机网络原理、主要协议和标准；“建网”就是掌握组建计算机网络的工程技术；“管网”就是学会管理、配置和维护计算机网络；“用网”就是学会将计算机网络作为知识获取和信息发布的平台。

（2）本书凝结了作者从事计算机网络教学和工程实践的经验，并在认真听取企业专家多方面的意见和建议的基础上编写而成。本书与现有的很多计算机网络教材最大的区别是：摆脱学科知识体系限制，以项目为驱动、任务为中心，以培养职业岗位能力为目标。本书的每个项目按照“项目导引→项目描述→项目分析→任务分解→知识准备→任务实施”的层次流程对教学内容进行了优化，并将一些纯理论的内容合理安排到具体的实践案例中去介绍，让学生在完成工作任务的同时自然而然地掌握知识，达到相应的实践效果，真正做到理论与实践相结合，能够学以致用。

（3）本书设计了“学习目标”“知识结构图”“知识链接”等教学指导环节，配有内容丰富、形式多样的课后习题，并力求在概念和原理讲述上做到严格、准确、精练，为使用本教材的教师提供有益的教学参考和方便读者自学。同时，我们按照国家精品资源共享课程的规范和要求，组建教学团队，开发优质教学资源，打造该课程立体化、多元化的教学资源。

本书由重庆电子工程职业学院唐继勇、李腾任主编，负责全书的思路设计、项目规划和统编工作；武春岭、杨磊任副主编。其中项目一、项目二、项目五由唐继勇编写，项目三、项目四由李腾编写，项目六由武春岭编写，项目七由杨磊编写。本书在编写过程中得到计算机学院领导、教研室各位老师的大力支持和帮助，同时参考了大量国内外计算机网络文献资料，在此谨向这些著作者和为本书付出辛勤劳动的同志致以衷心的感谢！

本书可作为高等院校计算机、电子信息等专业本科生、专科生的“计算机网络”“计算机网络技术”课程教材，也可供计算机网络工程技术和运行管理人员参考。尽管对本书作了修正和调整工作，书中的不妥之处还是在所难免，殷切希望广大读者继续提出宝贵意见，以使教材不断完善。

作者

2015 年 1 月

目　　录

项目一　认识计算机网络

项目导引

计算机网络（Computer Network）存在了半个多世纪，形成了因特网（Internet），促进了信息技术（Information Technology，IT）革命“第三次浪潮”的到来，深刻揭示了计算机网络技术的惊人发展速度和美好灿烂的前景。计算机网络的出现改变了人们使用计算机的方式；Internet 的出现则改变了人们使用网络的方式。现在计算机网络已遍布社会各个领域，任何计算机只要接入 Internet，就可以利用网络中丰富的资源。如今，“网络就是计算机”、“网络将无处不在”这两句名言正在变为现实。

在当今这个信息社会，信息的交流、获取和利用成为个人与社会发展、经济增长与社会进步的基本要素。因此，每一个希望在信息时代有所作为的人都应该了解、学习、掌握和使用计算机网络。计算机网络涉及的技术内容比较广泛，已成为迅速发展并得到广泛应用的一门综合性学科。

本项目在介绍计算机网络形成与发展的基础上，主要讨论计算机网络的定义、功能、组成、分类与拓扑结构等几个基本知识点，使读者对现代计算机网络结构（逻辑结构、组成结构、拓扑结构）有一个清晰的认识，对计算机网络的核心概念（如分组交换）有一个深入的理解，对计算机网络技术建立一个全面和正确的认识，为后续项目的学习打下坚实的基础。

项目描述

小王家里原来有一台台式计算机，最近因为学院推行网络化办公，给每位老师都配发了一台笔记本电脑。小王的文件分别存储在两台电脑中，经常需要使用 512MB 的 U 盘从一台计算机拷贝至另一台计算机，文件多且容量大的话需要多次拷贝，而且如果其中一个文件大于 512MB 时还不能正常复制。经过一段时间后，小王感到使用 U 盘拷贝大容量文件越来越不方便。

人类生产和生活越来越离不开网络，因此需要一个更稳定、可靠、高速的计算机网络。随着社会经济的发展和人们生活水平的日益提高，目前许多家庭已拥有多台计算机，为了实现资源共享的需求，把多台计算机互联起来组建成家庭计算机网络，是一件很常见的事情。

项目分析

为了满足小王家庭计算机网络构建的需求，作为一名计算机网络领域的工程技术人员，首先需要了解计算机网络的基本概念，了解传输介质的基本特性，掌握网线的制作方法，能够描述计算机网络的拓扑结构，然后才能完成小王家庭计算机网络的构建任务。

因此，本项目采用参观计算机网络，制作标准网线，绘制计算机网络拓扑三个任务来实现。

通过完成本项目的操作任务，读者将：

- 了解计算机网络的形成与发展、应用及其发展趋势。
- 掌握计算机网络的定义、组成、功能、分类、分组交换和拓扑结构等基本概念
- 掌握计算机网络常见传输介质的特性，能独立制作网线并将相关网络设备连接起来。
- 能够使用专业绘图软件 Visio 绘制常见网络拓扑结构图。
- 初步形成按操作规范进行操作的习惯。

任务 1 参观计算机网络

1.1.1 任务目的及要求

通过本任务让读者从感性上认识计算机网络的基本概念；掌握计算机网络的软、硬件组成；掌握计算机网络的功能及其应用；了解计算机网络的发展趋势等。

本任务实施时，由 3～4 人组成一个参观小组，确定人员分工，设计参观记录表格；选择一家有网络的企业（或学校），实地查看并记录企业或学校中的网络组成情况；询问相关人员，了解企业网络或校园网的使用情况、建设和维护成本，或者通过访问 Internet，确定网络软、硬件设备成本；综述计算机网络给企业带来的利弊，完成参观报告。

1.1.2 知识准备

本任务知识点的组织与结构，如图 1-1 所示。

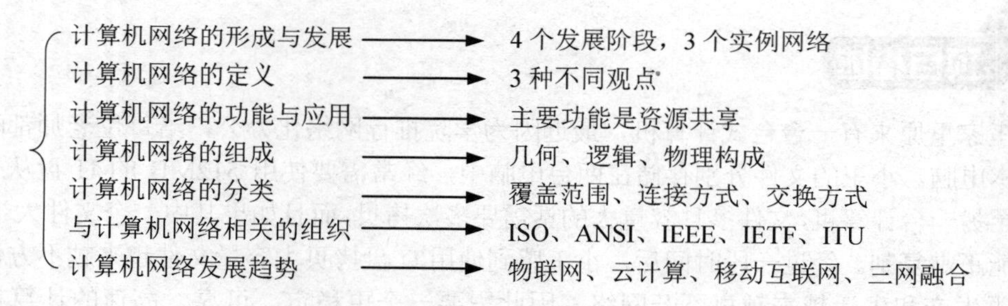

图 1-1 任务 1 知识点结构示意图

读者在学习本部分内容的时候，请认真领会并思考以下问题：

（1）试分析计算机网络各个阶段产生的社会需求和技术条件是什么？

（2）人们在不同的时期对计算机网络的概念从不同的角度进行了描述，强调资源共享观点的计算机网络定义反映了现代计算机网络特征的哪三个方面的内涵？结合计算机网络的定义，请分析电信网、电视网、分布式系统是计算机网络吗？

（3）电路交换和分组交换中的“交换”是否为同一个意思？

（4）美国军方花费大量人力、物力和财力研究出的分组交换网络，究竟有何特点？为什么说其是能够适应现代战争生存性很强的计算机网络？

（5）试比较互联和互连的内涵？

（6）ARPANET 与 Internet 之间有什么联系？Internet 是计算机网络吗？

1．计算机网络的发展

任何一种新技术的出现都必须具备两个条件，即强烈的社会需求和成熟的先期技术。计算机网络技术的形成与发展也证实了这条规律。计算机网络的发展过程正是计算机技术与通信技术（Computer and Communication，C&C）的融合过程。两者的融合主要表现在两个方面：一是通信技术为计算机之间的数据传递和交换提供了必要手段；二是数字计算机技术的发展渗透到通信技术中，提高了通信网络的各种性能。纵观计算机网络形成与发展的历史，可以清晰地看出计算机网络技术发展的四个阶段，如图 1-2 所示。

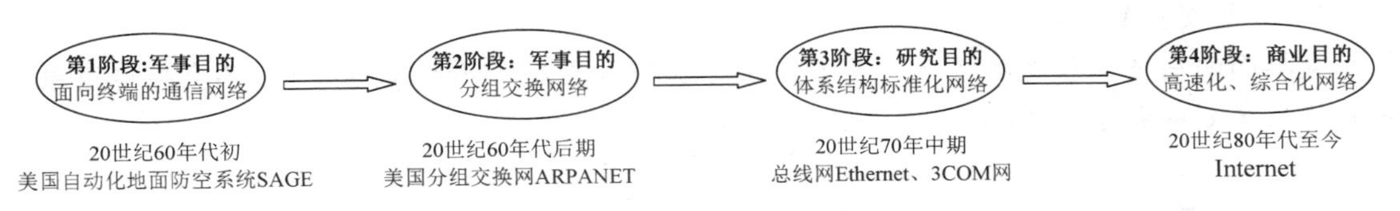

图 1-2　计算机网络发展阶段

（1）数据通信型网络（第一阶段）。

第一阶段可以追溯到 20 世纪 50 年代，其主要特征是：数据通信技术的研究（提出分组交换——Packet Switching 的概念）和应用，为计算机网络的产生做好了技术准备。这一阶段计算机网络的特点是：多机（主计算机和前端处理机）；数据处理和通信有了分工（主计算机承担数据处理，前端处理机负责与远程终端通信）；集线器的使用降低了系统中线路的总连接长度，提高了线路的利用率，如图 1-3 所示。

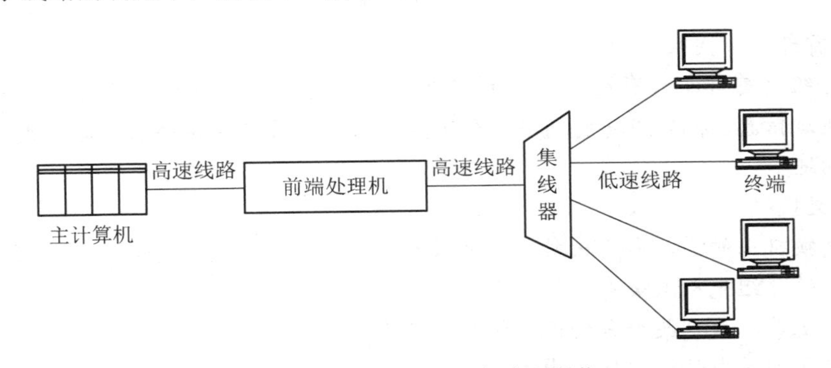

图 1-3　利用前端处理机实现通信

这一阶段的计算机网络实例，如美国麻省理工学院林肯实验室为美国空军设计的半自动化地面防空系统（Semi-Automatic Ground Environment，SAGE），它将雷达信息和其他信号经远程通信线路发送至计算机进行处理。可以看作是计算机技术和通信技术的首次结合。该系统是由小型计算机构成前端处理机（Front-End Processor，FEP）或通信控制器（Communication Control Processor，CCP），形成的终端联机计算机系统。

知识链接：分组交换

“交换”的含义即转接，把一条电话线转接到另一条电话线上，使它们连通。从通信资源分配的角度来看，就是按照某种方式动态地分配传输线路的资源。电路交换（Circuit Switching）必定是面向连接的，分成三个阶段：建立连接、通信和释放连接。基于电路交换的电信网有一个缺点：正在通信的电路中只要有一个交换机或链路被破坏，整个通信电路就会中断，如果改用其他迂回电路，必须重新拨号建立连接，这将要延误一些时间。

新型网络的基本特点如下：

- 不同于电信网，其目的不是为了打电话，而是用于计算机之间的数据传输。
- 网络能够连接不同类型的计算机，不局限于单一类型的计算机。
- 所有的网络节点都同等重要，因而大大提高了网络的生存性。
- 计算机在进行通信时，必须要有冗余路径可达。
- 网络结构应当尽可能简单，同时还能够非常可靠地传输。

由于计算机数据具有突发性，采用电路交换来传送计算机数据将导致通信线路的利用率很低。

1）分组交换的原理。

直接面向用户的信息单位是长度不作任何限制的报文（Message），一般不直接传输报文，而是将报文划分成分组（Packet）再传输，如图 1-4 所示。

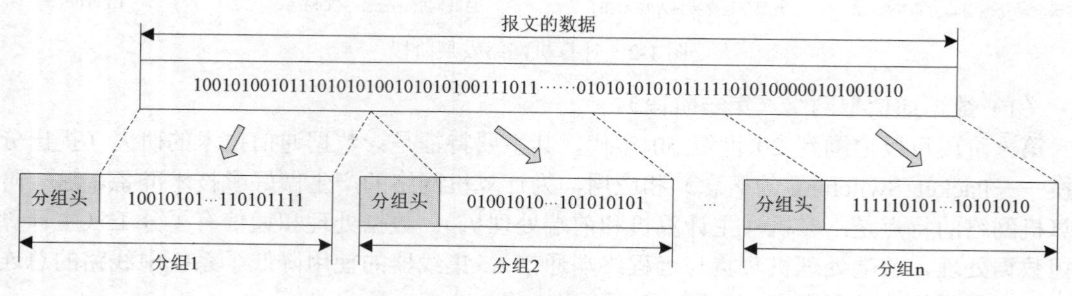

图 1-4　分组交换中的报文分组

2）分组首部的重要性。

每一个分组的首部都含有地址等控制信息。分组交换网中的节点交换机根据收到的分组的首部中的地址信息，把分组转发到下一个节点交换机。用这样的存储转发方式，分组就能最终传递到目的地。

3）节点交换机。

在节点交换机中的输入和输出端口之间没有直接连线。其处理分组的过程是：

①把收到的分组先放入缓存（暂时存储）。

②查找转发表，找到某个目的地址对应从哪个端口转发。

③把分组送到适当的端口转发出去。

主机和节点交换机的作用不同：主机是为用户进行信息处理的，并向网络发送分组，从网络接收分组；节点交换机对分组进行存储转发，最后把分组交付给目的主机。

4）分组交换的优点。

- 高效：动态分配传输带宽，对通信线路逐段占用。
- 灵活：以分组为传送单位和查找路径。
- 迅速：不必先建立连接就能向其他主机发送分组，充分使用链路的带宽。
- 可靠：完善的网络、自适应路径选择协议使网络具有很好的生存性。

5）分组交换带来的问题。

分组在各节点存储转发时需要排队，将会造成一定的时延；分组必须携带首部也造成了一定的开销。

（2）资源共享型网络（第二阶段）。

第二阶段从20世纪60年代开始，美国国防部高级研究计划局（Advanced Research Projects Agency，ARPA）推出了分组交换技术。基于分组交换的ARPANET（ARPA Network）成功运行，从此计算机网络进入了一个新纪元，它的研究成果对促进计算机网络技术的发展和理论体系的形成产生重要作用，并为Internet的形成奠定了基础。它对计算机网络技术的突出贡献是：证明了分组交换的理论正确性；提出了资源子网（Resource Subnet）和通信子网（Communication Subnet）两级网络结构的概念；采用了层次结构的网络体系结构模型与协议体系。

知识链接：后面在讨论计算机网络概念时指出，计算机网络要完成数据处理和数据通信两大基本功能，它在结构上必然分成两个部分：负责数据处理的主机与终端、负责数据通信的通信控制处理机和数据信号传输的通信线路。从早期的广域网组成角度看，典型的计算机网络从逻辑功能上可以分为资源子网和通信子网，使网络的数据处理和数据通信有了清晰的功能界面。

这一阶段计算机网络的主要特点是：资源共享、分散控制、分组交换、采用专门的CCP、分层的网络协议，这些特点往往被认为是现代计算机网络的典型特征。但这个时期的网络产品彼此间是相互独立的，没有统一标准。

ARPANET是这一阶段研究的典型代表，如图1-5所示，其主要目的是为美国军方建立一个类似于蜘蛛网（Web）的网络系统，使得在现代战争中即使某个交换节点被破坏，系统仍能够自动寻找其他通信路径以保证通信的畅通。起初，ARPANET只有4个节点（Node），1973年发展到40个节点，1983年已达到100多个节点。ARPANET通过有线、无线和卫星通信线路，覆盖了从美国本土到夏威夷乃至欧洲的广阔领域。

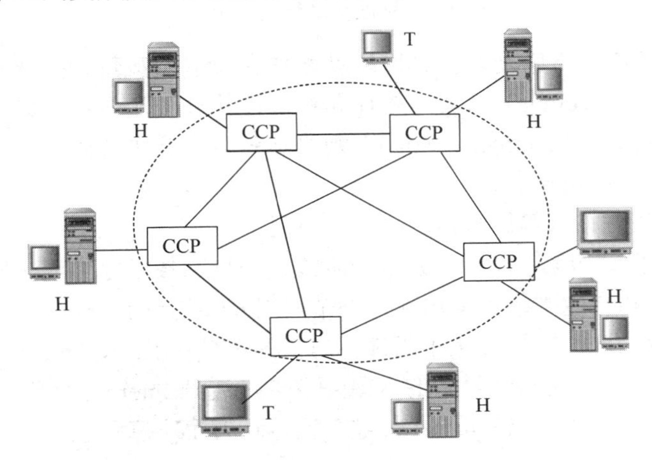

图1-5　ARPANET网络结构图

知识链接：英文“Node”的中文可译为“节点”或“结点”，这两个术语在内涵上有细微的区别。但是，目前几乎所有的计算机网络教科书在表述“Node”的中文含义时都使用了“节点”，因此本教材统一采用术语“节点”表示。

（3）标准系统型网络（第三阶段）。

第三阶段大致从20世纪70年代中期开始。这一阶段，各种广域网（Wide Area Network，WAN）、局域网（Local Area Network，LAN）和公用数据网（Public Data Network，PDN）发展很快，各计算机厂商相继推出自己的计算机网络系统，如IBM公司1974年推出的系统网络体系结构（System Network Architecture，SNA），DEC公司1975年发布的数字网络体系结构

（Digital Network Architecture，DNA），并制定了各自的网络标准，使得异构网络互联面临巨大的阻力。为了解决这一问题，国际标准化组织（International Standard Organization，ISO）在网络协议和网络体系结构方面做了大量的研究工作，并于1984年提出了开放系统互联参考模型（Open System Interconnection/Reference Model，OSI/RM），但同时也面临到已经广泛使用的传输控制协议/网际协议（Transmission Control Protocol/Internet Protocol，TCP/IP）的严峻挑战。这一阶段的主要成果是：OSI/RM的研究对网络体系结构的形成与协议标准化起到了重要作用；TCP/IP完善了它的体系结构研究，推动了互联网产业的发展。

这一阶段的计算机网络以学术网络为主，主要体现在标准化计算机网络体系结构、局域网技术的空前发展上。这一阶段的标准化网络结构如图1-6所示，其中通信子网的主要设备是路由器（Router）和交换机（Switch）。

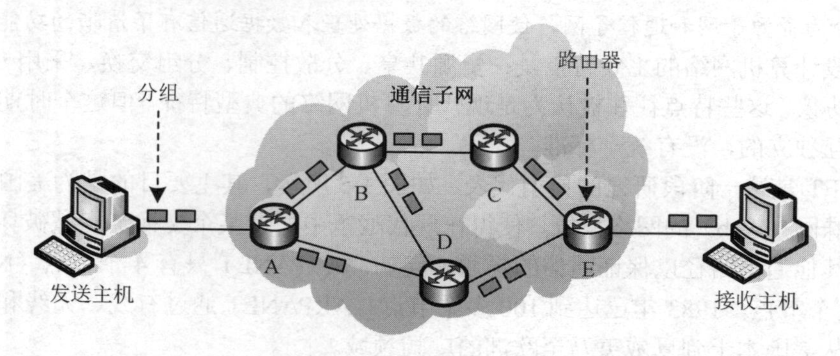

图1-6　标准化网络结构示意图

✍知识链接：互连和互联是计算机网络教学中会经常涉及到的两个术语，它们之间是有区别的。互连（interconnecting）强调的是计算机与计算机、计算机与交换机、计算机与路由器等的物理连接；而互联（internetworking）则更加强调计算机之间在互连、互通基础上，能够实现互操作（interoperation）。

（4）高速综合型网络（第四阶段）。

第四阶段从20世纪90年代开始。这一阶段，局域网技术已经逐步发展成熟，光纤、高速网络技术、多媒体和智能网络相继出现，整个网络发展为以Internet为代表的互联网，并且很快进入商业化阶段。这一时期发生了两件标志性的事件：其一，Internet的始祖ARPANET正式停止运行，计算机网络逐渐从最初的ARPANET过渡到Internet时代；其二，万维网（World Wide Web，WWW）的出现，把Internet带进全球千百万个家庭和企业，还为成百上千种新的网络服务提供了平台。

这一阶段的计算机网络，其主要特征是高速化（广泛采用了光缆作为传输介质，实现了高传输速率）、综合化（计算机网络中综合了语音、视频、数据、图像等多种业务）。Internet的基础结构大体经历了三个阶段的演进，这三个阶段在时间上有部分重叠，如图1-7所示。

✍知识链接："互联网（Internet）和互联网（internet或internetwork）"常常令人迷惑，为了避免混淆，本书中"Internet"也称为因特网，是指特定的世界范围内的互联网，广泛用于连接大学、政府机关、公司或个人。"internet或internetwork"通常只代表一般的网络互联。

1）从单个网络ARPANET向互联网发展。1969年，美国国防部创建了第一个分组交换网ARPANET，这只是一个单个的分组交换网，所有连接在ARPANET上的主机都直接与就近的节点交换机相连，其规模增长很快。到20世纪70年代中期，人们认识到仅使用一个单独的网络无法满足所有的通信需要。于是 ARPA 开始研究多网络互联的技术，这就导致后来的互联网的出现。1983 年，TCP/IP 协议成为 ARPANET 的标准协议。同年，ARPANET 分解成两个网络：一个是进行试验研究用的科研网 ARPANET；另一个是军用的计算机网络 MILNET。1990 年，ARPANET 因试验任务完成正式宣布关闭。

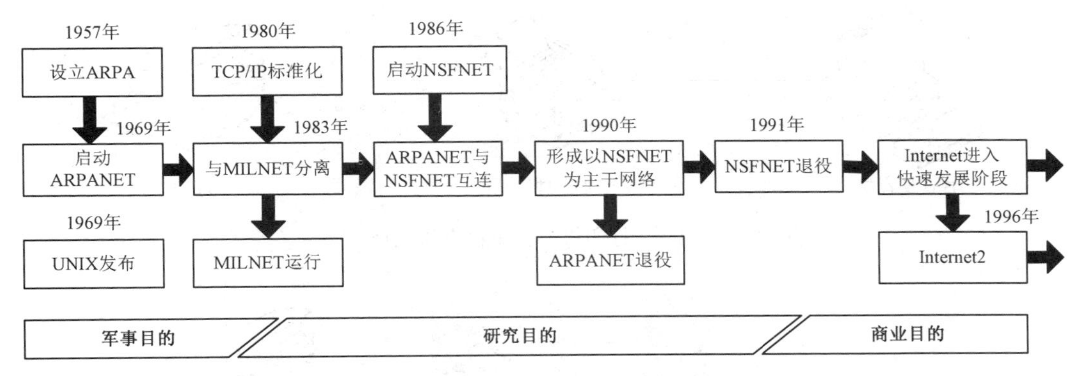

图 1-7　Internet 的三个发展阶段

2）建立三级结构的 Internet。从 1985 年起，美国国家科学基金会（National Science Foundation，NSF）认识到计算机网络对科学研究的重要性。于是在 1986 年，NSF 围绕六个大型计算机中心建设了计算机网络 NSFNET。NSFNET 是一个三级网络，分主干网、地区网和校园网。它逐渐代替 ARPANET 成为 Internet 的主要部分。1991 年，NSF 和美国政府认识到 Internet 的应用范围将不仅限于大学和研究机构，于是支持地方网络的接入。众多公司的纷纷加入，使网络的信息量急剧增加，美国政府随即决定将 Internet 的主干网转交给私人公司经营，并开始对接入 Internet 的单位收费。

3）多级结构 Internet 的形成。从 1993 年开始，美国政府资助的 NSFNET 就逐渐被若干个商用的 Internet 主干网替代，这种主干网也称为 Internet 服务提供商（Internet Service Provider，ISP）。考虑到 Internet 商用化后可能出现很多 ISP，为了使不同 ISP 经营的网络能够互通，NSF 在 1994 年创建了 4 个网络接入点（Network Access Point，NAP），分别由 4 个电信公司经营。21 世纪初，美国的 NAP 达到了十几个。NAP 是最高级的接入点，它主要是向不同的 ISP 提供交换设备，使其能相互通信。现在的 Internet 已经很难对其网络结构给出十分精细的描述，但大致可分为 5 个接入级：网络接入点 NAP，多个公司经营的国家主干网，地区 ISP，本地 ISP，校园网、企业和家庭计算机上网用户。

2. 计算机网络的定义

由于计算机网络是一个复杂的系统，它的精确定义并未得到统一。请先看两个实例。

【例 1-1】某文印室，有计算机一台，打印机一台，复印机一台。打印机与计算机相连，复印机独立工作，如图 1-8 所示。这种模式常见于小型单位或个人。计算机处理的文档通过打印机打印出来一份，再根据所需份数，在复印机上复印。

【例 1-2】某小型公司，有计算机若干台，打印机一台，复印机一台。打印机安装在某台计算机上，这台计算机与其他所有计算机通过集线器相连，复印机独立工作，如图 1-9 所示。这种模式常见于一个办公室或一个小型单位。各计算机操作人员在自己的计算机上处理好文档后，可直接从打印机上打印文档。再根据所需份数，在复印机上复印即可。

以上两种模式，大家很容易在某个单位找到。对于例 1-1，能独立工作的计算机只有一台，虽有线路将打印机与计算机相连，但打印机不能独立工作，它的工作离不开计算机。复印机独立于计算机工作，与计算机不相连，因此没有人把例 1-1 叫做网络。而在例 1-2 中，能独立工作的计算机有若干台，且它们通过集线器相连，以共用打印机及相互传送资料为目的。复印机仍是独立工作的。那么，到底什么是计算机网络呢？

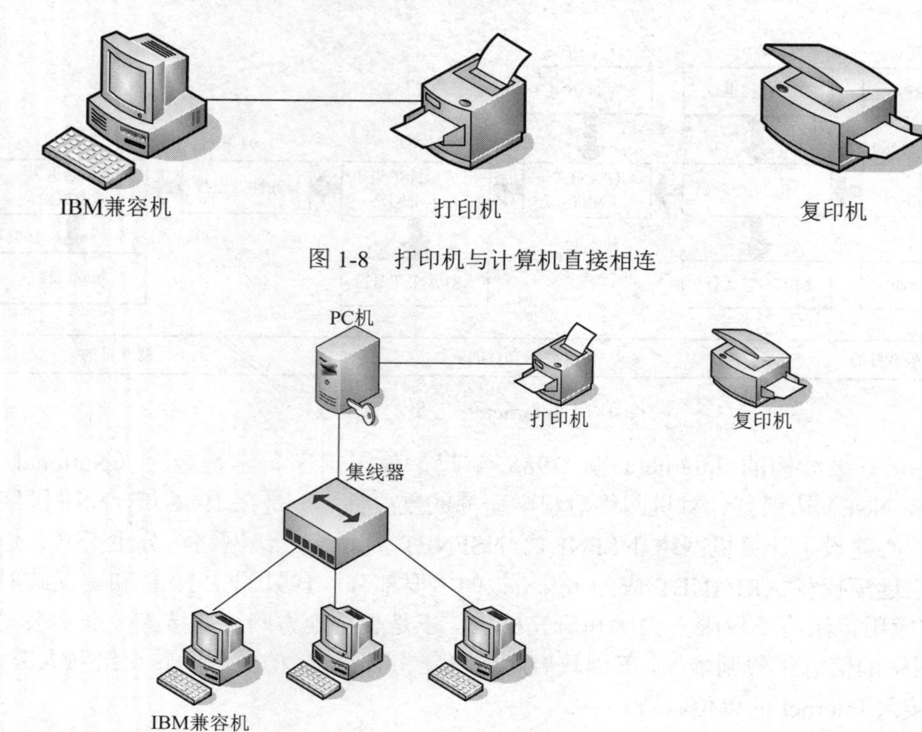

图 1-8 打印机与计算机直接相连

图 1-9 集线器与计算机直接相连

在计算机网络发展过程的不同阶段，人们从不同的侧面对其提出了不同的定义。不同的定义反映了当时网络技术发展的水平及人们对网络的认识程度。这些定义大致从三种不同的观点来看待计算机网络，即广义的观点、资源共享的观点和用户透明的观点。相比之下，广义的观点定义了计算机通信网络，而用户透明的观点则定义了分布式计算机系统，资源共享观点的定义能比较准确地描述计算机网络的基本特征。目前基于资源共享的观点是：把分布在不同地点并具有独立功能的多个计算机系统通过通信设备和线路连接起来，在功能完善的网络软件和协议的管理下，以实现网络中资源共享和信息传递的复合系统。

基于资源共享观点的计算机网络定义反映了计算机网络三个方面的特征：

（1）对象（Object）：地理位置分散、功能独立（不是主从关系）的多个计算机系统。

（2）方法（Method）：通过通信线路（设备与介质）连接起来，由功能完善的网络软件（网络协议、网络操作系统等）将其有机地联系到一起并进行管理。

（3）目的（Destination）：实现信息（数据）的传送与资源（软件、硬件资源）的共享。

知识链接： 计算机网络和计算机通信网络的区别是计算机通信网络没有资源共享的概念；计算机网络和分布式系统的区别在于分布式系统是建立在计算机网络上的软件系统，是计算机网络发展的更高形式。

由多台计算机组成的计算机网络系统模型如图 1-10 所示。

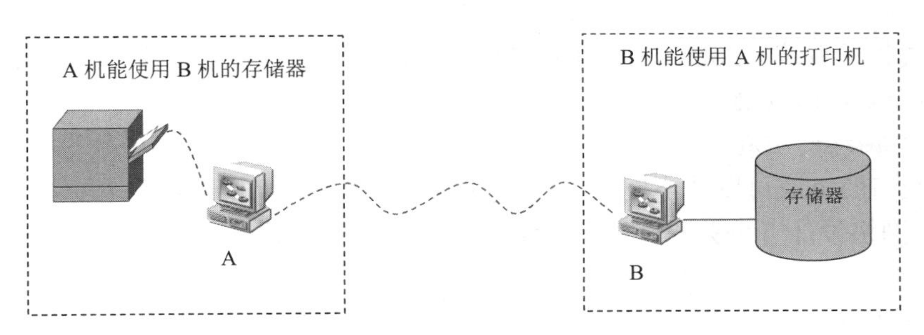

图 1-10　计算机互连网络系统基本模型

3. 计算机网络的功能与应用

计算机网络的发展，不仅使计算机世界日新月异地变化，而且改变了人们的生活、工作、学习和娱乐方式，计算机网络的功能可概括为以下 5 个方面，如图 1-11 所示。

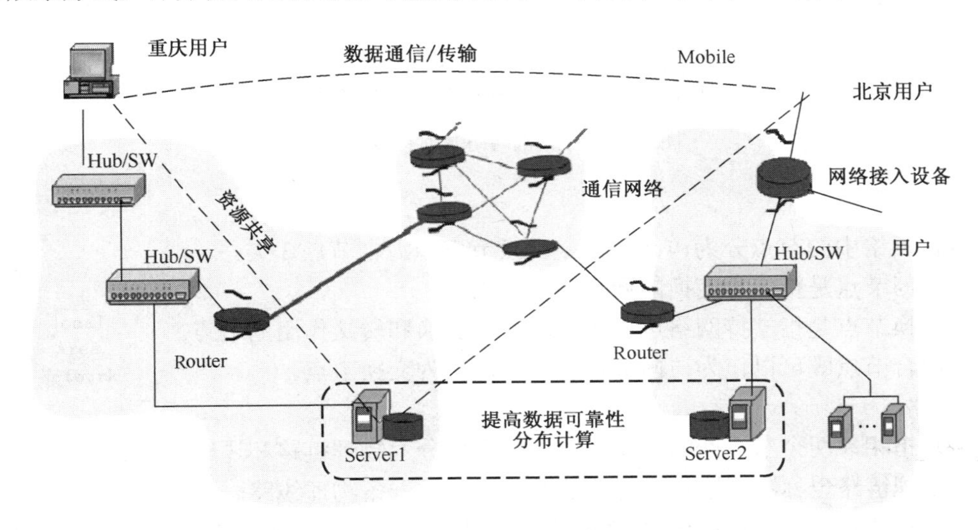

图 1-11　计算机网络主要功能示意图

（1）数据通信（Data Communication）。是计算机网络最基本的功能之一，通过网络发送电子邮件、发短消息、聊天、远程登录及视频会议等。

（2）资源共享（Resource Sharing）。是计算机网络的核心功能，使网络资源得到充分利用，这些资源包括硬件资源、软件资源、数据资源和信道资源等。

（3）分布处理（Distributed Processing）。把要处理的任务分散到各个计算机上运行，而不是集中在一台大型计算机上。这样，不仅可以降低软件设计的复杂性，而且可以大大提高工作效率和降低成本。

（4）集中管理（Centralized Management）。对地理位置分散的组织和部门，可通过计算机网络来实现集中管理，如数据库情报检索系统、交通运输部门的订票系统、军事指挥系统等。

（5）负载均衡（Load Balancing）。当网络中某台计算机的任务负荷太重时，通过网络和应用程序的控制和管理，将作业分散到网络的其他计算机中，由多台计算机共同完成。

计算机网络的应用十分广泛，可以应用于任何行业和领域，包括政治、经济、军事、科学、文教及生活等诸多方面。如管理信息系统（Management Information System，MIS）、办公自动化系统（Office Automation System，OAS）、信息检索系统（Information Retrieve System，

IRS）、电子收款机系统（Point Of Sales，POS）、计算机集成制造系统（Computer Integrated Manufacturing System，CIMS）等。

4. 计算机网络的组成

计算机网络的组成可以从不同的角度来研究。一般来讲，网络研究者更关心计算机网络的几何构成，网络设计者更关心计算机网络的物理构成，网络用户则更关心计算机网络的逻辑构成。

（1）计算机网络的几何构成。

计算机网络的几何构成表现为拓扑结构。从拓扑结构看，计算机网络是由节点和连接这些节点的链路构成的，如图 1-12 所示。

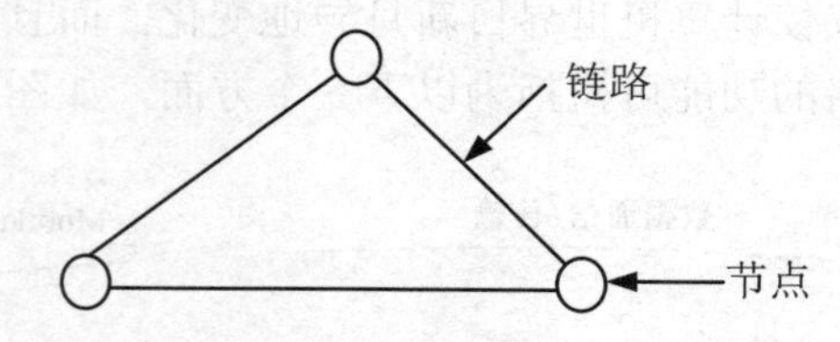

图 1-12　计算机网络几何构成示意图

1）节点。

计算机网络中的节点分为访问节点、交换节点和混合节点 3 类。

- 访问节点是指信息交换的源点和目标点。
- 交换节点是指支持网络连通性并起数据交换和转接作用的节点。
- 混合节点既可以作为访问节点，也可以作为交换节点。

2）链路。

链路是指相邻两个节点间的连接。链路又可以分为物理链路和逻辑链路。

- 物理链路也称物理连接，是相邻两节点间的一条物理线路。
- 逻辑链路也称逻辑连接，是在物理链路基础上加上数据链路控制协议，构成逻辑链路。

知识链接：“通路”是指发出信息的节点到接收信息节点之间的一串节点和链路的组合。它与“链路”的主要区别在于：一条“通路”中可能包括多条“链路”。

（2）计算机网络的物理构成。

一个完整的计算机网络系统是由网络硬件和网络软件所组成的。网络硬件是计算机网络系统的物理实现，网络软件是网络系统中的技术支持。两者相互作用，共同完成网络功能。

1）计算机网络硬件系统。

计算机网络硬件系统是由计算机（主机、客户机、终端等）、通信处理机（集线器、交换机、路由器等）、通信线路（同轴电缆、双绞线、光纤等）、信息变换设备（Modem、编码解码器等）等构成，如图 1-13 所示。

2）计算机网络软件系统。

在计算机网络系统中，除了各种网络硬件设备外，还必须具有网络软件。

- 网络操作系统是网络软件中最主要的，用于实现不同主机之间的用户通信，以及全网硬件和软件资源的共享，并向用户提供统一的、方便的网络接口，便于用户使用网络。目前网络操作系统有三大阵营：UNIX、NetWare 和 Windows。目前，我国最广泛使用的是 Windows 网络操作系统。

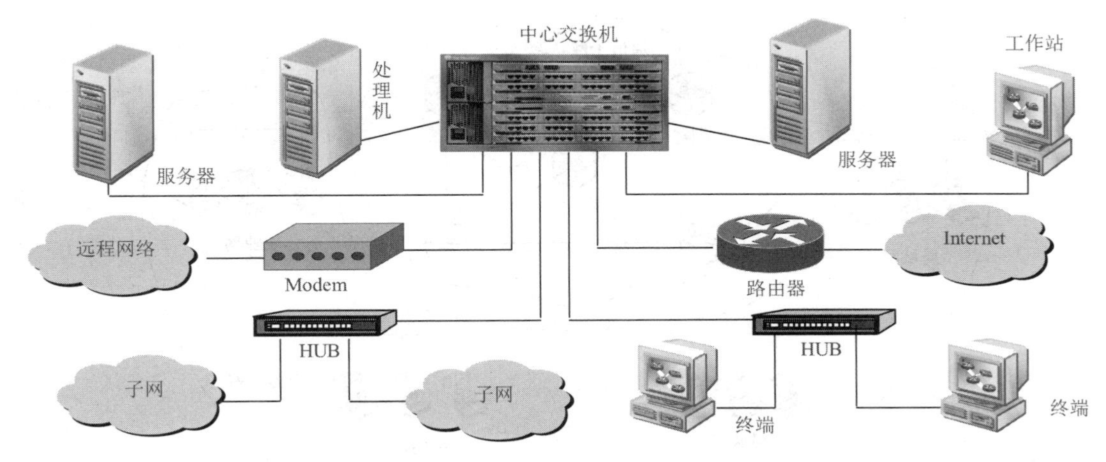

图 1-13　网络硬件组成示意图

- 网络协议是网络通信的数据传输规范，网络协议软件是用于实现网络协议功能的软件。目前，典型的网络协议软件有 TCP/IP 协议，是当前异种网络互联应用最为广泛的网络协议软件。
- 网络管理软件是用来对网络资源进行管理以及对网络进行维护的软件，如性能管理、配置管理、故障管理、计费管理、安全管理、网络运行状态监视与统计等。在不同类型、不同结构的网络中，可以选择相应的网络管理软件。
- 网络通信软件是用于实现网络中各种设备之间进行通信的软件，使用户能够在不必详细了解通信控制规程的情况下，控制应用程序与多个站点进行通信，并对大量的通信数据进行加工和管理。网络通信软件具有完善的传真、传输文件等功能。
- 网络应用软件是为网络用户提供服务的软件。其最重要的特征是它研究的重点不是网络中各个独立的计算机本身的功能，而是如何实现网络特有的功能。网络应用软件可以是网络软件厂商开发的应用工具，如 Web 浏览器的搜索工具；也可以是依赖于不同用户的业务软件，如电信业务管理软件。

（3）计算机网络的逻辑构成。

按照计算机网络所具有的数据通信和数据处理功能，可划分为资源子网和通信子网两部分。一个典型的计算机网络组成结构示例如图 1-14 所示。

1）资源子网。

资源子网是计算机网络中面向用户的部分，负责数据的处理工作，相当于 OSI 模型中的高 4 层功能，有关 OSI 模型各功能的描述详见项目二。它包括网络中独立的计算机及其外围设备、软件资源和整个网络的共享数据。

2）通信子网。

通信子网是网络中的数据通信系统，它由用于信息交换的网络节点处理器和通信链路组成，主要负责通信处理工作，如网络中的数据传输、加工、转发和变换等，相当于 OSI 模型中的低 3 层功能。在图 1-14 中，通信子网内网络节点所指代的具体网络设备就是路由器。路由器之间一般采用点到点的连接方式，信息交换采用分组交换方式。而“计算机网络技术”课程讲解的主要内容是：网络中的一台主机发送了一个应用请求，该请求如何到达一台路由器，该路由器如何理解这个请求，并且将这个请求发送到另一台路由器或目的主机。

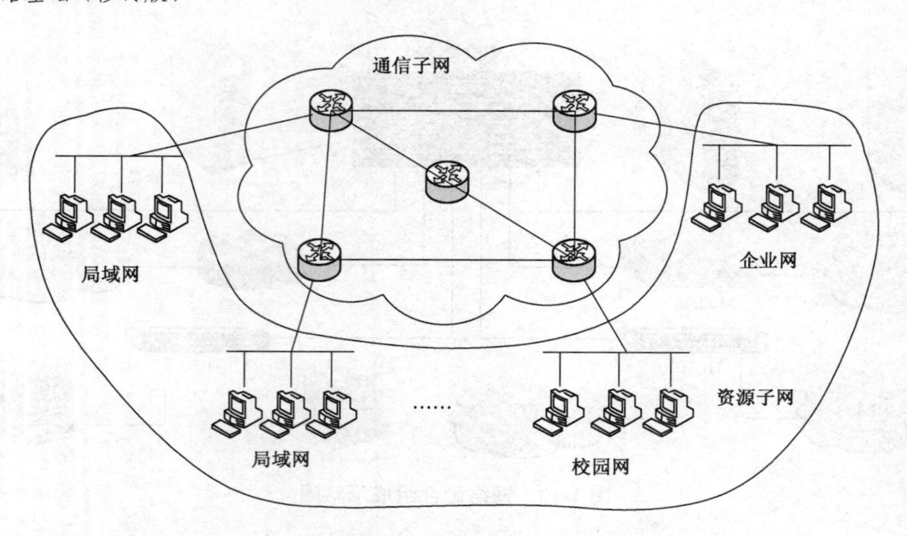

图 1-14　计算机网络逻辑组成示意图

（4）现代网络结构特点。

在现代的广域网结构中，随着使用主机系统用户的减少，资源子网的概念已经有了变化。目前，通信子网由交换设备与通信线路构成，负责完成网络中的数据传输与转发任务，交换设备主要是交换机和路由器。

另外从组网的层次角度看，网络的组成结构也不一定只是一种简单的平面结构，可能是一种分层的层次结构。图 1-15 所示的是一个典型的三层网络结构，最上层称为核心层，中间层称为汇聚层（分布层），最下层为接入层，为最终用户接入网络提供接口。

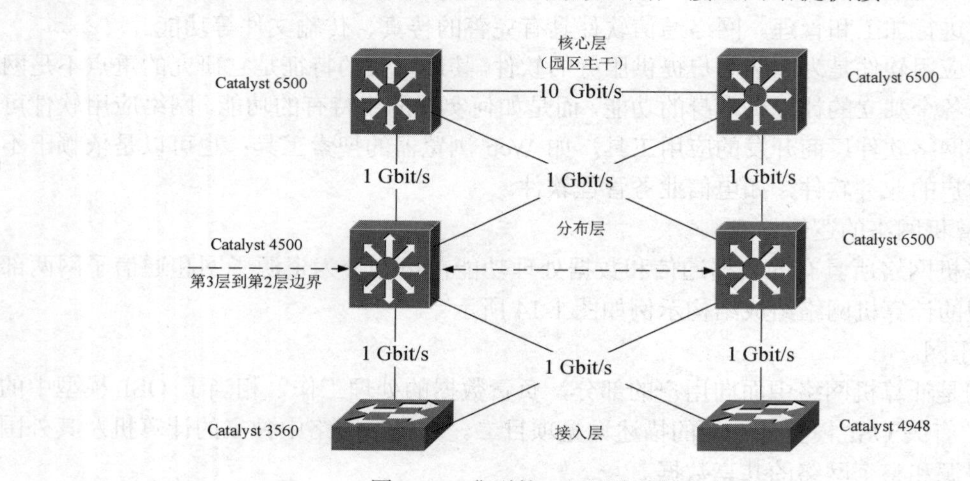

图 1-15　典型的三层网络结构示意图

知识链接：网络结构是对网络进行逻辑抽象，主要描述连接设备和计算机节点的连接关系。在三层网络结构中，核心层实现高速数据的转发，汇聚层实现流量收敛和路由聚合，接入层实现用户的接入和访问控制。

5. 计算机网络的分类

计算机网络的类型多种多样，从不同角度或按不同方法，可以将计算机网络分成各不相同的网络类型。常见的分类方法有以下几种。

知识链接：网络类型的划分在实际组网中并不重要，重要的是组建的网络系统从功能、速度、操作系统、应用软件等方面能否满足实际工作的需要。

（1）按网络连接方式。

1）广播型网络（Broadcast Network）。广播型网络是指网络中的计算机或设备共享一条通信信道（Channel），如图 1-16 所示。广播（Broadcasting）的特点是任一节点发出的信息报文可被其他节点接收，因此，广播型网络要实现正确有效的通信，需要解决寻址（Addressing）和访问冲突（Collision）的问题，本书在项目四中将对这种类型网络的工作特点进行详细讲述。

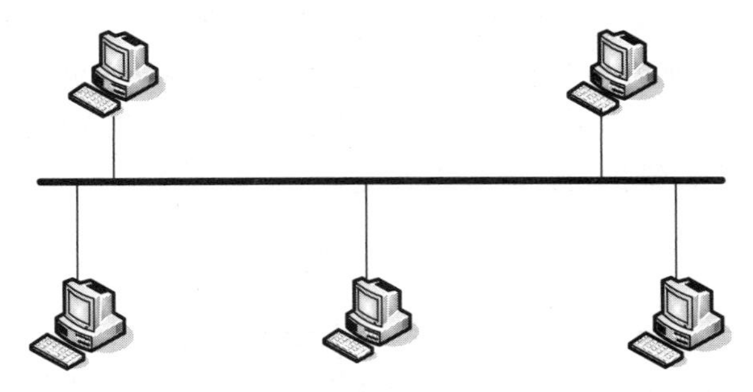

图 1-16　广播型网络结构示意图

2）点到点型网络（Point-to-Point Network）。点到点通信的特点是一条线路连接一对节点，信息传输采用存储转发（Store and Forward）方式。点到点型网络中的计算机或设备以点对点的方式进行数据传输，由于连接这两个节点的网络结构可能很复杂，因此任何两个节点间都可能有多条单独的链路，所以从源节点到目的节点可能存在多条可达的路径，因此需要提供关于最佳路径的选择机制，如图 1-17 所示。是否采用存储转发与路由选择是点对点网络与广播网络的重要区别之一。

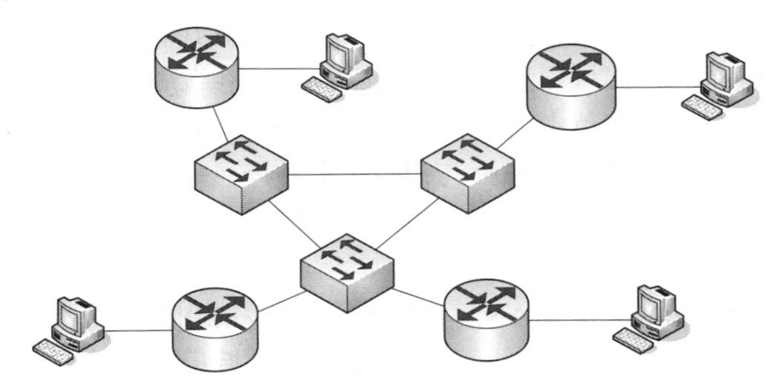

图 1-17　点到点型网络结构示意图

（2）按网络覆盖的地理范围。

按覆盖地理范围对网络进行划分，可以很好地反映不同类型网络的技术特征。是目前最为常用的一种计算机网络分类方法，因为地理覆盖范围的不同，会直接影响网络技术的实现与选择，如图 1-18 所示。

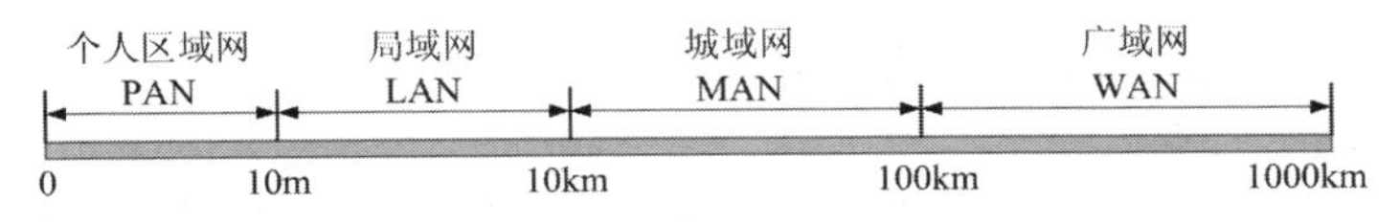

图 1-18　按网络覆盖范围进行分类示意图

1）个人区域网（Personal Area Network，PAN）。

随着笔记本计算机（Notebook）、智能手机（Smart Phones）、个人数字助理（Personal Digital Assistant，PDA）与平板电脑 iPad 的广泛应用，人们提出对 10m 范围内的个人操作空间（Personal Operating Space，POS）移动数字终端设备联网的需求。由于 PAN 主要使用无线通信技术实现联网设备之间的通信，因此就出现了无线个人区域网（Wireless Personal Area Network，WPAN）的概念。正是传输距离近，它所采用的技术不同，网络的特点也不同。

2）局域网。

局域网（Local Area Network，LAN）用于将有限范围内的一组计算机互联组成网络，如图 1-19 所示。如学校、中小型企业的网络通常都属于局域网。局域网具有 3 个明显的特点：一是覆盖范围非常有限；二是数据传输具有高速率、低延迟和低误码率等特点；三是局域网通常为使用单位所有，建立、维护与扩展较为方便。

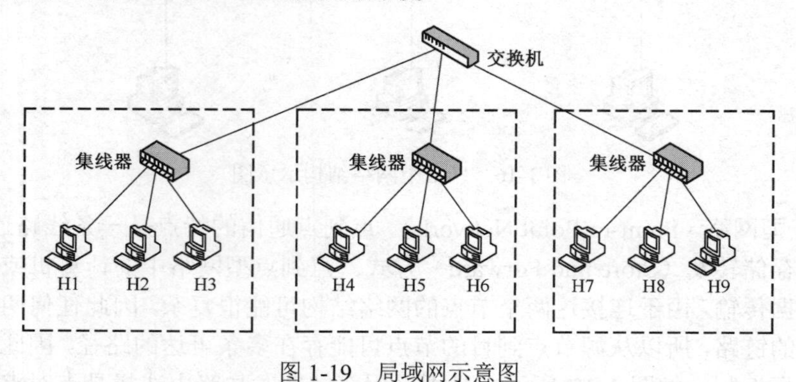

图 1-19　局域网示意图

3）城域网。

城域网（Metropolitan Area Network，MAN）也称为都市网，是在一个城市或地区范围内连接起来的网络系统，是介于局域网和广域网之间的一种网络形式。城域网主要满足城市、郊区的联网需求，被广泛用于城市范围内的企业、组织机构内部或相互之间的局域网互联。它能够实现大量用户之间的数据、语音、图形与视频等多种信息的传输功能。例如，如图 1-20 所示的宽带城域网是网络运营商在城市范围内组建的、提供各种信息服务业务的网络的集合。

4）广域网。

广域网（Wide Area Network，WAN）也称为远程网，指的是实现计算机远距离连接的计算机网络。它所覆盖的范围比 MAN 更广，一般用于不同城市之间的 LAN 或者 MAN 互联，地理范围可从几百千米到几千千米。人们所熟悉的“因特网”就是广域网中最典型的例子，它将全球成千上万的 LAN 和 MAN 互联成一个庞大的网络。

需要指出的是，由于 10Gb/s、40Gb/s 和 100Gb/s 以太网（Ethernet）技术和 IP 技术的出现，以太网技术已经可以应用到广域网中。这样，局域网、城域网和广域网的界限就越来越模糊。

知识链接：LAN 和 WAN 的差异不仅在于它们覆盖的地理范围不同，而且还在于它们所采用的协议和网络技术不同。例如，WAN 使用存储转发的数据交换技术，LAN 使用共享的广播数据交换技术，这才是两者的本质区别。

（3）按数据交换方式。

交换又称转接，是现代网络的基本特征，按数据交换方式的不同，可分成如图 1-21 所示的四种交换类型。

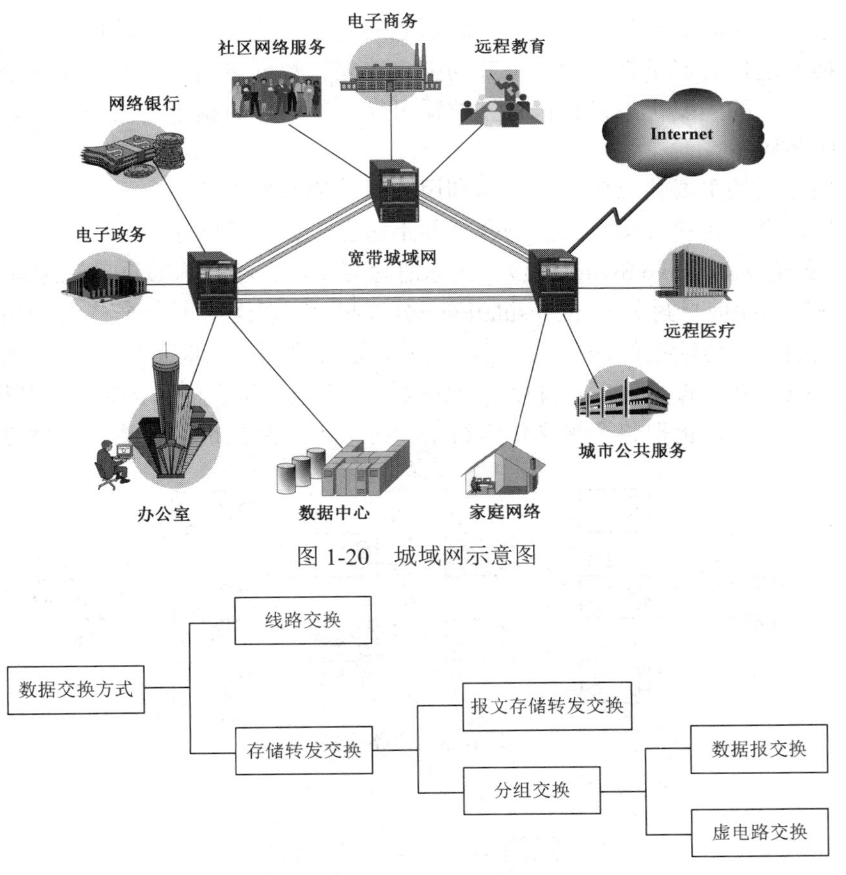

图 1-20　城域网示意图

- 数据交换方式
  - 线路交换
  - 存储转发交换
    - 报文存储转发交换
    - 分组交换
      - 数据报交换
      - 虚电路交换

图 1-21　数据交换方式

四种交换方式的比较如图 1-22 所示，并分别说明如下。

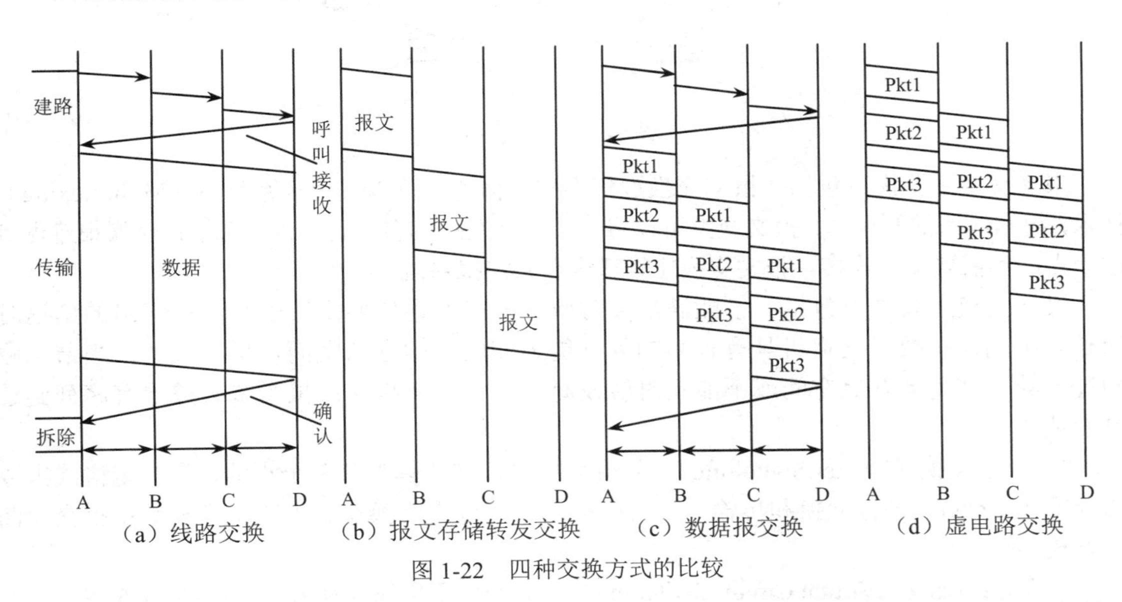

图 1-22　四种交换方式的比较

1）电路交换（Circuit Switching）。也称为线路交换，是根据电话交换原理发展起来的一种直接交换方式，在源节点和目的节点之间建立一条专用的通路用于数据传输，如图 1-23 所示。电路交换的过程类似于打电话，可分为电路建立、数据传输、电路拆除三个过程。

电路交换方式的主要优点包括：数据传输可靠、迅速，数据不会丢失、能保持原有序列，并可以保证服务质量。

电路交换方式的主要缺点包括：线路利用率低、浪费严重等。

电路交换适合于传输大量数据的场合，并不适合于计算机网络。

2）报文交换（Message Switching）。又称消息交换，它将用户数据、源地址、目的地址、长度、检验码等辅助信息封装（Encapsulation）分成报文，发送给下一个节点，如图 1-24 所示，报文交换方式的数据传输单位是报文。当站点要发送报文时，在报文中附加目的地址。每个节点在收到整个报文并检查无误后，暂存这个报文，然后根据报文的目的地址，利用路由信息找出下一个节点的地址，再把整个报文传送给下一个节点，直到最后送达目的站点。

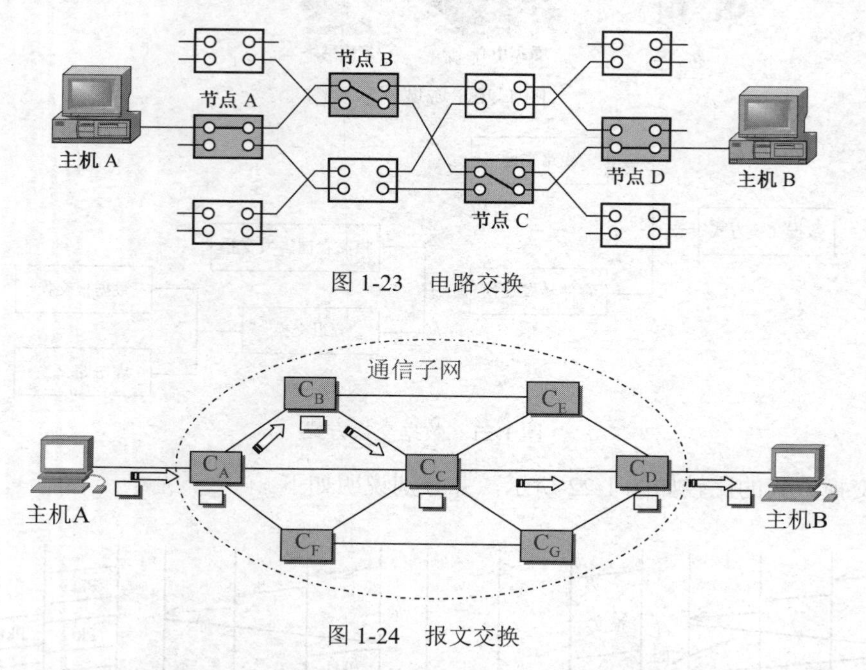

图 1-23　电路交换

图 1-24　报文交换

报文交换主要优点包括：报文交换过程不独占信道，可以采用多路复用（Multiplexing）技术，提高线路的利用率；报文交换可以将一个报文发送到多个目的地，而电路交换很难做到这一点；不需要建立连接。报文交换比较适合公共电报系统。

报文交换主要缺点包括：不能满足实时或交互式的通信要求，报文经过网络的延迟时间长且不确定；要求交换机具有较高的处理能力和较大的存储空间，增加成本；当节点收到过多的报文而无存储空间或不能及时转发时，就会丢弃报文；报文未必按原有序列到达目的地。

3）分组交换（Packet Switching）。分组交换将报文分解为若干个小的、按一定格式组成的分组（Packet）进行交换和传输。在实际应用中，分组交换有虚电路交换和数据报交换两种方式：

①虚电路交换（Virtual Circuit Switching）方式类似于电路交换方式，如图 1-25 所示。

②数据报交换（Datagram Switching）方式类似于报文交换方式，如图 1-26 所示。

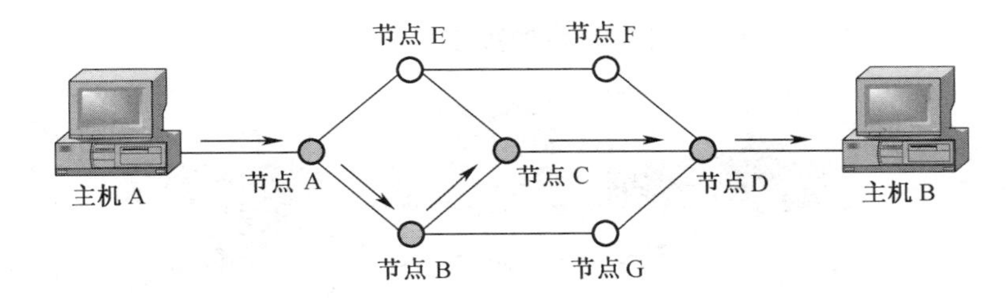

图 1-25　虚电路的工作方式

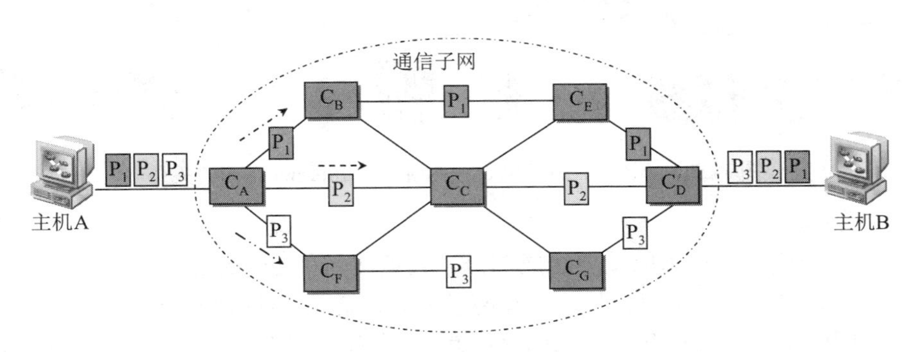

图 1-26　数据报的工作方式

分组交换的主要优点包括：不独占信道；某个分组发送给一个节点后，就可以接着发送下一个分组，总的传输时延较小；每个节点所需要的存储空间减小；传输有差错时，只要重发一个或若干个分组即可，不必重发整个报文，这样可以提高传输效率。

分组交换技术广泛应用于计算机网络，适用于交换中等或大量数据的情况。

4）4 种交换技术的比较

图 1-22 描述了 4 种交换技术的通信过程，其中 A 表示信源，D 表示信宿，B 和 C 表示中间节点。从中不难看出，分组交换具有较好的优势。考虑到接收方的工作，其中虚电路方式和数据报方式又各有优缺点。表 1-1 对 4 种交换技术的相关性能进行了比较。

表 1-1　4 种交换技术性能比较

交换方式 项目	电路交换	报文交换	分组交换	
			数据报方式	虚电路方式
交换单位	数据	报文	分组	分组
持续时间	较长	较短	较短	较短
传输延时	短	长	短	短
传输可靠性	高	较高	较高	高
传输带宽	固定带宽	动态	动态	动态
线路利用率	低	高	高	高
实时性	高	低	较高	高

6. 计算机网络的热点问题

随着网络的发展，近年的计算机网络产生了许多热点问题，如物联网、云计算、三网融合、3G 和 4G 移动通信与移动互联网应用等，它们都是在计算机网络技术高度发展与 Internet

广泛应用的基础上产生的，它们之间的关系如图 1-27 所示。

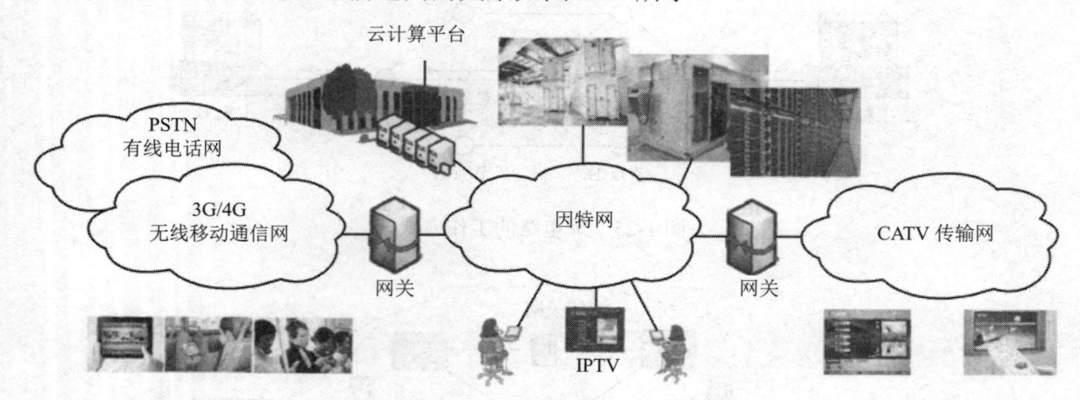

图 1-27　云计算、物联网、三网融合与 Internet 之间的关系

（1）物联网。

物联网是新一代信息技术的重要组成部分，其英文名称是 Internet of Things（IoT）。顾名思义，物联网就是物物相连的互联网。它有两层意思：第一，物联网的核心和基础仍然是互联网，是在互联网的基础上延伸和扩展的网络；第二，其用户端延伸和扩展到了任何物品与物品之间进行信息交换和通信。因此，物联网的定义是通过射频识别（Radio Frequency IDentification，RFID）、红外感应器、全球定位系统（Global Positioning System，GPS）、激光扫描器等信息传感设备，按约定的协议把任何物品与互联网相连接，进行信息交换和通信，以实现对物品的智能化识别、定位、跟踪、监控和管理的一种网络。

（2）云计算。

云计算（Cloud Computing）是基于互联网相关服务的增加、使用和交付模式，通常涉及通过互联网来提供动态易扩展且经常是虚拟化（Virtualization）的资源。云是网络、互联网的一种比喻说法。过去在网络图中往往用云来表示电信网，后来引申用它来表示互联网和底层基础设施的抽象。狭义云计算是指 IT 基础设施的交付和使用模式，通过网络以按需、易扩展的方式获得所需资源；广义云计算是指服务的交付和使用模式，通过网络以按需、易扩展的方式获得所需服务。这种服务可以是信息技术（Information Technology，IT）和软件、互联网相关，也可以是其他服务。它意味着计算能力也可以作为一种商品通过互联网进行流通。

知识链接： 网络计算技术（Network Computing Technology）指用户通过专用计算机网络或公共计算机网络进行信息传递和处理的技术。目前，网络计算还处于发展阶段，各种网络计算虽然侧重点不同，但最终目标是一致的，即广泛共享、有效聚合、充分释放。

（3）三网融合。

目前，能够提供信息服务的网络除了互联网之外，还包括传统的公共电话交换网（Public Switched Telephone Network，PSTN），简称电信网络；共用天线电视系统（Community Antenna Television System，CATV），简称有线电视网络。所谓三网融合（Three Networks Mergence）是指将原来独立运营的三大网络相互渗透和相互融合，形成一个统一的信息服务网络系统，如图 1-28 所示。在这样的网络中，三类不同的业务、市场和产业将相互渗透和融合，并以全数字化的网络设施来支持包括数据（Data）、语音（Voice）和视频（Video）在内的所有业务的通信。

（4）4G 移动通信。

4G 是第四代移动通信及其技术的简称，是集 3G 与无线局域网（Wireless LAN，WLAN）于一体并能够传输高质量视频图像，图像传输质量与高清晰度电视不相上下的技术产品。4G 系统能够以 100Mb/s 的速度下载，比拨号上网速度快 2000 倍，上传的速度也能达到 20Mb/s，并能够满足几乎所有用户对于无线服务的要求。而在用户最为关注的价格方面，4G 与固定带宽网络的价格不相上下，而且计费方式更加灵活，用户完全可以根据自身的需求确定所需的服务。此外，4G 可在数字用户线路（Digital Subscriber Line，DSL）和有线电视调制解调器（Modem，俗称“猫”）没有覆盖的地方部署，然后再扩展到整个地区。很明显，4G 有着不可比拟的优越性。

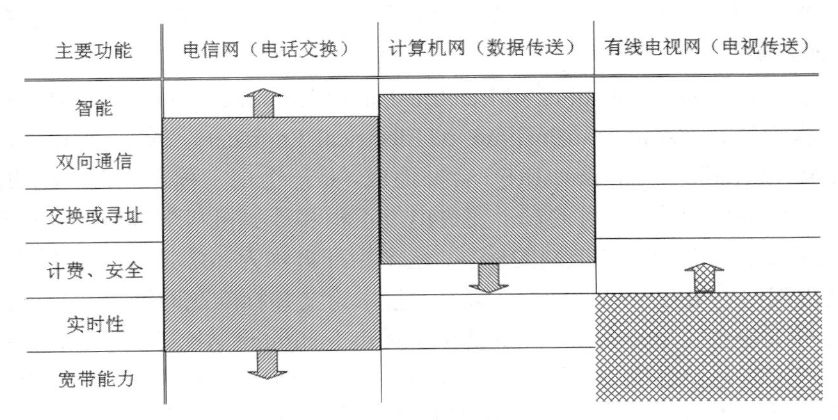

图 1-28　三种网络的融合方向

7. 网络通信标准化组织

（1）国际标准化组织和国际电信联盟。

ISO 是一个全球性的非政府组织，是国际标准化领域中一个十分重要的组织，它的任务是促进全球范围内的标准化及其有关活动，以利于国际间产品与服务的交流，在知识、科学、技术和经济活动中，发展国际间的相互合作。ISO 于 1947 年 2 月 23 日正式成立，总部设在瑞士的日内瓦，目标是制定国际技术标准，以促进全球信息交换和无障碍贸易。ISO 在计算机网络领域最有意义的工作就是它对开放系统的研究。

国际电信联盟（International Telecommunication Union，ITU）是联合国特有的管理国际电信的机构，负责管理无线电和电视频率、卫星和电话的规范与标准、网络基础设施以及全球通信所使用的关税率，也为发展中国家提供技术专家和设备以提高其技术基础。

1993 年 3 月 1 日，ITU 第一次世界电信标准大会（WTSC-93）在芬兰召开，将原来的三个机构（国际电报电话咨询委员会、国际无线电咨询委员会、国际频率登记咨询委员会）进行了改组，取而代之的是电信标准部门（TSS，即 ITU-T）、无线电通信部门（RS，即 ITU-R）和电信发展部门（TDS，即 ITU-D）。ITU 已经制定了许多网络和电话通信方面的标准，ITU-T 的标准还包括了电子邮件、目录服务、综合业务数字网（Integrated Services Digital Network，ISDN）以及宽带 ISDN 等方面的内容。

（2）因特网有关的标准化组织。

Internet 工程任务组（Internet Engineering Task Force，IETF）成立于 1986 年，是制定互联网技术标准的世界性组织。IETF 当前的主要任务有两个：一是解决 Internet 发展中遇到的技术问题；二是推动 Internet 的进一步普及和发展。目前，IETF 已经发展为一个庞大的国际性标准化组织，是推动 Internet 标准规范制定的最主要的组织。对于虚拟网络的形成，IETF 起到了非常重要的作用。IETF 的大量技术性工作均由其内部的各类工作组协作完成，这些工作组按不同类别的专项课题分别组建。除了 TCP/IP 外，所有互联网的基本技术都是由 IETF 开发或改进的。IETF 工作组创建了网络路由、管理、传输和网络安全标准，这些正是互联网赖以生存的基础。

Internet 架构委员会（Internet Architecture Board，IAB）是由讨论关于 Internet 结构问题的研究人员组成的委员会，并为 IETF 提供指导。其主要功能是监督 Internet 工程任务组，管理 Internet 标准制定和管理发行请求评注（Request For Comments，RFC）文件。RFC 是在线存放的，任何感兴趣的人都可以得到它。RFC 按照编写的时间顺序编号，现在已有 2000 多个。

（3）其他组织。

电气与电子工程师协会（Institute of Electrical and Electronics Engineers，IEEE）于 1963 年由美国电气工程师学会（American Institute of Electrical Engineers，AIEE）和美国无线电工程师学会（Institute of Radio Engineers，IRE）合并而成，是一个由工程专业人士组成的国际团体。作为世界上最大的专业组织，其目的在于促进电气工程和计算机科学领域的发展和教育。IEEE 最大的成果是定义了局域网和城域网的标准，这个标准被称为 802 项目或 802 系统标准，后来 ISO 以它为基础制定了 ISO 8002。另外，IEEE 技术论文和标准在网络专业受到高度重视。

美国国家标准协会（American National Standards Institute，ANSI）是一个非营利性的民间标准化团体，但它实际上已成为美国国家标准化中心，成为美国在 ISO 中的代表，美国各界标准化活动都围绕 ANSI 进行。ANSI 协调并指导美国的标准化活动，为标准制定、研究和使用单位提供帮助，提供国内外标准化情报。

1.1.3 任务实施

1．任务实施条件：相对大型的计算机网络，如校园网或办公网等。

2．认真填写计算机网络使用情况调查表，如表 1-2 所示，使读者体会计算机网络的主要作用是什么。

表 1-2 计算机网络使用情况调查表

是否会使用 IE 浏览器？□会 □不会
是否会使用电子邮件？ □会 □不会
是否会进行网上资源检索？□会 □不会
是否会网上下载或上传文件（如迅雷或 FlashGet 等 FTP 软件）？□会 □不会
是否会使用 QQ、BBS 与他人交流？□会 □不会
是否会使用博客 Blog 进行交流？□会 □不会
是否会使用媒体播放器播放网络音乐和网络影视？□会 □不会
目前你平均每周上网时间为多少？ □20 小时以上 □10-20 小时 □2-10 小时 □1 小时以下
是否经常和同学朋友讨论网络上的趣事和新闻？□会 □不会
你经常上网的场所？□学校机房 □网吧 □家中上网 □亲戚朋友家 □其他场所
你上网最常做的事情是？（最多可选 4 个） □用微信和 QQ 聊天交友 □讨论热门的话题，BBS 跟贴灌水 □看新闻与评论 □看电影、听歌或玩游戏 □搜索，查资料（Baidu 等）□收发电子邮件 □下载各类资源 □进行网上电子商务 □其他
是否知道一些 Internet 网络基本概念或网络设备（如 IP 地址、DNS 域名、网址、WWW、FTP、E-mail 或网卡、交换机、路由器等）？□是 □否

续表

是否使用过网络远程控制软件？□用过　□没用过
是否能解决计算机及上网过程中所遇到的问题？□是　□否
你经常使用的网络操作系统：□Windows 7　□Windows 8　□Windows XP　□Windows Server 2003　□UNIX　□Linux　□其他
你所用计算机或网络接入互联网线路情况：类型：□拨号　□ADSL　□宽带　□光纤接入　□DDN　□帧中继　速率：□512K　□1M　□10M　□100M　□其他________
互联网服务提供商：□网通　□电信　□广电　□移动　□长城　□其他
网络对你的影响主要有哪些方面？ □开阔了视野，拓展了知识面。□认识很多朋友，通过与网友的交流，减轻学习或其他方面所造成的心理压力。□获取网络上丰富的教育资源，学习成绩得到提高。□花费太多时间上网而使成绩下降。
最喜欢的网络游戏是________________________________
最喜欢的网站是________________________________
请用尽可能多的词来描述网络给你的感觉或印象。

3．设计小组调查表格能够记录如下内容，但不仅限于以下示例内容。

所在单位是否联网？该网络由哪些节点类型组成？属于局域网还是广域网？使用了什么网络协议？安装了哪些网络操作系统？建设该网络的目的是什么？有哪些网络应用系统？

4．实地参观所在学校的网络中心或办公网，根据老师或工程师的讲解和所学的知识，对该计算机网络的基本功能、组成、类型等进行简单分析，了解不同岗位工作人员的岗位职责。通过实地考察后，画出网络物理设备布局示意图。

5．完成实训报告，给出综述，分析网络给企事业单位带来的好处和坏处。

1.1.4　课后习题

1．名词解释

计算机网络　局域网　广域网　通信子网　资源子网

2．计算机网络是把分布在不同地点且具有独立功能的多个计算机系统通过通信设备和线路连接起来，在功能完善的网络软件和协议的管理下，以实现网络中（　　）为目标的系统。

3．计算机网络的核心功能是（　　）。

4．计算机网络从逻辑功能上可分为（　　）子网和（　　）子网。

5．计算机网络的分类方式有多种，如按（　　）分类，按网络连接方式分类，按覆盖地理位置范围分类等。

6．计算机网络按网络的覆盖范围可分为（　　）、（　　）、城域网和（　　）。

7．从组网的层次角度看，网络的组成是一个典型的三层结构，最上层称为核心层，中间层称为（　　），最下层称为（　　），为最终用户接入网络提供接口。

8．世界上第一个计算机网络是（　　）。

A．ARPANET　B．ChinaNet　C．Internet　D．CERNET

9．计算机网络中实现互联的计算机之间是（　　）进行工作的。

A．独立　B．并行　C．相互制约　D．串行

10．下列说法中正确的是（　　）。

A．网络中的计算机资源主要指服务器、路由器、通信线路与用户计算机

B．网络中的计算机资源主要指计算机操作系统、数据库与应用软件

C．网络中的计算机资源主要指计算机硬件、软件、数据

D．网络中的计算机资源主要指 Web 服务器、数据库服务器与文件服务器

11．组建计算机网络的目的是实现联网计算机系统的（ ）。

A．硬件共享 B．软件共享 C．数据共享 D．资源共享

12．计算机网络中可以共享的资源包括（ ）。

A．硬件、软件、数据、通信信道 B．主机、外设、软件、通信信道

C．硬件、程序、数据、通信信道 D．主机、程序、数据、通信信道

13．计算机网络的发展可以划分为哪几个阶段？每个阶段各有什么特点？

14．以一个你熟悉的实际网络为例，说明对计算机网络的定义和功能的理解。

15．试从多方面比较电路交换、报文交换、分组交换各有什么不同，请说出各自的特点。

16．查阅中国互联网络发展状况统计报告、中国互联网络信息资源数量调查报告、中国互联网络带宽调查（http://www.cnnic.cn/index/0E/index.htm2），综述我国互联网的发展现状及趋势。

任务 2 制作标准网线

1.2.1 任务目的及要求

通过任务 1 的学习，读者已对计算机网络的基本概念有了感性的认识，明白计算机网络是什么，应该有些什么。接下来的任务，需要读者考虑的问题是：采用哪些传输介质和连接组件可以把计算机和网络设备连接起来，实现计算机和计算机之间的物理连通。为顺利实现这一任务目标，读者应了解传输介质的分类；掌握常见传输介质双绞线、光纤的特性及其应用等。

要求读者制作直通网线、交叉线各 1 条，能够利用电缆测试仪测试网线的连通性和线序，制作网线质量要求符合工程标准。

1.2.2 知识准备

本任务知识点的组织与结构如图 1-29 所示。

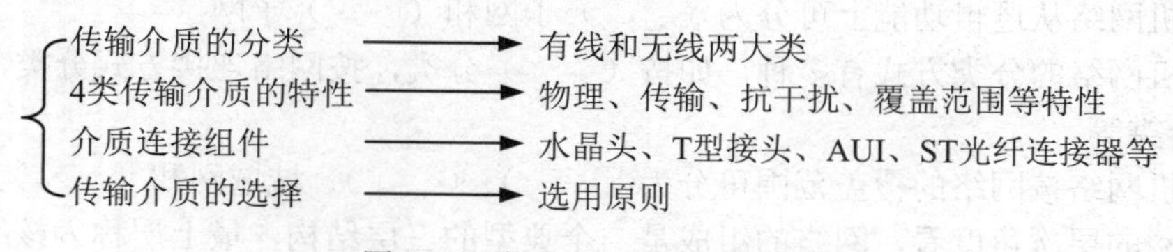

图 1-29 任务 2 知识点结构示意图

读者在学习本部分内容的时候，请认真思考以下问题：

（1）试分析铜介质在物理结构上采取哪些措施以减少外部干扰？

（2）怎样识别正品的双绞线和水晶头？识别多模光纤和单模光纤的方法有哪些？

（3）在一个网络中，50Ω 和 75Ω 同轴电缆可以混用吗？

（4）在施工现场，若没有专门的网线测试工具，你如何判断所做网线的连通情况？如何用线缆测试工具测试网线的线序？一般的电缆测试仪可以测试网线可能存在的哪几种故障？

（5）网线的作用是什么？如何快速制作工艺质量高的标准网线？

1. 传输介质的分类

数据的传输离不开传输介质（Transmission Media），常用的网络传输介质分为两类：另一类是有线传输介质，一类是无线传输介质。有线传输介质主要有同轴电缆、双绞线及光纤；无线传输介质主要有无线电、微波、激光和通信卫星等，如图 1-30 所示。

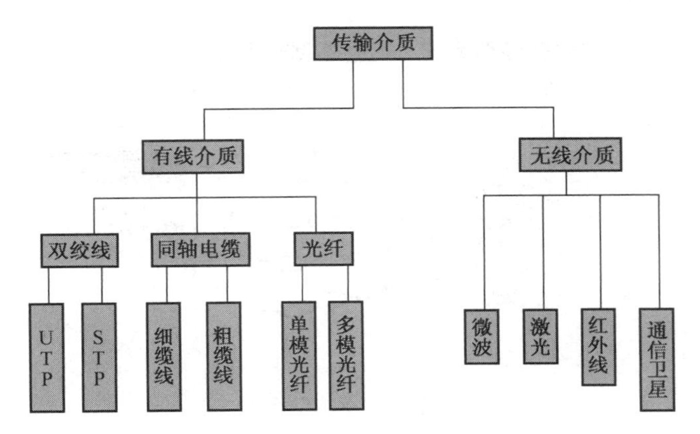

图 1-30 传输介质的分类

2. 传输介质的特性

传输介质的特性对数据的传输质量有决定性影响。通常分为物理特性、传输特性、抗干扰特性、地理范围和相对价格特性等。

（1）物理特性：包括介质的物质构成、几何尺寸、机械特性、温度特性和物理性质等。

（2）传输特性：包括衰减特性、频率特性和适用范围等。

（3）抗干扰特性：是指在介质内传输的信号对外界噪声干扰的承受能力，常见的外界干扰源如图 1-31 所示。

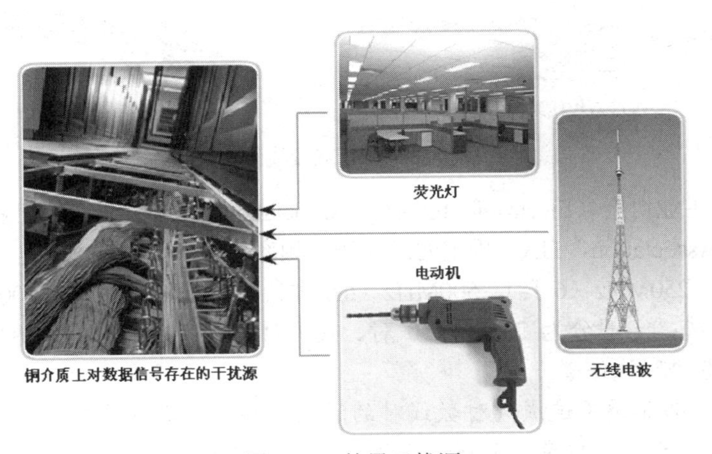

图 1-31 外界干扰源

（4）地理范围：根据前面的 3 种特性，保证信号在失真允许范围内所能达到的最大距离。

（5）相对价格：取决于传输介质的性能和制造成本。

3. 双绞线（Twisted Pair）

（1）双绞线概述。

双绞线既可以传输模拟信号（Analog Signal），也可以传输数字信号（Digital Signal）。双绞线是目前使用最广泛、价格最低廉的一种有线传输介质。双绞线在内部由若干对（通常是1对、2对或4对）两两绞在一起的相互绝缘的铜导线组成，如图1-32所示。导线的典型直径为1mm左右（通常在0.4～1.4mm之间）。之所以采用这种两两相绞的绞线技术，是为了抵消相邻线对之间所产生的电磁干扰并减少线缆端接点处的近端串扰。

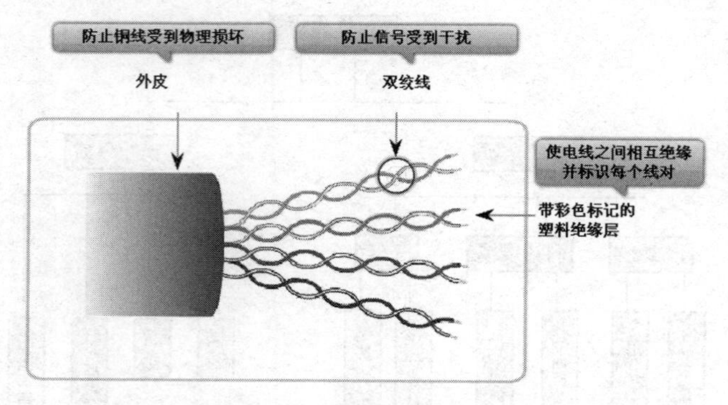

图1-32 双绞线结构

（2）双绞线的分类。

双绞线是计算机网络中常用的传输介质，分类方法很多，这里介绍其中的三种分类方式。

1）双绞线按照是否有屏蔽层可以分为屏蔽双绞线（Shielded Twisted Pair，STP）和非屏蔽双绞线（Unshielded Twisted Pair，UTP）。与UTP相比，STP由于采用了良好的屏蔽层，因此抗干扰性较好。STP的屏蔽方式有三种：单屏蔽－铝箔屏蔽；单屏蔽－编织屏蔽；双屏蔽－铝箔屏蔽+铝箔屏蔽。使用最为普遍的是单屏蔽－编织屏蔽，如图1-33所示。

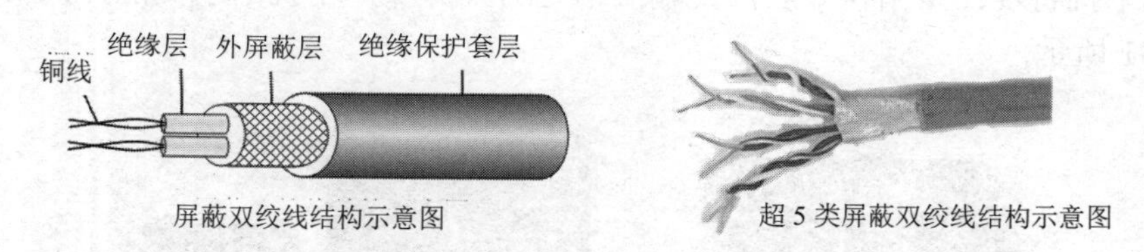

图1-33 STP双绞线结构

2）按照电子工业协会（Electronic Industry Association，EIA）或电信工业协会（Telecommunication Industry Association，TIA）规定的最高传输频率分为：16MHz（3类）、100MHz（5类）、100MHz（5E类）、250MHz（6类）、500MHz（6A类）、600MHz（7类）、1000MHz（7A类）。

3）大对数电缆：一般分为25对、50对、100对等，可为用户提供更多的可用对数，常用于高速数据或者语音通信。

知识链接：为了避免造成大对数线对的混乱，将大对数电缆的色谱分为主色：白谱、红谱、黑谱、黄谱、紫谱；辅色：蓝谱、橙谱、绿谱、棕谱、灰谱。你能将100对大对数电缆的线对准确无误的分开吗？

（3）双绞线的特性。

用双绞线传输数字信号时，它的数据传输速率与电缆的长度有关。局域网中规定使用双绞线连接网络设备的最大长度为100m。距离短时，数据传输速率可以高一些。典型的数据传输率为10Mb/s、100Mb/s和1000Mb/s。

知识链接： 双绞线能够传送的数据速率除了受导线类型和传输距离影响外，还与数字信号的编码方式有很大关系。

双绞线的品牌主要有：安普（AMP），这一品牌是我们见得最多，也是最常用的一种，质量好，价格便宜。另一种是西蒙（Simon），在综合布线系统中经常见到，它与安普相比，档次要高许多，当然，价格也高许多。其次还有朗讯（Lucent）、丽特（NORDX/CDT）、IBM 等品牌。

使用双绞线作为传输介质的优越性在于其技术和标准非常成熟，价格低廉，而且安装也相对简单。缺点是双绞线对电磁干扰比较敏感，并且容易被窃听。双绞线目前主要在室内环境中使用。

（4）网线连接组件。

RJ-45 接头俗称水晶头，双绞线的两端必须都安装 RJ-45 插头，以便插在以太网卡、集线器（Hub）或交换机（Switch）的 RJ-45 接口上。RJ-45 水晶头由金属片和塑料构成，特别需要注意的是引脚序号，当金属片面对我们的时候从左至右引脚序号依次是 1 到 8，如图 1-34 所示。

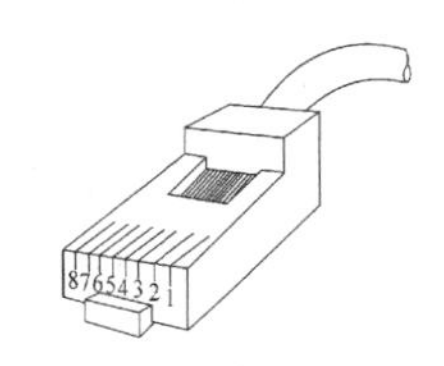

图 1-34 水晶头外观图

知识链接： 水晶头分为 5 类水晶头、6 类水晶头、屏蔽水晶头、组合水晶头等，外观结构看起来没有太大差别，实际却存在很大的差别。

水晶头也可分为几种档次，一般如 AMP 这样的名牌大厂的质量好些，价格也很便宜，约为 1.5 元一个。在选购时最好别贪图便宜，否则质量得不到保证。质量差的主要体现为接触探针是镀铁的，容易生锈，造成接触不良、网络不通。质量差的另一点表现为：塑扣扣不紧（通常是变形所致），也很容易造成接触不良、网络中断。水晶头虽小，但在网络中却很重要，网络中有相当一部分故障是因为水晶头的质量不好而造成的。

（5）网线的制作标准。

双绞线网线的制作方法非常简单，就是把双绞线的 4 对 8 芯导线按一定规则插入到水晶头中。EIA/TIA 568 标准提供了两种顺序：568A 和 568B。双绞线制作时，需按 EIA/TIA 568B 或 EIA/TIA 568A 标准进行，其标准如表 1-3 所示。

表 1-3 EIA/TIA 568B 和 EIA/TIA 568A 标准线序

线序	1	2	3	4	5	6	7	8
EIA/TIA 568B	白橙	橙	白绿	蓝	白蓝	绿	白棕	棕
EIA/TIA 568A	白绿	绿	白橙	蓝	白蓝	橙	白棕	棕

知识链接： 请务必记住这两种标准的线序。在具体选择标准的时候，切记整个网络要选用一种标准，否则出现问题的时候不易维护。在工程中通常选用 EIA/TIA 568B 标准。

（6）三种网线类型及其作用。

1）直连线（Straight-through Cable，平行线）的作用和线图。直连线可用于将计算机连接到 Hub 或交换机的以太网口，或者用于连接交换机与交换机（电缆两端连接的端口必须只有一个端口被标记上 X 时）。EIA/TIA 568B 标准的直通线线序排列如图 1-35 所示。

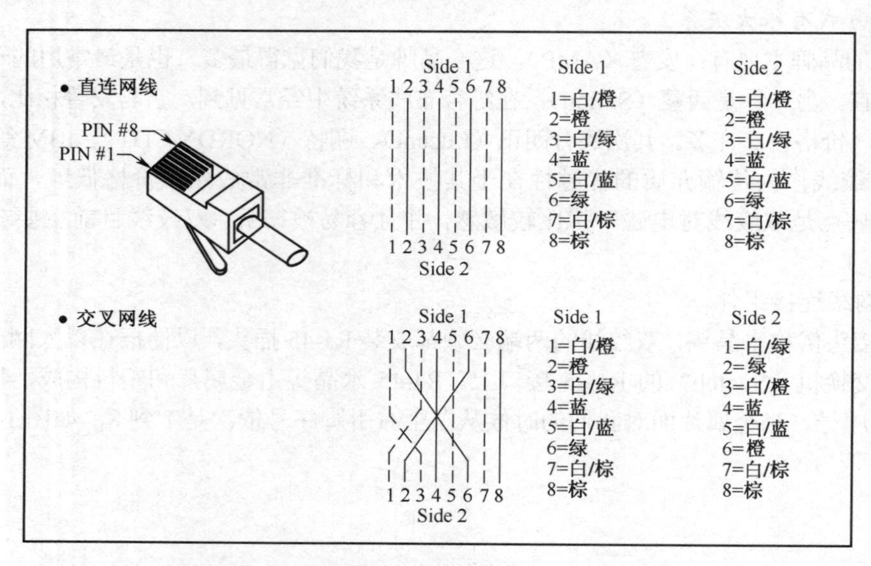

图 1-35 直连网线和交叉网线的线序排列图

2）交叉线（Crossover Cable）。用于将计算机与计算机直接相连、交换机与交换机直接相连（电缆两端连接的端口必须同时被标记上 X，或者都未标明 X 时），EIA/TIA 568B 标准的交叉线线序排列如图 1-35 所示。

知识链接： 交叉线和直连线用于连接终端或网络设备的以太网接口，若为同种接口相连使用交叉线；若为异种接口相连使用直连线。请读者思考计算机和路由器直接相连是使用直连线还是交叉线呢？

3）全反电缆（Rollover Cable）。又称为配置线（Console Cable），或称反接线。用于连接一台工作站到交换机或路由器的控制端口（Console Port），以访问这台交换机或路由器。直通电缆两端的 RJ-45 连接器的电缆都具有完全相反的次序，EIA/TIA 568B 标准的反接线线序排列如图 1-36 所示。

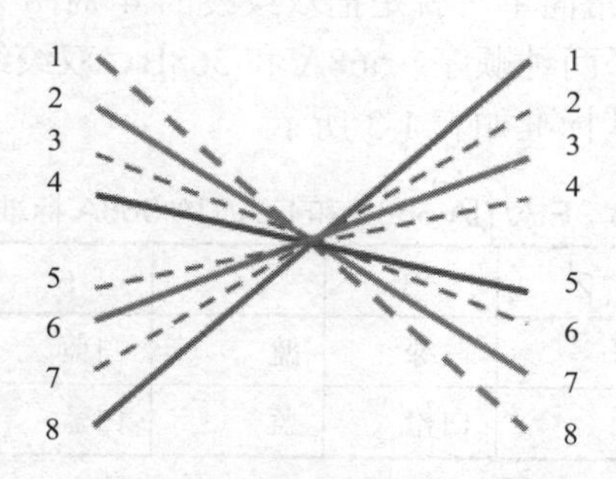

图 1-36 反接线线序排列图

知识链接： 正确选择电缆连接网络设备是网络设备正常工作不可缺少的，有很多故障与没有正确连接网络设备有关，希望读者重视这个问题。

4. 同轴电缆（Coaxial Cable）

（1）同轴电缆概述。

由一对导体组成，按“同轴”形式构成线对，最里层是内铜芯，向外依次是绝缘层、屏蔽层，最外层则是起保护作用的塑料外套（具有防火作用），如图 1-37 所示。内芯和屏蔽层（可以屏蔽电磁噪声或作为地线）构成一对导体，金属屏蔽层能将磁场反射回中心导体，同时也使中心导体免受外界的干扰，故同轴电缆比双绞线具有更高的带宽和更好的噪声抑制性能。

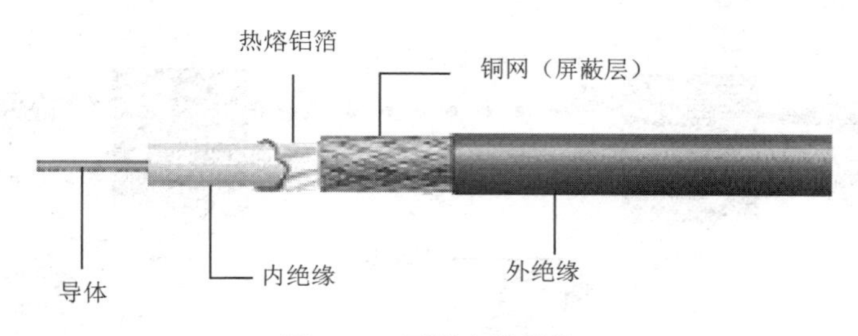

图 1-37　同轴电缆结构

知识链接：千万注意同轴电缆的内铜芯和屏蔽层不能接触，否则会引起短路故障。

（2）同轴电缆分类。

总体上可按 3 种方法对其分类，按特性阻抗分为 50Ω、75Ω 同轴电缆；按芯线直径分为粗缆（Thick Cable）、细缆（Thin Cable）；按传输特性分为基带传输（Baseband Transfer）和宽带传输（Broadband Transfer），表 1-4 列出了几种同轴电缆的规格说明。

表 1-4　同轴电缆的类型

规格	类型	阻抗	信号	描述
RG-58/U	细缆	50Ω	基带	固体实芯铜线
RG-58/AU	细缆	50Ω	基带	绞合线
RG-59	CATV	75Ω	宽带	用于有线电视网
RG-11	粗缆	50Ω	基带	一般用于网络主干

（3）同轴电缆特性。

同轴电缆的规格是指电缆粗细程度的度量，按射频测量单位（Radio Gauge，RG）来度量，RG 越高，铜芯导线越细，而 RG 越低，铜芯导线越粗。同轴电缆的品种很多，从较低质量的廉价电缆到高质量的同轴电缆，差别很大。常用的同轴电缆的型号和应用如下：

1）阻抗为 50Ω的粗缆（RG-8 或 RG-11），用于粗缆以太网（Thick Ethernet）。

2）阻抗为 50Ω的细缆（RG-58AU 或 RG-58U），用于细缆以太网（Thin Ethernet）。

3）阻抗为 75Ω的电缆（RG-59），用于有线电视（CATV）。

特性阻抗为 50Ω的同轴电缆主要用于传输数字信号，此种同轴电缆叫做基带同轴电缆，其数据传输率一般为 10Mb/s。其中，粗缆的抗干扰性能最好，每个网段的最大长度为 500m，但它的价格高，安装比较复杂；而细缆比粗缆柔软，每个网段的最大长度为 185m，并且价格低、安装比较容易，在局域网中使用较为广泛。

阻抗为 75Ω的 CATV 同轴电缆主要用于传输模拟信号，此种同轴电缆又称为宽带同轴电缆。在局域网中可通过 Modem 将数字信号变换成模拟信号在 CATV 电缆中传输。对于带宽为 400MHz 的 CATV 电缆，典型的数据传输率为 100～150Mb/s，传输距离可达 100km。在宽带同轴电缆中使用频分多路复用（Frequency Division Multiplexing，FDM）技术可以实现数字、声音和视频信号的多媒体传输业务。

（4）同轴电缆连接组件。

粗缆要由专用的连接器在线上穿孔连接到收发器，通过收发器电缆连入网络，一般使用标准的连接单元接口（Attachment Unit Interface，AUI），如图 1-38 所示。

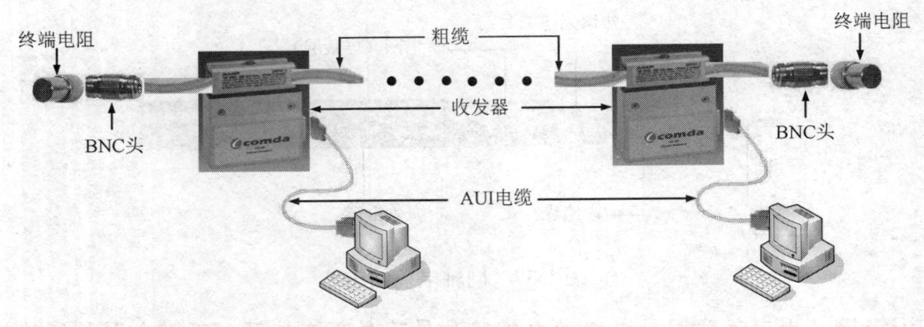

图 1-38 粗缆的连接

细缆采用 T 型头与卡扣配合型连接器（Bayonet Nut Connector，BNC）作为连接组件，如图 1-39 所示。

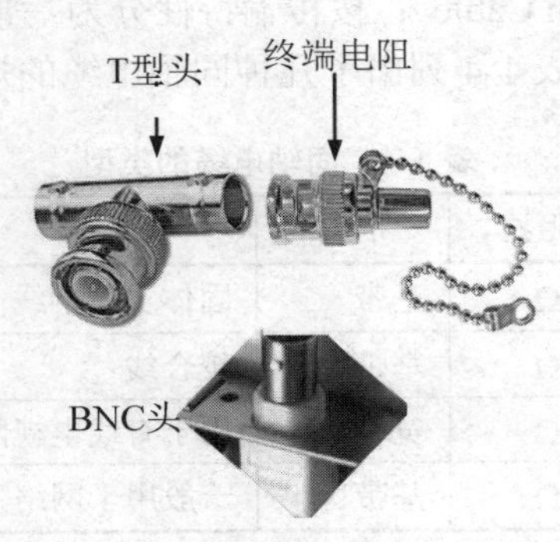

图 1-39 细缆的连接器件

为了确保导线传输信号良好的电气特性，电缆必须接地，以构成一个必要的电气回路。另外，使用同轴电缆时还要对电缆的末端进行必要的处理，通常要在端头连接终端匹配负载以削弱反射信号的作用。

同轴电缆抗电磁干扰能力比双绞线强，但其安装较复杂，近年来，当双绞线与光纤作为两大类主流的有线传输介质被广泛使用时，最新的布线标准中已不再推荐使用同轴电缆。

5. 光纤（Fiber）

（1）光纤概述。

光纤是光导纤维（Fiber Optics）的简称，是一种由石英玻璃纤维或塑料纤维制成的、直径很细、能传导光信号的媒体。光纤的结构如图 1-40 所示。从横截面看，每根光纤都由纤芯和反射包层构成，纤芯的折射率较反射包层略高。因此，基于光的全反射原理，光波在光纤与包层界面形成全反射，从而光信号被限制在光纤中向前传输。

（2）光电转换。

由于计算机只能接收电信号，所以光纤连接计算机时需要用光电收发器进行光电转换。对于光电转换，在发送端，使用发光二极管（Light Emitting Diode，LED）或注入型激光二极管（Injection Laser Diode，ILD）作为光源；在接收端，使用光电二极管 PIN 检波器或雪崩二极管（Avalanche Photo Diode，APD）检波器将光信号转换成电信号。图 1-41 给出了典型的光纤传输系统结构。

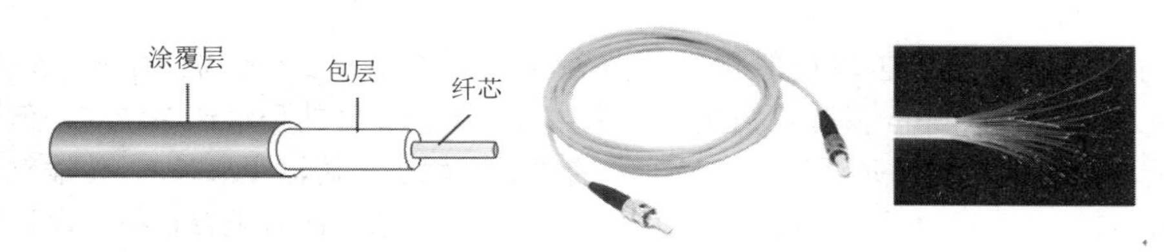

图 1-40　光纤基本结构

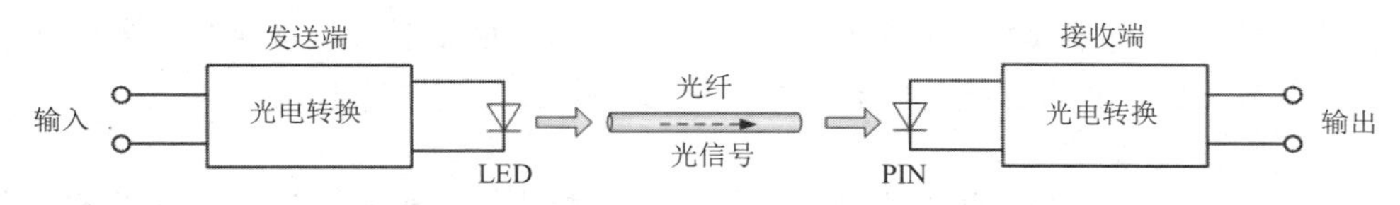

图 1-41　光纤收发器工作原理

从图 1-41 可以看出，光纤只能单向传输信号，若作为数据传输介质，应由两根光纤组成一对信号线，一根用于发送数据，另外一根用于接收数据。在实际应用中的光缆多为多芯光纤。由于光纤质地脆弱，又很细，不适合通信网络施工，因此必须将光纤制作成很结实的光缆（Fiber Cable）。

（3）光纤分类。

光纤常用的 3 个频段的中心波长分别为 0.85μm、1.3μm 和 1.55μm，所有三个频段的带宽都在 25000GHz～30000GHz，因此光纤的通信量很大。根据使用的光源和光纤纤芯的粗细，可将光纤分为多模光纤和单模光纤两种。

1）多模光纤（Multi-Mode Fiber，MMF）。采用 LED 作为光源，其定向性较差。当纤芯的直径比光波波长大很多时，由于光束进入芯线中的角度不同，传播路径也不同，这时，光束是以多种模式在芯线内不断反射向前传播，如图 1-42（a）所示。多模光纤的传输距离一般在 2km 以内。

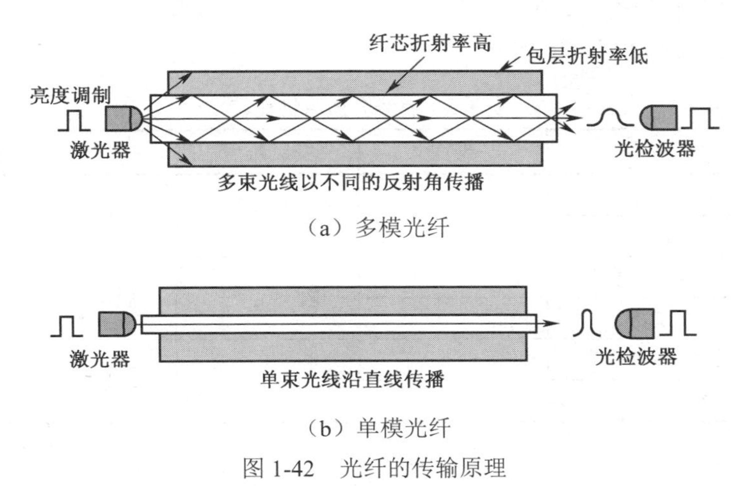

（a）多模光纤

（b）单模光纤

图 1-42　光纤的传输原理

2）单模光纤（Single-Mode Fiber，SMF）。采用 ILD 作为光源，其定向性较强。单模光纤的纤芯直径一般为几个光波的波长，当光束进入纤芯中的角度差别较小时，能以单一的模式无反射地沿轴向传播，如图 1-42（b）所示。

（4）光纤特性。

光纤的规格通常用纤芯与反射包层的直径比值来表示，如 62.5/125μm、50/125μm、8.3/125μm。其中 8.3/125μm 的光纤只用于单模传输。单模光纤的传输速率较高，但比多模光纤更难制造，价格也更高。光纤的优点是信号的传输损耗小（传输距离长）、传输频带宽（信道容量大），传输速率高（可达 Gb/s 量级）。另外，由于它本身没有电磁辐射，所以传输的信号不易被窃听、保密性能好，但是它的成本高并且连接技术比较复杂。光纤主要用于长距离数据传输和网络的主干线。

✍**知识链接：**室内单模光纤和多模光纤的识别。国际电信联盟标准规定：室内单模光纤的外护层颜色为黄色，室内多模光纤的外护层颜色为橙色。

（5）光纤的连接组件。

在光纤施工中，将光纤的两端安装在配线架上，配线架的光纤端口与网络设备（交换机等）之间再用光纤跳线连接。光纤跳线两端的插件被称为光纤插头，常用的光纤插头主要有两种规格：即 SC 插头和 ST 插头。一般网络设备端配的是 SC 插头，而配线架端配的是 ST 插头，如图 1-43 所示。最直观的区别是 SC 插头是方型，而 ST 插头是圆型。

（a）SC 插头　　（b）ST 插头

图 1-43　常用的光纤插头

✍**知识链接：**光纤跳线和尾纤是否是一回事？光纤跳线的两端连有光纤插头，尾纤只有一端连接有光纤插头。

6. 有线传输介质比较

表 1-5 从传输介质的价格、带宽传输能力、安装难易程度和抗干扰能力等几个方面，对有线介质的特性进行了比较。

表 1-5　有线介质特性比较

传输介质	价格	带宽	安装难度	抗干扰能力
UTP	最便宜	低	非常容易	较敏感
STP	比 UTP 贵	中等		
细缆	比双绞线贵	高	一般	一般
粗缆	比细缆贵	较高		
多模光纤	比同轴电缆贵	极高	难	不敏感
单模光纤	最贵	最高		

7. 无线传输介质

无线传输不需要使用有线的传输介质，它是以宇宙空间为传输介质的信道。目前，用于无线通信的主要介质有无线电波、微波、红外与可见光。图 1-44 描述了电磁波谱与通信类型的关系。

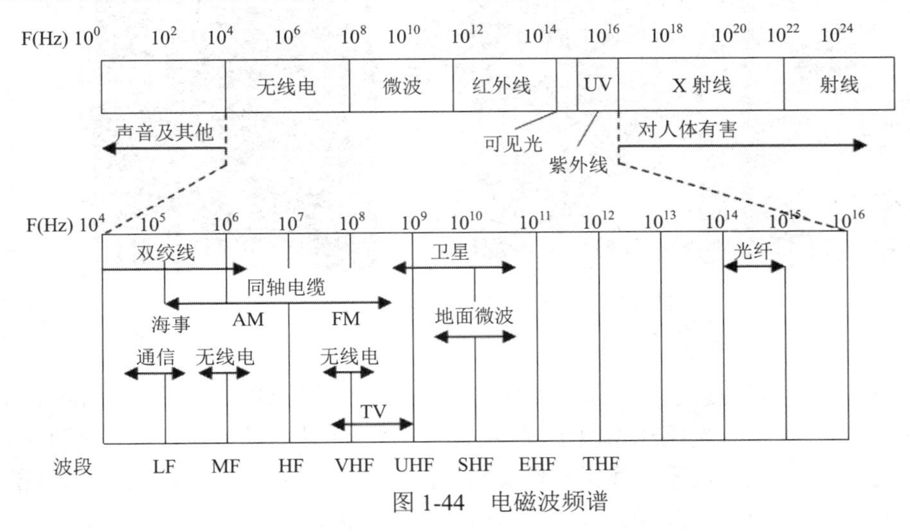

图 1-44　电磁波频谱

（1）无线电波（Radiowave）。

目前，在 802.11 系列无线局域网中所使用的传输介质即为无线电波，主要使用 2.4GHz 电波频段（Band）。802.11 b 工作在 2.4GHz 频段，最大信道传输带宽 11Mb/s。802.11a 工作在 5.8GHz 频段，最大信道传输带宽 54Mb/s。

（2）微波（Microwave）。

在电磁波谱中，频率在 100MHz～10GHz 的信号称为微波，它们对应的信号波长为 3cm～3m。微波通信具有以下特点：

- 微波信号传播时不能绕射，因此两个微波信号只能在可视的情况下才能正常接收。
- 微波信号的波长较短，利用机械尺寸较小的抛物面天线，就可以将微波信号的能量集中在很小的波束中发送出去，因此可以用很小的发射功率来进行远距离通信。
- 微波信号的频率很高，可以获得较大的通信带宽。

（3）红外线（Infrared）。

红外线通信是广为人知的无线传输方式，它不受电磁干扰和射频干扰的影响。红外线传输建立在红外线光的基础上，采用光发射二极管、激光二极管或光电二极管来进行站点与站点之间的数据交换。红外线传输既可以进行点到点通信，也可以进行广播式通信。但是，红外传输技术要求通信节点之间必须在直线视距之内，数据传输速率相对较低。

（4）激光（Laser）。

激光通信的优点是带宽更高、方向性好、保密性能好，多用于短距离的传输。激光通信的缺点是其传输效率受天气影响较大。

（5）卫星通信（Satellite Communication）。

常用的卫星通信方法是在地球站之间利用位于约 36,000km 高空的人造同步地球卫星作为中继器的一种微波接力通信。

1.2.3　任务实施

任务实施条件：水晶头若干只、超 5 类 UTP 双绞线若干米、剥线钳、压线钳各 1 把、电缆测试工具 1 台，如图 1-45 所示。

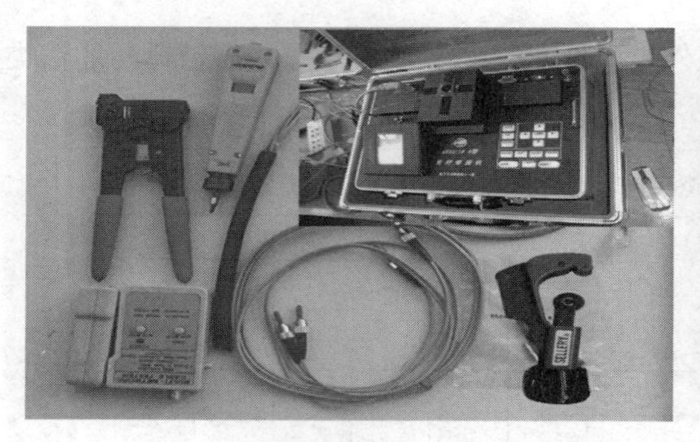

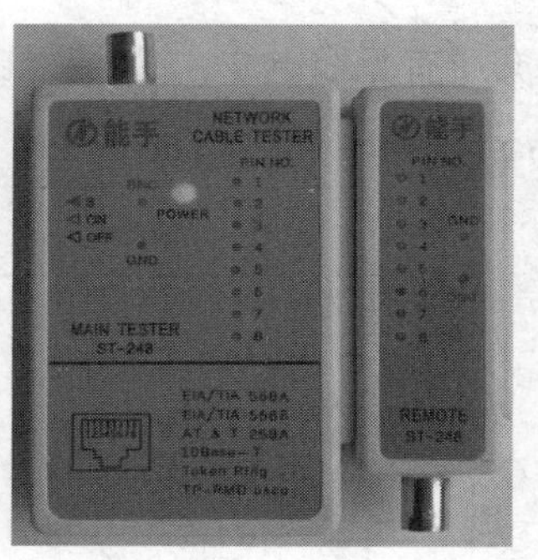

图 1-45　常见网线制作与测试工具

1. 剥线

用双绞线压线钳把双绞线的一端剪齐（最好先剪一段符合布线长度要求的网线，3cm 左右），然后把剪齐的一端插入到压线钳用于剥线的缺口中，注意网线不能弯，直插进去，直到顶住压线钳后面的挡位，稍微握紧压线钳慢慢旋转一圈（无需担心会损坏网线里面芯线的包皮，因为剥线的两刀片之间留有一定距离，这距离通常就是里面 4 对芯线的直径），让刀口划开双绞线的保护胶皮，拔下胶皮，如图 1-46，图 1-47 所示。

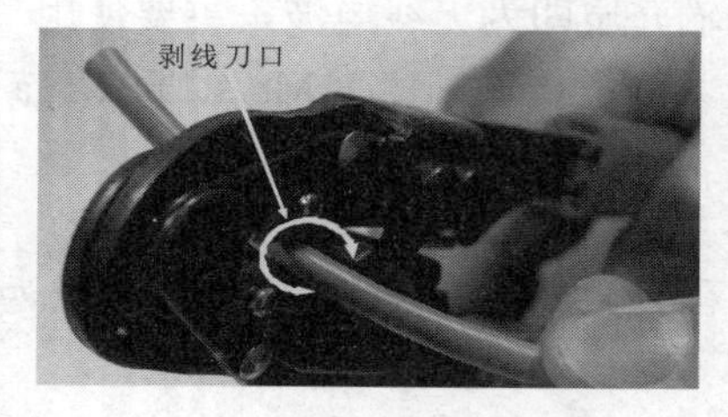

图 1-46　拨开双绞线胶皮图

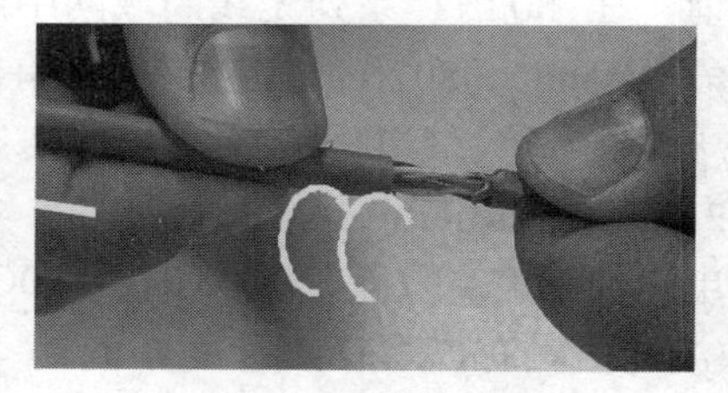

图 1-47　双绞线的 4 对芯线

✍**知识链接**：压线钳的挡位离剥线刀口长度通常恰好为水晶头长度（1.2cm），这样可以有效避免剥线过长或过短。剥线过长一则不美观，二则因网线不能被水晶头卡住，容易松动；剥线过短，因有胶皮存在，太厚，不能完全插到水晶头底部，造成水晶头插针不能与网线芯线完好接触，当然也不能制作成功了。

2. 理线

剥除外胶皮后即可见到双绞线网线的 4 对 8 芯线，并且可以看到每对的颜色都不同。每对缠绕的芯线是由一条染有相应颜色的芯线加上一条只染有少许相应颜色的白色相间芯线组成。四条全色芯线的颜色为：橙色、绿色、蓝色、棕色，其绞在上面的四条芯线分别为白橙、白绿、白蓝、白棕色，如图 1-48 所示。

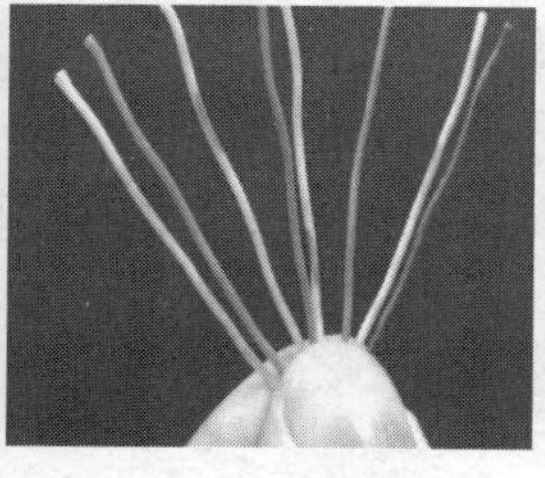

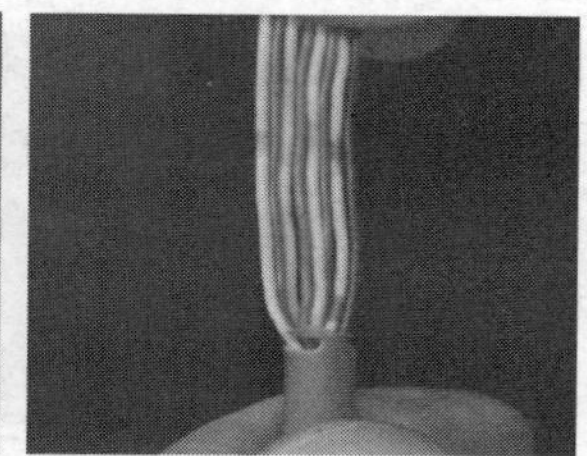

图 1-48　理线效果图

先把 4 对芯线一字并排排列，然后再把每对芯线分开（此时注意不跨线排列，也就是说每对芯线都相邻排列），并按 EIA 568B 标准的顺序排列。注意每条芯线都要拉直，并且要相互分开并列排列，不能重叠，然后用压线钳垂直于芯线排列方向剪齐，如图 1-49 所示。

3. 插线

左手水平握住水晶头（塑料扣的一面朝下，开口朝右），然后把剪齐、并列排列的 8 条芯线对准水晶头开口并排插入水晶头中，注意一定要使各条芯线都插到水晶头的底部，不能弯曲，因为水晶头是透明的，所以可以从水晶头有卡位的一面清楚地看到每条芯线所插入的位置，如图 1-49 所示。

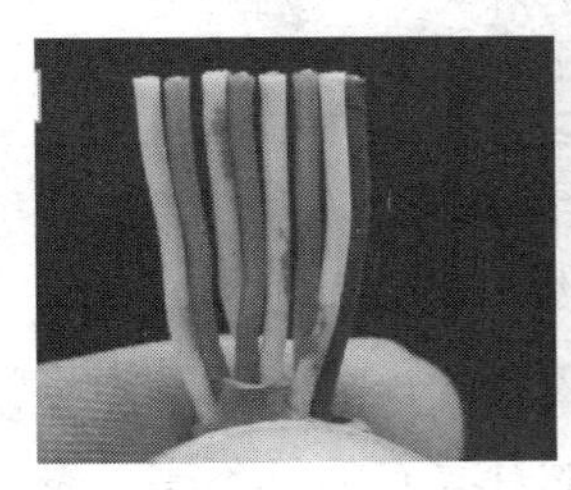
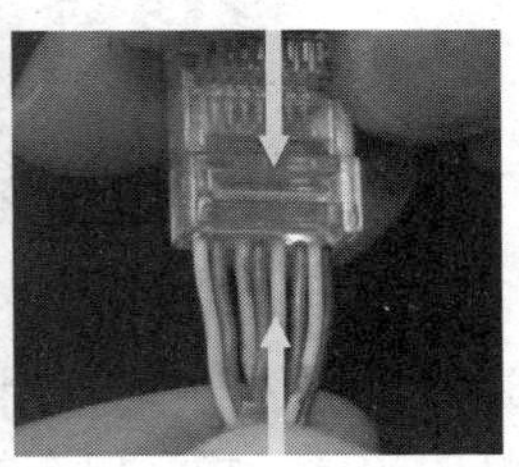

图 1-49　插线效果图

4. 压线

确认所有芯线都插到水晶头底部后，即可将插入双绞线的水晶头直接放入压线钳压线缺口中，如图 1-50 所示。因缺口结构与水晶头结构一样，一定要正确放入才能使所压位置正确。压的时候一定要使劲，使水晶头的插针都能插入到双绞线芯线之中，与之接触良好。然后再用手轻轻拉一下双绞线与水晶头，看是否压紧，最好多压一次，最重要的是注意所压位置一定要正确。

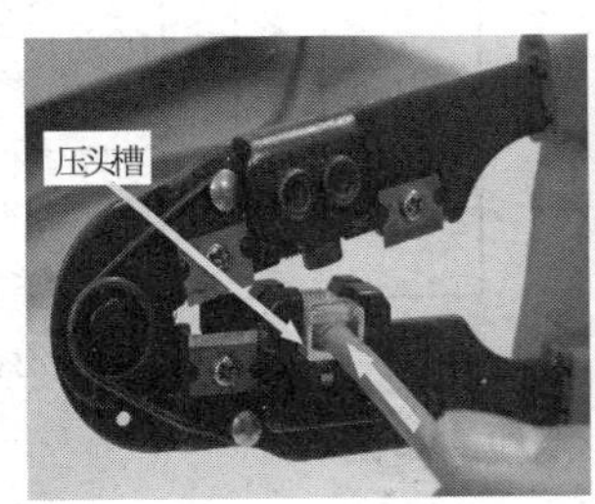

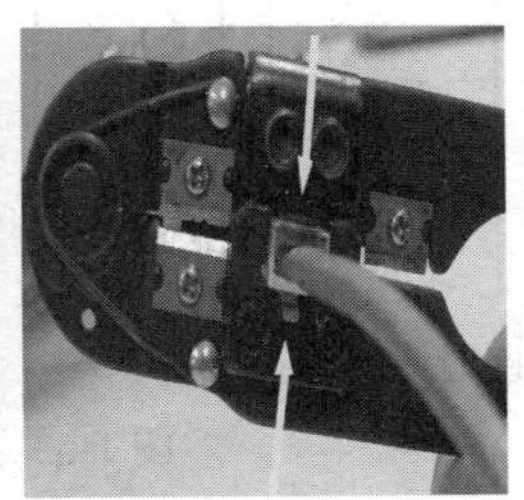

图 1-50　压线操作图

至此，这个 RJ-45 头就压接好了。按照相同的方法制作双绞线的另一端水晶头，需要注意的是芯线排列顺序一定要与另一端的顺序完全一样，这样整条网线的制作就算完成了，如图 1-51 所示。

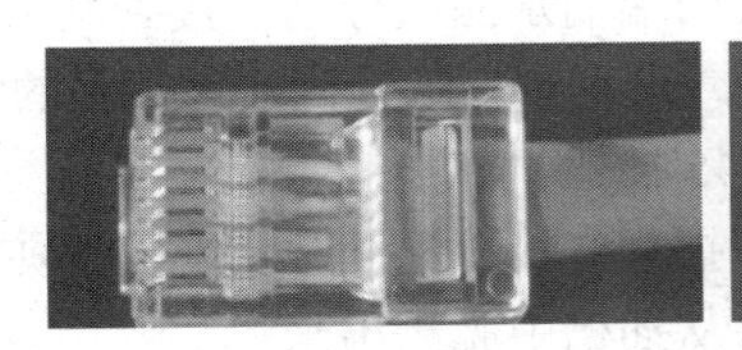
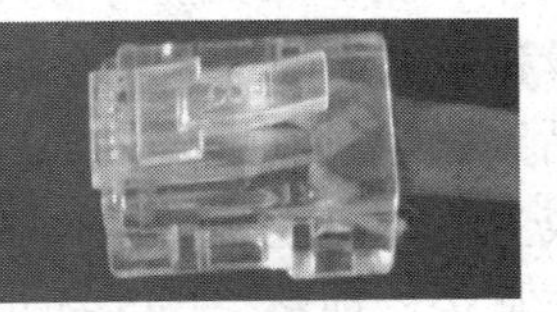

图 1-51　制作完成的直通线效果图

知识链接：经过压线后，水晶头将会和双绞线紧紧结合在一起。另外，水晶头经过压制后将不能重复使用。

5. 双绞线的测试

为了保证双绞线的连通，在完成双绞线的制作后，最好使用电缆测试仪测试网线的两端，保证双绞线能正常使用。将做好的网线两端分别插入电缆测试仪中的RJ-45插座内，打开主模块的电源开关，测试仪开始进行测试，如图1-52所示。

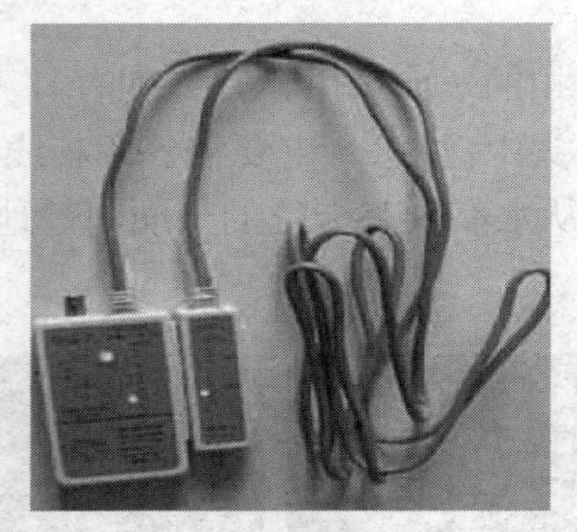

图1-52 使用电缆测试仪测试网线

（1）若制作的是直通线，两边的指示灯将按同样的顺序一起亮，表示该网线制作成功，如图1-53（a）所示。亮灯的顺序一样，但有的灯亮有的灯不亮，表示该网线还不合格，可能是没有压紧，需再次使用压线钳压紧。若多次压紧后还是如此，则这根网线不合格。

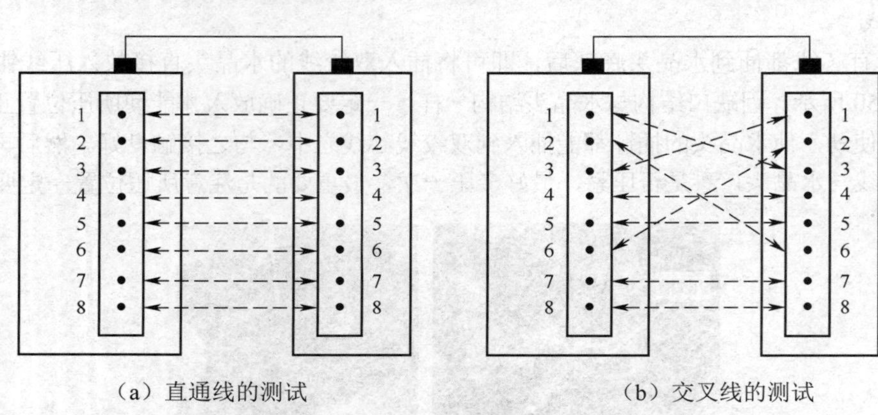

（a）直通线的测试　（b）交叉线的测试

图1-53 网线的测试

（2）若制作的是交叉线，两边的指示灯发光顺序为1&3、2&6、3&1、4&4、5&5、6&2、7&7、8&8，表示该网线制作成功，如图1-53（b）所示。若亮灯的顺序不是如此，则说明该交叉网线不合格。

6. 网线的拔取

完成双绞线的制作和测试后，就可将其两端的水晶头分别连接到网络主机网卡上的RJ-45插槽中及相关网络设备（如Hub）上。在插入过程中，应听到非常清脆的“叭”的一声，这也提示双绞线上的水晶头已经顺利地插入RJ-45插槽。

在从网络设备或主机网卡上拔取RJ-45插头时，千万不能硬拔，必须捏紧RJ-45插头上的捏柄，这样就可以非常轻松地将RJ-45插头从插槽中脱离出来。

1.2.4 课后习题

1. 在常用的传输介质中，（　　）的带宽最宽，信号传输衰减最小，抗干扰能力最强。

   A. 光纤　　B. 同轴电缆　　C. 双绞线　　D. 微波

2. 电缆屏蔽的好处是（　　）。

A．减少信号衰减　　B．减少电磁干扰辐射
C．减少物理损坏　　D．减少电缆的阻抗

3．下列（　　）使用直通电缆。
A．通过控制台端口连接路由器时　　B．连接两台交换机时
C．连接主机与交换机时　　D．连接两台路由器时

4．下列（　　）是单模光纤的特征。
A．一般使用 LED 作为光源　　B．因为有多条光通路，核心相对较粗
C．价格比多模低　　D．一般使用激光作为光源

5．以下（　　）被视为选择无线介质的优点。
A．主机移动更方便　　B．安全风险更低
C．减少干扰的影响　　D．环境对有效覆盖面积的影响更小

6．什么是网络传输介质？目前计算机网络中常用的网络传输介质有哪些？

7．制作 UTP 网线有哪两种标准？其线序分别是如何定义的？

8．直通网线应用于什么场合？交叉网线呢？

9．双绞线中的两条线为什么要绞合在一起？有线电视系统的 CATV 电缆属于哪一类传输介质，它能传输什么类型的数据？

10．不按标准制作的双绞线能否使用？请详细说明理由。

11．测试网线的时候，需要借助一定的工具。现在，假定你手头没有电缆测试仪，如何辨别所做的网线是否存在问题？

12．你若做好了一根直通双绞线，使用测试仪测试时，灯亮的顺序是一致的，但对应的 2 号灯不亮，可能是什么问题？怎样补救才有可能使这根网线被测通？

任务 3　绘制计算机网络拓扑

1.3.1　任务目的及要求

网络拓扑结构（Network Topology Structure）会影响整个网络的设计、功能、可靠性、通信费用和扩张能力，是决定网络性能优劣的重要因素之一。本任务是让读者了解计算机网络的拓扑结构类型；掌握常见拓扑结构的特性及其应用场合等。

本任务的具体要求是：根据给定的网络拓扑图，能够确定拓扑类型；能够使用 Visio、AutoCAD 等绘图软件根据实际运行的网络绘制相应的网络拓扑结构图。

1.3.2　知识准备

本任务知识点的组织与结构，如图 1-54 所示。

- 拓扑结构与计算机网络拓扑结构之间的关系
- 计算机网络拓扑结构的分类及其特点
- 计算机网络拓扑结构的选择
- 计算机网络拓扑结构实例分析
- Visio在计算机网络中的应用

图 1-54　任务 3 知识点结构示意图

读者在学习本部分内容的时候，请认真领会并思考以下问题：

（1）根据实际需要，很多时候会使用几种拓扑结构结合的方式进行组网，以达到提高网络可靠性、节约组网成本、利于故障检测和维护等目的，请结合实例分析。

（2）总线型拓扑结构在物理上可以是星型的，但逻辑上是总线型的，试分析。

（3）归纳总结 Visio 的使用技巧，例如如何对齐图标、细微调整间距等？

1. 拓扑结构（Topology Structure）

网络拓扑结构是指用传输介质连接各种设备的物理布局，即用什么方式把网络中的计算机等设备连接起来。网络拓扑由两部分组成：电缆的物理布局，以及在电缆上传送信号所遵循的逻辑路径，描绘这些路径的图形就是拓扑图。

网络的拓扑结构影响着整个网络的设计、功能、可靠性和通信费用等方面，是研究计算机网络的主要环节之一。在网络构建时，网络拓扑结构往往是首先要考虑的因素之一。网络结构根据各自的连接方式不同，可以分为以下几种：总线型、星型、环型、树型和网状型等。这些拓扑结构各有利弊，在不同的时期、不同环境下的企业网络组建时，它们都有自身的价值。

2. 计算机网络拓扑结构的分类

（1）总线型拓扑（Bus Topology）。

如图 1-55 所示的总线型拓扑中采用单根传输线路作为传输介质，所有工作站和其他共享设备（如服务器、打印机）等通过相应的硬件接口连接到公共信道上，这个公共的信道称为总线。任何一个站点发送的信号都沿着传输介质传播，而且能被所有其他站点所接收。

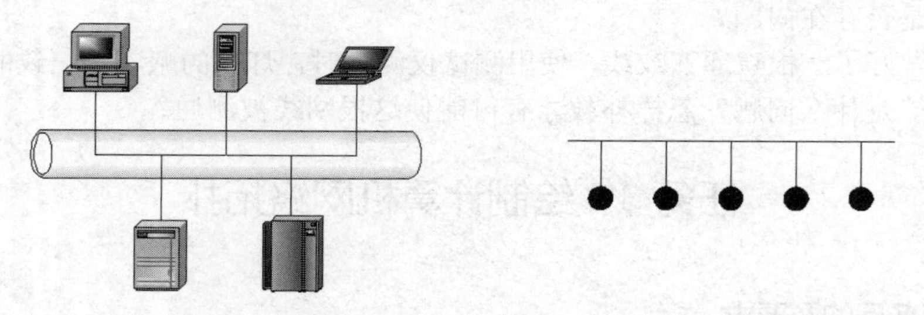

（a）总线型局域网的计算机连接　　（b）总线型局域网的拓扑结构

图 1-55　总线型拓扑结构

1）总线型拓扑结构具有以下优点：

- 总线结构所需要的电缆数量少。
- 总线结构简单，又是无源工作，有较高的可靠性。
- 易于扩充，增加或减少用户比较方便。

2）总线型拓扑结构具有以下缺点：

- 总线的传输距离有限，通信范围受到限制。
- 故障诊断和隔离较困难。
- 分布式协议不能保证信息的及时传输，不具有实时功能。站点必须是智能的，要有介质访问控制功能，从而增加了站点的硬件和软件开销。

（2）星型拓扑（Star Topology）。

星型拓扑是指各工作站以星型方式连接成网，网络有中央节点，其他节点都与中央节点直接相连。这种结构以中央节点为中心，因此又称为集中式网络，如图 1-56 所示。

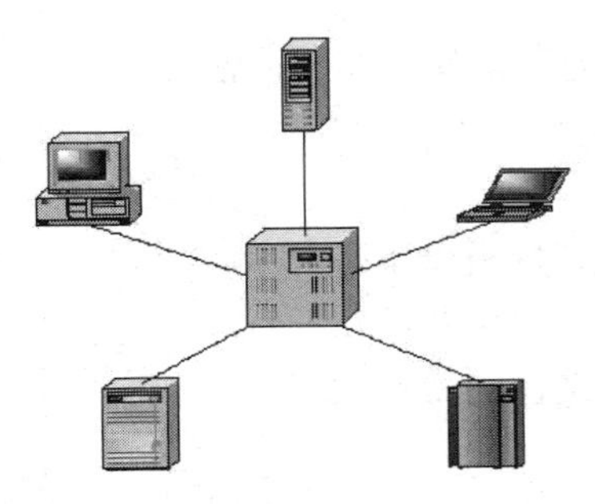

（a）星型局域网的计算机连接

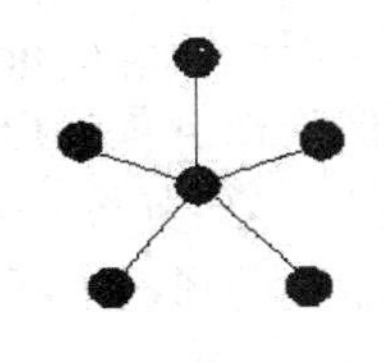

（b）星型局域网的拓扑结构

图 1-56　星型拓扑结构

1）星型拓扑结构具有以下优点：

- 控制简单。在星型网络中，任意站点只和中央节点相连接，因而介质访问控制方法和访问协议十分简单。
- 故障诊断和隔离容易。在星型网络中，中央节点对连接线路可以逐一地隔离开来进行故障检测和定位，单个连接点的故障只影响一个设备，不会影响全网，从而方便故障诊断和隔离。
- 服务方便。在星型网络中，中央节点可方便地对各个站点提供服务和重新配置网络。

2）星型拓扑结构具有以下缺点：

- 电缆长度和安装工作量大。因为每个站点都要和中央节点直接连接，需要耗费大量的电缆，安装、维护的工作量也骤增。
- 中央节点的负担较重，形成瓶颈。一旦中央节点发生故障，则全网受影响，因而对中央节点的可靠性和冗余度方面的要求很高。

（3）环型拓扑（Ring Topology）

环型拓扑结构的网络由站点和连接站点的链路组成一个闭合环，环型结构在局域网中使用较多。这种结构中的传输介质从一个端用户到另一个端用户，直到将所有的端用户连成环型，如图 1-57 所示。

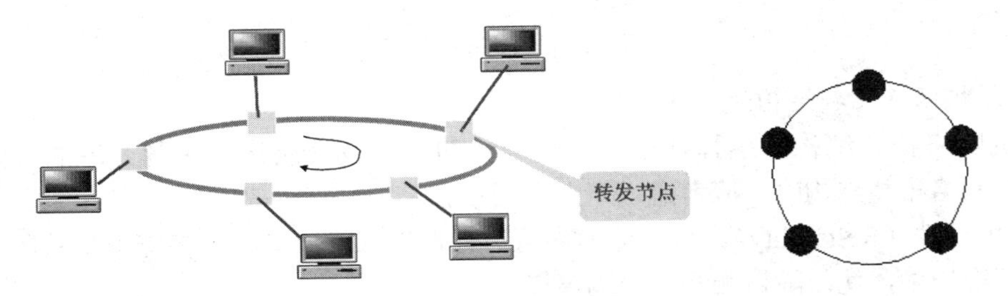

图 1-57　环型拓扑结构

1）环型拓扑结构具有以下优点：

- 电缆长度短。环型拓扑所需的电缆长度和总线型拓扑网络相似，比星型拓扑结构短。
- 可使用光纤。光纤的传输速率很高，十分适合于环型拓扑的单方向传输。

2）环型拓扑结构具有以下缺点：

- 节点的故障会引起全网故障。因为环上的数据传输要通过接在环上的每一个节点，一旦环中某一节点发生故障将会引起全网的故障。

- 故障检测困难。与总线型拓扑相似，因为不是集中控制，故障检测需在网上各个节点进行，因此不容易进行故障的检测和隔离。

（4）树型拓扑（Tree Topology）。

树型拓扑结构像一棵倒置的树，顶端是树根，树根以下是分支，每个分支还可有分支，如图 1-58 所示。树根接收到各站点发送的数据，然后广播发送到整个网络。树型拓扑结构的特点大多与总线型拓扑结构相同，但也有一些特殊之处。

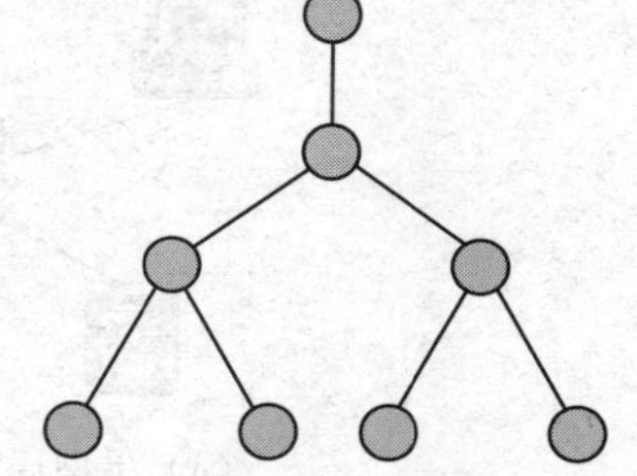

图 1-58　树型拓扑结构

1）树型拓扑结构具有以下优点：

- 易于扩展。这种结构可以延伸出很多分支和子分支，这些新节点和新分支都能容易地加入网络。
- 故障隔离较容易。如果某一分支的节点或线路发生故障，很容易将故障分支与整个系统隔离开来。

2）树型拓扑结构的缺点是：各个节点对根的依赖性太大，如果根节点发生故障，则整个网络都不能正常工作。从这一点来看，树型拓扑结构的可靠性类似于星型拓扑结构。

（5）网状拓扑（Mesh Topology）。

网状拓扑结构如图 1-59 所示。这种结构在广域网中得到了广泛的应用，其优点是不受瓶颈问题和失效问题的影响。由于节点之间有许多条路径相连，可以为数据流的传输选择适当的路由，从而绕过失效的部件或过忙的节点。由于此结构可靠性高，因此受到很多用户的欢迎。

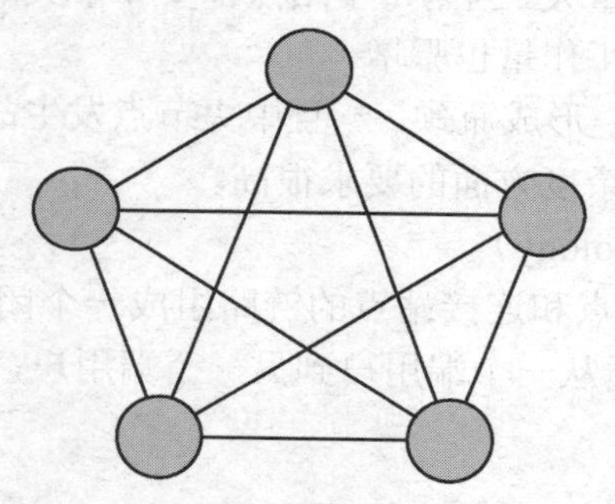

图 1-59　网状拓扑结构

3. 计算机网络拓扑结构的选择

计算机网络拓扑结构的选择往往与传输介质的选择及介质访问控制方法的确定紧密相关。在选择网络拓扑结构时，应考虑以下主要因素。

（1）可靠性（Reliability）。尽可能提高可靠性，以保证所有数据流能准确接收；还要考虑系统的可维护性，使故障检测和故障隔离较方便。

（2）费用（Cost）。在组建网络时，需要考虑适合特定应用的信道费用和安装费用。

（3）灵活性（Flexibility）。需要考虑系统在今后扩展或改动时能容易地重新配置网络拓扑结构，能方便地处理原有站点的删除和新站点的加入。

（4）响应时间和吞吐量（Throughput）。要为用户提供尽可能短的响应时间和最大的吞吐量。

4. 典型网络拓扑结构分析

随着教育信息化的快速推进，各个学校正以前所未有的速度向信息化和网络化方向发展。

校园网有什么功能？如何建设？建成什么样？请根据图 1-60 对这些问题进行详细分析。

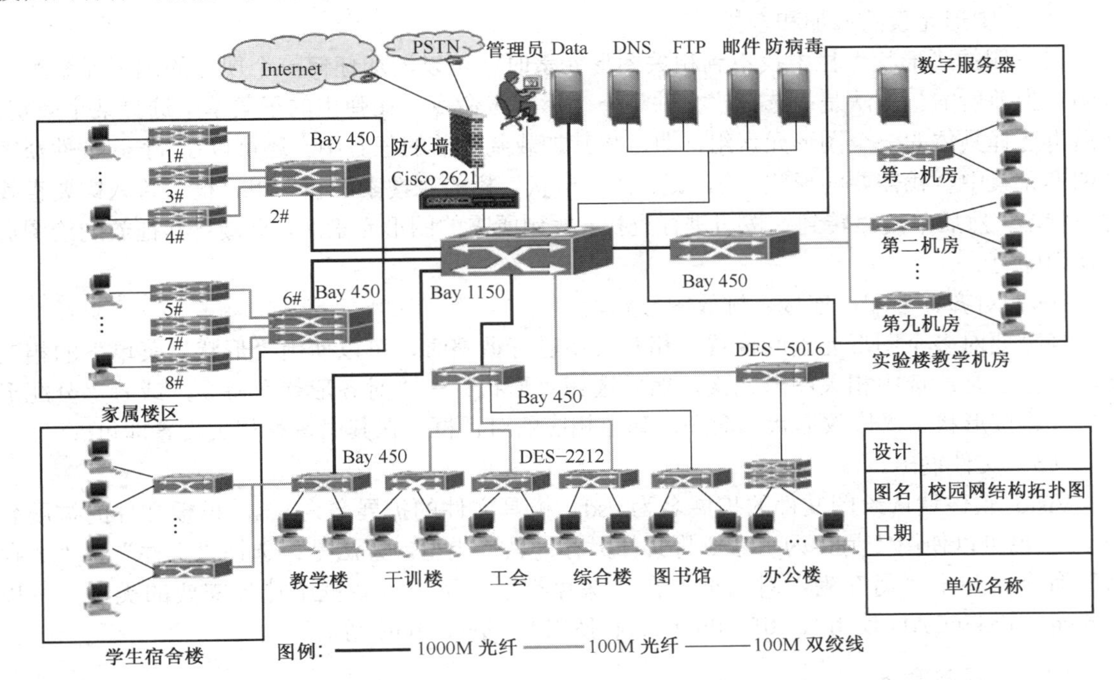

图 1-60　某校园网拓扑结构

（1）校园网主要用于办公、科研、教学管理、图书管理和校园一卡通管理等。

（2）校园网在设计时应遵循分层网络的设计思想，采用三层设计模型，主干网采用星型拓扑结构，该拓扑结构实施与扩充方便灵活、便于维护、技术成熟。

（3）校园网硬件系统包括：服务器、交换机、路由器、防火墙、机柜、终端设备等，校园网软件系统包括：系统软件，如 Windows Server 2003 等；应用软件，如办公自动化系统。

（4）整个网络系统采用树型结构，核心交换机是中心节点，校园网中核心和各个节点以光纤连接，充分满足了应用发展对主干带宽的需求；校园网络有两个出口：路由器的 100Mb/s 端口接 Internet 和 100Mb/s 端口接 CERNET（中国教育科研网），并在网络出口部署了路由器以连接至因特网；并且为了充分保证网络的安全性与可靠性，在网络入口处部署了防火墙。

5. Visio 软件介绍

对于小型、简单的网络拓扑结构可能比较容易绘制，因为其中涉及的网络设备不是很多，图元外观也不会要求完全符合相应产品型号，通过简单的画图软件（如 Windows 系统中的“画图”等）即可轻松实现。而对于一些大型、复杂网络拓扑结构图的绘制则通常需要采用一些非常专业的绘图软件，如 Microsoft Visio、LAN Map Shot 等。下面介绍 Microsoft Visio 2003 软件的常用功能。

（1）准确调整图形元素的大小和位置。

选择“视图”→“大小和位置窗口”命令，弹出“大小和位置”面板，然后选中需调整大小或位置的图形元素，在面板中进行相关设置即可。

（2）显示“绘图”工具栏。

选择“视图”→“工具栏”→“绘图”命令，即可弹出“绘图”工具栏。它提供了矩形、椭圆形、线条、弧形等直接绘图工具。

（3）图形元素的添加和查找。

在左侧的“形状”栏中找不到相关图形元素时，可以添加任何一个现有的图形元素组，以满足当前所需。方法是：选择“文件”→“形状”命令，在弹出的子菜单中选择某个类别，然后再选择具体的一个图形元素组，即可将其加载到当前的任务中。还可以在 Visio 软件众多的图形元素中查找需要的形状。方法是：在“形状”栏的“搜索形状”组合框中输入需要查找的形状名，然后单击“转到”按钮进行查找，找到所需的图形元素后，直接将其拖放到绘图页上使用即可。

（4）对齐、分配、连接、排放图形元素。

当需要对多个图形元素的位置、相互关系进行调整时，可以使用“形状”菜单下的相关功能。方法是：选中相关图形元素，然后选择“形状”→“对齐形状”命令，或者“分配形状”“连接形状”“排放形状”命令，弹出相应的对话框，在其中进行相关设置即可。

（5）文件输出。

Visio 软件默认绘图文件的扩展名为.vsd，模具文件的扩展名为.vss，模板文件的扩展名为.vst。也可以使用“另存为”命令将文件另存为其他类型，方法是：选择“文件”→“另存为”命令，弹出“另存为”对话框，在“保存类型”下拉列表框中选择需要的类型，可以是.dwg、.dxf（CAD 使用）、.tif（Photoshop 使用）、.jpg、.bmp 等。

1.3.3 任务实施

1. 任务实施条件

安装有 Windows XP 操作系统的计算机，并安装有 Microsoft Visio 2003 或 2007 软件。

2. 任务及实施要求

请读者根据以上功能介绍，绘制如图 1-61 所示的网络拓扑图，要求绘制页面大小为 A4，每个元素都有标注，尽量不出现连接线交叉、图形重叠现象，输出格式为.vsd。

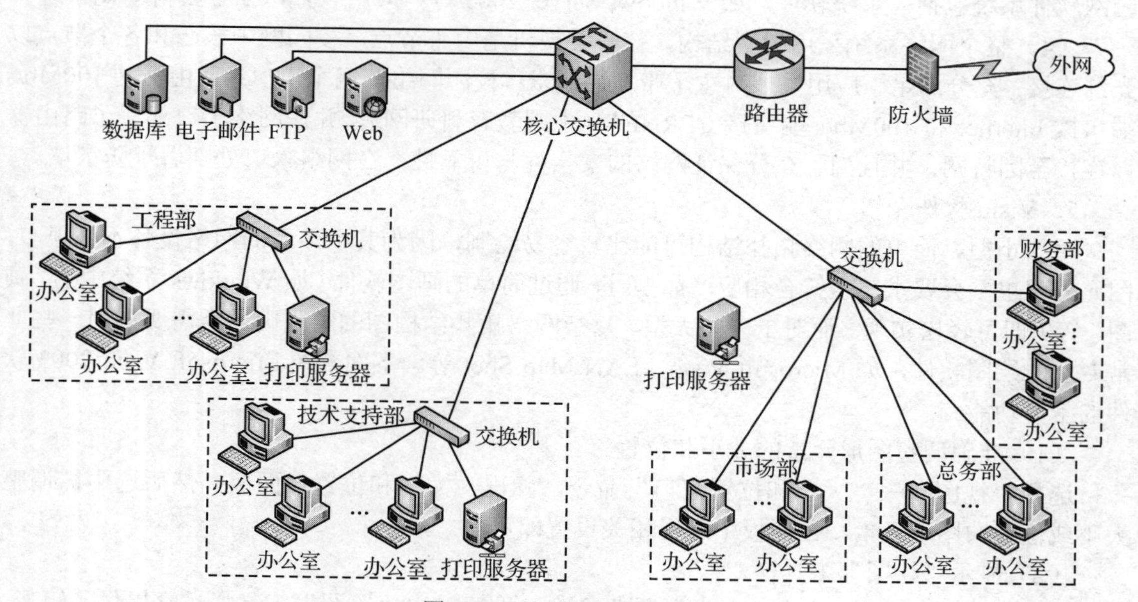

图 1-61　绘制网络拓扑结构

3. 关键步骤提示

（1）添加打印服务器。

打开“状态”栏中的“服务器”选项，从列表中找到“打印服务器”图形元素，将其拖入绘图页中，并与交换机用直线连接起来。

（2）添加虚线框和说明文字。

调整大小，使虚线矩形正好将结构图框住。然后在“常用”工具栏单击“文本工具”下拉按钮，在绘图页中单击，出现空白文本区域，在空白处输入文字。

4. 注意事项

（1）部门是一个信息系统的子集合，一般应在拓扑图中体现出来。

（2）补充网络拓扑图中应标明设备的型号等信息。

（3）拓扑图要合理布局、左右平衡，不能出现一边多，一边少的情况，保证“重心”在整幅图的中心。

（4）避免拓扑图中颜色过多。

（5）调整好各个图形元素的比例，避免某些设备图形过大或过小。

（6）主干线或光纤应用不同的颜色标注。

5. 思考

（1）整个网络拓扑图中没有无线通信的部分，是否能布置无线通信部分？如何布置？

（2）你认为整个网络拓扑结构中哪部分是网络安全的中心？在哪一部分实施网络监控最好？为什么？

1.3.4　课后习题

1. 计算机网络的拓扑结构有（　　）、树型、（　　）、环型和网状型。

2. 一旦中心节点出现故障，则整个网络瘫痪的局域网拓扑结构是（　　）。

A. 总线型结构　B. 星型结构　C. 环型结构　D. 工作站

3. 目前，实际存在与使用的广域网基本都采用（　　）。

A. 总线型结构　B. 环型结构　C. 网状结构　D. 星型结构

4. 具有中央节点的网络拓扑结构属于（　　）。

A. 总线型结构　B. 星型结构　C. 环型结构　D. 工作站

5. 下面不属于网络拓扑结构的是（　　）。

A. 环型结构　B. 总线结构　C. 层次结构　D. 网状结构

6. 下列（　　）拓扑结构广为局域网采用。

A. 星型　B. 全连接　C. 总线　D. 树型

7. 计算机网络的拓扑结构有哪些？它们各有什么优缺点？

8. 网络拓扑图在构建和维护网络中有何用途？

9. 试阐述你所在学校的网络拓扑结构，并画出校园网的拓扑结构。

项目二　探索处理计算机网络问题的基本方法

项目一从网络基本概念的角度，介绍了计算机网络的发展历程、定义、组成、分类以及网络领域目前主要研究的热点问题，回答了什么是计算机网络这一最基本的问题，在广域网的基础上提出了对网络结构进行抽象的概念：资源子网和通信子网，为我们研究计算机网络提供了初步的解决方法。随着 Internet 技术的发展，资源子网和通信子网的概念也在发生着演变。现在我们讨论 Internet 技术的发展，不再使用资源子网和通信子网的概念了，而是以“边缘部分”和“核心交换部分”代之。因此，需要在此基础上做更高层次的抽象。网络体系结构和网络协议的概念是抽象的理论研究的成果，是很多研究人员多年研究成果的总结。网络体系结构和网络协议是学习网络知识中必须要掌握的两个基本概念，它为我们提供了解决计算机网络问题的有效方法。尽管计算机网络是一个复杂的系统，利用它可以回答和解决计算机网络的基本工作原理和技术实现这个最本质的问题。

在计算机网络的发展过程中，有两种著名的网络体系结构。一是 1984 年发布的开放系统互联参考模型（Open System Interconnection/Reference Mode，OSI/RM），它为各个厂商提供了一套标准，确保全世界各公司提出的不同类型网络之间具有良好的兼容性和互操作性。二是传输控制协议/网际协议（Transmission Control Protocol/Internet Protocol，TCP/IP），起源于 20 世纪 60 年代美国国防部 DOD（U.S. Department of Defense）资助的一个网络分组交换研究项目，是至今发展最成功的通信协议，它被用于最大的开放式网络系统 Internet 之上。

本项目将从层次、服务与协议的基本概念出发，对 OSI 参考模型、TCP/IP 参考模型进行讨论和比较，使读者明白网络体系结构和网络协议这两个概念的重要性，以便读者对计算机网络的工作过程和实现（Implementation）技术建立一个整体概念，为后续学习打下基础。

项目一已经实现两台计算机之间的物理连接，但小王仍旧不能享受两台计算机之间的文件传输功能。因此本项目在项目一基础上，能够将一台计算机的大文件通过网络传送至另一台计算机上，并能解决在网络使用过程中出现的问题，如网络中断、网络通信速度慢等问题。

要实现本项目，首先在两台计算机上正确安装并配置网络通信协议，在确保网络连通的情况下，运行计算机操作系统内置的工具软件超级终端，或者对计算机系统进行配置，采取资源共享的方式，实现两台计算机大文件的传送要求。计算机网络在使用的过程中可能遇到一些问题，如小王家中的计算机之间不能传输文件了，应该是最常见的一种；而有些问题比较古怪，

且很难从中梳理头绪，这时候需要有科学的故障解决方法和合适的故障检测工具。解决问题的方法有多种，最为科学的故障解决方法是网络分层，将复杂的问题分解成一系列相互衔接的小任务，然后逐一解决，最终得到整个问题的解决。故障检测工具也有很多，若采用硬件故障检测工具，可能会增加投入成本；若采用开源的网络协议分析工具如 Wireshark 软件，可以在任意数量机器上使用，不用担心授权和付费问题。因此，本项目采用使用超级终端传输文件和使用 Wireshark 捕获并分析协议数据包两个任务来实现。

学习目标

通过完成本项目的操作任务，读者将：

- 了解网络层次结构的产生背景和作用。
- 理解分层模型中协议、协议数据单元、接口与服务等重要概念。
- 了解 OSI 模型的产生背景及各层功能。
- 掌握 TCP/IP 各层功能和协议分布，OSI 模型与 TCP/IP 模型的区别。
- 掌握 IP 地址的作用及 IP 协议的功能。
- 能够安装并配置 TCP/IP 协议通信参数。
- 会使用协议分析工具对计算机网络问题进行处理。

任务 1　使用超级终端传输文件

2.1.1　任务目的及要求

本任务需要将小王家中一台电脑上的大文件成功传送至另一台电脑上。通过本任务，读者可了解网络分层，掌握网络协议和网络体系结构的概念，掌握 IP 地址和 IP 协议的应用。

为了完成这一任务，首先需要在 Windows 系统上安装并配置 TCP/IP 协议，利用 Windows 自带的常见的网络测试工具 ping，检测是否正确安装 TCP/IP 通信协议和网络的连通性。然后安装并配置超级终端软件，实现两台计算机之间的文件传输。

2.1.2　知识准备

本任务知识点的组织与结构，如图 2-1 所示。

读者在学习本部分内容的时候，请认真领会并思考以下问题：

（1）试分析网络分层的必要性和好处？

（2）协议数据单元的作用是什么？在分层模型中，每层上的协议数据单元叫什么？

（3）IP 地址有什么作用？主要分为哪几类？

网络的层次结构
网络协议
网络协议的分层
网络协议栈
TCP/IP协议的安装与配置

图 2-1　任务 1 知识点结构示意图

1. 网络的层次结构

“化繁为简，各个击破”是人们解决复杂问题的常用方法。对网络进行层次划分就是将计算机网络这个庞大的、复杂的问题划分成若干较小的、简单的问题。通过“分而治之”，解决这些较小的、简单的问题，从而解决计算机网络这个大问题。

（1）邮政系统的层次结构。

为了更好地理解分层模型及协议等概念，下面以图 2-2 所示的邮政系统作为类比来说明这个问题。

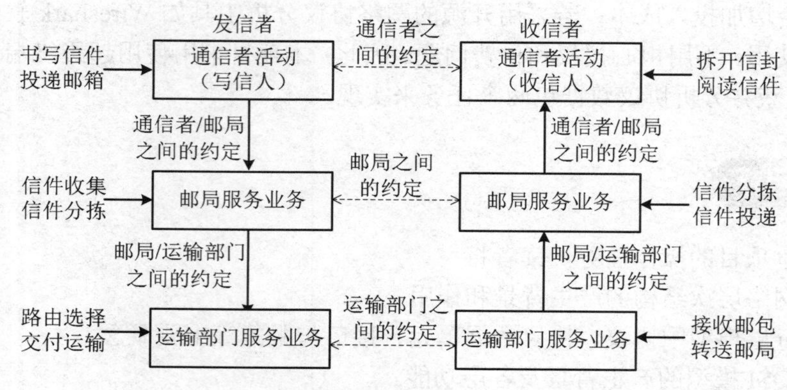

图 2-2　网络分层模型类比邮政系统模型

假设 Alice 想给重庆的朋友 Bob 写一封信，Bob 最后是怎样得到信件的呢？事实上，实际的邮政系统是一个复杂的系统，从书写信件开始，到收信人收到信件，期间要经过多个步骤，这个步骤等价于层次（Layer）。从图 2-2 可以看出，至少涉及以下几个步骤：

1）发信方与收信方的层次是相等的，但层次的过程方向是相反的。

2）发信人需按照国内信件的信封书写标准，在信封的相应位置写上收信人的地址、姓名和发信人的地址。

3）各地邮局及其工作人员必须按照信封上提供的信息，并按照信件的邮寄要求，完成信件邮寄任务。

从图中我们可以清楚地看到，信件的传输工作被分为三个层次：用户、邮局和运输部门，每个层次完成各自的任务。同时，用户利用邮局的投递服务（Service），邮局利用运输部门提供的运输服务，最终完成信件的投递功能。

（2）网络分层结构的好处。

如同邮政系统一样，计算机网络也是一个复杂的系统，也采用了层次化体系结构，并有许多好处。

1）根据网络实际处理过程，按功能分类，从而便于理解和掌握。

2）能够定义标准接口（Interface），使不同厂商制造的硬件之间可以互联。

3）工程师在设计和研发网络硬件时，可以把思维限定在一定范围之内。

4）当某层内部发生变化时，不会给其他层带来影响。

5）在进行网络故障分析时，分层的方法还能帮助我们分解、简化问题，定位故障点。

2. 网络协议

生活中有很多各种各样的协议，完成不同的功能，如雇佣协议、保密协议、购房协议等。这些协议有一些共同点：由双方共同商定，由双方共同认可；共同遵守协议，按协议规定办事；有针对性，有一定的法律效力和权威。

在计算机网络中，协议（Protocol）是指通信双方为了实现通信而设计的约定或会话规则。例如上述例子中的邮政系统，按照约定俗成的规则，发信人写信的时候将收信人的地址、邮编写在信封的左上角，将自己的地址和邮编写在信封的右下角，而不能反之。

每一个协议是针对某一个特定的目标和需要而解决的问题，新的网络服务出现，新的协议就会出现。因此，协议的制定和实现是计算机网络重要组成部分。执行某种通信功能所需的一组内在相关协议称为协议簇（协议栈）。协议簇由主机和网络设备在软件、硬件或同时在这两者中实施。

网络协议通常由语义、语法和时序三部分组成。

（1）语法（Syntax）：数据与控制信息的结构或格式，定义怎么做。

（2）语义（Semantics）：需要发出何种控制信息、何种动作以及做出何种应答，定义做什么。

（3）时序（Timing）：数据收发的速率匹配和接收排序，定义何时做。

下面以生活中两个人打电话的过程为例，说明协议的组成，如图 2-3 所示。

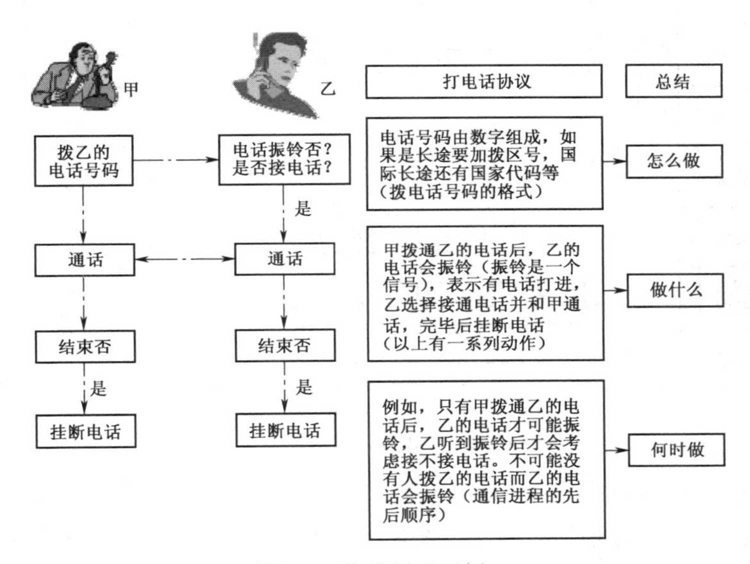

图 2-3　协议组成示例

3. 网络协议的分层

在计算机网络体系结构思想的指导下，网络协议也采用了分层结构，比如当今使用最广泛的 TCP/IP 协议，就是从原理上分为四层（该内容将在后面展开）。

（1）网络协议采用分层结构的原因。

在分层思想下，每一层都有明确的任务或相对独立的功能，不需要关心下层如何实现，只需要知道它通过层间接口（Interface）提供服务（Service）即可。灵活性好，易于实现和维护，有利于标准化。

（2）网络协议各层次之间的关系。

1）下层为上层提供服务，而上层并不关心下层服务是如何实现的。

2）每一对相邻层之间有一个接口（接口就是相邻层交换信息的地方，比如用户和邮局两层之间的接口为邮箱），相邻层之间通过接口交换数据，提供服务。

3）实体（Entity）是表示任何可以发送或接收信息的硬件或软件进程。发送方和接收方处于同一层的实体叫做对等实体（Peer Entity）。数据信息传输可以发生在某一层已经建立起的对等体之间，也可以发生在同一系统的相邻层次实体之间。

4）对等层之间的通信是虚通信，只有传输介质上完成的通信是实通信。

5）从层次角度看数据的传输，发送方数据往下层传递，接收方数据向上层传递，通常分别将发送方和接收方所历经的这种过程称为数据封装和数据拆封。

（3）协议数据单元（Protocol Data Unit，PDU）。

协议数据单元就是在不同站点的各层对等实体之间，为实现该层协议所交换的信息单元。考虑到协议的要求，如时延（Delay）、效率（Efficiency）等因素，网络中的 PDU 在不同的网络层次有各自不同的名称，其组成和功能也不同，分别有着各自的特点，从而组成了各种计算机网络。图 2-4 给出了后面要讨论的 OSI 参考模型各层的协议数据单元。

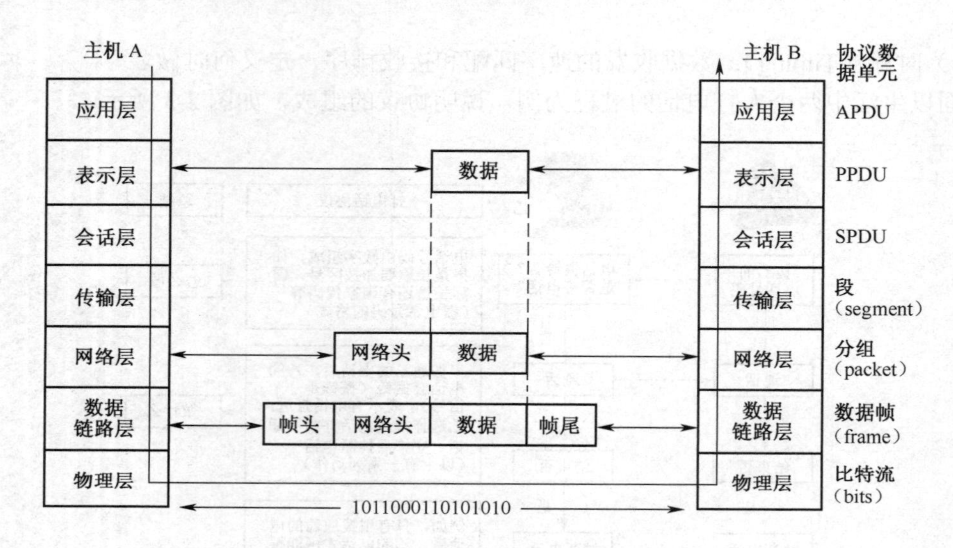

图 2-4 OSI 各层协议数据单元

✍知识链接：由于早期对英文名词的中文翻译缺乏标准，在通信领域，“Packet”一词被习惯性地翻译成“包”、“分组”、“报文”等多种形式，本书将根据特定场合不加区分地使用这些中文名称。因此，OSI 参考模型网络层的 PDU 也称为“分组”或“数据包”或“数据报”，而 OSI 参考模型传输层的 PDU 称为“段（Segment）”。

（4）层、服务与接口之间的关系。

层、服务与接口之间的关系，如图 2-5 所示，N 层向相邻的高层提供服务，N 层向相邻的低层调用服务，相邻的高层协议通过服务访问点（Service Access Point，SAP）调用低层协议（如用户和邮局两层之间的 SAP 可看成投递信件的邮箱小孔，而 SAP 地址可看成邮箱在这个城市中的位置）。

1）服务的定义指明了该层做什么，而不是上层的实体如何访问这一层，或这一层是如何工作的。

2）接口告诉它上面的进程应该如何访问本层，它规定有哪些参数以及结果是什么，但并未说明本层内部是如何工作的。

3）每一层的对等（Peer-to-Peer）协议是本层内部的事情，它可以是任何协议，只要它能够提供所承诺的服务即可。

4. 网络协议栈

接入网络的任何一台计算机需赋予一个协议栈（Stack，也称为协议包），协议栈提供了使计算机能够进行网络通信的软件。这些协议栈以及连接到计算机的任何一个网络设备的驱动程序，提供了非常重要的软件连接，允许应用程序与网络通信。可以这么说，协议加上驱动程序等于网络接入。目前，最常见的协议包有以下几种：

（1）传输控制协议/网际协议（TCP/IP）是 Internet 上使用的协议栈，也是 Windows Server 2000/2003、Windows XP 和 Novell NetWare 5 及其更高版本的默认协议。

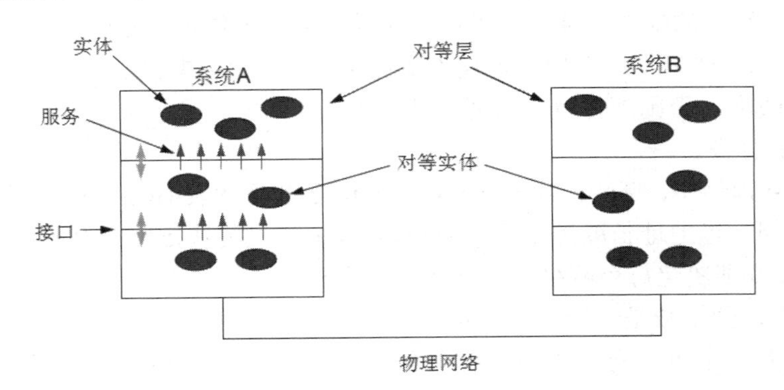

图 2-5　层、服务与接口之间关系图

（2）互联网络分组交换/顺序分组交换（Internetwork Packet Exchange/Sequences Packet Exchange，IPX/SPX）是 NetWare 4.x 及其更低版本最常使用的协议栈。

（3）NetBIOS 增强用户接口（NetBIOS Enhanced User Interface，NetBEUI）是由 IBM 为 PC 联网开发的协议栈，一般都使用在 IBM 和 Windows 产品中，例如 Windows NT、Windows 9x 和 Windows for workgroups。

（4）AppleTalk 是由 Apple 公司为它的 Macintosh 计算机开发的协议栈，并且仍然使用在基于 Macintosh 的网络中。

（5）系统网络体系结构（SNA）是由 IBM 为使用它的大型计算机开发的协议栈。

5. TCP/IP 协议栈的安装与配置

实际应用中最广泛的协议栈是 TCP/IP，由它组成了 Internet 的一整套协议。在以 TCP/IP 协议栈为通信协议的网络上，每台连接在网络上的计算机与设备都称为“主机”，而主机与主机之间的沟通需要通过以下三个桥梁：IP 地址、掩码和默认网关。

（1）IP 地址。

1）IP 地址的作用与表示。

IP 地址是 TCP/IP 协议栈中 IP 协议定义的网络层地址。在以 TCP/IP 协议栈为通信协议的网络上，每台主机都必须拥有唯一的 IP 地址，该 IP 地址不但可以用来标识每一台主机，其中也隐含着网络的信息。TCP/IP 协议栈中的 IP 协议提供了一种通用的地址格式，该地址为 32 位的二进制数。为了方便使用，一般采用点分十进制法来表示（将 32 位等分成四个部分，每个部分 8 位长，之间用英文句点分开，以十进制表示），如 192.168.10.1。

2）IP 地址的组成。

32 位的 IP 地址包含了 Network ID 与 Host ID 两部分，如图 2-6 所示。

Network ID （网络号）	Host ID （主机号）

图 2-6　IP 地址的层次结构

- Network ID：每个网络区域都有唯一的网络标识码。

- Host ID：同一个网络区域内的每一台主机都必须有唯一的主机标识码。

IP 地址的编址方式明显地携带了位置信息。IP 地址不仅包含了主机本身的地址信息，而且还包含了主机所在网络的地址信息，因此，将主机从一个网络移到另一个网络时，主机 IP 地址必须进行修改以正确地反映这个变化，否则不能通信。实际上，IP 地址与生活中的邮件地址非常相似。生活中的邮件地址描述了信件收发人的地理位置，也具有一定的层次结构（如城市、区、街道等）。如果收件人的位置发生变化（如从一个区搬到了另一个区），那么邮件的地址就必须随之改变，否则邮件就不可能送达收件人。

3）IP 地址的分类。

在 32 位的 IP 地址中，哪些位代表 Network ID，哪些位代表 Host ID？这个问题看似简单，意义却很重大，因为当地址长度确定后，Network ID 长度将决定整个互联网中能包含多少个网络，Host ID 长度则决定每个网络能容纳多少台主机。

在 Internet 中，网络数是一个难以确定的因素，而不同种类的网络规模也相差很大。有的网络具有成千上万台主机，而有的网络仅仅有几台主机。为了适应各种网络规模的不同，IP 协议将 IP 地址分成 A、B、C、D 和 E 五类，它们分别使用 IP 地址的前几位加以区分，如图 2-7 所示。从图 2-7 中可以看到，利用 IP 地址的前 4 位就可以分辨出它的地址类型。

地址类	第 1 个二进制八位数范围（十进制）	第 1 个二进制八位数的比特位（绿色位不变）	地址的网络部分 (N) 和主机部分 (H)	默认子网掩码（十进制和二进制）	可能的网络数量和每个网络可能的主机数量
A	1-127**	00000000-01111111	N.H.H.H	255.0.0.0	128 个网络 (2^7) 每个网络 16,777,214 台主机 (2^24-2)
B	128-191	10000000-10111111	N.N.H.H	255.255.0.0	16,384 个网络 (2^14) 每个网络 65,534 台主机 (2^16-2)
C	192-223	11000000-11011111	N.N.N.H	255.255.255.0	2,097,150 个网络 (2^21) 每个网络 254 台主机 (2^8-2)
D	224-239	11100000-11101111	不适用（组播）		
E	240-255	11110000-11111111	不适用（实验）		

图 2-7　5 类 IP 地址

在五大类的 IP 地址中，只有 A、B、C 类可供 Internet 网络上的主机使用。在使用时，还需要排除以下几种特殊的 IP 地址，如表 2-1 所示。

表 2-1　特殊 IP 地址

Network ID	Host ID	源地址使用	目的地址使用	代表的意义
0	0	可以	不可	不确定的 IP 地址或默认路由
0	Host ID	可以	不可	在本网络上的某个主机
全 1	全 1	不可	可以	只在本网络上进行广播（受限广播）
Network ID	全 1	不可	可以	对特定 Network ID 上的所有主机广播（直接广播）
127	任何数	可以	可以	用作本地软件回送测试

（2）掩码的作用。

当以 TCP/IP 协议栈为通信协议的网络上的主机相互通信时，怎么知道相互通信的主机是否在相同的网段内呢？

1）掩码的定义。

掩码采用与 IP 地址相同的位格式，由 32 位长度的二进制位构成，也被分为 4 个 8 位组并采用点分十进制来表示。但在掩码中，所有与 IP 地址中的网络位部分对应的二进制位取值为 1，而与 IP 地址中的主机位部分对应的位则取值为 0。

2）默认掩码。

A、B、C 三类网络的默认掩码如表 2-2 所示。

表 2-2　A、B、C 类网络的默认掩码（二－十进制对应）

类别	二进制子网掩码	十进制子网掩码
A	11111111.00000000.00000000.00000000	255.0.0.0
B	11111111.11111111.00000000.00000000	255.255.0.0
C	11111111.11111111.11111111.00000000	255.255.255.0

3）掩码的作用。

掩码主要有两个作用，一是用来分割 IP 地址的主机号和网络号，并且 IP 地址和掩码必须成对使用才用意义；二是掩码可以用来划分子网（Subnet）。本项目讨论第一个作用，第二个作用将在项目五中进行深入讨论。

分割 IP 地址的主机号和网络号的方法：（IP 地址）AND（掩码）=Network ID，即将给定 IP 地址与掩码对应的二进制位做逻辑“与”运算（规则：“1”和任何数相与，结果为任何数；“0”和任何数相与，结果为 0），所得的结果为 IP 地址的 Network ID。下面举例说明这一方法的使用。

假定甲主机的 IP 地址为 202.197.147.3，使用默认掩码 255.255.255.0，试问这个 IP 地址的 Network ID 是多少？解析过程如图 2-8 所示。

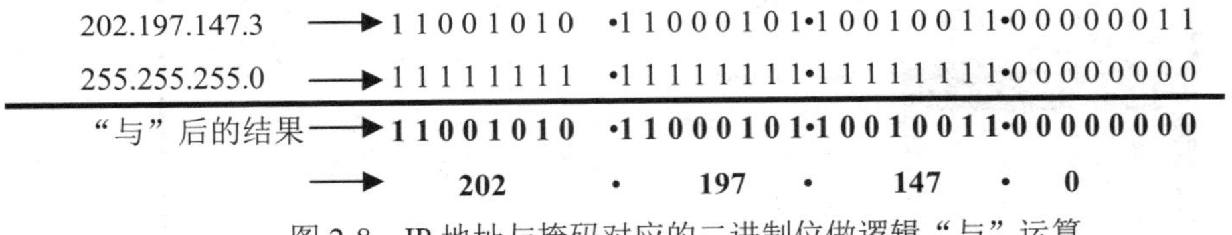

图 2-8　IP 地址与掩码对应的二进制位做逻辑“与”运算

若乙主机的 IP 地址为 202.197.147.18（掩码为 255.255.255.0），当甲主机要和乙主机通信时，甲主机和乙主机都会分别将自己的 IP 地址和掩码做“与”运算，得到两台主机的 Network ID 都是 202.197.147.0，因此判断这两台主机是在同一个网络区域，可以直接通信。如果两台主机不在同一个网络区域内（Network ID 不同），则无法直接通信，必须通过默认网关或路由器这一类设备进行通信。

知识链接： IP 地址和掩码必须成对使用，一个孤立的 IP 地址是没有任何意义的。有什么方法可以快速准确地将十进制表示的 IP 地址转化为二进制表示的 IP 地址？在得到 Network ID 后，如何得到 Host ID？最简单的方法：（IP 地址）-（Network ID）=Host ID。

（3）默认网关（Default Gateway）。

网关（Gateway）是一个网络通向其他网络的 IP 地址。默认网关的意思是一台主机如果找不到可用的网关，就把数据包发给默认指定的网关，由这个网关来处理数据包，因此一台主机的默认网关是不可以随随便便指定的，必须正确指定，否则无法与其他网络的主机通信。

（4）IP 地址的配置管理。

IP 地址的分配可以采用静态和动态两种方式。所谓静态分配是指由网络管理员为主机指定一个固定不变的 IP 地址并手工配置到主机上。动态分配目前主要通过动态主机配置协议（Dynamic Host Configuration Protocol，DHCP）来实现。采用 DHCP 进行动态主机 IP 地址分配的网络环境中至少具有一台 DHCP 服务器，DHCP 服务器上拥有可供其他主机申请使用的 IP 地址资源，客户机通过 DHCP 请求向 DHCP 服务器提出关于地址分配或租用的要求。

何时使用静态分配 IP 地址？何时使用动态分配 IP 地址？最重要的一个决定因素是网络规模的大小。大型网络和远程访问网络适合动态地址分配，而小型网络适合静态地址分配。最好是普通客户机的 IP 地址采用动态分配，而服务器等特殊主机采用静态分配，两者相结合的方式来对 IP 地址进行管理。

2.1.3 任务实施

1. 任务实施条件

装有 Windows 2003/XP 操作系统的计算机各 1 台，Windows 2003/XP CD-ROM 或者 DVD 各一张，每台计算机已正确安装以太网卡，连接两台计算机的交叉网线 1 条。

2. 安装 TCP/IP 协议

在操作系统的安装过程中若已自动安装了 TCP/IP 协议栈，可以省略如下步骤。若计算机上的 TCP/IP 协议栈丢失或不可用的时候，可以执行以下步骤，完成 TCP/IP 协议栈的安装。

（1）选择“开始”→“设置”→“网络和拨号连接”，弹出如图 2-9 所示的“网络连接”窗口。

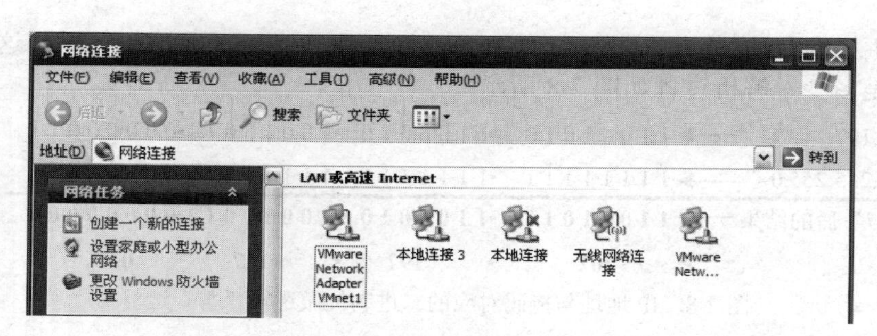

图 2-9 “网络连接”窗口

（2）在需要进行配置的连接上单击右键并选择“属性”，弹出如图 2-10 所示“本地连接属性”对话框。

（3）在“此连接使用下列项目”列表框里寻找你要使用的 TCP/IP 协议，TCP/IP 协议没有勾选，说明没有安装，如图 2-11 所示。

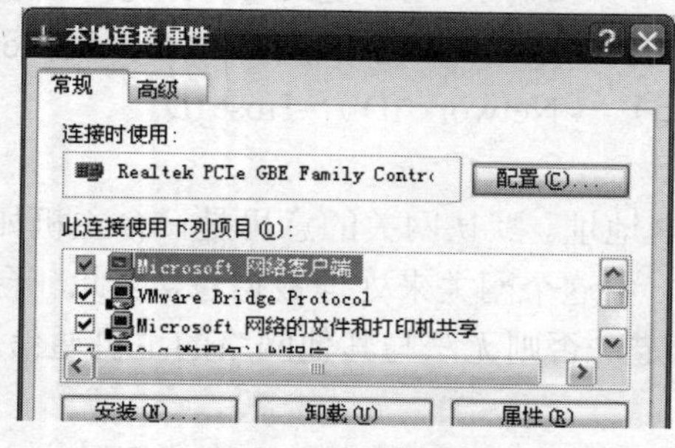

图 2-10 “本地连接属性”对话框

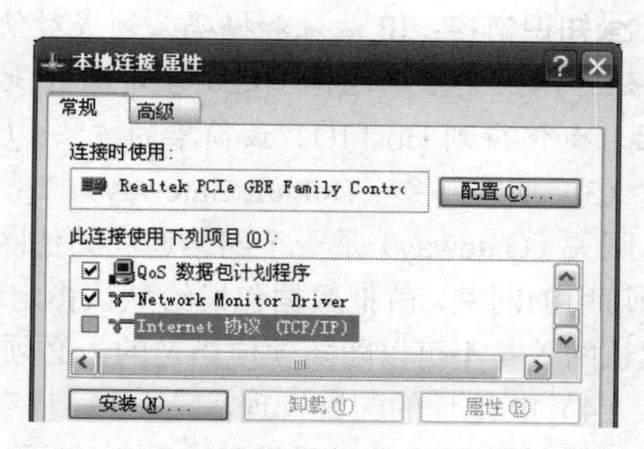

图 2-11 查找需要安装的组件

（4）单击“安装”按钮，弹出“选择网络组件类型”对话框，确保已经安装了网络客户和服务，选择“协议”组件，如图 2-12 所示，然后单击“添加”按钮。

（5）在弹出的“选择网络协议”的对话框中，选择厂商“Microsoft”，选择网络协议“Microsoft TCP/IP 版本 6”，如图 2-13 所示，单击“确定”按钮。

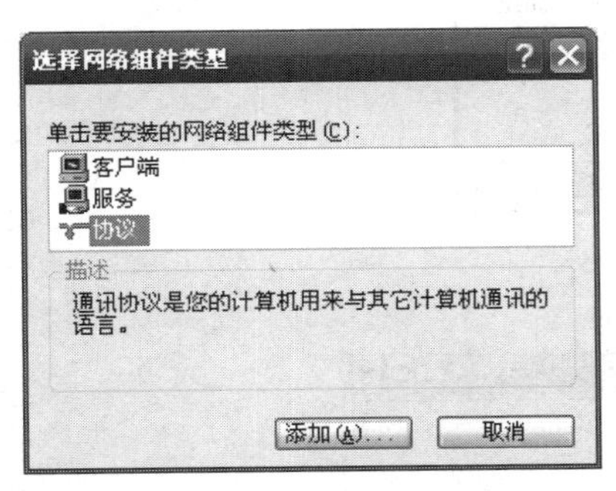

图 2-12　选择要安装的网络组件

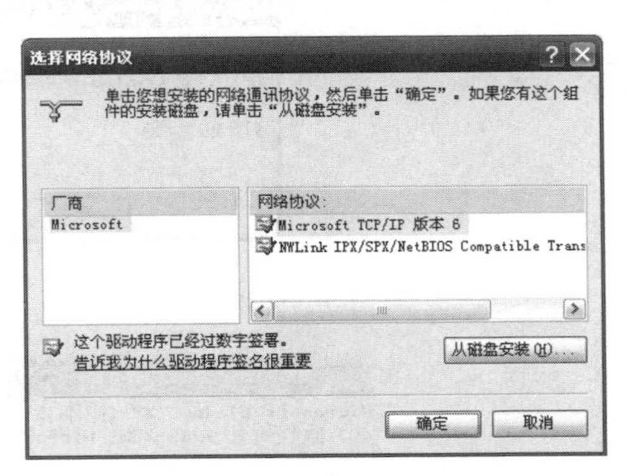

图 2-13　选择网络协议

（6）此时，“选择网络协议”界面中若没有我们要安装的协议选项，则单击“从磁盘安装…”按钮，安装向导会要求你给出协议包软件所在的位置，不管它是在一个硬盘、一个共享的网络磁盘、一个软盘或者可移动的驱动器、一个 CD-ROM 或者 DVD 上，如图 2-14 所示。

3. 测试 TCP/IP 协议栈

（1）验证 TCP/IP 协议栈安装。

选择“开始”→“设置”→“网络和拨号连接”，在你想进行配置的连接上单击右键并选择“属性”，可以看见“本地连接属性”界面中 TCP/IP 协议栈已经安装，如图 2-15 所示。

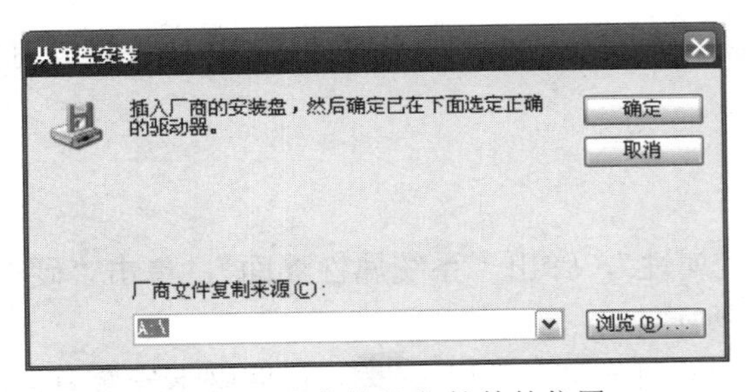

图 2-14　定位协议包软件的位置

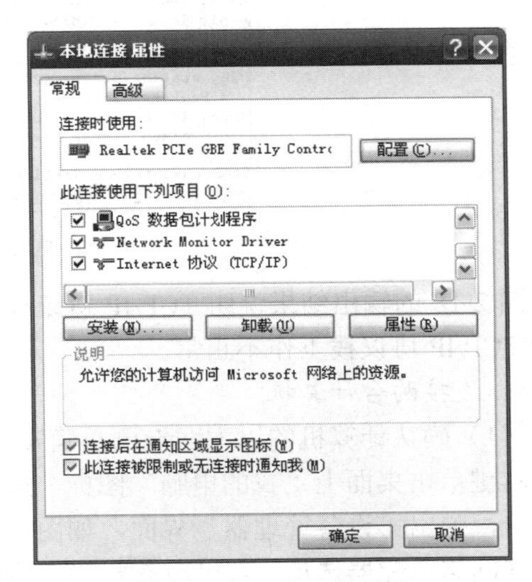

图 2-15　TCP/IP 的安装

（2）测试 TCP/IP 协议栈正确运行。

1）选择“开始”→“运行”，出现如图 2-16 所示界面，在“运行”界面中输入“cmd”，回车后，出现如图 2-17 所示的 DOS 命令运行界面。

2）在 DOS 命令运行界面中输入 ping 127.0.0.1，回车后出现如图 2-18 所示的界面。ping

是一个基于网际控制报文协议（Internet Control Message Protocol，ICMP）实现的小程序，主要用来测试网络连通性；127.0.0.1 是一个回环地址，后面将对 ping 的使用做详细解释。ping 127.0.0.1 主要用来检测 TCP/IP 协议栈是否正确安装。

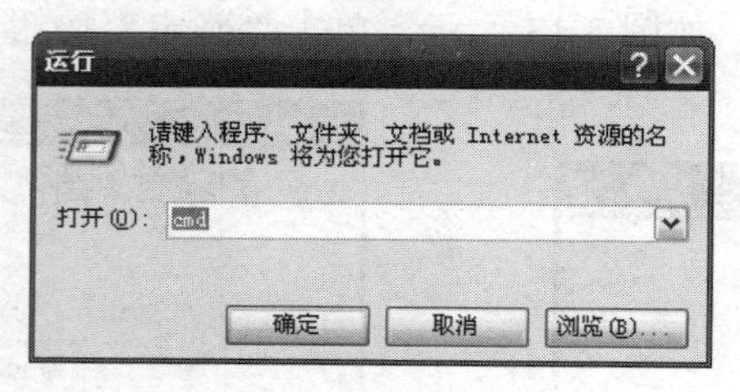

图 2-16　运行界面

图 2-17　DOS 命令运行界面

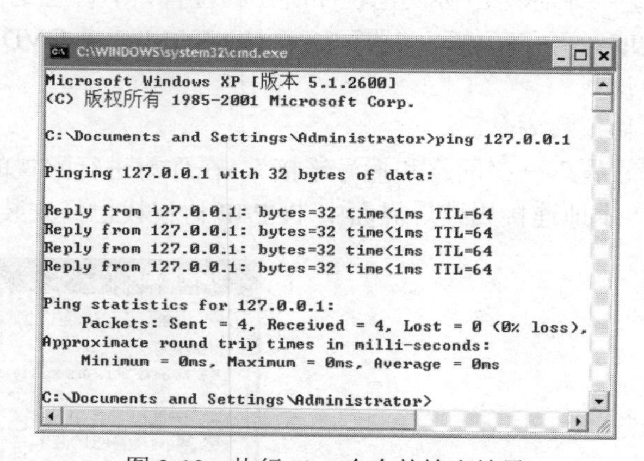

图 2-18　执行 ping 命令的输出结果

图 2-18 的输出结果说明 TCP/IP 协议栈已经正确安装。否则，说明 TCP/IP 协议栈没有安装或 TCP/IP 协议栈工作不正常。

4. 连接两台计算机

（1）确认计算机的以太网卡已正确安装。

右键单击桌面上“我的电脑”图标，选择“属性”，弹出“系统属性界面”，单击“硬件”选项卡，弹出“设备管理器”界面，如图 2-19 所示。

在网络适配器选项，若出现，说明网卡已正确安装；若出现，说明网卡安装有问题或者没有安装，网卡处于禁用状态除外。

（2）用网线连接计算机。

用项目一制作的交叉网线将两台计算机通过 RJ-45 接口连接起来，将网线的一端插入一台计算机的 RJ-45 接口，将网线的另一端插入另一台计算机的 RJ-45 接口。在“网络连接”窗口中，若本地连接出现，说明两台计算机之间的物理连接正常；若本地连接出现，说明两台计算机之间的物理连接有问题，可能的原因是网线故障，或者网线的 RJ-45 接口与计算机的 RJ-45 接口接触不好。

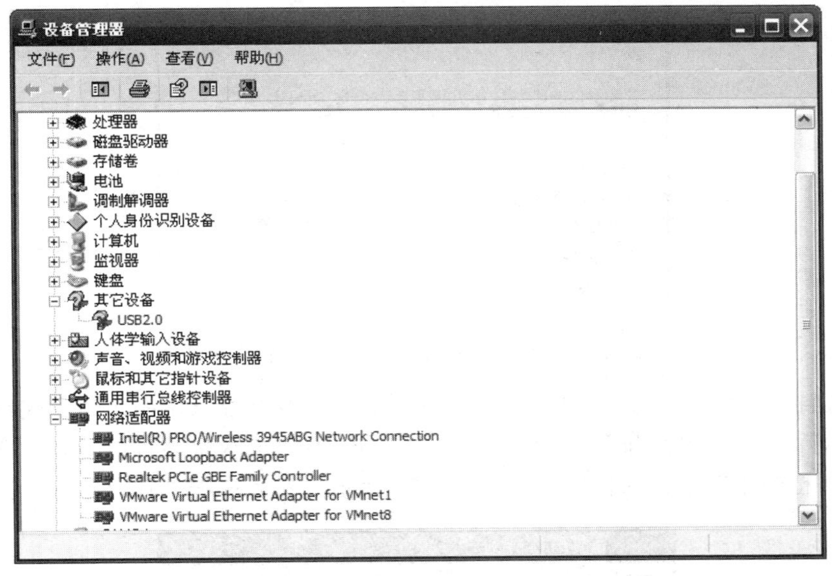

图 2-19　设备管理器界面

5. 配置计算机 TCP/IP 通信参数

（1）右键单击桌面“网上邻居”图标，选择“属性”，弹出“网络连接”窗口，右键单击“本地连接”（一般计算机上只有一块网卡，若有多块网卡，可能出现多个“本地连接”，此时选定需要的“本地连接”即可），选择“属性”，弹出“本地连接属性”界面，选择“Internet 协议（TCP/IP）”，如图 2-20 所示，单击“属性”按钮。

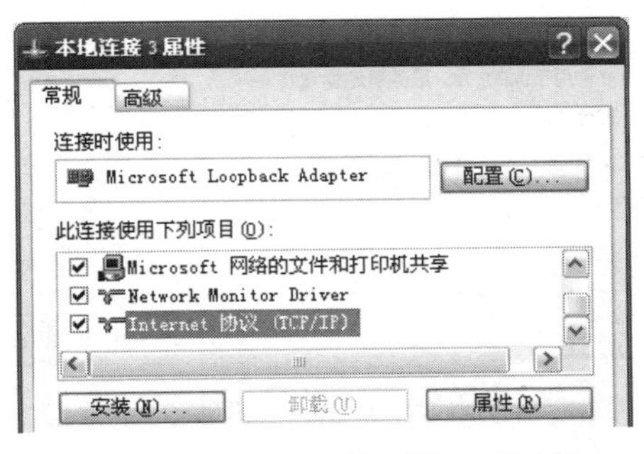

图 2-20　“本地连接属性”对话框

知识链接：在“本地连接属性”对话框中，勾选“连接后在通知区域显示图标”和“此连接被限制或无连接时通知我”，以便在任务栏查看网络的连接情况，如图 2-21 所示。

图 2-21　本地连接通知

（2）在弹出的“Internet 协议（TCP/IP）属性”对话框中，选择“使用下面的 IP 地址”，如图 2-22 所示。

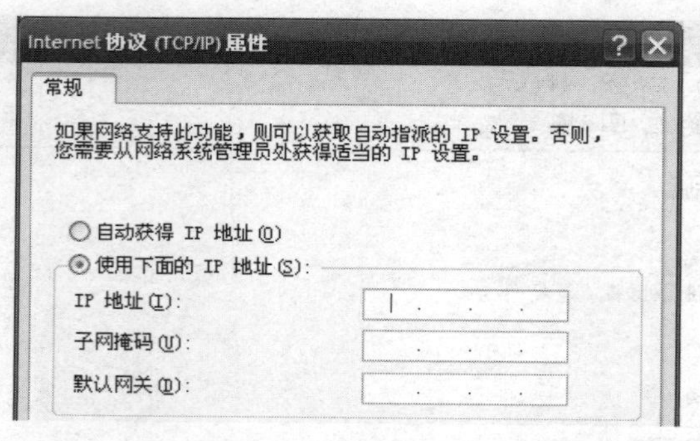

图 2-22　“Internet 协议（TCP/IP）属性”对话框

✍知识链接：此处因为网络中没有 DHCP 服务器，故只能采用手工的方式配置 IP 地址。

（3）在对话框的“IP 地址”栏中输入 192.168.10.10；“子网掩码”栏中输入 255.255.255.0；“默认网关”栏中不需要输入任何值，如图 2-23 所示，然后单击“确定”按钮。

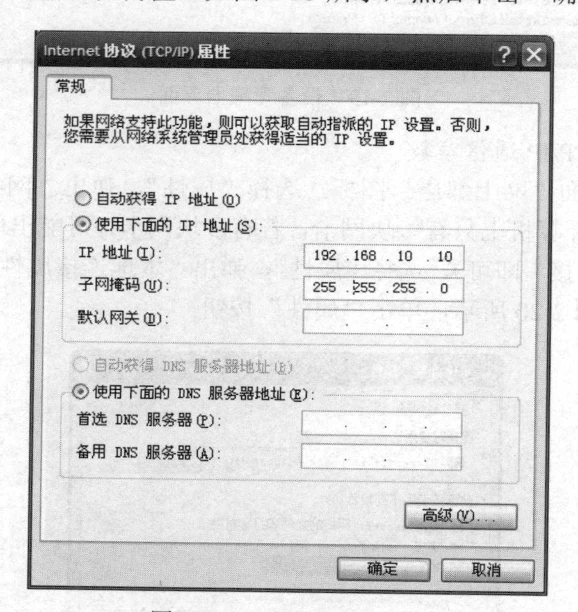

图 2-23　配置 IP 地址参数

✍知识链接：在同一个网络区域内通信的主机上不需要配置默认网关。

（4）验证已配置的 IP 地址。

在 DOS 界面下，使用 ipconfig /all 命令，可以查看 IP 地址的配置情况，如图 2-24 所示。

（5）在另一台计算机上，重复步骤（1）~（4），完成 IP 地址配置，参数为：IP 地址 192.168.10.11，掩码为 255.255.255.0。

（6）测试两台计算机之间的连通情况。

在任何一台计算机的 DOS 界面下，ping 对方 IP 地址，验证主机之间的网络连通情况，图 2-25 为在 IP 地址为 192.168.10.11 的主机上，在 DOS 界面下，执行 ping 192.168.10.10 的输出结果。

```
C:\WINDOWS\system32\cmd.exe
Microsoft Windows XP [版本 5.1.2600]
(C) 版权所有 1985-2001 Microsoft Corp.

C:\Documents and Settings\Administrator>ipconfig /all

Windows IP Configuration

        Host Name . . . . . . . . . . . . : tangjiyong
        Primary Dns Suffix  . . . . . . . :
        Node Type . . . . . . . . . . . . : Mixed
        IP Routing Enabled. . . . . . . . : No
        WINS Proxy Enabled. . . . . . . . : No
Ethernet adapter 本地连接 3:

        Connection-specific DNS Suffix  . :
        Description . . . . . . . . . . . : Microsoft Loopback Adapter
        Physical Address. . . . . . . . . : 02-00-4C-4F-4F-50
        Dhcp Enabled. . . . . . . . . . . : No
        IP Address. . . . . . . . . . . . : 192.168.10.10
        Subnet Mask . . . . . . . . . . . : 255.255.255.0
        Default Gateway . . . . . . . . . :

C:\Documents and Settings\Administrator>
```

图 2-24　验证 IP 地址配置

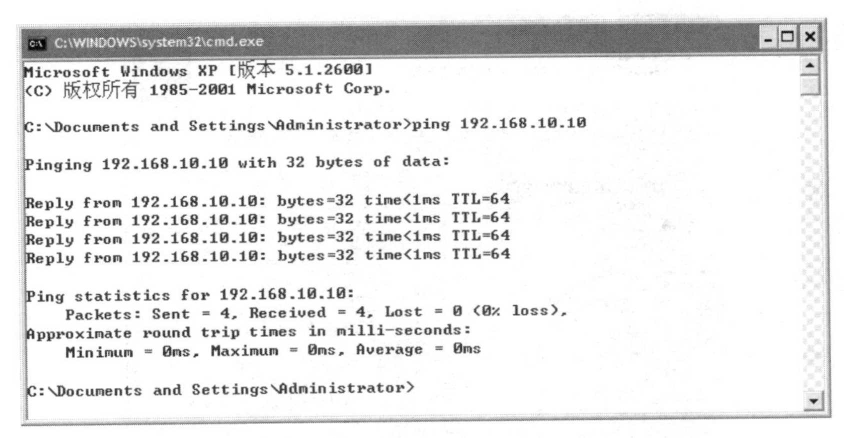

图 2-25　验证网络连通性

输出结果表明，两台计算机之间的网络连通情况正常。接下来，就可以在计算机上配置超级终端了。

6. 超级终端的配置与应用

（1）运行“开始”→“控制面板”→“添加或删除命令”，单击“添加/删除 Windows 组件”图标，打开“Windows 组件向导”对话框，如图 2-26 所示。依次双击“附件和工具”→“通讯”选项，进入“通讯”对话框，选中“超级终端”复选框，在“通讯”、“附件和工具”对话框中依次单击“确定”按钮，在“Windows 组件向导”对话框中单击“下一步”按钮。

（2）系统开始安装超级终端所需的组件，进程如图 2-27 所示。安装过程中，需要 Windows Server 2003 系统源程序，可由用户指定 Windows Server 2003 系统源程序所在路径，以便复制所需文件。

（3）完成文件复制后，系统会自动打开如图 2-28 所示的向导对话框，直接单击“下一步”按钮，完成超级终端的安装过程。

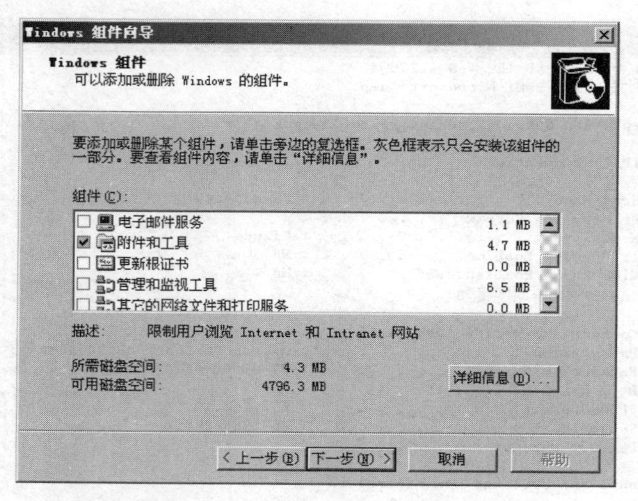

图 2-26 安装 Windows 组件向导

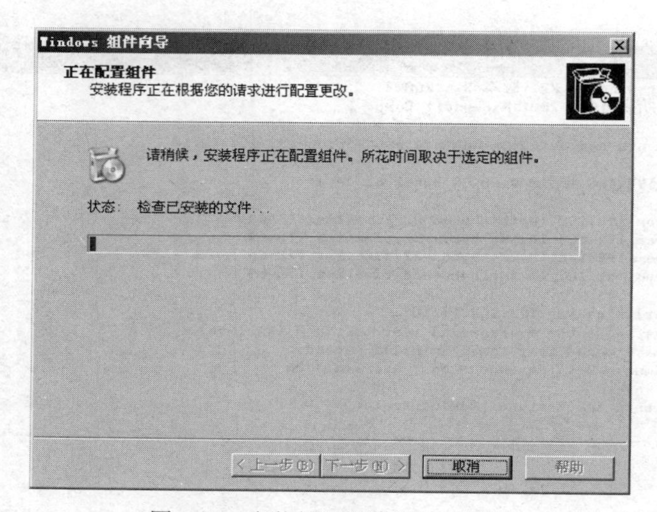

图 2-27 安装超级终端所需的组件

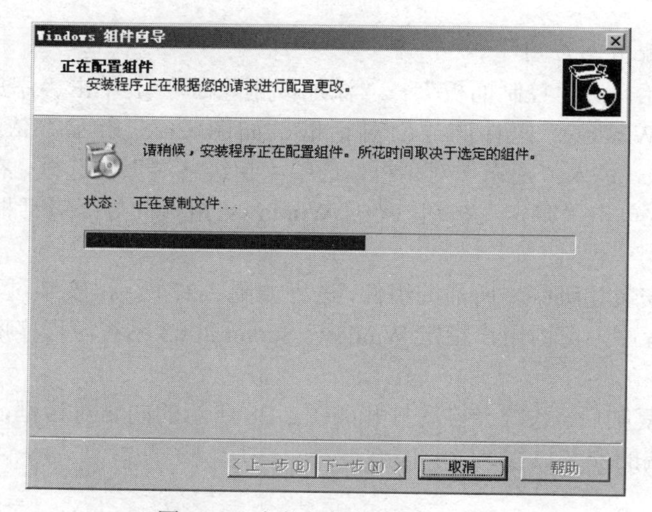

图 2-28 安装超级终端组件向导

（4）超级终端的应用。

1）启动过程：运行“开始”→“所有程序”→“附件”→“通讯工具”→“超级终端”命令。或者“开始”→“运行”命令，输入 hypertrm 即可，如图 2-29 所示。

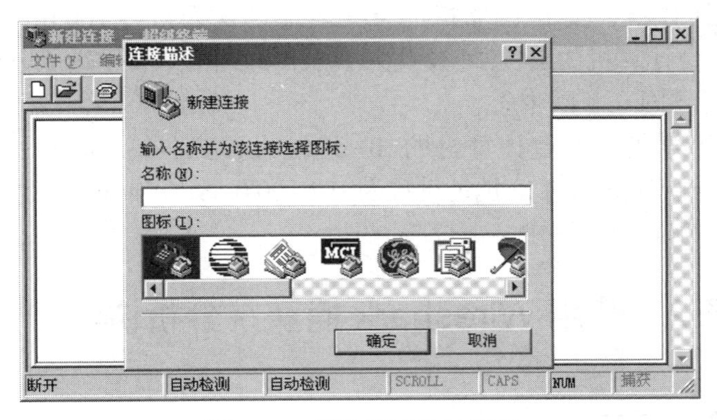

图 2-29　超级终端运行界面

2）将一台计算机的文件传输至另一台计算机上。注意观察传输速率的快慢情况。

3）在两台计算机上通过超级终端体验文字传递过程。

2.1.4　课后习题

1．网络协议包含三要素，分别是语义、时序和（　　）。

2．IP 地址由 Network ID 和（　　）组成。

3．掩码的作用是（　　）。

4．协议在数据通信中起到（　　）作用。

A．为每种类型的通信指定通道或介质带宽

B．指定将用于支持通信的设备操作系统

C．为进行特定类型通信提供所需规则

D．确定电子规范以实现通信

5．下列有关网络协议的陈述中，（　　）是正确的。

A．网络协议定义了所用硬件类型及其如何在机架中安装

B．网络协议定义了消息在源地址和目的地址之间如何交换

C．网络协议都是在 TCP/IP 的网络接入层发挥作用

D．只有在远程网络中的设备之间交换消息时才需要使用网络协议

6．IP 地址 10.0.10.32 和掩码 255.0.0.0 代表的是一个（　　）。

A．主机地址　　B．网络地址　　C．广播地址　　D．以上都不对

7．若某台计算机的 IP 地址是 192.168.8.20，子网掩码是 255.255.255.0，则网络号和主机号分别是（　　）。

A．网络号：199　　主机号：168.8.20

B．网络号：192.168　　主机号：8.20

C．网络号：192.168.8　　主机号：20

D．网络号：255.255.255　　主机号：0

8．IP 地址为 195.100.8.200（掩码为 255.255.255.0），这是（　　）类 IP 地址。

A．A　　B．B　　C．C　　D．D

9．IP 地址由一组（　）的二进制数字组成。

A．8 位　　B．16 位　　C．32 位　　D．64 位

10．设有两台计算机，一台计算机的 IP 地址设置为 193.100.0.18，子网掩码设置为 255.255.255.0；另一台计算机的 IP 地址设置为 193.100.0.20，子网掩码设置为 255.255.255.0。判断两台计算机是否在同一子网中？

11．设有两台计算机，一台计算机的 IP 地址设置为 193.100.0.129，子网掩码设置为 255.255.255.192；另一台计算机的 IP 地址设置为 193.100.0.66，子网掩码设置为 255.255.255.192。判断两台计算机是否在同一子网中？

任务 2　使用 Wireshark 捕获并分析协议数据包

2.2.1　任务目的及要求

了解网络原理尤其是网络协议的内部实现机制，是解决网络问题的必要前提。通过本任务让读者掌握 OSI 参考模型的层次结构和各层功能；OSI 参考模型中数据的封装和传递；TCP/IP 体系结构的各层功能和典型协议。

针对 TCP/IP 体系结构不同层次协议的功能和特点，学会用 Wireshark 协议分析仪捕获数据包的方法，利用 Wireshark 协议分析仪了解层次模型的结构及各层主要协议，为后续学习打下坚实的基础。

2.2.2　知识准备

本任务知识点的组织与结构，如图 2-30 所示。

网络体系结构
OSI 模型
TCP/TP 模型
OSI 参考模型与 TCIP/IP 参考模型的比较
一种建议的 5 层参考模型
Wireshark 网络协议分析工具简介

图 2-30　任务 2 知识点结构示意图

读者在学习本部分内容的时候，请认真领会并思考以下问题：

（1）TCP/IP 参考模型产生的背景是什么？

（2）TCP/IP 参考模型到底有几层？实际网络中使用了哪几层的 TCP/IP 参考模型？

（3）请对 TCP/IP 参考模型作出合理的评价？

1．网络体系结构

引入分层模型以后，通常将计算机网络系统中的层、各层中的协议以及层次之间的接口的集合称为计算机网络体系结构（Network Architecture）。网络模型有两种基本类型：协议模型和参考模型。

（1）协议模型提供了与特定协议栈结构精确匹配的模型，如美国国防部开发的 TCP/IP 模型，成为 Internet 赖以发展的实际标准（工业标准）。

（2）参考模型为各类网络协议和服务之间保持一致性提供了通用的参考，如国际标准化组织（International Standard Organization，ISO）制定开发的开放系统互联参考模型（Open System Interconnection/Reference Mode，OSI/RM）。

知识链接：计算机的网络结构可以从网络体系结构、网络组织结构和网络配置三个方面来描述。网络体系结构是从功能上来描述计算机网络；网络组织结构是从网络的物理结构和实现方法来描述计算机网络；网络配置是从网络应用方面来描述计算机网络。

2. OSI 参考模型

（1）OSI 模型提出的背景。

自 IBM 在 20 世纪 70 年代推出 SNA 系统网络体系结构以来，很多公司也纷纷建立自己的网络体系结构，这些体系结构的出现大大加快了计算机网络的发展。但由于这些体系结构的着眼点往往是各自公司内部的网络连接，没有统一的标准，因而它们之间很难互联起来。在这种情况下，ISO 开发了开放系统互联参考模型 OSI/RM。“开放”这个词表示：只要遵循 OSI 标准，一个系统就可以和位于世界上任何地方遵循了 OSI 标准的其他任何系统进行互联。

OSI 参考模型为网络提供了一个可实践的模型，该模型提供了两种工具。对于网络技术人员来说，OSI 参考模型是诊断故障的一个强有力工具。技术人员掌握了这个模型后，就可以快速定位问题是出在哪一层上，因而可以有针对性地提出解决方案，从而避免因错误线索而浪费大量时间。OSI 参考模型还提供了一种用于描述网络的通用语言，这为人们相互之间交流网络功能提供了一种方法，帮助人们形成网络上许多部件的概念。如路由器工作在 OSI 参考模型中的第三层，它有时也被技术人员和 Web 站点称为第三层交换机，这里就是把 OSI 参考模型当作描述语言来使用。

（2）OSI 参考模型的结构。

OSI 参考模型如图 2-31 所示，OSI 模型是一个设计网络系统的分层次的框架，它使得所有类型的计算机系统可以互相通信。OSI 模型包括 7 个独立但又相关的层次：物理层、数据链路层、网络层、传输层、会话层、表示层和应用层。

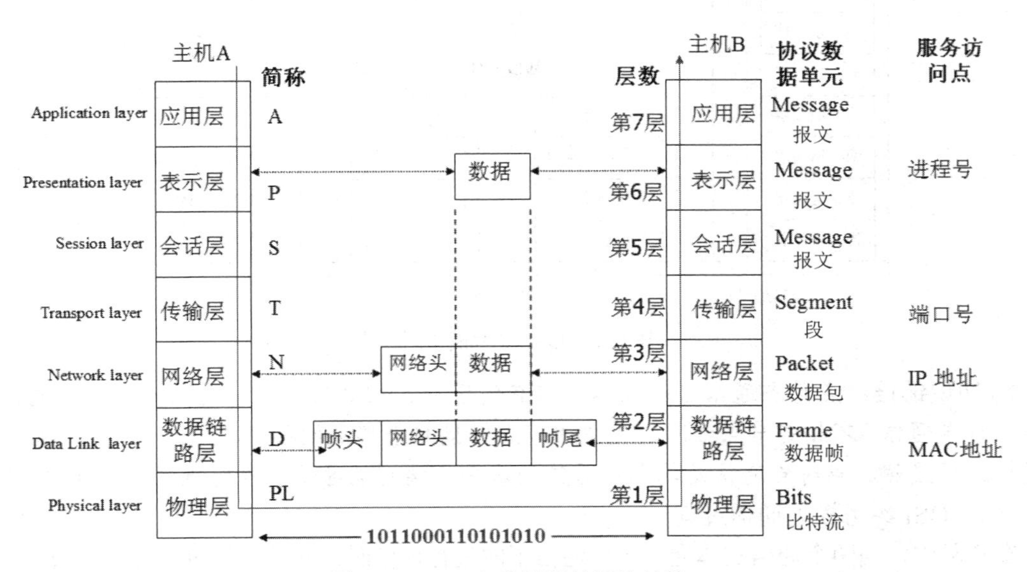

图 2-31　OSI 参考模型的层次结构

OSI 参考模型的最上层（应用层）提供了一组接口，允许网络应用程序（例如 Windows Explorer、电子邮件包或 Web 浏览器）访问网络服务。因此，应用程序驻留在参考模型之上，并且与 OSI 模型的顶层通信。OSI 参考模型的底层为物理层，是联网介质和通过这些介质的信号驻留的地方。处理网络通信所必需的所有活动都发生在顶层和底层之间。

知识链接：这里有两个记住 OSI 参考模型的 7 层的好方法。从下至上，从物理层开始，首字母缩写词是“Please Do Not Throw Sausage Pizza Away”（请不要扔掉香肠比萨饼）。从上至下，从应用层开始，首字母缩写词是“All People Seem To Need Data Processing”（所有人似乎都需要数据处理）。

（3）OSI 参考模型的组织。

由通信子网和资源子网组成的网络结构，是对计算机网络概念的低级抽象；由 7 个独立但相关的层次组成的网络结构，是对计算机网络概念的高级抽象。OSI 参考模型的核心包含三大层次，如图 2-32 所示。高三层由应用层、表示层和会话层组成，面向信息处理和网络应用；低三层由网络层、数据链路层和物理层组成，面向通信处理和网络通信；中间层次为传输层，为高三层的网络信息处理应用提供可靠的端（End-to-End）到端通信服务。

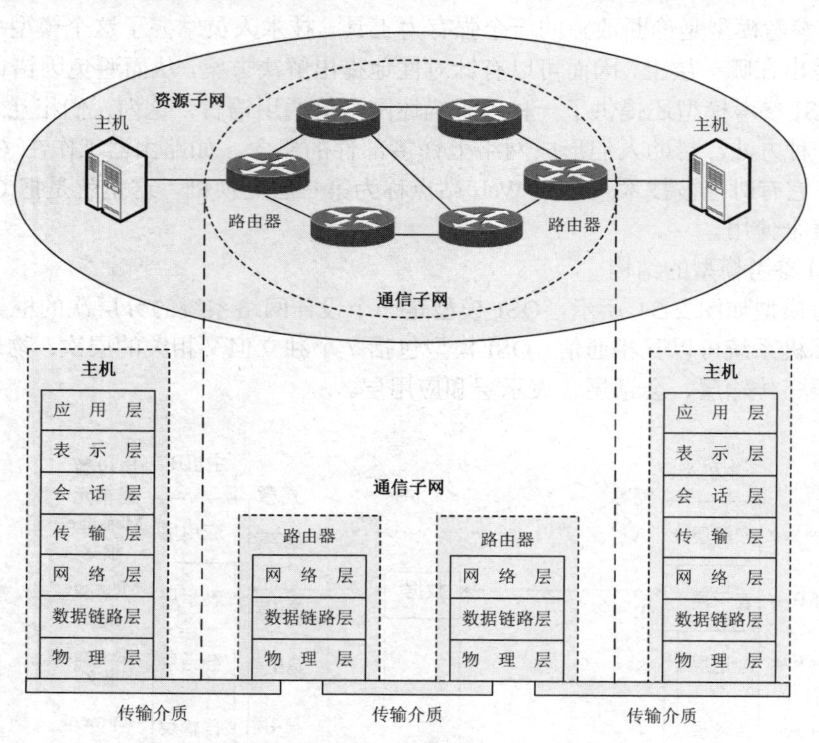

图 2-32 OSI 参考模型组织图

知识链接：点对点通信与端到端通信有何区别？相邻节点之间通过直达通路的通信，称为点对点通信。不相邻节点之间通过中间节点链接起来形成间接可达通路的通信，称为端到端通信。很显然，点对点通信是端到端通信的基础，端到端通信是点对点通信的延伸。

（4）OSI 参考模型通信过程。

在实际中，当两个通信实体通过一个通信子网进行通信时，必然会经过一些中间节点，一般来说，通信子网中的节点只涉及到低三层，因此，两个通信实体之间的层次结构如图 2-33 所示。

OSI 各层定义的通信任务是通过发送方逐层封装，接收方逐层解封装的处理过程来实现的，并且某层内部实现的功能对其他层是不可见的，发送方在某一层的封装内容只能由接收方同一层来处理，这叫做对等层通信原则。图 2-31 中收发双方相同层之间的连线代表了这个过程。读者可能会注意到，除了物理层以外的其他各层之间的连线均用虚线表示，这是因为对等层之间除物理层以外其他各层并不能直接在物理上直接通信，而是逻辑上的虚拟通信。

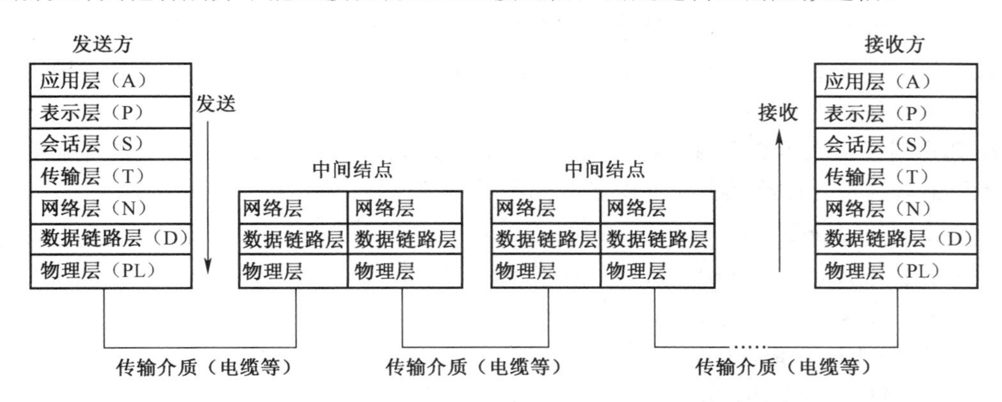

图 2-33　两个通信实体间的层次结构

（5）OSI 各层的功能概述。

OSI 参考模型各层主要功能如下。

1）物理层（Physical Layer，PL）。

①基于传输介质提供的信号传输服务，物理层实现相邻节点之间二进制数据流（基于比特流）的透明传输。

②物理层协议涉及与信号传输相关的机械特性、电气特性、功能特性和规程特性，包括物理接口、信号电平、引脚功能、信号时序等标准。

知识链接："透明"一词表示某一个实际存在的事物看起来却好像不存在一样。透明传输比特流意为传输的那几个比特代表什么意思，不是物理层所要管的。另外，物理层并不是指物理设备或物理媒介，而是有关物理设备通过网络媒介进行互联的描述和规定。

知识链接：从图 2-33 中可以划分出端系统（发送方和接收方）和中间系统（若干中间节点）。传输层及其以上各层使用端到端协议实现通信，而中间系统的网络层使用逐跳（Hop-to-Hop）协议，两个端系统和每个中间节点都要使用它。

2）数据链路层（Data Link Layer，D）。

①基于物理层提供的相邻节点之间的数据传输服务，数据链路层确保数据的可靠传输（基于数据帧）、建立可靠的数据链路级连接。

②数据链路层协议涉及成帧和识别帧、数据链路管理（建立、维持、释放）、寻址（使用物理层 MAC 地址）、网络介质访问、差错控制、流量控制等方面的标准。

3）网络层（Network，N）。

①负责从源主机到目的主机的路由（基于数据包），实现跨网络数据传输，即网络互联。

②网络层协议主要涉及到如何定位主机的网络位置（使用逻辑地址或 IP 地址），如何选择传输路径等方面的标准。

4）会话层（Session Layer，S）。

①会话层是指通信双方一次完整的信息交互，负责发起、维护、终止应用程序之间的通

信（会话）。例如，服务器验证用户登录的过程就是会话层的一个典型实例。

②会话层协议涉及传输方式（单工、半双工、全双工）、会话质量（传输延迟、吞吐量等）、同步控制等方面的标准。会话类似于两个人之间的交谈，需要某些约定使双方有序并完整地交换信息，如通过约定俗成的表情、手势、语气等协调。

5）表示层（Presentation Layer，P）。

①表示层负责规定通信双方信息传输时数据的组织方式。

②表示层协议主要涉及编码（ASCII、EBCDIC 等）、加密/解密、压缩/解压、格式（声音、图片、图像）等方面的标准。

知识链接：表示层中的加密与压缩任务是可选的，并不一定对所有用户都需要。此外，数据的加密与解密处理原则上也可以在其他各层中实现。

6）应用层（Application Layer，A）。

①应用层负责为网络应用（程序）提供网络通信服务的接口。

②应用层协议涉及定义网络应用的接口。

7）传输层（Transport Layer，T）。

依靠“物理层+数据链路层+网络层”提供的网络通信功能建立两台主机之间的连接，为“会话层+表示层+应用层”的应用程序之间的信息交互提供数据传输服务，即传输层负责端到端节点间的数据传输和控制功能。

（6）OSI 参考模型的数据传输过程。

如图 2-34 所示，假设计算机 A 上的某个应用程序要发送数据给计算机 B，则该应用程序把数据交给应用层，应用层在数据前面加上应用层的报头，形成一个应用层的数据包。

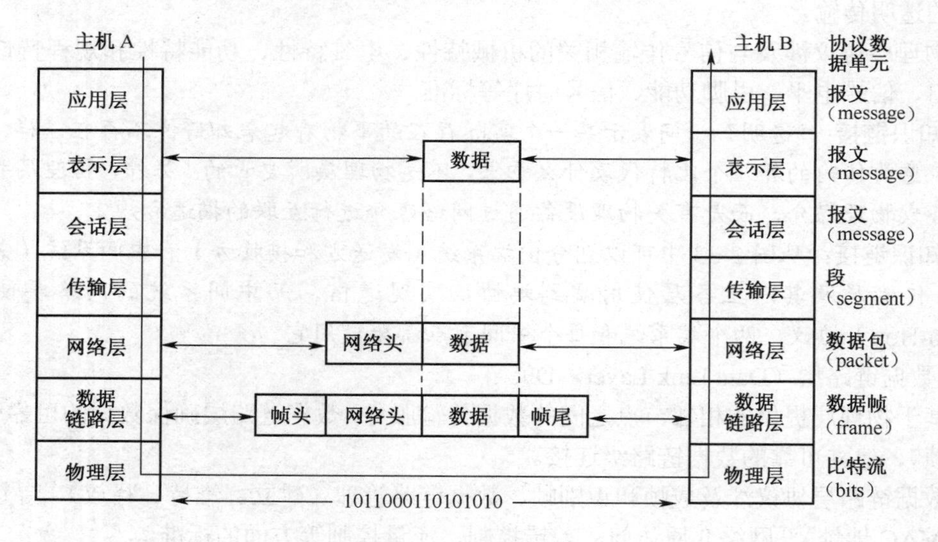

图 2-34 OSI 的数据传输

1）发送方：将应用程序的数据分段，根据每层的功能定义协议头，逐层封装协议头。

2）接收方（包括中间节点）：逐层拆解，利用协议封装信息实现该层协议功能，在接收方最终恢复为发送方的原始数据。

3）通过封装与解封装 PDU 和附加协议头信息实现该层协议功能。如数据链路层通过 MAC 地址实现寻址，网络层通过 IP 地址实现路由，传输层通过端口号建立网络应用程序之间的连接。

4）在参考模型的不同层次，PDU 是有所不同的，在物理层叫做比特流（Bits），在数据链路层叫做数据帧（Frame），在网络层叫做数据包（Packet），在传输层上叫做段（Segment），其余各层叫做报文（Message）。

3. TCP/IP 参考模型

（1）TCP/IP 提出的背景。

ARPA 拨出巨资开发 TCP/IP 参考模型，因为它设想一个在任何条件下甚至核战争中都可以生存的网络，使分组能够在任何条件下都可以通过该网络，并且从任何一个位置到达任何其他位置。同时，希望该网络能够适应从文件传送到实时数据传输的各种应用需求，这种苛刻的设计要求促使了 TCP/IP 参考模型的诞生。从那时候起，TCP/IP 参考模型就成为了 Internet 赖以发展的实际标准（工业标准）。

（2）TCP/IP 参考模型概述。

TCP/IP 也采用分层体系结构，共分四层，即网络接口层、Internet 层、传输层和应用层。每一层提供特定功能，层与层之间相对独立。TCP/IP 参考模型及协议簇（Protocol Suite）如图 2-35 所示。

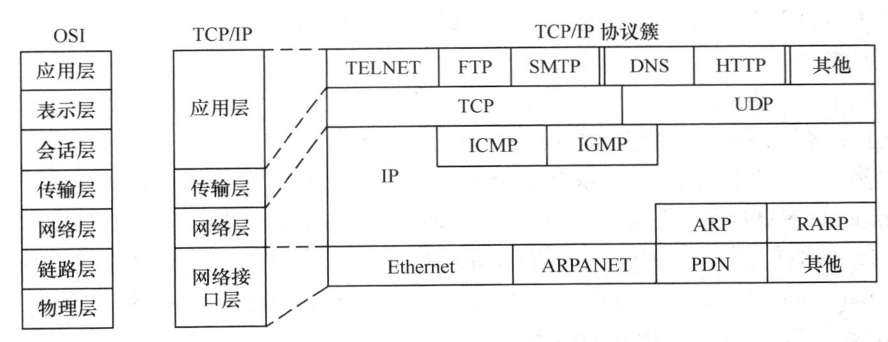

图 2-35　TCP/IP 参考模型及各层使用的协议

知识链接：TCP/IP 参考模型的特点是上下两头大而中间小：应用层和网络接口层都有许多协议，而中间的 IP 层很小，这种很像沙漏计时器形状的 TCP/IP 协议栈表明：它可以为各式各样的应用提供服务（Everything over IP），同时也可以连接到各式各样的网络上（IP over Everything）。正因为如此，Internet 才发展到今天的这种全球规模。

（3）TCP/IP 参考模型各层功能及特点。

1）网络接口层。

①没有定义任何实际协议，仅定义了网络接口：由于开发 TCP/IP 的主要目的是实现底层异构网络（指 OSI 最下面两层运行不同协议的网络）的互联，因此，任何已有的数据链路层协议和物理层协议都可以用来支持 TCP/IP 参考模型，充分体现出 TCP/IP 协议的兼容性与适应性，它也为 TCP/IP 协议的成功奠定了基础。当一种物理网被用作传送 IP 数据包的通道时，就可以认为是这一层的内容（完成 IP 地址与硬件地址的映射以及将 IP 分组封装成帧）。

②典型例子：以太网（Ethernet）、令牌环网（Token Ring）、异步传输模式（Asynchronous Transfer Mode，ATM）、点到点协议（Point-to-Point Protocol，PPP）、串行线路网际协议（Serial Line Internet Protocol，SLIP）、地址解析协议（Address Resolution Protocol，ARP）、代理 ARP（Proxy ARP）、反向地址解析（Reverse Address Resolution Protocol，RARP）等。

2）网际（网络）层。

①主要功能是把数据报通过最佳路径送到目的端（寻址、路由选择、封包/拆包）；网际层是网络转发节点（如路由器）上的最高层（网络节点设备不需要传输层和应用层）。

②典型例子：IP 网际控制报文协议（Internet Control Message Protocol，ICMP）、地址解析协议（Address Resolution Protocol，ARP）、反向地址解析（Reverse Address Resolution Protocol，RARP）、网际组管理协议（Internet Group Management Protocol，IGMP）等。

✍**知识链接**：这里强调指出，网络层中的“网络”二字，已不是我们通常谈到的具体的网络，而是计算机网络体系结构模型中的专用名词。本书中的网络层、网际层、IP 层都是同义语。

3）传输层。

传输层的主要功能是提供进程间（端到端）的传输服务。典型例子：传输控制协议（Transmission Control Protocol，TCP）和用户数据报协议（User Datagram Protocol，UDP）。

①TCP 是面向连接的传输协议。在数据传输之前建立连接；把数据分解为多个段进行传输，在目的站再重新装配这些段；必要时重新传输没有收到或错误的段，因此它是“可靠”的。

②UDP 是无连接的传输协议。在数据传输之前不建立连接；对发送的段不进行校验和确认，它是“不可靠”的；主要用于请求/应答式的应用和语音、视频应用。

4）应用层。

①主要功能：应用层协议为文件传输、电子邮件、远程登录、网络管理、Web 浏览等应用提供了支持；有些协议的名称与以其为基础的应用程序同名。

②典型例子：文件传输协议（File Transfer Protocol，FTP）、简单邮件传输协议（Simple Mail Transfer Protocol，SMTP）、邮局协议版本 3（Post Office Protocol-Version 3，POP3）、远程登录（Telnet）、超文本传送协议（Hypertext Transfer Protocol，HTTP）、简单网络管理协议（Simple Network Management Protocol，SNMP）、域名系统（Domain Name System，DNS）等。

4. OSI 参考模型与 TCP/IP 参考模型的比较

OSI 参考模型和 TCP/IP 参考模型之间有很多相似之处：它们都是以协议栈的概念为基础，并且协议栈中的协议是相互独立的；两个模型中各个层次的功能也大体相似；另外，在两个模型中，传输层之上的各层都是传输服务的用户，并且都是面向应用的用户。

当然，除了一些基本的相似之处以外，这两个模型之间也存在着许多差异。主要表现在以下几个方面：

OSI 参考模型的最大贡献是将服务、接口和协议这 3 个概念明确区分开来。服务说明某一层提供什么功能，接口说明上一层如何调用下一层的服务，而协议涉及如何实现该层的服务。各层采用什么协议是没有限制的。只要向上一层提供相同的服务，并且不改变相邻层的接口即可，因此各层之间具有很强的独立性。然而，OSI 参考模型出现在其协议之前，致使其协议和模型不能统一，且 OSI 参考模型过于复杂，以至于无法真正地加以实现。

而 TCP/IP 参考模型却正好相反，首先出现的是协议，模型实际上是对已有协议的描述，因此不会出现协议不匹配模型的情况，它们匹配得很好。唯一的问题是该模型不适合描述 TCP/IP 参考模型之外的任何其他协议。

尽管 TCP/IP 协议非常流行，但也存在许多缺点。首先是该模型没有区分服务、接口和协议这 3 个概念，使得 TCP/IP 参考模型对于使用新技术的指导意义不够；TCP/IP 参考模型完全不是通用的，该模型不适合描述 TCP/IP 参考模型之外的任何其他协议；网络接口层在分层协议中根本不是通常意义下的层，它只是处于网络层和数据链路层之间的一个接口，根本没有提及物理层和数据链路层。

✍**知识链接**：OSI 参考模型与协议缺乏市场与商业动力，结构复杂，实现周期长，运行效率低，这是它没有能够达到预想的目标的重要原因。

5. 计算机网络的原理体系结构

通过以上的分析比较，OSI 参考模型的成功之处在于它的层次结构模型的研究思路，TCP/IP 协议体系的成功之处在于它的网络层、传输层和应用层体系成功应用于 Internet 环境中。如果将两种模型的共同点找出来和补充应该有的部分，那么这样的体系结构很容易被大家接受。如图 2-36 所示就是计算机领域著名专家、荷兰皇家艺术和科学院院士安德鲁·坦尼鲍姆（Andrew S.Tanenbaum）提出的一个 5 层网络参考模型。

OSI/RM	TCP/IP	5 层体系结构
高层（5～7）	应用层	应用层
传输层（4）	传输层	传输层
网络层（3）	网际层	网络层
数据链路层（2）	网络接口层	数据链路层
物理层（1）		物理层

图 2-36　5 层网络参考模型

6. Wireshark 网络协议分析工具简介

Wireshark 是网络包分析工具。网络包分析工具的主要作用是捕获网络协议包，并显示协议尽可能详细的信息。Wireshark 是一种开源网络分析软件。

（1）应用举例。

- 网络管理员用来解决网络问题。
- 网络安全工程师用来检测安全隐患。
- 开发人员用来测试协议执行情况。
- 用来学习网络协议。

（2）主要特性。

- 支持 Windows 和 Linux 平台。
- 实时捕获网络数据包。
- 能够显示包的详细协议信息。
- 可以打开/保存捕获的数据包。
- 通过过滤以多种色彩显示包。

（3）捕获多种网络接口。

Wireshark 可以捕获多种网络接口类型的包，包括无线局域网接口。

（4）支持多种其他程序捕获的文件。

Wireshark 可以打开多种网络分析软件捕获的包。

（5）Wireshark 不具备的功能。

- Wireshark 不是入侵检测系统。如果网络发生入侵，Wireshark 不会发出警告。但是如果发生了入侵，Wireshark 可通过查看来了解入侵的过程。
- Wireshark 不会处理网络事务，它仅仅是监视网络。Wireshark 不会发出网络包或做其他交互性的事情（名称解析除外，但也可以禁止解析）。

（6）Wireshark 的安装。

可以从网站http://www.wireshark.org/download.html下载最新版本的Wireshark，在Windows或 Linux 平台安装或运行 Wireshark，图 2-37 为 Wireshark 捕获的协议簇。

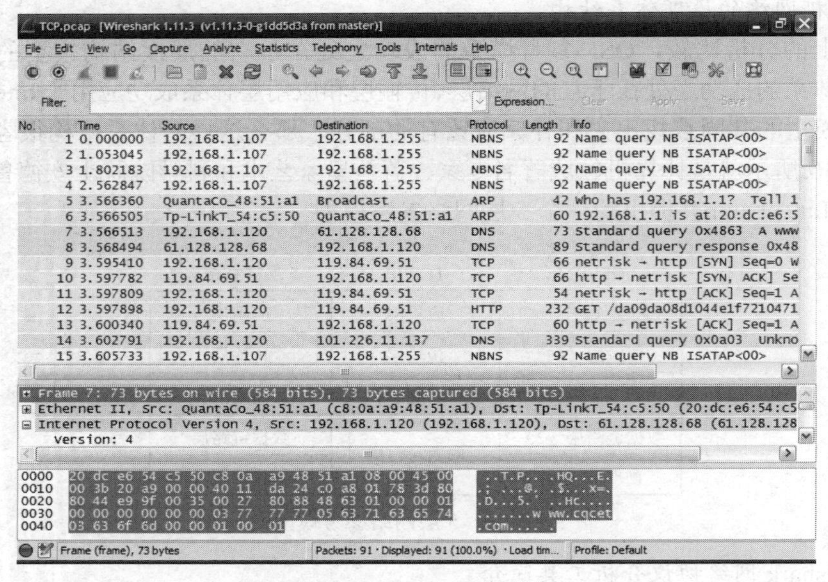

图 2-37　Wireshark 捕获包

2.2.3　任务实施

1. 任务实施条件

两台安装 Windows Server 2003/Windows XP 的计算机（一台安装有 Windows 2003，一台安装有 Windows XP）；PCI 接口的以太网卡及驱动程序；交叉线 1 条；Wireshark 软件包。两台计算机上的 IP 地址和子网掩码参考表 2-3 来进行设置。

2. 连接计算机并配置 TCP/IP 协议

根据表 2-3 进行 IP 地址的配置，参考步骤见项目二任务 1。

表 2-3　IP 地址和子网掩码

计算机 / 参数	Windows XP	Windows 2003
IP 地址	192.168.1.23	192.168.1.1
子网掩码	255.255.255.0	255.255.255.0

3. 测试网络的连通性

（1）ping 命令功能。ping 命令使用 ICMP 协议的回送请求、回送应答。客户机传送一个回送请求包给服务器，服务器返回一个 ICMP 回送应答包。在默认情况下，发送请求数据包的大小为（　　）B，屏幕上回显（　　）个应答包。主要功能是用来测试网络（　　）。

（2）ping 命令格式和常见参数。在命令行中输入命令 ping /?可以获得 ping 命令的用法和参数的一些可用选项。图 2-38 显示了 ping 命令的用法。

```
C:\Users\唐继勇>ping/?
     用法:
      ping [-t] [-a] [-n count] [-l size] [-f] [-i TTL] [-v TOS]
           [-r count] [-s count] [[-j host-list] | [-k host-list]]
           [-w timeout] [-R] [-S srcaddr] [-4] [-6] target_name
   选项:
    -t             Ping  指定的主机，直到停止。若要查看统计信息并继续操作-请键入
Control-Break;若要停止 - 请键入 Control-C。
    -a             将地址解析成主机名。
    -n count       要发送的回显请求数。
    -l size        发送缓冲区大小。
    -f             在数据包中设置“不分段”标志(仅适用于 IPv4)。
    -i TTL         生存时间。
    -v TOS         服务类型(仅适用于 IPv4)。
    -r count       记录计数跃点的路由(仅适用于 IPv4)。
    -s count       计数跃点的时间戳(仅适用于 IPv4)。
    -j host-list   与主机列表一起的松散源路由(仅适用于 IPv4)。
    -k host-list   与主机列表一起的严格源路由(仅适用于 IPv4)。
    -w timeout     等待每次回复的超时时间(毫秒)。
    -R             同样使用路由标头测试反向路由(仅适用于 IPv6)。
    -S srcaddr     要使用的源地址。
    -4             强制使用 IPv4。
    -6             强制使用 IPv6。
```

图 2-38　ping 命令的使用

（3）测试本地主机网络的连通性。在 DOS 命令行中输入 ping 192.168.1.2，输出如图 2-39 所示结果，说明两台计算机之间是（　　）的。

```
管理员: C:\Windows\system32\cmd.exe
C:\Users\唐继勇>ping 192.168.1.2 ①

② 正在 Ping 192.168.1.2 具有 32 字节的数据:
来自 192.168.1.2 的回复: 字节=32 时间<1ms TTL=128
来自 192.168.1.2 的回复: 字节=32 时间<1ms TTL=128
来自 192.168.1.2 的回复: 字节=32 时间<1ms TTL=128
来自 192.168.1.2 的回复: 字节=32 时间<1ms TTL=128

③ 192.168.1.2 的 Ping 统计信息: ④ ⑤ ⑥
    数据包: 已发送 = 4，已接收 = 4，丢失 = 0 (0% 丢失)，
⑦ 往返行程的估计时间(以毫秒为单位):
    最短 = 0ms，最长 = 0ms，平均 = 0ms
```

图 2-39　本地主机上的 ping 命令输出

默认情况下会向目的设备发送 4 个 ping 请求并收到应答信息。具体分析如下：

1）目的地址，设置为本地计算机的 IP 地址。

2）应答信息：

字节——ICMP 数据包的大小，默认值为 32B。

时间——传输和应答之间经过（往返）的时间。

TTL——数据包在网络中的生存时间。其值为目的设备的默认 TTL 值减去路径中的路由器数量。TTL 的最大值为 255，较新的 Windows 计算机的默认值为 128。

3）关于应答的摘要信息。

4）发送的数据包——传输的数据包数量。默认发送四个数据包。

5）接收的数据包——接收的数据包数量。

6）丢失的数据包——发送与接收的数据包数量之间的差异。

7）关于应答延迟的信息，以毫秒为测量单位。往返时间越短表示链路速度越快。计算机计时器设置为每 10 毫秒计时一次。快于 10 毫秒的值将显示为 0。

4. 在 Windows Server 2003 主机上安装 Wireshark 软件

Wireshark 的安装过程非常简单，执行默认操作即可。

5. Wireshark 的启动

单击“开始”菜单，选择“程序”，然后再单击“Wireshark”，选择“Wireshark”，启动界面如图 2-40 所示。

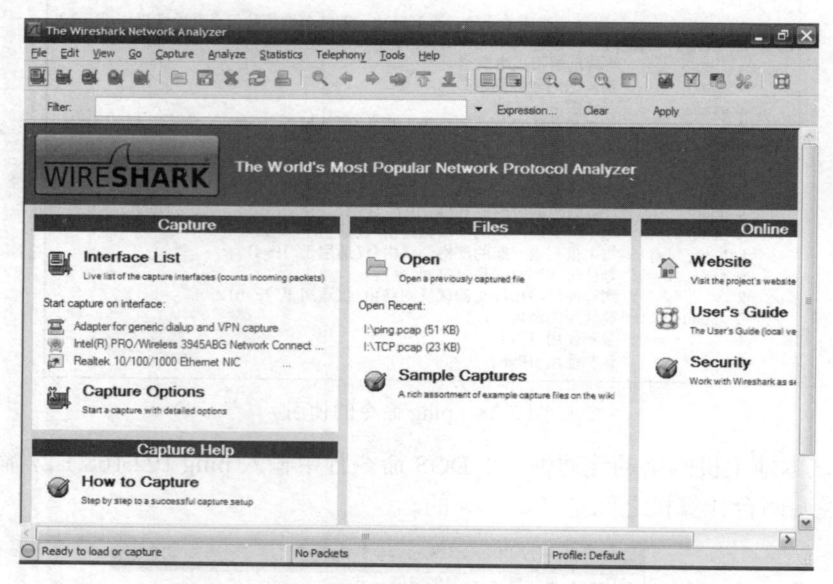

图 2-40 Wireshark 启动界面

6. 使用 Wireshark 捕获数据包

（1）选择网络接口。

启动 Wireshark 后，在主菜单上单击“Capture”项目下的“Interfaces”，选择要捕获数据包的网络接口，如图 2-41 所示。

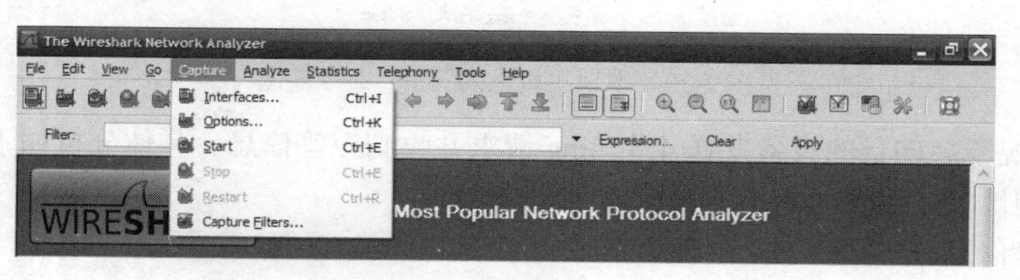

图 2-41 选择网络接口

（2）捕获数据包。

1）在相应的网络接口上单击“Start”按钮，指定在哪个接口（网卡）上抓包，如图 2-42 所示。

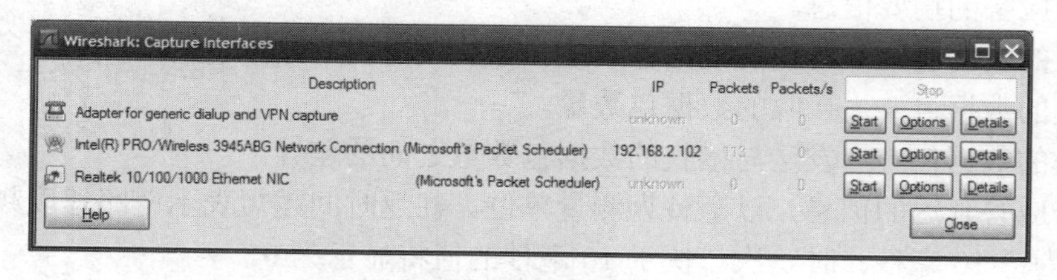

图 2-42 开始捕获数据包

2）在安装 Windows XP 主机的 DOS 界面下执行 ping 192.168.1.1，捕获界面如图 2-43 所示。

3）捕获到了很多与执行 ping 命令无关的数据包，因此执行过滤，选择我们需要的数据包进行针对性分析。在 Wireshark 的 Filter 栏中输入 icmp，因为 ping 命令是基于 ICMP 协议实现的，回车后出现如图 2-44 所示的界面。

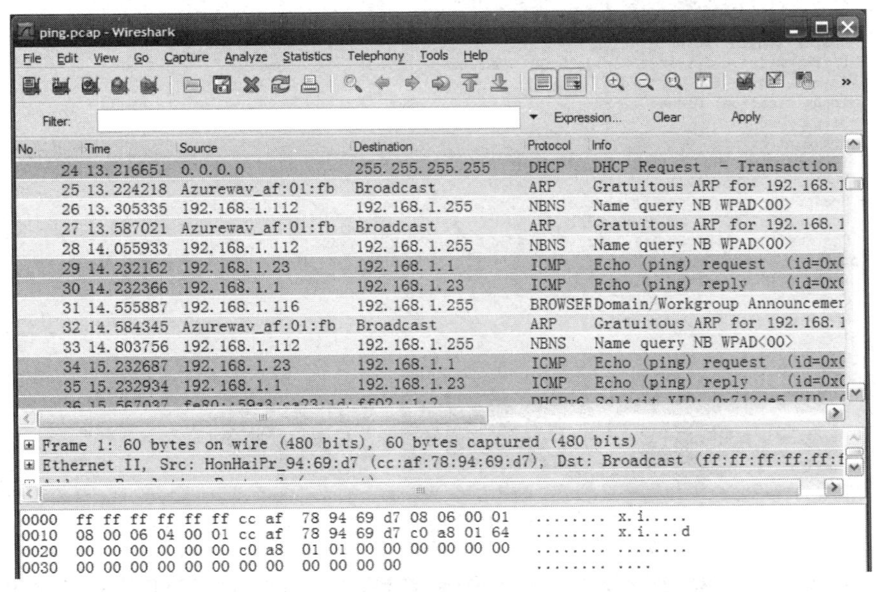

图 2-43　捕获 IP 数据包

Filter: icmp

No.	Time	Source	Destination	Protocol	Info
29	14.232162	192.168.1.23	192.168.1.1	ICMP	Echo (ping) request (id=0x020
30	14.232366	192.168.1.1	192.168.1.23	ICMP	Echo (ping) reply (id=0x020
34	15.232687	192.168.1.23	192.168.1.1	ICMP	Echo (ping) request (id=0x020
35	15.232934	192.168.1.1	192.168.1.23	ICMP	Echo (ping) reply (id=0x020
47	16.233702	192.168.1.23	192.168.1.1	ICMP	Echo (ping) request (id=0x020
48	16.233864	192.168.1.1	192.168.1.23	ICMP	Echo (ping) reply (id=0x020
58	17.234693	192.168.1.23	192.168.1.1	ICMP	Echo (ping) request (id=0x020
59	17.234924	192.168.1.1	192.168.1.23	ICMP	Echo (ping) reply (id=0x020

图 2-44　协议过滤

4）执行协议过滤后，得到了我们需要的数据，请根据图 2-44 分析以下问题。

①ICMP 如何探测网络的可达性？

②在默认情况下，执行 ping 命令，主机屏幕只会回显 4 个报文，为什么捕获的数据报却有 8 个？

5）双击捕获到的 29 号数据包，展开各协议字段，如图 2-45 所示，并分析如下问题：

在默认情况下，执行 ping 命令，发送数据包的大小为 32Bytes，而捕获到的数据包大小为 74Bytes？

6）捕获到的数据包由协议的头部和数据两部分构成，真实的数据是封装在 ICMP 报文中的，因此我们需要展开 ICMP 协议字段对该报文进行解码，如图 2-46 所示，才能看见真实的数据内容。

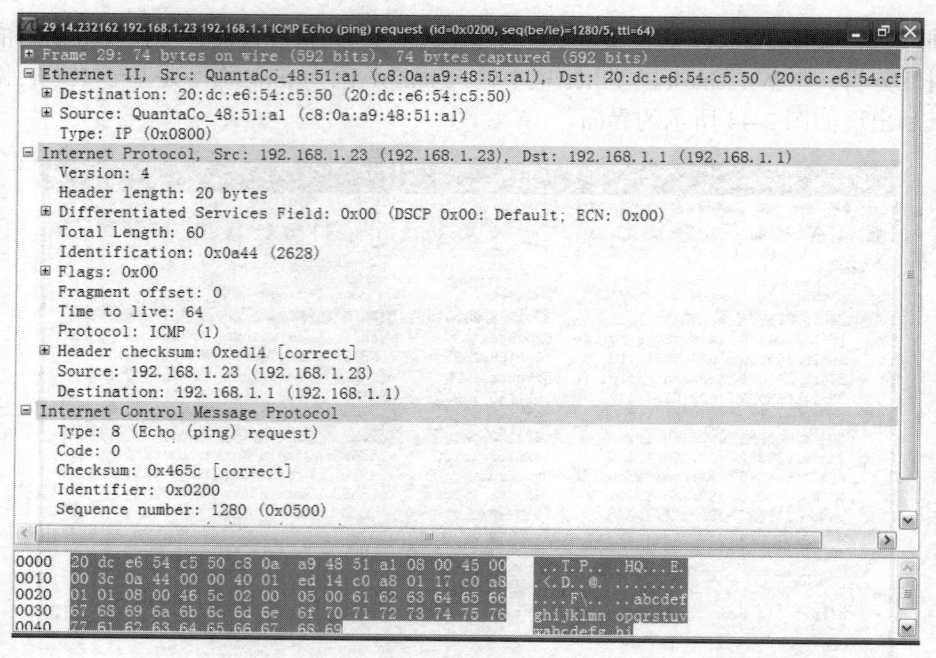

图 2-45 IP 数据包的协议字段

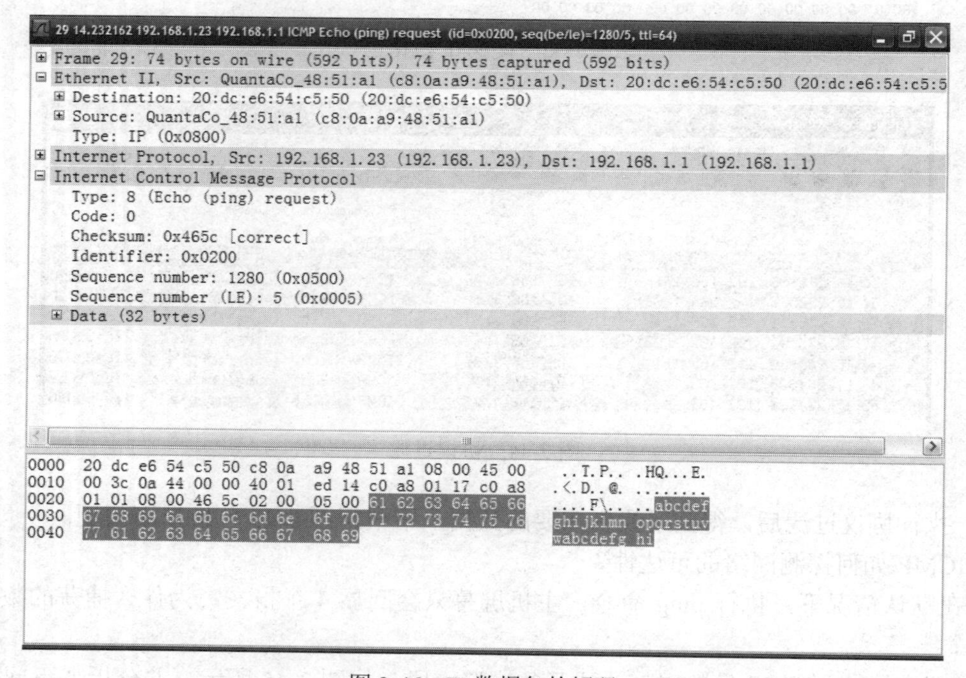

图 2-46 IP 数据包的解码

7）请读者根据图 2-46 对 ICMP 的各协议字段进行分析，在空白处填写相应内容。

该 ICMP 回送请求报文的类型、代码是（　　）、校验和是（　　）、标识号是（　　）、序列号是（　　）、ICMP 数据是（　　）。

（3）分析网络体系分层结构。

1）重新配置 Windows Server 2003 主机的 IP 地址参数，确保能接入 Internet，打开浏览器，在地址栏中输入http://www.baidu.com，使用 Wireshark 捕获数据包，如图 2-47 所示。

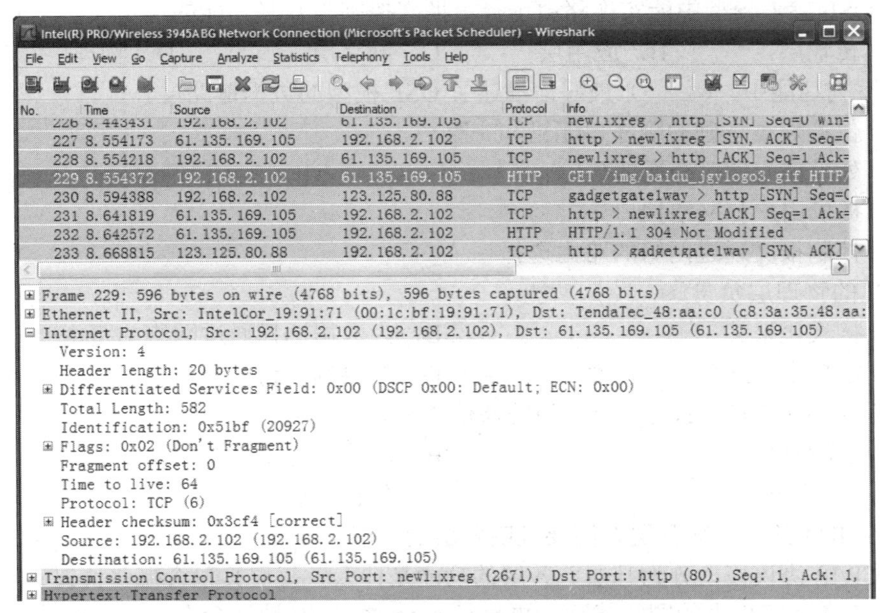

图 2-47　捕获的网络各层协议

2）从图中可以了解到网络体系结构共分成（　　）层，每层的名称和协议的名称是什么？

3）根据图 2-47 简单分析网络层 IP 协议的组成。

2.2.4　课后习题

1．在 TCP/IP 参考模型的传输层上，（　　）协议实现的是不可靠、无连接的数据报服务，而（　　）协议是一个基于连接的通信协议，提供可靠的数据传输。

2．在计算机网络中，将网络的层次结构模型和各层协议的集合称为计算机网络的（　　）。其中，实际应用最广泛的是（　　）协议，由它组成了 Internet 的一整套协议。

3．国际标准化组织（ISO）提出的不基于特定机型、操作系统或公司的网络体系结构 OSI 模型中，第一层和第三层分别为（　　）。

A．物理层和网络层　　B．数据链路层和传输层

C．网络层和表示层　　D．会话层和应用层

4．在下面给出的协议中，（　　）属于 TCP/IP 的应用层协议。

A．TCP 和 FTP　　B．IP 和 UDP

C．RARP 和 DNS　　D．FTP 和 SMTP

5．在下面对数据链路层的功能特性描述中，不正确的是（　　）。

A．通过交换与路由，找到数据通过网络的最有效的路径

B．数据链路层的主要任务是提供一种可靠的通过物理介质传输数据的方法

C．将数据分解成帧，按顺序传输帧，并处理接收端发回的确认帧

D．以太网数据链路层分为 LLC 和 MAC 子层，在 MAC 子层使用 CSMA/CD 协议

6．网络层、数据链路层和物理层传输的数据单位分别是（　　）。

A．报文、帧、比特流　　B．包、报文、比特流

C．包、帧、比特流　　D．数据块、分组、比特流

7．在 OSI 参考模型中能实现路由选择、拥塞控制与互联功能的层是（　）。

A．传输层　　B．应用层　　C．网络层　　D．物理层

8．在下列功能中，（　）最好地描述了 OSI 模型的数据链路层。

A．保持数据正确的顺序、无错和完整

B．处理信号通过介质的传输

C．提供用户和网络接口

D．控制报文通过网络的路由选择

9．OSI 的物理层负责（　）功能。

A．格式化报文　　B．为数据选择通过网络的路由

C．定义连接到介质的特性　　D．提供远程访问介质

10．在不同网络节点的对等层之间的通信需要（　）。

A．模块接口　　B．对等层协议

C．电信号　　D．传输介质

11．OSI/RM 共分为哪几层？简要说明各层的功能。

12．TCP/IP 协议模型分为几层？各层的功能是什么？每层又包含哪些协议？

13．将连在计算机上的网线拔除，再执行 ping 本机 IP 地址命令，试分析输出结果。

14．在项目二任务 2 中，关闭 Windows Server 2003 计算机，执行 ping 192.168.1.3，试分析输出结果。

15．在项目二任务 2 中，将 Windows XP 计算机上的 IP 地址改为 172.168.1.2，子网掩码不变，再执行 ping 192.168.1.3 命令，试分析输出结果。

16．在项目二任务 2 中，将 Windows XP 计算机上的 IP 地址改为 192.168.1.2，子网掩码改为 255.255.255.252，Windows Server 2003 计算机的 IP 地址改为 192.168.1.5，子网掩码改为 255.255.255.252，再执行 ping 192.168.1.5 命令，试分析输出结果。

17．一个保密机构必须向位于里昂城外 50km 的一个小镇上的另一个保密机构发送一份三页纸的信件。由于该信件是高度保密的，所以信的每一页需要单独发送。接收方为了能够理解整封信的内容，必须收到全部三页纸。信件的每一个单词都被发送方加密，再由接收方对它进行解密。发送方将通过常规的邮件服务发送邮件，但还要收到接收方的应答以确保发送安全。该信件将首先发送到巴黎，然后再转发到这个小镇。

（1）比较写上了地址并且贴上了邮票的信件与数据帧之间的相似之处。

（2）列出 OSI 模型的层次结构，并概略地陈述各层的功能。

（3）将信件通过邮政系统发送与数据包通过 OSI 模型各层传输进行比较。

项目三　组建和管理小型办公网络

项目导引

计算机网络的一个典型应用是数据通信，物理层是唯一直接传输数据的一层。由于计算机网络可以利用的传输介质（如双绞线、同轴电缆、光纤和无线电波等）和传输设备（如集线器、交换机和路由器等）种类繁多，各种通信技术（如数据编码技术、数据传输技术和多路复用技术等）存在很大的差异，而且各种新的通信技术又在快速发展。按照计算机网络体系结构的分层原则，需要通过设置物理层来尽可能屏蔽这些差异。

物理层是网络体系结构的最底层，其主要作用是尽可能屏蔽掉网络中设备、介质和通信方式，使数据链路层感觉不到这些差异的存在，可以使数据链路层只考虑如何完成本层的协议和服务，而不考虑网络具体的传输介质或设备是什么。但是，物理层的很多内容涉及的是通信技术的细节问题，如计算机内部的二进制数字是不能直接通过传输介质传输的。电信号是数据在网络传输过程中的表示形式，对于数据通信系统，它关心的是数据用什么样的电信号来表示，以及如何去传输这些电信号。

本项目将对数据通信的基本概念、数据编码技术、数据传输技术和多路复用技术等进行分析，对物理层的主要功能、常用标准和常见设备等进行阐述，弄清数据传输的原理和实现方法，为以后的学习打下坚实的基础。

项目描述

计算机网络已经应用到人们工作、生活的各个领域，计算机联网是网络技术人员的主要工作之一。张晓明是重庆北部新区某电子经营部的总经理，该公司成立不久，位于某大厦的四层，目前只有员工 12 人，为了提高办公效率，方便资源共享和文件的传递及打印，获取 Internet 丰富的资源，公司决定购买 12 台计算机和一台打印机，组建一个经济实用的小型办公室网络。

项目分析

由于公司规模小，只有 12 台计算机，网络应用并不多，对网络性能要求也不高，组建小型对等式共享网就可满足目前公司办公和网络应用的需求。网络中不需要专用的网络服务器，每台计算机既可以是服务器，又可以是客户机，这样可节省购买专用服务器的费用。接入 Internet 的方法有很多，目前中国电信、中国联通等 ISP 都提供了非对称数字用户线路（Asymmetric Digital Subscriber Line，ADSL）宽带业务，可以在现有的电话线上通过 ADSL Modem 拨号上网，并且上网时不影响电话的正常使用，网络连接速度也有大幅度的提升。

为了能实现本项目，需要考虑如何使用传输介质把计算机和网络设备连接起来的，以及数据是如何传输的，如“0”与“1”在传输中如何以光或电的形式传输？传输介质的传输速率有没有上限？同一传输介质是否可以同时传输多路数据？因此，本项目的实施需要完成两个任务：组建对等式共享网络和使用 ADSL 接入 Internet。

通过完成本项目的操作任务，读者将：

- 了解物理层的基本功能。
- 掌握物理层常见协议及接口的应用。
- 理解数据通信的基本概念。
- 理解数据编码的类型与基本方法。
- 掌握基带和频带的基本概念。
- 掌握多路复用技术的分类及特点。
- 能够组建和配置对等式网络。
- 能够使用 ADSL 技术接入 Internet。

任务 1　组建对等式共享网络

3.1.1　任务目的及要求

本任务实现公司内部网络的连通和资源共享需求，让读者了解物理层的主要作用，了解信息、数据和信号之间的关系，理解并掌握数据通信编码技术、传输技术和信道复用技术的工作机制和主要应用，并深刻理解计算机输出的二进制数据是如何经过传输介质进行传输的这一过程。

本任务在具体实施的时候，需要正确选择传输介质和网络连接设备及组件，能够配置对等式网络，实现网络资源（如文件、打印机等）的共享。

3.1.2　知识准备

本任务知识点的组织与结构，如图 3-1 所示。

物理层的主要功能
信息、数据和信号之间的关系
数据编码技术
信道复用技术
信息传输速率指标
物理层设备介绍

图 3-1　任务 1 知识点结构示意图

读者在学习本部分内容的时候，请认真领会并思考以下问题：

（1）设置物理层的目的是什么？传输介质和物理设备包括在物理层中吗？

（2）什么是信息、数据和信号？它们之间的关系如何？

（3）数据有模拟数据和数字数据之分，同样信号有模拟信号和数字信号之分，在相应的信道上传输，有 4 种组合方式，那么每一种需要通过什么编码方式来将信号表示成信息所需要的数据？

（4）信道复用技术解决了传输介质中的一个什么问题？信道复用技术的理论依据是信号分割原理，实现信号分割是基于信号之间的差别，这种差别可以在信号的哪些方面体现出来？

（5）计算机网络中的带宽和速率是否一回事？如何对数据传输速率进行度量？

（6）物理层上的设备主要有哪些？各有什么特点？

1．物理层的功能

物理层是 OSI 的第一层，它虽然处于最底层，却是整个开放系统的基础。物理层为设备之间的数据通信提供传输介质及互联设备，为数据传输提供可靠的环境。如图 3-2 所示为 OSI 参考模型中的物理层，其主要的功能定义为以下几个方面：

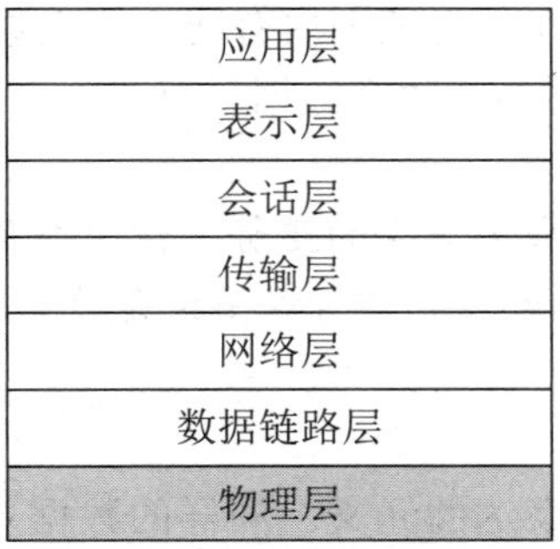

应用层
表示层
会话层
传输层
网络层
数据链路层
物理层

图 3-2　OSI 参考模型中的物理层位置

（1）物理层的 PDU 为比特流（Bits）。

为了传输比特流（多个二进制比特，如“10110001110011”），可能需要对数据链路层的数据进行调制和编码，使之成为模拟信号、数字信号或光信号，以实现在不同的传输介质上传输。在物理层上比特表示数据，码元（Symbol，一个具有独立意义的数字信号单位）表示信号，简单地说传输信号波形中存在多少种电平，就有多少个码元。

（2）比特的同步。

物理层规定了通信双方必须在时钟上保持同步的方法，如异步传输或同步传输等。

（3）线路的连接。

物理层还考虑了通信设备之间的连接方式，例如，在点到点之间采用了专用链路连接，而在多点连接中，所有的设备共享一条链路。

（4）传输方式。

物理层也定义了两个通信设备之间的传输方式，如单工、半双工和全双工。

2．数据通信基础

（1）信号、数据、信息的概念。

1）信号（Signal）。

信号是传输介质上的电磁波，是具体的物理状态。信号也可以分为模拟信号和数字信号（如图 3-3 所示）、基带信号和频带信号、电信号和光信号、随机信号和确定信号、周期信号和非周期信号等。在通信中，传输的主体是信号，各种传输介质、设备则是为实施这种传输对信号进行各种处理而设置的。

2）数据（Data）。

数据是信号所表示的内容，是逻辑意义，可以在物理介质上存储和传输。相同的信号可能表示不一样的内容，比如：同样一个电平信号“⎍”，有的表示二进制数据“1”，有的可能表示二进制“0”。

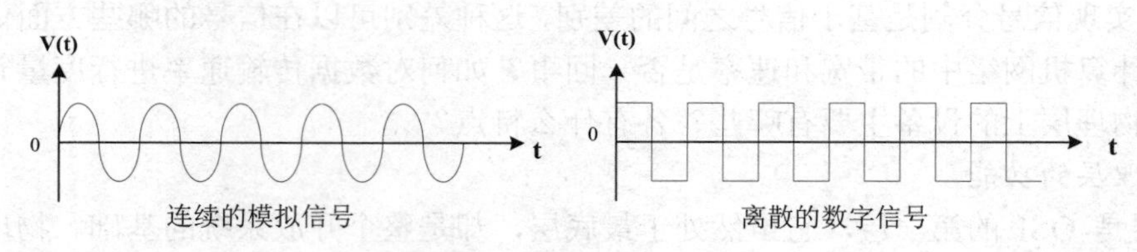

图 3-3　模拟信号和数字信号

所谓信息交换，就是访问数据及传输数据。数据分为模拟数据和数字数据。模拟数据（Analogous Data）的典型特征是在一定范围内有连续的无数个值，是随时间变化的连续函数，如人们说话的声音就是一个模拟数据。数字数据只有有限个值，是时间的离散函数，如计算机处理的是数字数据（Digital Data）。

知识链接：虽然数字化已成为当今的趋势，但这并不等同于：使用数字数据和数字信号就一定是先进的，使用模拟数据和模拟信号就一定是落后的。数据究竟应当是模拟的还是数字的，是由数据的性质决定的。

3）信息（Information）。

信息一般可以认为是数据所表达的涵义。同样的数据（串）也可能表达不一样的内涵，比如：二进制数据串“01000001”可能代表一个十进制整数“65”，也可能表示大写英文字符“A”。

4）信息、数据、信号之间的关系。

数据中包含信息，信息是通过解释数据而产生的；数据是通过信号进行传输的，信号是传输的载体。信息、数据、信号之间的关系如图 3-4 所示。

图 3-4　信息、数据、信号之间的关系

（2）调制（Modulation）与解调（Demodulation）。

计算机之间利用电话网络传输数据时，要涉及到模拟信号和数字信号类型的转换，如图 3-5 所示。

图 3-5　信号的调制与解调

1）调制：当主机将由数字信号表示的数据发送到电话网络上之前，需要先把数字信号转换成能在电话网络上传输的模拟信号，即为调制。

2）解调：从电话网络上传给主机的数据是用模拟信号表示的，在交给主机前也得将模拟信号转换成主机能识别的数字信号，这个过程即称为解调。

3）在通信主机和电话网络之间需要一个既能调制又能解调的设备，这个设备就是调制解调器（Modem，俗称“猫”）。

（3）基带信号与频带信号。

1）基带（Baseband）信号就是将计算机发送的数字信号“0”或“1”用两种不同的电压表示后，直接送到通信线路上传输的信号，如图 3-5 中计算机输出的比特流就是基带信号。

2）频带（Frequency）信号是基带信号经过调制后形成的频分复用模拟信号。如图 3-5 中调制解调器输出的模拟信号为频带信号。

（4）信道（Channel）。

信道是信号传输的必经之路，包括传输介质和通信设备，但信道并不是指具体的某种电缆或电线，而是指数据流过的由介质提供的路径。传输介质可以是有线传输介质，如电缆、光纤等；也可以是无线传输介质，如传输电磁波的空间。按传输信号的类型分类，信道可以分为数字信道与模拟信道。

1）数字信道：是用来传输数字信号的，当利用数字信道传输数字信号时不需要进行变换，通常需要进行数字编码。

2）模拟信道：是用来传输模拟信号的。如果利用模拟信道传送数字信号，则必须经过数字与模拟信号之间的变换，调制解调器就是完成这种变换的。

（5）编码（Encoding）。

有了传输介质，信号还不能直接传输数据，因为还涉及数据如何表示成信号的问题。对于数字网络来说，就是“0”和“1”的信号表示问题，这就需要通过编码的方式将信号表示成信息所需要的数据。假如，现在需要发送一串二进制数据“01101100”，采用数字信号表达和传输，如图 3-6 所示。

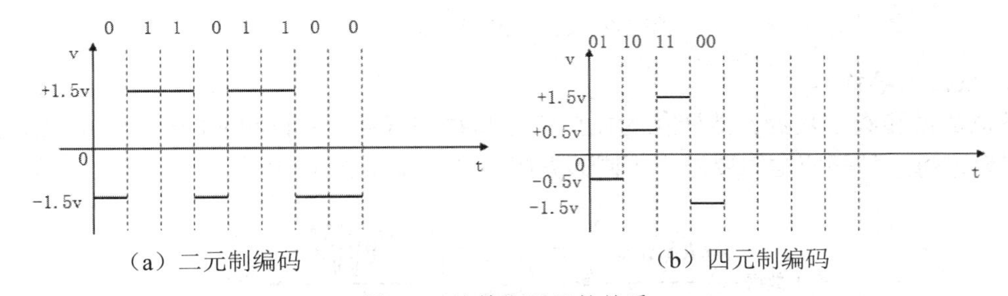

（a）二元制编码　　（b）四元制编码

图 3-6　比特和码元的关系

图 3-6（a）中的第一种编码方式只提供两种电平，所以只有两种码元，这样，一个码元只能表示一位二进制数据，我们可将这种编码方式称为二元制编码。显然，图 3-6（b）中的第二种编码方式是四元制编码。码元作为承载信息量的基本信号单位，由脉冲信号所能表示的数据有效离散值个数来决定，即 1 个码元（脉冲）可取 2^N 个有效值时，则该码元能携带 N 比特信息。你能说出图 3-6 中的每一个码元携带多少比特的信息量吗？

知识链接： 编码和调制的区别：编码是用数字信号承载数字或模拟数据，如图 3-7 所示；调制是用模拟信号承载数字或模拟数据，如图 3-8 所示。

下面用一句话：“把携带信息的数据用物理信号形式通过信道传送到目的地”作为对数据

通信基本概念的总结，图 3-9 是对其的描述。

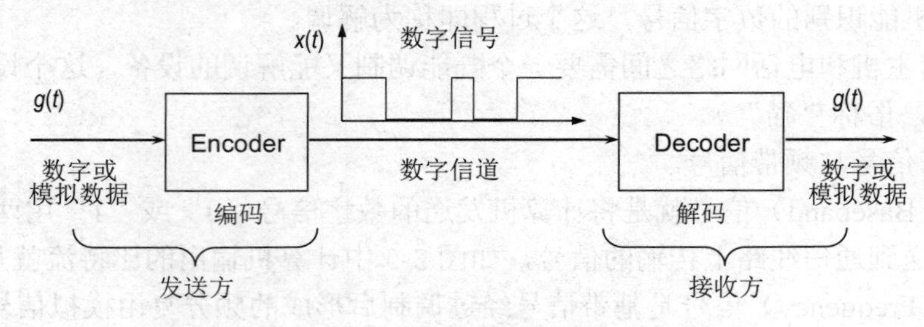

图 3-7 编码与解码

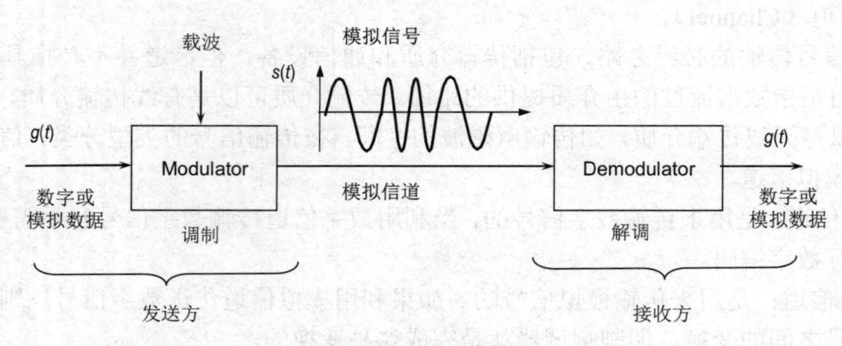

图 3-8 调制与解调

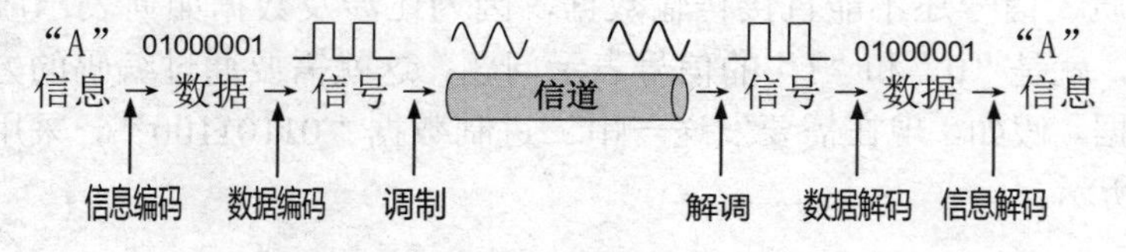

图 3-9 数据通信基本概念描述

3．数据编码技术

模拟数据和数字数据都能转化为模拟信号和数字信号，并在相应的信道上传输，因此有四种组合，每一种相应地需要进行不同的编码处理，如图 3-10 所示。

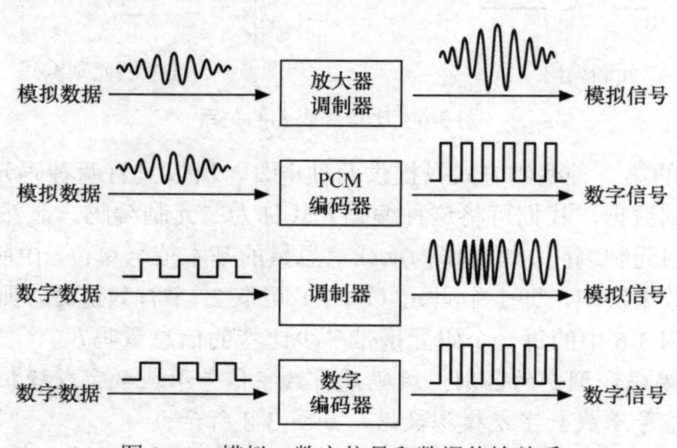

图 3-10 模拟、数字信号和数据传输关系

数据编码是实现数据通信的一项最基本工作，除了用模拟信号传送模拟数据时不需要编码之外，数字数据在数字信道上传送需要数字信号编码，数字数据在模拟信道上传送需要调制编码，模拟数据在数字信道上传送需要进行采样（Sampling）、量化（Quantizing）和编码（Encoding）。

数据编码的方法有多种，可按数据的类型和支持的信道类型进行划分，如图 3-11 所示。

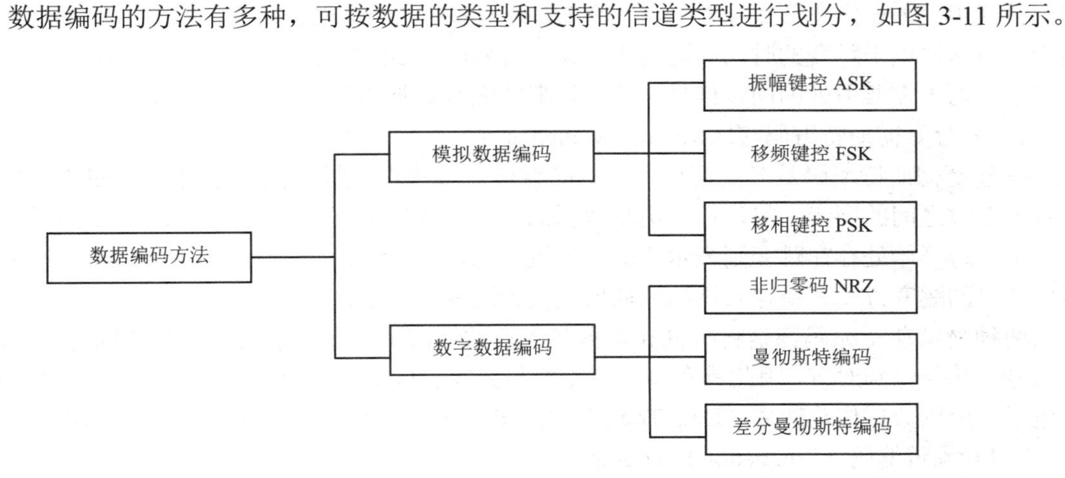

图 3-11　数据编码类型

（1）基带编码（Baseband Encoding）。

基带传输在基本不改变数字信号频带（波形）的情况下直接传输数字信号，可以达到很高的数据传输速率。基带传输适合近距离传输，基带信号的功率衰减不大，从而信道容量不会发生变化，因此，在局域网中通常使用基带传输技术。但它只能传输一种信号，所以信道利用率低。基带传输是计算机网络中最基本的数据传输方式，传输数字信号的编码方式主要有不归零码、曼彻斯特编码、差分曼彻斯特编码，图 3-12 显示了这 3 种编码的波形。

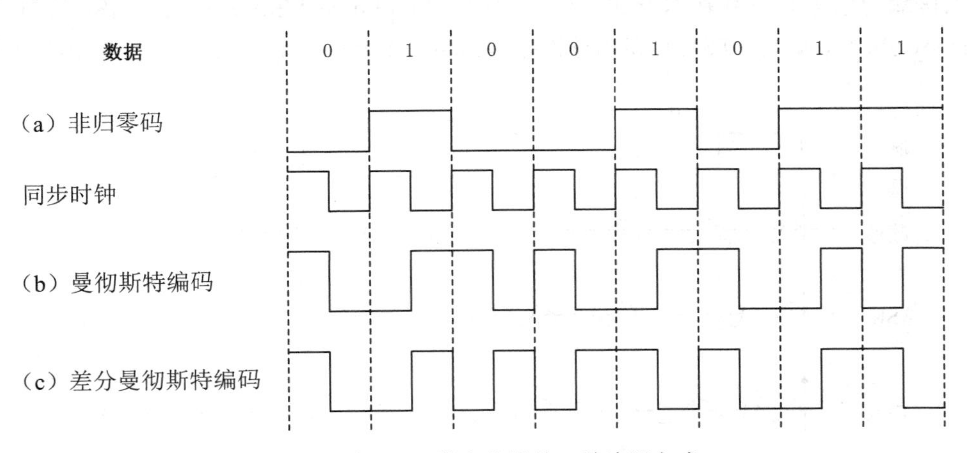

图 3-12　数字信号的 3 种编码方式

1）不归零编码（Non-Return to Zero，NRZ）。

NRZ 编码分别采用两种高低不同的电平来表示二进制的“0”和“1”。通常，用高电平表示“1”，用低电平表示“0”，电压范围取决于所采用的特定物理层标准，如图 3-12（a）所示。NRZ 编码实现简单，但其抗干扰能力较差。另外，由于接收方不能准确地判断位的开始与结束，从而收发双方不能保持同步，需要采取额外的措施来保证发送时钟与接收时钟的同步。

2）曼彻斯特编码（Manchester）。

曼彻斯特编码是目前应用最广泛的编码方法之一，它将每比特的信号周期 T 分为前 T/2 和后 T/2。用前 T/2 传比特的反（原）码，用后 T/2 传送该比特的原（反）码。因此，在这种编码方式中，每一位波形信号的中点（即 T/2 处）都存在一个电平跳变，如图 3-12（b）所示。由于任何两次电平跳变的时间间隔是 T/2 或 T，因此提取电平跳变信号就可作为收发双方的同步信号，而不需要另外的同步信号，故曼彻斯特编码又被称为自含时钟编码。

3）差分曼彻斯特编码（Difference Manchester）。

差分曼彻斯特编码是对曼彻斯特编码的改进。其特点是每一位二进制信号的跳变依然用于收发双方之间的同步，但每位二进制数据的取值，要根据其开始边界是否发生跳变来决定。若一个比特开始处存在跳变则表示“0”，无跳变则表示“1”，如图 3-12（c）所示。之所以采用位边界的跳变方式来决定二进制的取值是因为跳变更易于检测。

两种曼彻斯特编码都是将时钟和数据包含在数据流中，在传输代码信息的同时，也将同步信号一起传输到对方，因此具有自同步能力和良好的抗干扰性能。但每一个码元都被调成两个电平，所以数据传输速率（Data Transfer Speed）只有调制速率（Modulation Speed）的 1/2。

（2）频带编码（Frequency Encoding）。

在实现远距离通信时，经常要借助于电话线路，此时需利用频带传输方式。所谓频带传输是指将数字信号调制成音频信号后再进行发送和传输，到达接收端时再把音频信号解调成原来的数字信号。可见，在采用频带传输方式时，要求发送端和接收端都要安装调制器（Modulator）和解调器（Demodulator）。利用频带传输，不仅解决了利用电话系统传输数字信号的问题，而且可以实现多路复用，以提高传输信道的利用率。

模拟信号传输的基础是载波，载波具有三大要素：幅度（Amplitude）、频率（Frequency）和相位（Phase），可以通过改变这三个要素来实现模拟数据编码的目的。将数字信号调制成电话线上可以传输的信号有三种基本方式：幅移键控（Amplitude Shift Keying，ASK）、频移键控（Frequency Shift Keying，FSK）和相移键控（Phase Shift Keying，PSK），如图 3-13 所示。

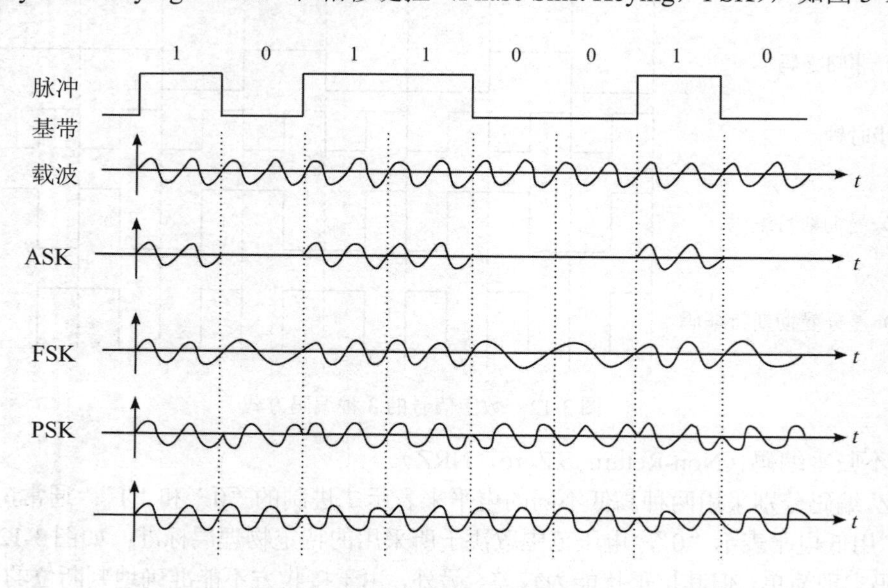

图 3-13 数字数据的三种调制方法

1）幅移键控（ASK）。

在 ASK 方式下，用载波的两种不同幅度来表示二进制的两种状态，如载波存在时，表示二进制“1”；载波不存在时，表示二进制“0”，如图 3-13 所示。采用 ASK 技术比较简单，但抗干扰能力差，容易受增益变化的影响，是一种低效的调制技术。

2）频移键控（FSK）。

在 FSK 方式下，用载波频率附近的两种不同频率来表示二进制的两种状态，如载波频率为高频时，表示二进制“1”；载波频率为低频时，表示二进制“0”，如图 3-13 所示。FSK 技术的抗干扰能力优于 ASK 技术，但所占的频带较宽。

3）相移键控（PSK）。

在 PSK 方式下，用载波信号的相位移动来表示数据，如载波不产生相移时，表示二进制“0”；载波有 180° 相移时，表示二进制“1”，如图 3-13 所示。对于只有 0° 或 180° 相位变化的方式称为二相调制，而在实际应用中还有四相调制、八相调制、十六相调制等。PSK 方式的抗干扰性能好，数据传输率高于 ASK 和 FSK。

4. 多路复用技术

多路复用技术是把多个低速信道组合成一个高速信道的技术，这种技术要用到两个设备：多路复用器（Multiplexer）在发送端根据某种约定的规则把多个低带宽的信号复合成一个高带宽的信号；多路分配器（Demultiplexer）在接收端根据同一规则把高带宽的信号分解成多个低带宽信号。多路复用器和多路分配器统称多路器，简写为 MUX，如图 3-14 所示。

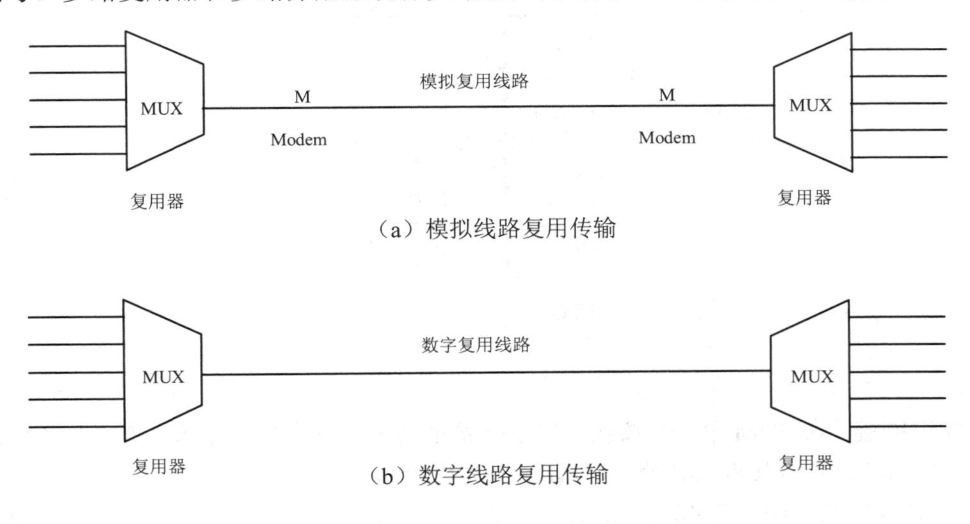

（a）模拟线路复用传输

（b）数字线路复用传输

图 3-14　多路复用模型

目前常用的多路复用技术有：频分多路复用（Frequency Division Multiplexing，FDM）、时分多路复用（Time Division Multiplexing，TDM）、波分多路复用（Wave Division Multiplexing，WDM）等技术。

（1）频分多路复用（FDM）。

FDM 就是将具有一定带宽的信道分割为若干个有较小频带的子信道（就像高速公路被划分为多个车道一样），每个子信道传输一路信号。这样在信道中就可同时传送多个不同频率的信号。被分开的各子信道的中心频率不相重合，且各信道之间留有一定的空闲频带（也叫保护频带），以保证数据在各子信道上的可靠传输。频分多路复用实现的条件是信道的带宽远远大于每个子信道的带宽。

图 3-15 所示是一个频分多路复用的例子，图中包含 3 路信号，分别被调制到 f_1、f_2 和 f_3 上，然后再将调制后的信号复合成一个信号，通过信道发送到接收端，由解调器恢复成原来的波形。

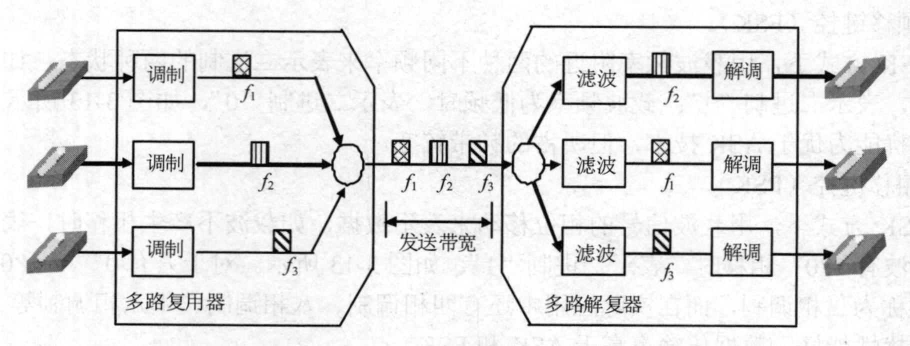

图 3-15 频分多路复用

采用频分多路复用时，数据在各子信道上是并行传输的。由于各子信道相互独立，故一个信道发生故障时不影响其他信道。图 3-16 所示是把整个信道分为 5 个子信道的频率分割图。在这 5 个信道上可同时传输已调制到 f_1、f_2、f_3、f_4 和 f_5 频率范围的 5 种不同信号。

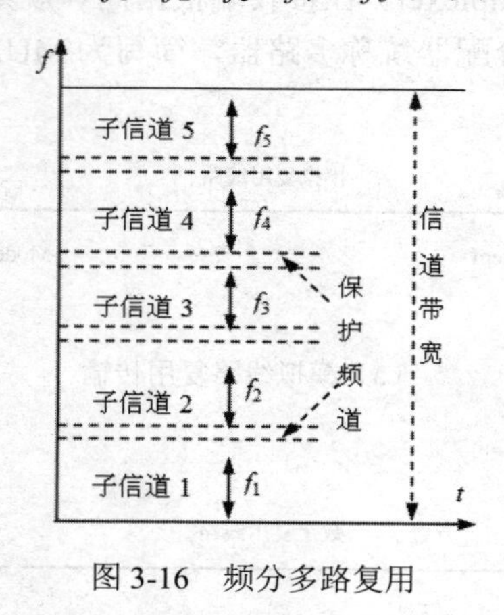

图 3-16 频分多路复用

✍**知识链接：**在 FDM 中，如果被分配了子信道的用户没有数据传输，那么该子信道就保持空闲，其他用户不能使用。另外，FDM 适合传输模拟信号。

（2）时分多路复用（TDM）。

TDM 是将一条物理信道的传输时间分成若干个时间片轮流地给多个信号源使用，每个时间片被复用的一路信号占用。这样，当有多路信号准备传输时，一个信道就能在不同的时间片传输多路信号。时分多路复用实现的条件是信道能达到的数据传输速率超过各路信号源所要求的数据传输速率。如果把每路信号调制到较高的传输速率，即按介质的比特率传输，那么每路信号传输时多余的时间就可以被其他路信号使用。为此，使每路信息按时间分片，轮流交换地使用介质，就可以达到在一条物理信道中同时传输多路信号的目的。时分多路复用又可分为同步时分多路复用（Synchronous Time Division Multiplexing，STDM）和异步时分多路复用（Asynchronous Time Division Multiplexing，ATDM）。

1）同步时分多路复用是指时分方案中的时间片是分配好的，而且固定不变，即每个时间片与一个信号源对应，不管该信号源此时是否有信息发送。在接收端，根据时间片序号就可以判断出是哪一路信息，从而将其送往相应的目的地，如图 3-17 所示。

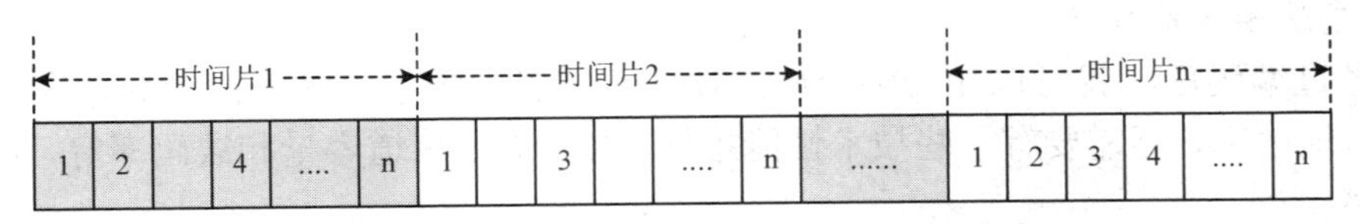

图 3-17　同步时分复用

2）异步时分多路复用方式允许动态地、按需分配信道的时间片，如某路信号源暂不发送信息，就让其他信号源占用这个时间片，这样可大大提高时间片的利用率，如图 3-18 所示。异步时分多路复用也可称为统计时分多路复用（Statistic Time Division Multiplexing）技术，它也是目前计算机网络中应用较为广泛的多路复用技术。

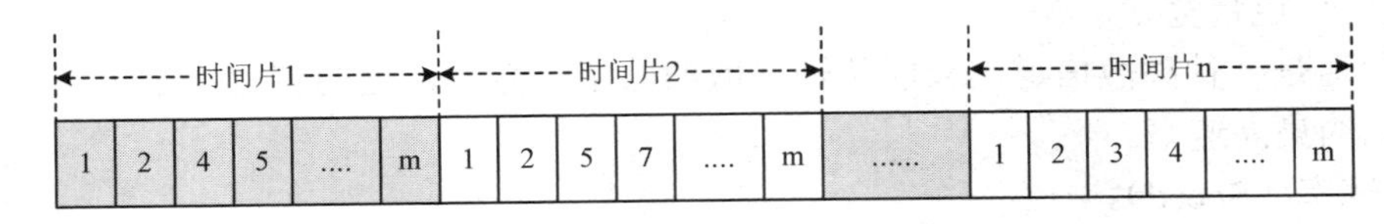

图 3-18　统计时分复用

（3）波分多路复用（WDM）。

WDM 是指在一根光纤上能同时传送多个不同波长的光载波复用技术，主要用于全光纤网组成的通信系统中。通过 WDM，可使原来在一根光纤上只能传输一个光载波的单一光信道，变为可传输多个不同波长光载波的光信道，使得光纤的传输能力成倍增加。也可以利用不同波长沿不同方向传输来实现单根光纤的双向传输。WDM 技术将是今后计算机网络系统主干的信道多路复用技术之一。波分多路复用实质上是利用了光具有不同波长的特征，如图 3-19 所示。WDM 技术的原理十分类似于 FDM，不同的是它利用波分复用设备将不同信道的信号调制成不同波长的光，并复用到光纤信道上。在接收方，采用波分设备分离不同波长的光。相对于传输电信号的多路复用器，WDM 发送端和接收端的器件分别称为复用器（合波器）和分用器（分波器）。

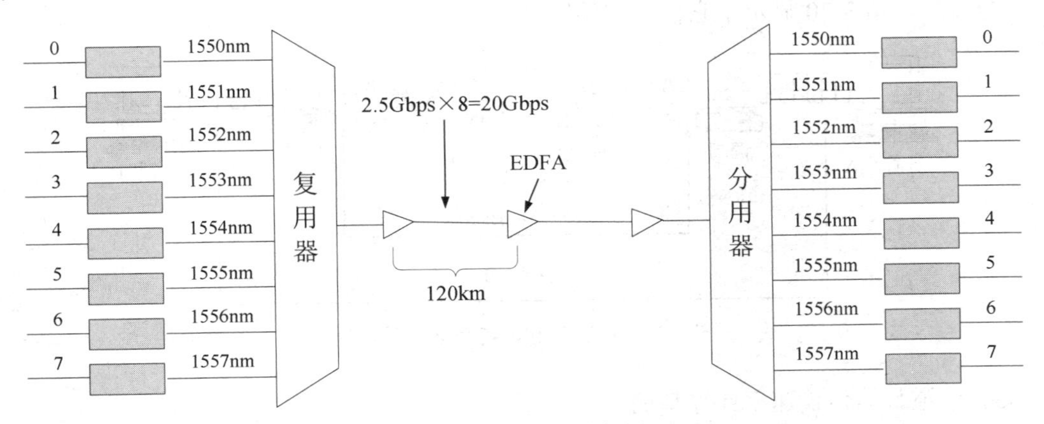

图 3-19　波分多路复用

知识链接：一根单模光纤的传输速率可达到 2.5Gb/s，再提高传输速率就比较困难了。最初，人们只能在一根光纤上复用 850nm 和 1310nm 这两路光信号。随着技术的发展，在一根光纤上可复用的光载波数越来越多，现在已经能做到在一根光纤上复用 80、120、240 路甚至更多路数的光载波。

5. 信息速率传输指标

信号经过编码后，就可以在传输介质上发送和接收数据了。为了衡量数据在传输信道和网络上的传输效率，还需要有一些技术性能指标，如带宽、信道容量和误码率等，最典型的就是传输速率。

（1）带宽（Bandwidth）。

1）模拟信道带宽。

模拟信道的带宽定义是：$W \approx f_{max} - f_{min}$，单位：赫兹（Hz）。其中，$f_{min}$ 是信道能通过的最低频率，f_{max} 是信道能通过的最高频率，两者都是由信道特性决定的。当组成信道的电路制成了，信道的带宽就决定了。为了使信号的传输失真小些，信道要有足够的带宽。

2）数字信道带宽。

数字信道是一种离散信道，只能传输离散的数字信号，信道的带宽决定了信道能不失真地传输序列的最高速率。

（2）速率（Speed）。

不同的介质有不同的带宽，带宽越宽，该介质所能承载的数据传输速率就越高。描述传输速率的参量主要包括波特率和比特率。

1）比特率。

即信道上单位时间内传输的二进制数据量，单位是 bps 或 bit/s，读作“位每秒”或“比特每秒”。数据速率一般简称为比特率。计算机网络通信中，人们很多时候更喜欢将比特率称为带宽，所以，带宽经常成为比特率的同义词。T1 和 E1 是物理连接的传输速率标准，T1 是美国标准，其传输速率为 1.544Mb/s，E1 是欧洲标准，其传输速率为 2.048Mb/s，我国的专线一般都是 E1。

2）波特率。

信道上单位时间内传输的码元个数，单位是波特（Baud），1 波特就是每秒传输 1 个码元。

比特率和波特率之间的关系是：比特率=波特率×码元信息量。比特率和波特率是两个容易混淆的概念，图 3-20 显示了它们之间的区别。

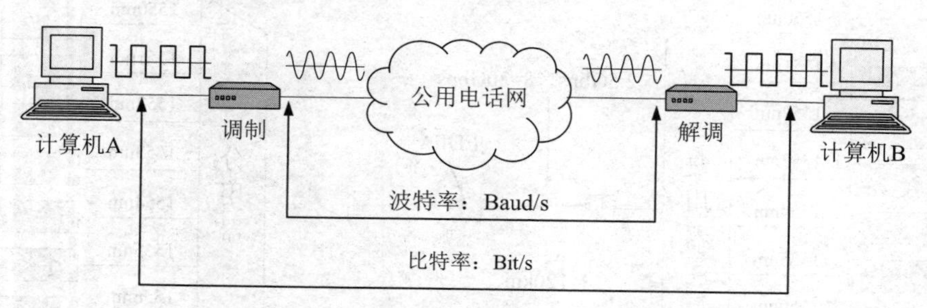

图 3-20　比特率和波特率之间的区别

（3）信道数据传输速率计算举例。

设发送时钟的频率是 f，而每个码元占 k 个时钟周期的时间长度，那么波特率为 f/k。若码元的信息量是 n，那么数据传输速率 v 可计算如下：

$$v=(f \div k) \times n$$

其中 $k \geq 1$，也就是说波特率不会超过时钟频率。

在图 3-12（b）中，假定时钟频率为 100MHz，但一个码元占 2 个时钟周期的时间，编码用的是曼彻斯特编码，码元的信息量是 1，所以数据传输速率为（100MHz÷2）×1bit=50Mb/s。从这里可以看出，如果数据传输速率要提高到 100Mb/s，那么时钟频率需要提高到 200Mb/s，这将给电路实现技术带来困难。随着高速以太网技术的发展，从 100Mb/s、1000Mb/s、10Gb/s 向 1Tb/s 发展，需要更高效率的编码技术。

3.1.3 任务实施

1. 拓扑设计

任务确定采用星型拓扑结构方案，采用 Visio 软件划出拓扑图，如图 3-21 所示。考虑到集线器已淘汰，这里采用桌面交换机替代集线器，图中 fa0/1-12 为交换机的端口编号。

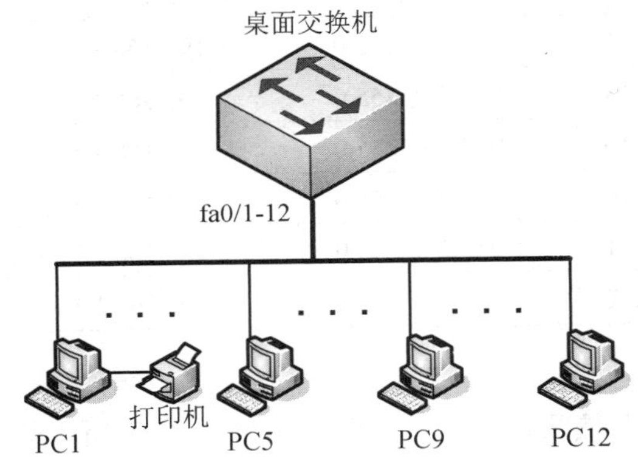

图 3-21　实训拓扑图

2. 布线设计

首先确定交换机和要共享的打印机等放在哪个位置，该位置先要考虑接入 Internet 方便，再考虑从该位置到其他办公计算机布线安全、方便、隐蔽又最短。确定网络设备放置地点之后，则要计划网线要如何布置，每条网线需要多长，在计算网线长度时要考虑足够的余量。网线分布线络如图 3-22 所示。

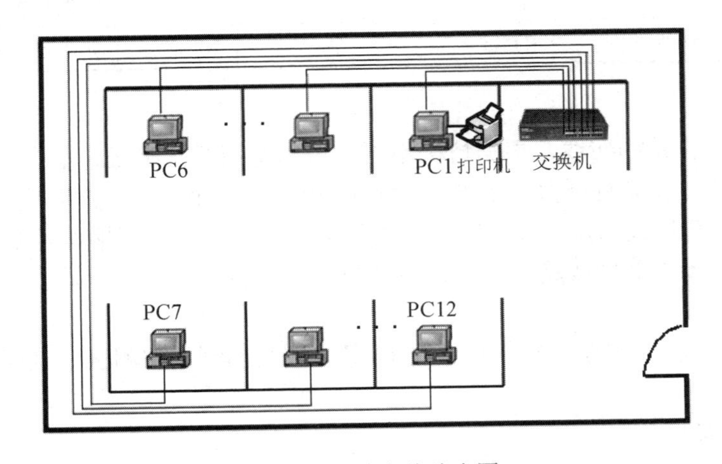

图 3-22　网线布线路由图

3. IP地址规划

为办公室内的计算机规划使用的IP地址。一般情况下，同一办公室的计算机的IP地址应该为同一网络的IP地址。如可将图3-21中的12台计算机的IP地址规划如表3-1所示。

表3-1 12台计算机IP地址规划表

计算机名称	IP地址	子网掩码	默认网关	首选DNS服务器
PC1	192.168.1.11	255.255.255.0	192.168.1.1	192.168.1.1
PC2	192.168.1.12	255.255.255.0	192.168.1.1	192.168.1.1
PC3	192.168.1.13	255.255.255.0	192.168.1.1	192.168.1.1
PC4	192.168.1.14	255.255.255.0	192.168.1.1	192.168.1.1
PC5	192.168.1.15	255.255.255.0	192.168.1.1	192.168.1.1
PC6	192.168.1.16	255.255.255.0	192.168.1.1	192.168.1.1
PC7	192.168.1.17	255.255.255.0	192.168.1.1	192.168.1.1
PC8	192.168.1.18	255.255.255.0	192.168.1.1	192.168.1.1
PC9	192.168.1.19	255.255.255.0	192.168.1.1	192.168.1.1
PC10	192.168.1.20	255.255.255.0	192.168.1.1	192.168.1.1
PC11	192.168.1.21	255.255.255.0	192.168.1.1	192.168.1.1
PC12	192.168.1.22	255.255.255.0	192.168.1.1	192.168.1.1

4. 设备选型

在确定了组网方案后，按照要求配置设备。按照图3-21所示的方案，列出网络硬件清单（示例），如表3-2所示。

表3-2 网络硬件（耗材）设备清单

名称	品牌	型号	单位	数量	备注
网卡	TP-LINK	100/1000Mb/s	块	5	如果已有一些计算机，则按实际需要数量购买
交换机	华为	S2326TP-EI	台	1	24个LAN口即可
网线（双绞线）	安普	超5类UTP	米	130	每条长度要实际计算
水晶头	安普	RJ-45	个	30	如果自己制作网线才需要

5. 网络布线

从交换机到工作站的布线，根据情况不同，可以走明线、暗线、墙座和信息面板等。由于公司在装修办公室前没有预留网线管道，所以采用明线敷设方式。走明线需要注意线槽在转角处要特殊加工，转折处的两个线槽底板需要用45°对好，盖板则根据需要可割断或者对折。另外，要保证网线不被其他线路影响，特别是强电的影响。

6. 网线制作

按照EIA568-B标准线序，制作直连线12条。网线的制作和测试参见项目一任务2。

7. 安装网卡

（1）硬件的安装。

将身上的静电释放掉，防止人体静电对电子器件所带来的危害。然后，打开计算机机箱，将网卡插入计算机主板上的PCI插槽内，并上好螺丝，如图3-23所示。

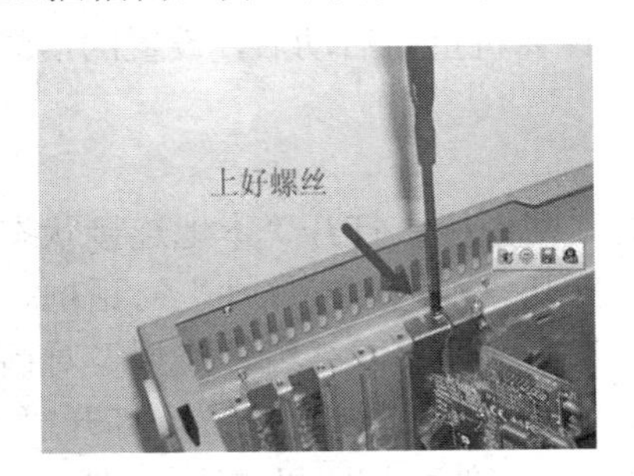

图3-23　安装PCI网卡

（2）驱动程序的安装。

网卡安装后，并不意味着可以直接使用，还必须安装驱动程序。网卡驱动程序一般自动安装，如果正确安装，会在设备管理器中看见如图3-24所示的正确显示。

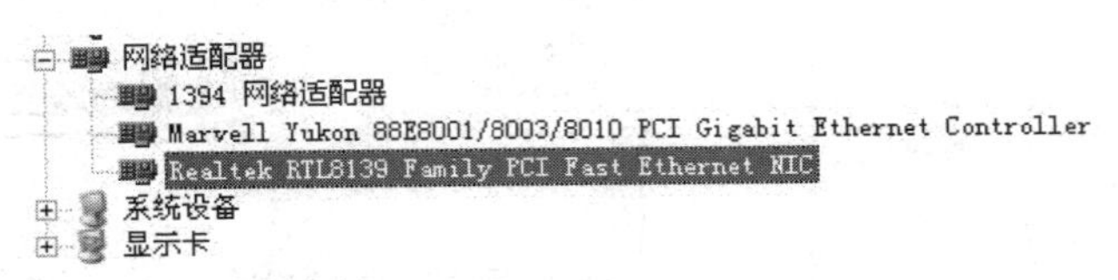

图3-24　驱动程序安装正确的显示

8. 安装打印机

将打印机的USB接口插入主机PC1的USB接口中，如图3-25所示，计算机会自动识别该USB设备，查找并安装打印机的驱动程序，这个过程一般会自动完成。如果计算机没有找到所需的驱动程序，只能通过手工的方式安装打印机的驱动程序。

图3-25　主机端的打印电缆连接

9. 连接主机和交换机

按照图3-21，将对应的主机和交换机的对应端口连接起来。一般情况下，当网线连接好后，计算机开机，网卡的指示灯会亮，交换机对应的网线连接端口指示灯也会亮。

10. 设置TCP/IP协议

参照项目二任务1，按照表3-1设置各主机的TCP/IP参数，并测试网络的连通情况。

11. 设置网络工作组

在网络硬件、驱动程序和IP参数等设置工作完成后，各计算机中的网络配置部分的工作就是设置网络工作组的常规信息。右击“我的电脑”→“属性”→“计算机名”选项卡→单击

“更改”按钮，分别在“计算机名”和“工作组”中输入“PC1”和“ZHONGFA”，如图 3-26 所示，然后单击“确定”按钮，计算机重新启动后，设置的信息才能生效。其他计算机的名称修改步骤与此类似。

12. 安装共享服务

（1）双击任务栏右下角的联网图标，打开“本地连接状态”对话框。

（2）单击“属性”按钮，打开“本地连接属性”对话框。

（3）单击“安装”按钮，打开“选择网络组件类型”对话框。

（4）选择“服务”选项，再单击“添加”按钮，打开“选择网络服务”对话框，如图 3-27 所示。选择“Microsoft 网络的文件和打印机共享”，然后单击“确定”按钮。

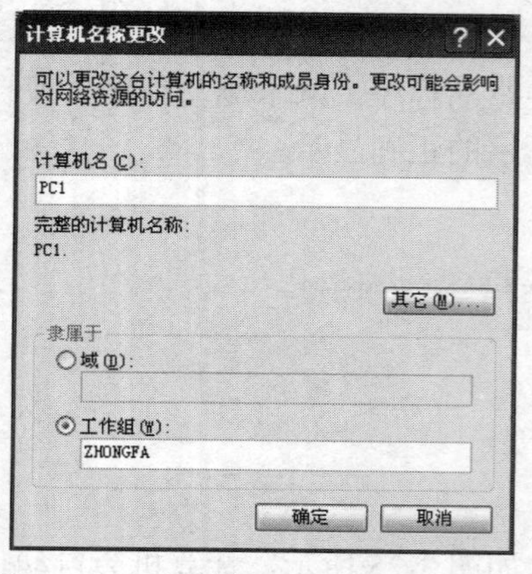

图 3-26 “计算机名称更改”对话框

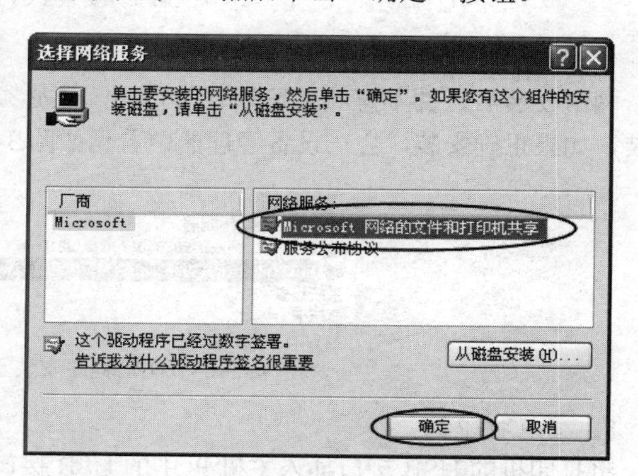

图 3-27 安装网络的文件和打印共享服务

13. 添加网络服务

（1）在“控制面板”窗口中，双击“打印机和传真”图标，或选择“开始”→“设置”→“打印机和传真”命令，打开“打印机和传真”窗口，如图 3-28 所示。

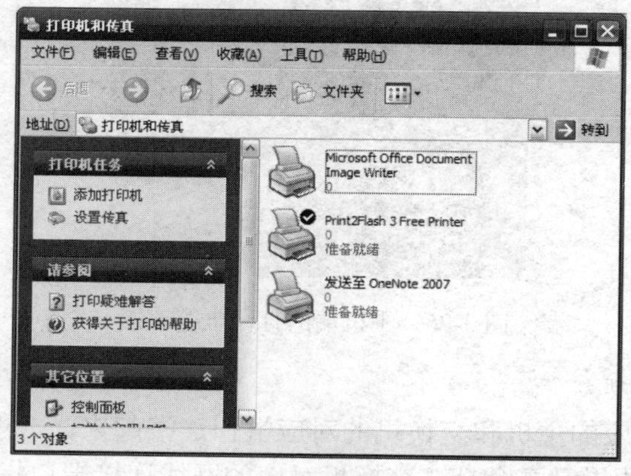

图 3-28 添加打印机界面

（2）按添加打印机向导的提示一步一步完成本地打印机的安装，当出现“打印机共享”对话框时，在出现的对话框中选择“共享名”，并输入“HPLaserJ”，如图 3-29 所示。

14. 配置资源共享

在 PC1 上，打开“我的电脑”，将需要设为共享的文件夹设为共享。方法是选定该文件夹，然后单击鼠标右键，选择“属性”对话框中的“共享”选项卡，再勾选“在网络上共享这个文件夹”复选框，如图 3-30 所示，然后单击“确定”按钮即可完成。

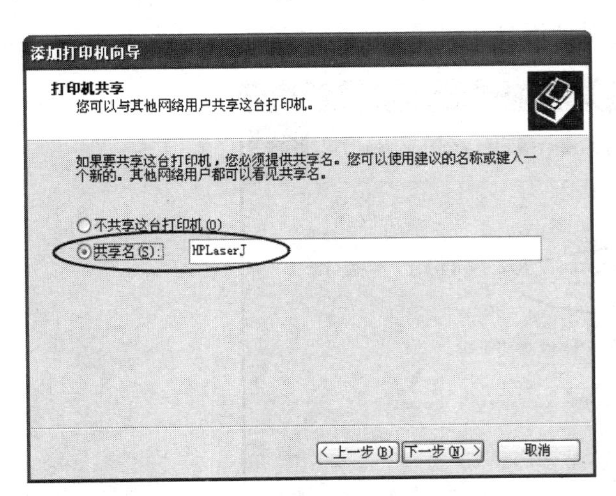

图 3-29　设置打印机为共享

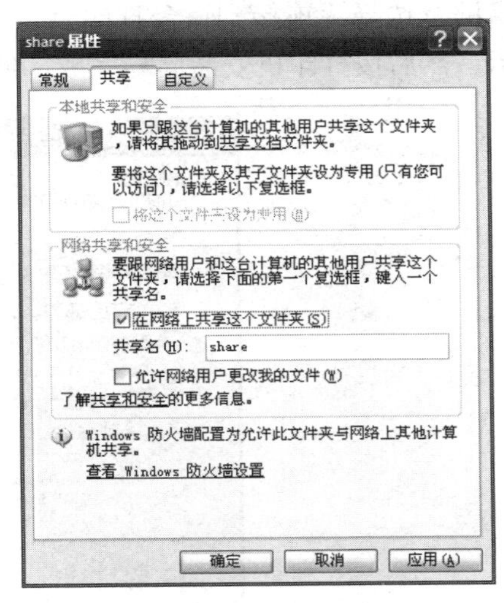

图 3-30　设置资源共享

15. *访问共享资源*

访问对等网上的共享资源有以下几种方式：

（1）打开“网上邻居”，双击选择相应的工作组，则会出现这个工作组中所有主机的主机名及图标，双击提供共享资源的主机，就会显示该主机上设置的所有共享资源。

（2）单击“开始”→“搜索”，在出现的“搜索结果”窗口中输入所要查找的计算机 IP 地址，单击“立刻搜索”按钮，就会找到相应的计算机。

（3）单击“开始”→“运行”，在出现的对话框中输入：\\提供共享资源主机的 IP 地址，即可打开相应的计算机。或在 IE 浏览器的地址栏中输入共享文件所在的计算机名或 IP 地址，如输入“\\192.168.1.10”或“\\PC1”，即可访问共享资源了（如共享文件夹“share”），如图 3-31 所示。

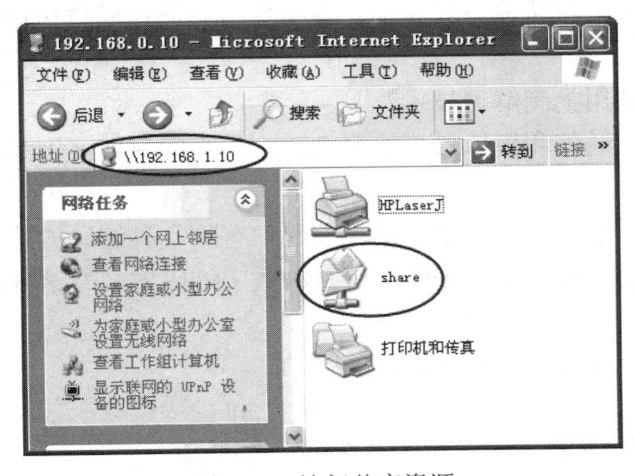

图 3-31　访问共享资源

16. *访问共享打印机*

在其他计算机中，打开“打印机和传真”窗口，单击左窗格中的“添加打印机”链接，打开“添加打印机向导”对话框，单击“下一步”按钮，出现“本地或网络打印机”界面。选择“网络打印机或连接到其他计算机的打印机”，单击“下一步”按钮，出现“指定打印机”对话框，选择“连接到这台打印机”，在“名称”栏中输入\\192.168.10\HPLaserJ，如图 3-32 所示。然后按打印机安装向导完成，便可以使用打印机了。

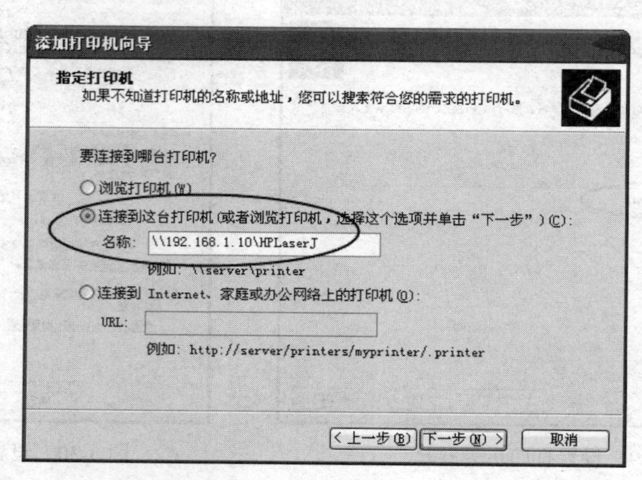

图 3-32　访问共享打印机

3.1.4 课后习题

1．OSI 的（　　）负责网络通信的二进制传输、电缆规格和物理方面。

A．表示层　　B．传输层　　C．数据链路层　　D．物理层

2．网络中传输数据时，物理层的主要作用是（　　）。

A．创建信号以表示介质上每个帧中的比特　　B．为设备提供物理编址

C．确定数据包的网络通路　　D．控制数据对介质的访问

3．说明信息、数据和信号三者之间的关系。数据类型分几种？信号类型有几种？

4．数据通信有哪几个过程？

5．数字信号只能用数字传输方式传输，模拟信号只能用模拟传输方式传输，这种说法对不对？为什么？

6．在什么情况下使用调制解调技术？

7．数据通信、数字通信和模拟通信的概念，它们之间有何区别和联系？拨号上网采用哪种通信技术？

8．数据在信道中传输时为什么要先进行编码？有哪几种编码方法？

9．什么是基带传输？在基带传输中，有几种数字编码方式？这几种编码方式有何特点？它们是怎样描述二进制“0”和“1”的？

10．以下选项中不包含时钟编码的是（　　）。

A．曼彻斯特编码　　B．非归零码

C．差分曼彻斯特编码　　D．都不是

11．最常用的两种多路复用技术为（　　）和（　　），其中，前者是同一时间同时传送多路信号，而后者是将一条物理信道按时间分成若干个时间片轮流分配给多个信号使用。

12．请列举出几种信道复用技术，并说出它们各自的技术特点。

13．以下关于时分多路复用概念的描述中，错误的是（　　）。

A．时分多路复用将线路使用的时间分成多个时间片

B．时分多路复用分为同步时分多路复用与统计时分多路复用

C．统计时分多路复用将时间片预先分配给各个信道

D．时分多路复用使用的“帧”与数据链路层“帧”的概念、作用是不同的

14．将物理信道总频带分割成若干个子信道，每个子信道传输一路信号，这就是（　　）。

A．同步时分多路复用　　B．空分多路复用

C．异步时分多路复用　　D．频分多路复用

15．若传输介质带宽为20MHz，信号带宽为1 MHz，最多可复用多少路信号？各用于什么场合？

16．数据传输速率的概念是什么？如何表示？

17．什么是数据速率和波特率？请举例说明它们之间的关系。

18．10,000,000,000,b/s 也可写为（　　）Gb/s。

19．（　　）术语表示介质承载数据的能力，通常用千位每秒（kb/s）或兆位每秒（Mb/s）作测量单位。

20．假设电视信号带宽为 6MHz，则其最高码元传输速率是多少？假设 1Baud 携带 2bit 的信息量，则最高传输速率是多少？

21．指出下列说法的错误之处：

（1）某信道的信息传输速率是 400Baud。

（2）每秒 50 波特的传输速率是很低的。

（3）500Baud 与 500b/s 是一个意思。

（4）每秒传送 100 个码元也就是每秒传送 100 个比特。

任务 2　使用 ADSL 接入 Internet

3.2.1　任务目的及要求

本任务主要让读者体验把数据通信的过程扩展到拥有多段线路和两台以上主机的广域网范围，除了掌握物理层数据传输技术和相关协议标准外，还应该了解铜线接入 Internet 技术，掌握 ADSL 基本工作特点和应用场合。

本任务实践性很强，要求读者能形成按设备操作规范进行施工的习惯和严谨细致的工作态度。

3.2.2　知识准备

本任务知识点的组织与结构，如图 3-33 所示。

读者在学习本部分内容的时候，请认真领会并思考以下问题：

（1）串行通信和并行通信各有哪些特点？各使用在什么场合？串行传输的速率一定比并行传输低吗？

（2）数据通信中有哪些同步方式？异步传输和同步传输的特点和主要区别是什么？

（3）为什么 1kb/s≠1024b/s？kb/s 中的“k”字母是用小写还是大写？mb/s 和 gb/s 这样的

写法对吗？比特/s 是否和 bit/s 及 b/s 等价？

（4）请举例说明常见的铜缆接入技术？拨号上网采用的是哪种通信技术？

- 物理层的主要任务
- 物理层信号传输类型
- 串行传输技术
- EIA RS-232接口标准
- ADSL技术

图 3-33　任务 2 知识点结构示意图

1．物理层协议的主要任务

通过前面的学习，计算机网络使用的通信线路可以分为两类：点到点通信线路和广播通信线路，因此物理层的协议可以分为两类：基于点到点通信线路的物理层协议（如 EIA RS-232 接口标准）和基于广播通信线路的物理层协议（如 IEEE802.3、IEEE802.3u、IEEE802.3z 等）。本项目只讨论基于点到点通信线路的物理层协议，基于广播通信线路的物理层协议将在项目四中进行阐述。

物理层的主要任务是确定与传输介质相关接口的一些特性，即：

（1）机械特性。

说明接口所使用接线器的形状和尺寸、引线数目和排列、固定和锁定装置等，这很像平时常见的各种规格的电源插头，其尺寸都有严格的规定。

（2）电气特性。

说明在接口电缆的哪条线上出现的电压应为什么范围，即用什么样的电压表示“1”和“0”，也包括光信号或无线信号。

（3）功能特性。

说明某条线上出现的某一电平的电压表示何种意义。

（4）规程特性。

说明对于不同功能的各种可能事件的出现顺序。

2．物理层信号传输类型

在计算机网络中，从不同的角度看有多种不同的通信方式，常见的方式有如下几种。

（1）并行通信和串行通信。

数据通信方式按照数据传输与需要的信道数可划分为并行通信方式和串行通信方式。数据有多少位则需要多少条信道，每次传输数据时，一条信道只传输字节中的一位，一次传输一个字节，这种传输方法称为并行通信。如果数据传输时只需要一条信道，数据字节有多少位则需要传输多少次才能传输完一个字节，这种方法称为串行通信。

1）并行通信（Parallel Transmission）。

在并行通信中，一般至少有 8 个数据位同时在两台设备之间传输，如图 3-34 所示。发送端与接收端有 8 条数据线相连，发送端同时发送 8 个数据位，接收端同时接收 8 个数据位。计算机内部各部件之间的通信是通过并行总线进行的。如并行传送 8 位数据的总线叫 8 位数据总线，并行传送 16 位数据的总线叫 16 位总线等。并行传输的特点如下：

- 数据传输速率高。
- 数据传输占用信道较多，费用较高，所以只能应用于短距离传输。

- 一般应用于计算机系统内部传输或者近距离传输。

2）串行通信（Serial Transmission）。

并行通信需要 8 条以上的数据线，这对于近距离的数据传输来说，其费用还是可以负担的，但在进行远距离数据传输时，这种方式就太不经济了。所以，在数据通信系统中，较远距离的通信就必须采用串行通信方式，如图 3-35 所示。

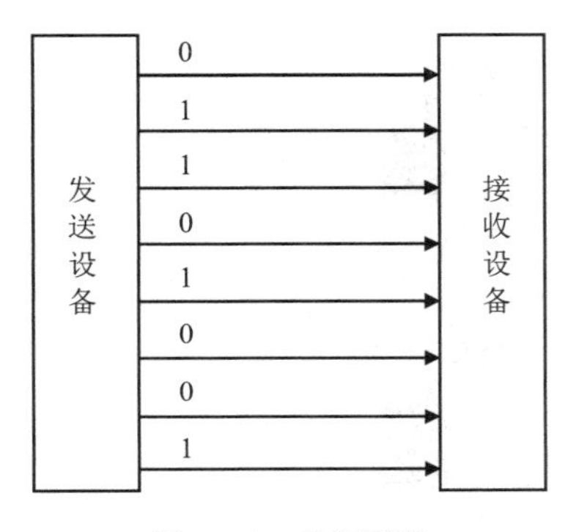

图 3-34　并行通信

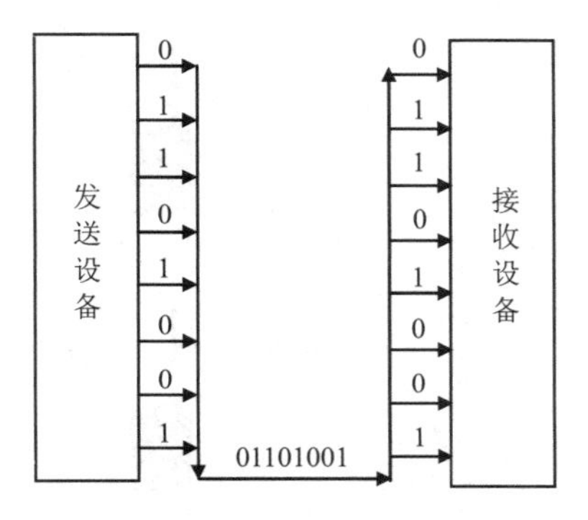

图 3-35　串行通信

由于串行通信每次在线路上只能传输 1 位数据，因此其传输速率一般要比并行通信慢得多。虽然串行传输速率慢，但在收发两端之间只需一根传输线，成本大大降低。且由于串行通信使用于覆盖面很广的公用电话网络系统，所以，在现行的计算机网络通信中串行通信应用更广泛。串行传输的特点如下：

- 数据传输速率慢。
- 数据传输占用信道较少，费用较低，所以适用于远距离传输。
- 一般应用于计算机网络中远距离传输。

（2）单工通信、半双工通信和全双工通信。

数据在通信线路上传输是有方向的。根据数据在线路上传输的方向和特点，通信方式划分为单工通信（Simplex Communication）、半双工通信（Half-Duplex Communication）和全双工通信（Full-Duplex Communication）三种通信方式。

1）单工传输。

单工传输指通信信道是单向信道，数据信号仅沿一个方向传输，发送方只能发送不能接收，而接收方只能接收不能发送，任何时候都不能改变信号传送方向，如图 3-36 所示。例如，无线电广播和电视都属于单工传输。

图 3-36　单工通信方式

2）半双工传输。

半双工传输是指信号可以沿两个方向传送，但同一时刻一个信道只允许单方向传送，即两个方向的传输只能交替进行，而不能同时进行。当改变传输方向时，要通过开关装置进行切换，如图 3-37 所示。半双工信道适合于会话式通信。例如，公安系统使用的“对讲机”和军队使用的“步话机”。半双工方式在计算机网络系统中适用于终端与终端之间的会话式通信。

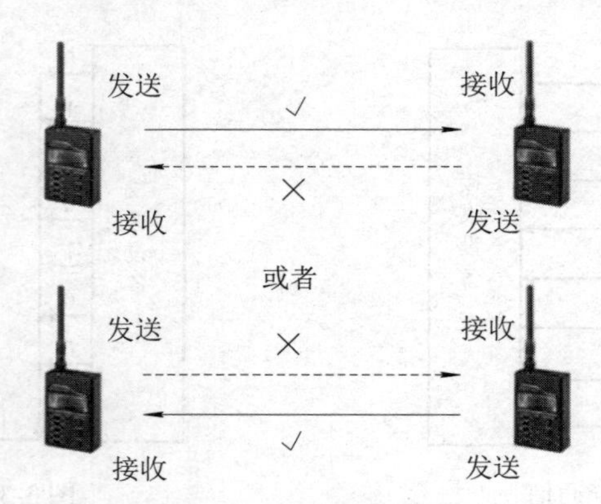

图 3-37　半双工通信方式

3）全双工传输。

全双工传输是指数据可以同时沿相反的两个方向进行双向传输，如图 3-38 所示，如两台电话机之间的通信，它相当于两个方向相反的单工通信组合在一起，通信的一方在发送信息的同时也能接收信息，全双工通信一般采用接收信道与发送信道分开，按各个传输方向分开设置发送信道和接收信道。

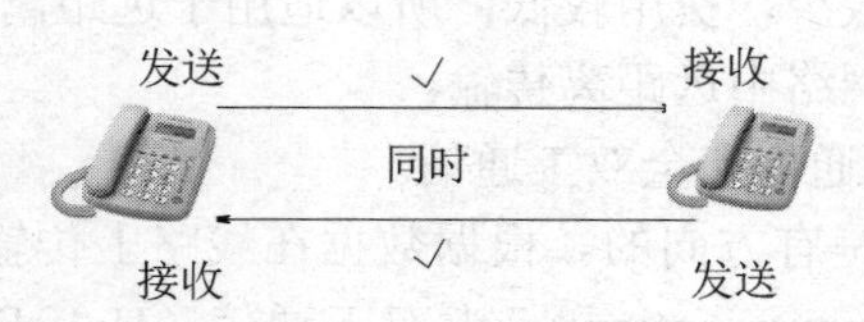

图 3-38　全双工通信方式

（3）异步传输与同步传输。

所谓“同步”，就是接收端要按照发送端发送的每个码元的重复频率及起止时间来接收数据。因此，接收端不仅要知道一组二进制位的开始与结束，还要知道每位的持续时间，这样才能做到用合适的取样频率对所接收数据进行取样，如图 3-39 所示。

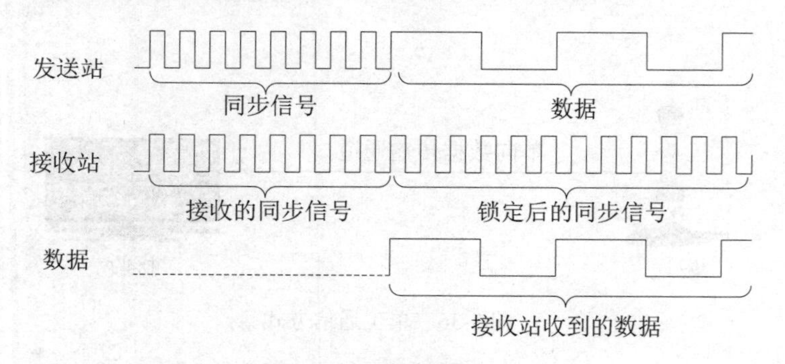

图 3-39　同步传输技术

数据传输的同步方式有两种：异步传输和同步传输。同步传输与异步传输的引入是为了解决串行数据传输中通信双方的码组或字符的同步问题。由于串行传输是以二进制位为单位在一条信道上按时间顺序逐位传输的。这就要求发送端按位发送，接收端按时间顺序逐位接收，并且还要对所传输的数据加以区分和确认。因此，通信双方要采取同步措施，尤其是对远距离的串行通信更为重要。

1）异步传输（Asynchronous Transmission）。

字符同步也称异步传输，在通信的数据流中，每次传送一个字符，且字符间异步。字符内部各位同步被称为字符同步方式，即每个字符出现在数据流中的相对时间是随机的，接收端预先并不知道，而每个字符一开始发送，收发双方则以预先固定的时钟速率来传送和接收二进制位。

异步传输过程如图 3-40 所示，开始传送前，线路处于空闲状态，送出连续“1”。传送开始时首先发一个“0”作为起始位，然后出现在通信线路上的是字符的二进制编码数据。每个字符的数据位长可以约定为 5 位、6 位、7 位或 8 位，一般采用 ASCII 编码。接着是奇偶校验位，根据约定也可以约定不要奇偶校验。最后是表示停止位的“1”信号，这个停止位可以约定持续 1 位或 2 位的时间宽度，至此一个字符传送完毕，线路又进入空闲，持续为“1”，经过一段时间后，下一个字符开始传送又发出起始位。

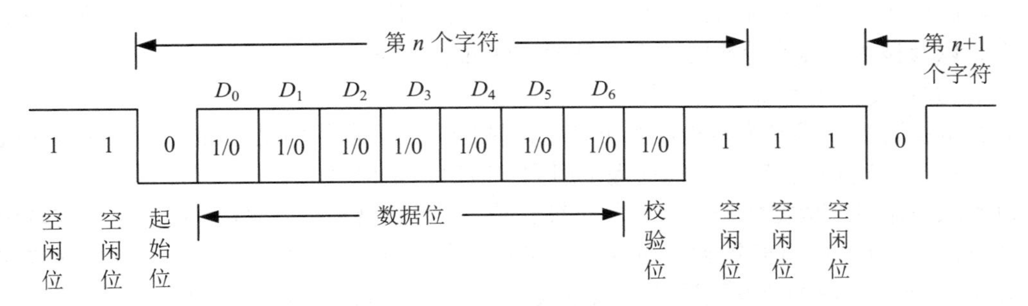

图 3-40　异步传输方式

异步传输对接收时钟的精度要求降低了，它的最大优点是设备简单、易于实现。但是，它的效率很低。因为每一个字符都要加起始位和终止位，辅助开销比例比较大，因而用于低速线路中，如计算机与调制解调器等。例如，采用 1 个起始位、8 个数据位、2 个停止位时，其传输效率为 8/11≈73%。

2）同步传输（Synchronous Transmission）。

同步传输也称帧同步。通常，同步传输方式的信息格式是一组字符或一个二进制位组成的数据块（帧）。对这些数据，不需要附加起始位和停止位，而是在发送一组字符或数据块之前先发送一个同步字符 SYN（以 01101000 表示）或一个同步字节（以 01111110 表示），用于接收方进行同步检测，从而使收发双方进入同步状态。在同步字符或字节之后，可以连续发送任意多个字符或数据块，发送数据完毕后，再使用同步字符或字节来标识整个发送过程的结束，如图 3-41 所示。

在同步传送时，由于发送方和接收方将整个字符组作为一个单位传送，且附加位又非常少，从而提高了数据传输的效率。所以这种方法一般用在高速传输数据的系统中，比如，计算机之间的数据通信。

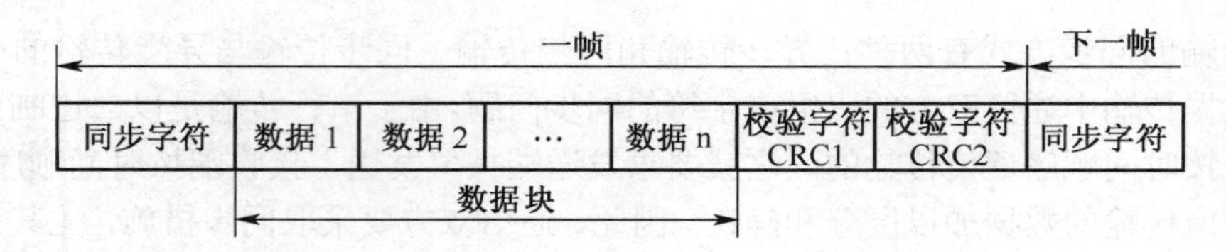

图 3-41 同步传输方式

另外，在同步通信中，要求收发双方之间的时钟严格同步，而使用同步字符或同步字节，只是用于同步接收数据帧，只有保证接收端接收的每一个比特都与发送端保持一致，接收方才能正确地接收数据，这就要使用位同步的方法。对于位同步，可以使用一个额外的专用信道发送同步时钟来保持双方同步，也可以使用编码技术将时钟编码到数据中，在接收端接收数据的同时就获取到同步时钟，两种方法相比，后者的效率最高，使用得最为广泛。

3. 串行传输技术

（1）高速网络技术——串行通信比并行通信的速率更高。

无论从通信速度、造价还是通信质量上来看，现今的串行传输方式都比并行传输方式更胜一筹。从技术发展的角度来看，串行传输方式大有彻底取代并行传输方式的势头，通用串行总线（Universal Serial Bus，USB）取代 IEEE1284，串行高级技术附件（Serial Advanced Technology Attachment，SATA）取代 PATA，PCI Express 取代 PCI……。从原理上来看，并行传输方式确实优于串行传输方式，那么为何现在的串行传输方式会更胜一筹？下面从并行、串行的变革以及技术特点来分析隐藏在表象背后的深层原因。

（2）并行传输技术遭遇发展困境。

并行数据传输技术向来是提高数据传输速率的重要手段，但是它的进一步发展却遭遇了障碍。首先，由于并行传输方式的前提是用同一时序传播信号，用同一时序接收信号，而过分提高时钟频率难以让数据传送的时序与时钟合拍，布线长度稍有差异，数据就会以与时钟不同的时序发送。另外，提升时钟频率很容易引起信号线间的相互干扰。因此，并行传输方式难以实现高速化。而且，增加位宽无疑会导致主板和扩充板上的布线数码随之增加，成本随之攀升。

（3）低压差分信号突破传输瓶颈。

网络中常用的主流传输技术均采用了串行、差分和双向技术，代表了目前网络通信中的先进技术。低压差分信号的一种是 LVDS（Low Voltage Differential Signal），350mV 左右振幅能满足近距离、高速度传输要求。假定负载电阻为 100Ω，采用 LVDS 方式传输数据时，如果双绞线的长度为 10m，传输速率可达 400Mb/s；当线缆增加到 20m 时，速率降为 100Mb/s；而当电缆长度为 100m 时，速率只能达到 10Mb/s 左右。

4. EIA RS-232C 接口标准

RS-232C 是美国电子工业协会（Electronic Industries Association，EIA）制定的著名物理层标准，RS（Recommended Standard）表示推荐标准，232 为标识号码，C 代表是标准 RS-232 以后的第三个修订版本。

RS-232C 标准提供了一个利用公用电话网络作为传输介质，并通过调制解调器将远程设备连接起来的技术规定。图 3-42 显示了使用 RS-232C 接口通过电话网实现数据通信的示意图，其中，用来发送和接收数据的计算机或终端系统称为数据终端设备（Data Terminal Equipment，DTE），如计算机；用来实现信息的收集、处理和变换的设备称为数据电路端接设备（Data Circuit-terminating Equipment，DCE），如调制解调器。

图 3-42　RS-232C 的远程连接

（1）RS-232C 的机械特性。

RS-232C 的机械特性规定使用一个 25 芯的标准连接器，并对该连接器的尺寸及针或孔芯的排列位置等都做了详细说明，如图 3-43 所示。顺便提一下，实际的用户并不一定需要用到 RS-232C 标准的全集，这在个人计算机（PC）高速普及的今天尤为突出，所以一些生产厂家为 RS-232C 标准的机械特性做了变通的简化，使用了一个 9 芯标准连接器将不常用的信号线舍弃。

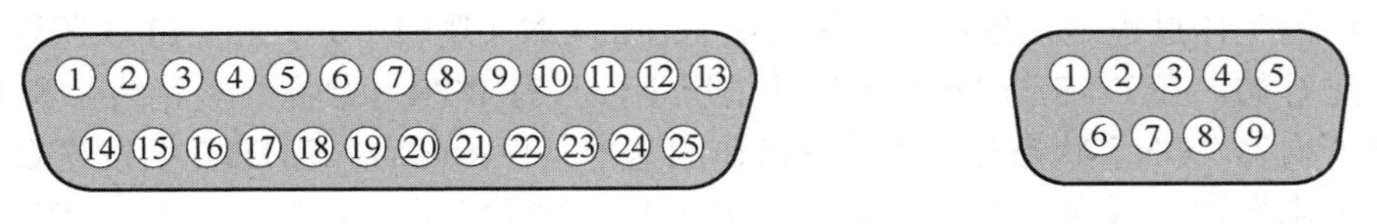

（a）25 芯连接器针脚排列图

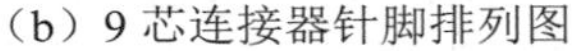
（b）9 芯连接器针脚排列图

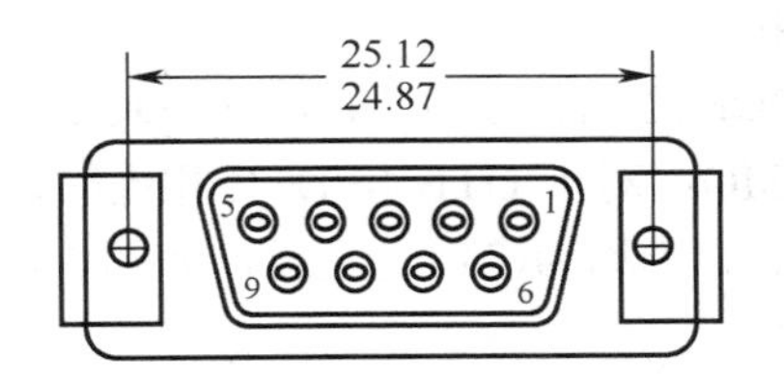

（c）9 芯连接器排列图尺寸

图 3-43　RS-232C 的机械特性

（2）RS-232C 的电气特性。

RS-232C 的电气特性规定逻辑“1”的电平为-15～-5V，逻辑“0”的电平为+5～+15V，也即 RS-232C 采用+15V 和-15C 的逻辑电平，+5V～-5V 之间为过渡区域不做定义。RS-232C 接口的电气特性如图 3-44 所示，其电气表示如图 3-45 所示。

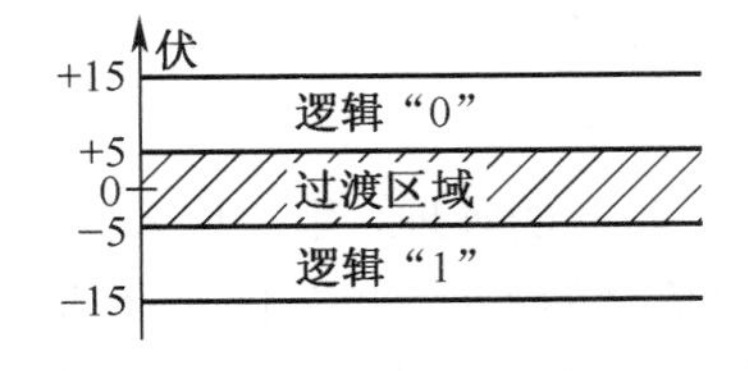

图 3-44　RS-232C 电气特性

	负电平	正电平
逻辑状态	1	0
信号状态	传号	空号
功能状态	OFF（断）	ON（通）

图 3-45　RS-232C 电气表示

RS-232C 电平高达+15V 和-15V，较之 0～5V 的电平来说具有更强的抗干扰能力。但是，即使是这样的电平，若两台设备利用 RS-232C 接口直接相连（即不使用调制解调器），它们的最大距离也仅约 15m，而且由于电平较高，通信速率反而受影响。RS-232C 接口的通信速率有 150b/s、300b/s、600b/s、1200b/s、2400b/s、4800b/s、9600b/s、19200b/s 等几档。

（3）RS-232C 的功能特性。

RS-232C 的功能特性定义与 ITU-T 的 V.24 建议书一致。它规定了什么电路应当连接到引脚中的哪一根以及该引脚的作用。RS-232C 的 9 芯连接器功能说明如表 3-3 所示。

表 3-3　RS-232C 功能特性

针脚号	功能	名称	针脚号	功能	名称
1	载波检测	DCD	6	数据传输设备就绪	DSR
2	接收数据	RxD	7	请求发送	RTS
3	发送数据	TxD	8	清除发送	CTS
4	数据终端就绪	DTR	9	振铃指示	RI
5	信号地	GND			

（4）RS-232C 的规程特性。

RS-232C 的工作过程是在各根控制信号线有序的 ON（逻辑“0”）和 OFF（逻辑“1”）状态的配合下进行的。在 DTE 与 DCE 连接的情况下，只有 DTR（数据终端就绪）和 DSR（数据设备就绪）均为“ON”状态时，才具备操作的基本条件：此后，若 DTE 要发送数据，则须先将 RTS（请求发送）置为“ON”状态，等待 CTS（清除发送）应答信号为“ON”状态后，才能在 TxD（发送数据）上发送数据。

（5）RS-232C 接口的应用。

在实际应用中，DTE 与 DCE 之间相连时，DTE 和 DCE 对应的针脚直连，且只需要使用发送 TD、接收 RD 和信号地 SIG；对于 DTE 与 DTE 相连时，相对的发送和接收针脚需要交叉相连，因此有时也把空 Modem 线称为串口交叉线，如图 3-46 所示。

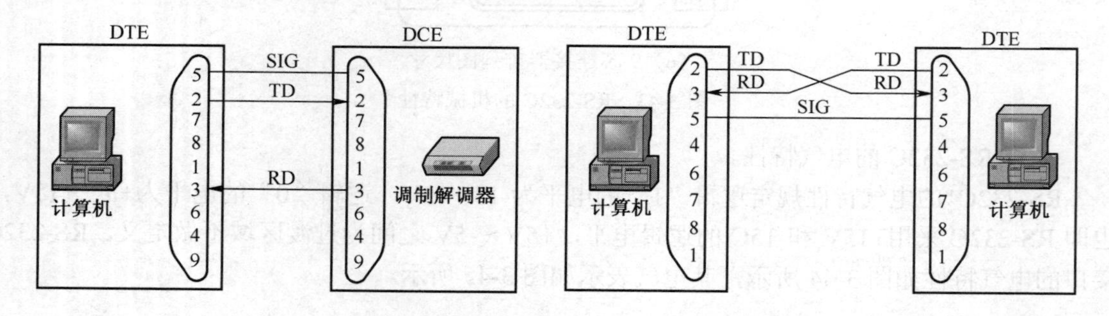

图 3-46　9 针 RS-232C 接口的简单连接方式

5. ADSL 接入技术

近几年来，用户接入网的广阔市场越来越成为各 ISP 争夺的阵地，用户接入网（从本地电话局到用户之间的部分）是电信网的重要组成部分，是电信网的窗口，也是信息高速公路的“最后一英里（The Last Mile）”。为实现用户接入网的数字化、宽带化，用光纤作为用户线是用户网今后发展的必然方向，但由于光纤用户网的成本过高，在今后的十几年甚至几十年内大多数用户网仍将继续使用现有的铜线环路，近年来人们提出了多项过渡性的宽带接入网技术，其中 ADSL 是最具有竞争力的一种。

（1）为什么采用铜线接入 ADSL 技术。

1）网络的覆盖面广、规模大。

2）节省投资，无需线路材料和铺设施工投入。

3）网络是现成的，可立即为用户开通高速业务。

4）开通宽带业务的同时，一般不影响原有话音业务。

（2）ADSL 接入技术的特点。

图 3-47 给出了家庭使用 ADSL 接入 Internet 的结构示意图。ADSL 技术的特点主要表现在以下几个方面。

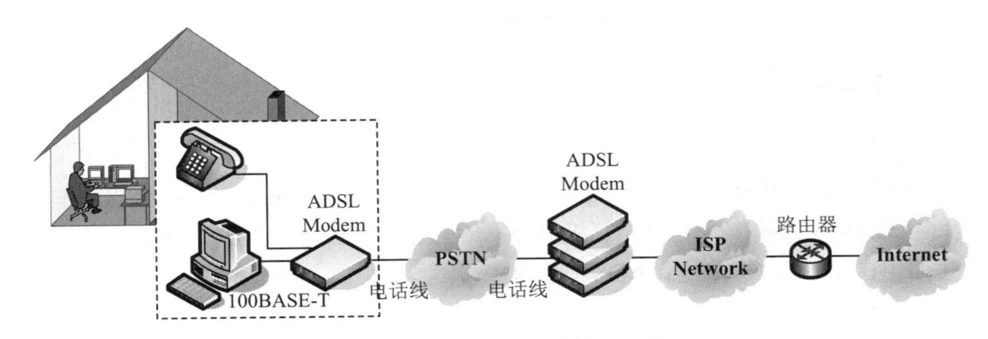

图 3-47 ADSL 接入结构示意图

1）ADSL 承载在现有的普通电话线上。

2）ADSL 在同一铜线上分别传送数据和语音信号。

3）ADSL 上下行速率是非对称的，即上下行速率不等，上行最高可达 640kb/s，下行最高可达 8Mb/s。

4）每一个 ADSL 用户都有单独的一条电话线与 ADSL 局端相连，数据传输带宽由每一用户独享。

5）ADSL 的传输距离为 3km～5km（局端到用户）。

知识链接：ADSL 的带宽通常指其下行速率，1M 的带宽指 1Mb/s 下行速率，通信单位通常用 B（Bytes），1B=8bit，下载时的速率为 100KB/s，即 800kb/s。

（3）ADSL 原理和技术性能。

现存的用户环路主要由 UTP 组成。UTP 对信号的衰减主要与传输距离和信号的频率有关，如果信号传输超过一定距离，信号的传输质量将难以保证。此外，线路上的桥接抽头也将增加对信号的衰减。因此，线路衰减是影响 ADSL 性能的主要因素。ADSL 通过不对称传输，利用 FDM 或回波抵消技术（Echo Cancellation）使上、下行信道分开来减小串音的影响，从而实现信号的高速传送。

（4）ADSL Modem 功能。

普通电话线传输的是模拟信号，计算机产生的数字信号无法直接在电话线中传输，Modem 是实现两种信号转换功能的设备。

1）在发送端，Modem 完成数字信号的调制，将数字信号转换成模拟信号。

2）在接收端，Modem 完成模拟信号的解调，将模拟信号转换成数字信号。

（5）ADSL 的接入模型。

用户端的 ADSL 安装也非常简易方便，只要将电话线连上滤波器，滤波器与 ADSL Modem 之间用一条两芯电话线连上，ADSL Modem 与计算机的网卡之间用一条交叉网线连通即可完成硬件安装，如图 3-48 所示。

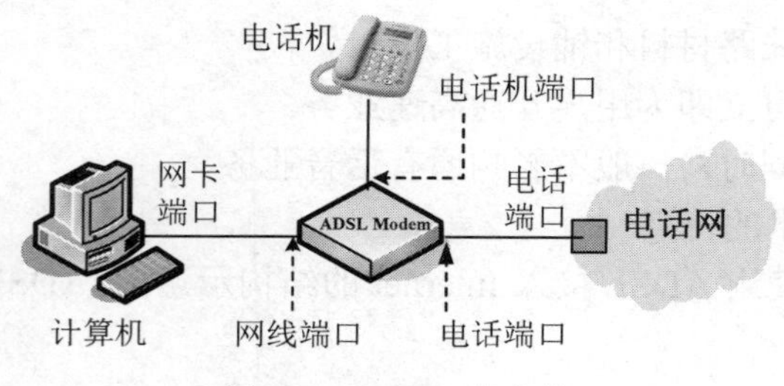

图 3-48　ADSL 的安装

3.2.3　任务实施

1. 任务准备

本任务在任务 1 的基础上，办公室的所有主机均能接入 Internet，使用 ADSL 作为 Internet 接入方式，实现办公室所有员工的计算机共享一个 ADSL 账号上网。为了实现本任务，首先应向 ISP（如中国电信）申请一个 ADSL 上网账号。

2. 接入方案设计

考虑到公司中有一些计算机需要通过无线网卡上网，所以选择带有无线路由器功能的宽带路由器是一个很好的选择，经过综合考虑，本任务的最终实施方案如图 3-49 所示。

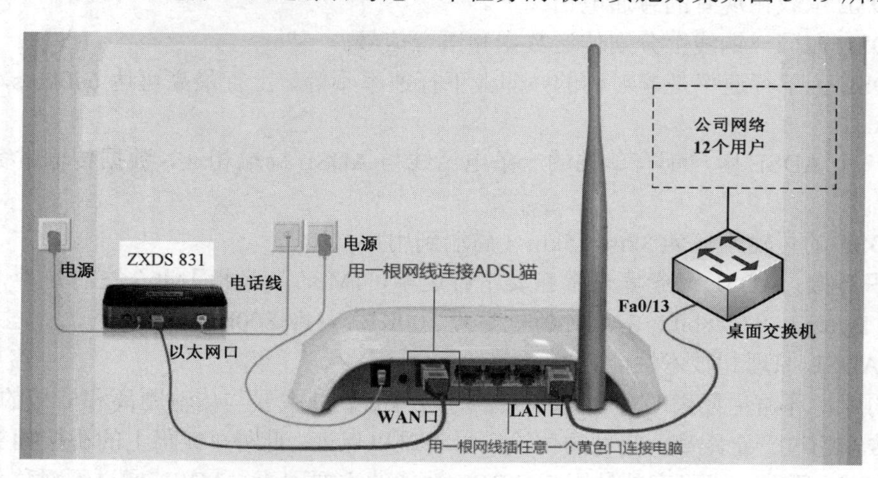

图 3-49　ADSL 接入 Internet 方案

3. 设备选购

本任务主要设备是 ADSL Modem 和宽带路由器的选型，这里 ADSL Modem 选择中兴的 ZXDS 831，宽带路由器选择 TP-LINK 的 TL-WR340G+（带无线功能）。

4. ADSL Modem 的安装

使用两芯的电话线将中兴 ZXDS 831 的电话插口连接起来，使用电源适配器将中兴 ZXDS 831 的电源插口连接起来。

5. ADSL Modem 的配置

由于本方案采用的是“ADSL Modem+宽带路由器+计算机”的方案，而不是“ADSL Modem+计算机”的方案，无需对 ADSL Modem 进行配置，主要配置是在宽带路由器上。有关“ADSL Modem+计算机”方案的配置步骤，请读者自行参考相关文献和网络资源。

6. 宽带路由器的配置

把 TL-WR340G+的 Power 插孔连接到电源插座，WAN 口插孔通过网线与中兴 ZXDS 831 的 Ethernet 插孔连接，并把 PC1 机通过网线分别连接到 TL-WR340G+的“1 插孔”。下面是宽带路由器的主要配置步骤。

（1）打开 PC1 的 IE 浏览器，在 IE 地址栏中输入 192.168.1.1，可以看到宽带路由器配置的登录界面，如图 3-50 所示。

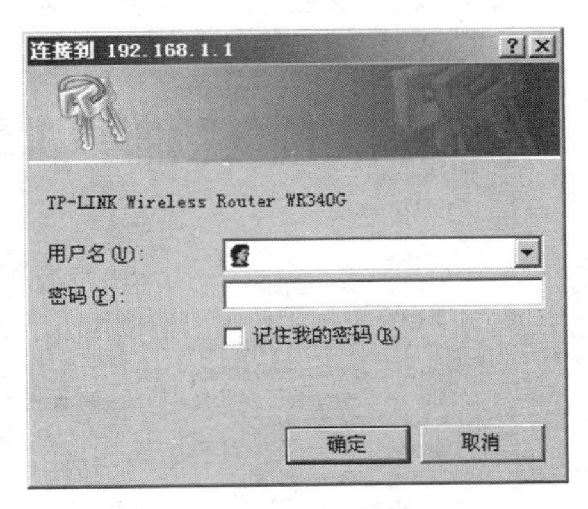

图 3-50　设置 TL-WR340G+的登录界面

（2）输入用户名 admin，密码为 admin。进入路由器的管理页面，如图 3-51 所示。

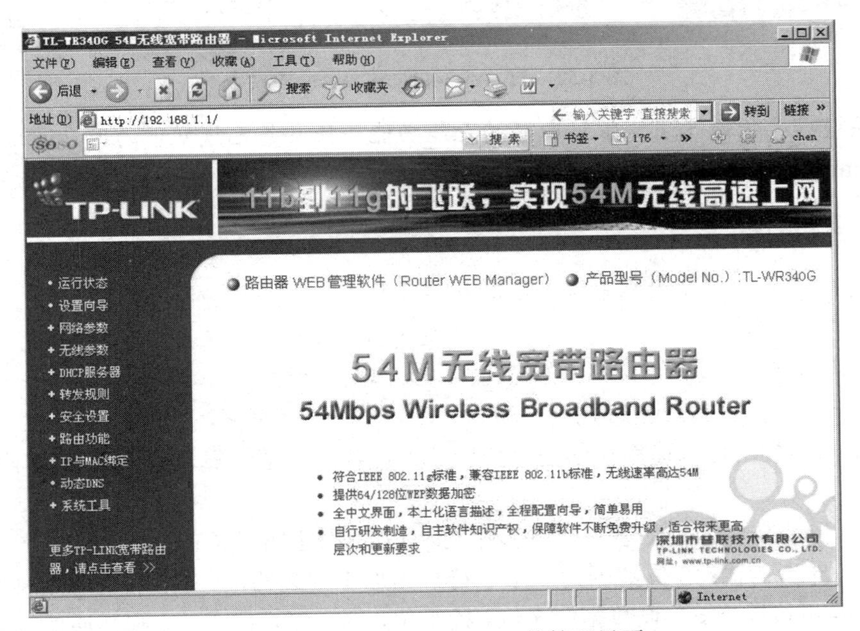

图 3-51　配置 TL-WR340G+的管理界面

（3）选择“网络参数”→“WAN 口设置”命令，在出现“WAN 口设置”窗口中选择连接类型为动态 IP 地址。选择 WAN 口连接类型为：PPPoE，输入上网账号和密码，如图 3-52 所示，单击“保存”按钮。

（4）重启 TL-WR340G+后，就完成了基本的配置。使用网线将宽带路由器和交换机按图 3-49 连接起来，网络中的各主机都可以接入 Internet。

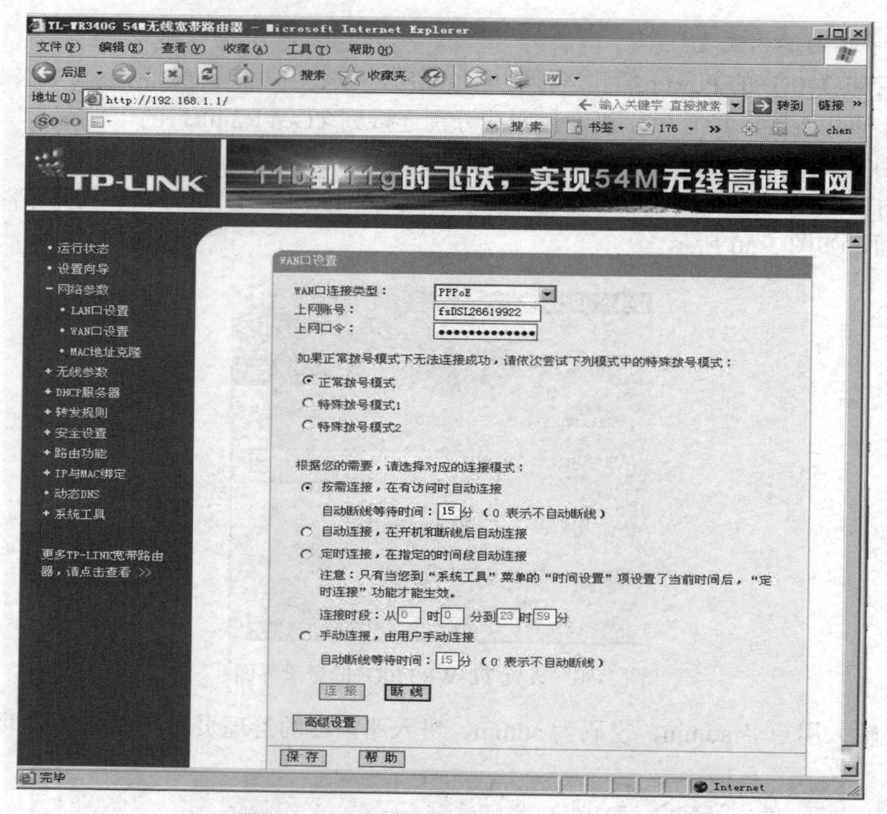

图 3-52 TL-WR340G+的 WAN 口设置

知识链接：你能开通宽带路由器的无线功能，使具备无线网卡的用户通过无线连接的方式接入 Internet 吗？

3.2.4 课后习题

1．串行传输的同步技术属于物理层的（ ）。

A．机械特性　　B．电气特性

C．功能特性　　D．规程特性

2．数据传输的同步方式分为（ ）和（ ）。

3．以相同的数据传输速率在信道上传送 512 位数据，请计算以下两种情况下的各自传输效率。

（1）同步传输：前后各 1 个同步字符，后面附加 16 位 CRC 校验位。

（2）异步传输：8 位数据为一个字符，另加 1 位起始位、1 位停止位和 1 位校验位。

4．采用异步传输方式，设数据位 7 位，校验位 1 位，停止位 1 位，则其通信效率为（ ）。

A．30%　　B．70%

C．80%　　D．20%

5．什么是单工通信、半双工通信和全双工通信？它们各有什么特点？

6．在同一个信道上的同一时刻，能够进行双向数据传送的通信方式是（ ）。

A．单工　　B．半双工

C．全双工　　D．上述三种均不是

7．从双方信息交互的方式上看，串行传输有（　　）、（　　）和（　　）三种基本方式。

8．计算机之间的通信通常工作在（　　）模式。

A．单工　　B．双工

C．半双工　　D．并行传输

9．串行通信和并行通信各有哪些特点？各使用在什么场合？

10．计算机内部通信采用（　　）方式。

A．串行通信　　B．并行通信

C．同步传输　　D．异步传输

11．什么是 DTE 和 DCE，请问主机与显示器通过 RS-232C 接口连接时，谁是 DTE？谁是 DCE?

12．RS-232C 接口具有哪些特性？

13．ADSL 的“非对称性”是指（　　），其中上行速率最大为（　　），下行最大速率为（　　）。

14．ADSL 技术具有哪些特点？你是否会选择 ADSL 作为自己家庭计算机接入 Internet 的方式？

15．调制解调器是实现计算机的（　　）信号和电话线模拟信号间相互转换的设备。

16．ADSL 通常使用（　　）。

A．电话线路进行信号传输　　B．ATM 网进行信号传输

C．DDN 网进行信号传输　　D．有线电视网进行信号传输

17．通过电话线拨号上网所需的硬件设备有计算机、电话线及（　　）。

A．编码解码器　　B．调制解调器

C．中继器　　D．解调器

18．ADSL 中文名称为（　　）。

A．异步传输模式　　B．帧中继

C．综合业务数字网　　D．非对称数字线路

19．思考：5 年后，Internet 的接入方式可能面临的选择变化。

项目四　组建和管理局域网

在项目三中讨论了在一段链路上相邻设备之间的数据传输所涉及的物理层技术及基于点到点通信线路的物理层协议，物理层可以认为是属于“两台计算机及一段链路”的技术范围，它是一段链路上有效传输二进制位流的功能保证。一般情况下，计算机网络中存在多个链路和多台主机。因此应把研究的视野扩展到小范围短距离很多主机相互通信的问题上，这里的“小范围短距离”就是项目一提出的局域网的范围。在点到点直达的链路上进行通信是不存在寻址问题的。而在多点连接的情况下，发送方必须保证数据信息能正确地送到接收方，而接收方也应当知道发送方是哪个节点，很显然，物理层对此无能为力。因此，为了完成局域网范围内多个主机的数据通信任务，除了必须的物理层技术之外，还需要相应的数据链路层技术。

随着个人计算机技术的发展和广泛应用，人们共享数据、软件和硬件资源的愿望日益强烈，这种需求导致局域网技术出现了突破性进展。在局域网技术研究领域中，以太网（Ethernet）技术并不是最早出现的局域网技术，但却是最成功的技术，现已成为局域网领域的主流技术。局域网是一种广播信道的网络，需要某种信道访问方法，从这个角度出发，可以将局域网分为共享式局域网和交换式局域网。共享式局域网与生俱来就有一个致命的缺陷，冲突是不可避免的，因此当代网络中仍然使用共享带宽的集线器，将成为限制公司网络应用的主要因素。用交换机代替集线器，为网络管理和应用带来突破，不仅消除了冲突，还将连接的吞吐量（Throughput）加倍。

本项目围绕局域网到底是怎样工作的这一主题，讨论了局域网的参考模型与标准、局域网介质的访问控制方法、局域网连接设备的工作原理和组网方法。建议读者在学习本项目的过程中，始终保持一种对所学知识和技术在协议体系上的层次定位意识，这样对相关知识和技术的逻辑关系会觉得比较清晰。

东方影视传媒文化技术有限公司，是一家专业从事影视后期制作和三维动画制作的计算机技术公司，现有员工 120 人。该公司租用了某大厦的 15 楼、16 楼和 17 楼，分别用作公司客户服务中心（有员工 10 人）、业务制作部（有员工 64 人）和公司管理部门（有员工 46 人）等的办公地点。业务制作部是公司业务的主要处理机构，下设视频拍摄部、影视后期制作部、三维动画制作部、成片发行部等；公司管理部门负责公司的经营和管理，下设经理办公室、财务科、公关部等；客户服务中心负责客户管理、企业形象识别管理，各种说明文件的打印，图片的扫描，资料的打印等。每位员工配备电脑，另配备专业服务器 2 台，高性能打印机 5 台、传真机 2 台、扫描仪 3 台。为了促进信息交流和资源共享，方便管理，适应现代化办公的要求，需要根据公司的规模和实际业务需求组建一个办公局域网。

由于公司规模较大，涉及计算机、服务器、网络设备等硬件设备之间的连接，公司业务多且相对复杂，导致网络应用增多，对网络性能要求高，传统的共享式局域网组网方案无法满足目前该公司办公和网络应用的需求，应采用交换式局域网组网方案。

为了能实现本项目，需要考虑采用何种网络结构，便于网络的日常管理和维护？如何根据公司业务的不同选择合适的数据传输？网络需要哪些网络设备，如何部署这些设备？如何对网络进行分割，避免过量的广播对网络性能带来的负面影响？因此，本项目的实施需要完成两个任务：组建交换式局域网和管理交换式局域网。

学习目标

通过完成本项目的操作任务，读者将：

- 了解局域网的发展和演变过程。
- 了解局域网参考模型及其标准。
- 理解局域网介质访问控制方法。
- 了解传统（共享式）以太网技术。
- 掌握高速局域网的组网规范。
- 掌握 MAC 地址的概念和以太网帧的结构。
- 掌握交换式局域网和 VLAN 的基本工作过程。
- 掌握交换机网络设备的管理和交换式网络的扩展方法。
- 了解无线网络的基本概念。

任务 1　组建交换式局域网

4.1.1　任务目的及要求

本任务让读者初步具备独立设计和组建局域网的基础知识与能力，需要读者了解局域网的发展与演变，局域网的体系结构与协议，以太网的组网规范；掌握介质访问控制方法，高速局域网的组网规范。

本任务实践性很强，要求读者能形成按设备操作规范进行施工的习惯和严谨细致的工作态度。

4.1.2　知识准备

本任务知识点的组织与结构，如图 4-1 所示。

读者在学习本部分内容的时候，请认真领会并思考以下问题：

（1）在局域网的发展过程中，以太网是怎样成为局域网的主流技术的？

（2）局域网技术与哪些因素有关？最核心的内容是要解决什么问题？

局域网的发展与演变
局域网的分类
局域网的体系结构和标准
介质访问控制方法
以太网组网规范
高速局域网组网规范
交换式局域网

图 4-1 任务 1 知识点结构示意图

（3）现代局域网的体系结构与 IEEE 802 参考模型有什么不同？存在这一差异的主要原因是什么？

（4）针对传统局域网存在的缺陷，为了改善网络规模与性能之间的关系，人们提出了哪三种解决方案?

（5）以太网帧的最短和最长长度是多少?基于什么原因才对此做出这样的规定？

（6）比较冲突、冲突域、广播和广播域这四个概念。

1．局域网的发展与演变

局域网技术是在远程分组交换通信网络基础上发展起来的。局域网的结构和协议最初来源于分组交换，硬件技术来自计算机和远程网络。在局域网研究领域，Ethernet 技术并不是最早，但却是最成功的技术，其发展过程如图 4-2 所示。

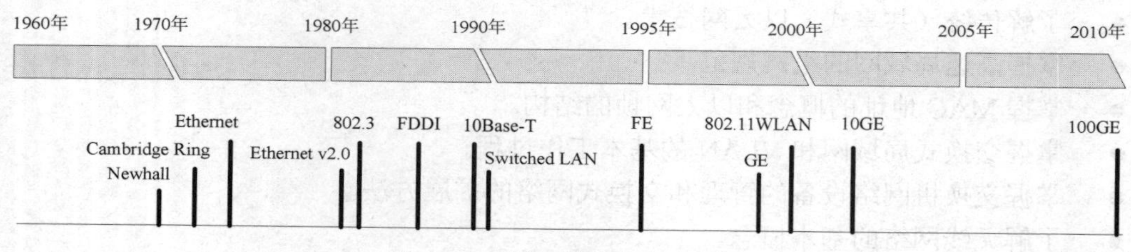

图 4-2 局域网技术的发展过程

（1）20 世纪 70 年代，欧洲的一些大学和研究所开始研究局域网技术，主要是令牌环网。

（2）1973 年以太网（Ethernet）问世。20 世纪 80 年代，Ethernet、Token Ring 与 Token Bus 三足鼎立，并形成各自的标准。

（3）1990 年，IEEE802.3 推出 10BASE-T 物理标准，使得 Ethernet 的组网造价低廉、可靠性提高、性能价格比大大提高，Ethernet 在与其他局域网竞争中占据了明显优势。同年，Ethernet 交换机面世，标志交换 Ethernet 的出现。

（4）1993 年，改变了传统 Ethernet 半双工工作模式为全双工模式。在此基础上，利用光纤作为传输介质，并推出 10BASE-F 产品，使得 Ethernet 技术最终从三足鼎立中脱颖而出。

（5）开放的 Ethernet 技术与标准，使它得到软件与硬件制造商的广泛支持，到了 20 世纪 90 年代，Ethernet 开始受到业界认可和广泛应用，到了 21 世纪已成为局域网领域的主流技术。

2．局域网的性能

决定局域网特性的主要技术有 3 个方面：连接各种设备的拓扑结构、数据传输介质和介质访问控制方法。

（1）拓扑结构：局域网的典型拓扑结构为星型、环型、总线型和树型结构等。

（2）传输介质：同轴电缆、双绞线、光纤、电磁波等。对于不便使用有线介质的场合，可以采用微波、卫星等作为局域网的传输介质，已获得广泛应用的无线局域网就是其典型例子。

（3）介质访问控制方法：也称为网络的访问控制方式，是指网络中各节点之间的信息通过介质传输时如何控制、如何合理完成对传输信道的分配、如何避免冲突，同时，又使网络有最高的工作效率及高可靠性等。

3. 局域网的分类

局域网有多种类型，如果按照网络转接方式不同，可分为共享式局域网（Shared LAN）和交换式局域网（Switched LAN）两种，如图 4-3 所示。

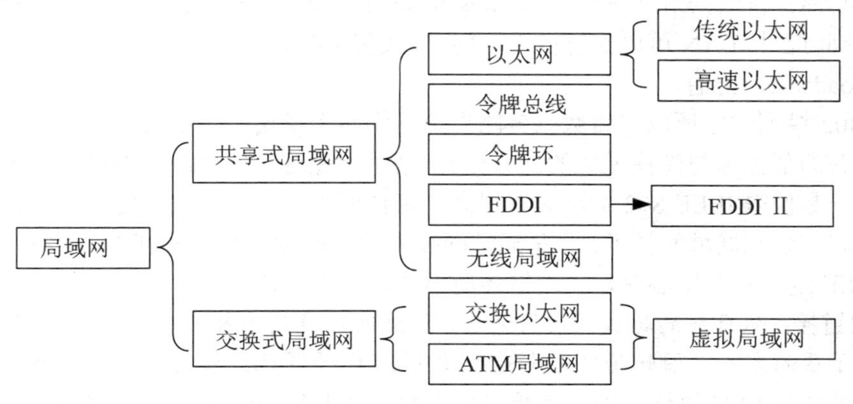

图 4-3　局域网的分类

4. 局域网参考模型与标准

IEEE 于 1980 年 2 月成立了局域网标准委员会（简称 IEEE 802 委员会），专门从事局域网标准化工作，并制定了 IEEE 802 标准。和广域网相比，局域网的标准化研究工作开展得比较及时，一方面吸取了广域网标准化工作不及时给用户和计算机生产厂家困难的教训，另一方面广域网标准化的成果特别是 OSI/RM 也为局域网标准化工作提供了经验和基础。IEEE 802 标准所描述的局域网参考模型与 OSI 参考模型的关系如图 4-4 所示。

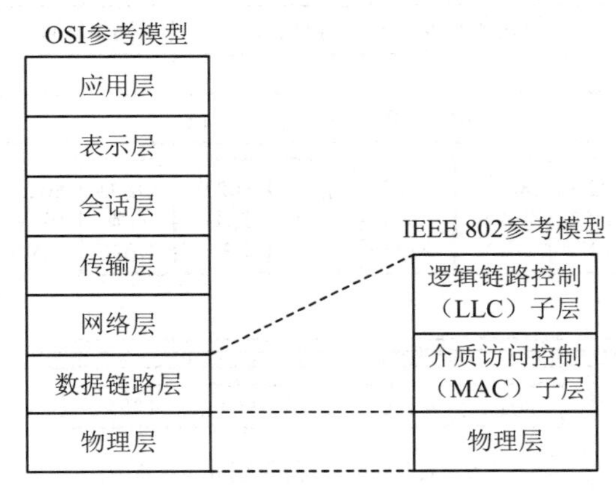

图 4-4　局域网参考模型

知识链接：IEEE 802 委员会的工作重点是解决在一个局部地区范围内的组网问题，因此只需面对 OSI 模型中的数据链路层和物理层，这就是最终的 IEEE 802 标准只制定了对应 OSI 参考模型的数据链路层和物理层的原因。

（1）IEEE 802 LAN 的物理层。

IEEE 802 局域网参考模型中的物理层的功能与 OSI 参考模型中的物理层的功能相同：实现信号的编码/译码、比特流的传输与接收以及数据的同步控制等。IEEE 802 还规定了局域网物理层使用的信号与编码、传输介质、拓扑结构和传输速率等规范。

（2）IEEE 802 LAN 的数据链路层。

LAN 的数据链路层分为两个功能子层，即逻辑链路控制（Logical Link Control，LLC）子层和介质访问控制（Media Access Control，MAC）子层。LLC 和 MAC 共同完成类似 OSI 数据链路层的功能：将数据组合成帧（Framing），进行传输，并对数据帧进行顺序控制、差错控制和流量控制。此外，LAN 可以支持多重访问，即实现数据帧的单播（Unicast）、多播（Multicast）和广播（Broadcast）传输。

IEEE 802 模型中之所以要将数据链路层分解为两个子层，主要目的是使数据链路层的功能与硬件有关的部分和与硬件无关的部分分开。采用上述这种局域网参考模型至少具有两方面的优越性：一是使得 IEEE 802 标准具有很高的可扩展性，能够非常方便地接纳将来新出现的介质访问控制方法和局域网技术；二是局域网技术的任何发展与变革都不会影响到网络层。遗憾的是，IEEE 这一良苦用心在现实网络环境中并没有得到认可。

知识链接：从目前的局域网使用来看，局域网环境几乎都采用 Ethernet，其数据链路层并没有划分子层的方式，因此局域网中是否使用 LLC 子层已经变得不重要，很多硬件和软件厂商已经不再使用 LLC 协议，而是直接将数据封装在 Ethernet 的 MAC 帧结构中。

（3）IEEE 802 系列标准。

IEEE 802 系列标准的关系与作用如图 4-5 所示。从图 4-5 中可以看出，IEEE 802 标准是一个由一系列协议共同组成的标准体系。随着局域网技术的发展，该体系还在不断地增加新的标准与协议。例如，随着以太网技术的发展，802.3 家族出现了许多新的成员，如 802.3u、802.3z、802.3ab、802.3ae 等。

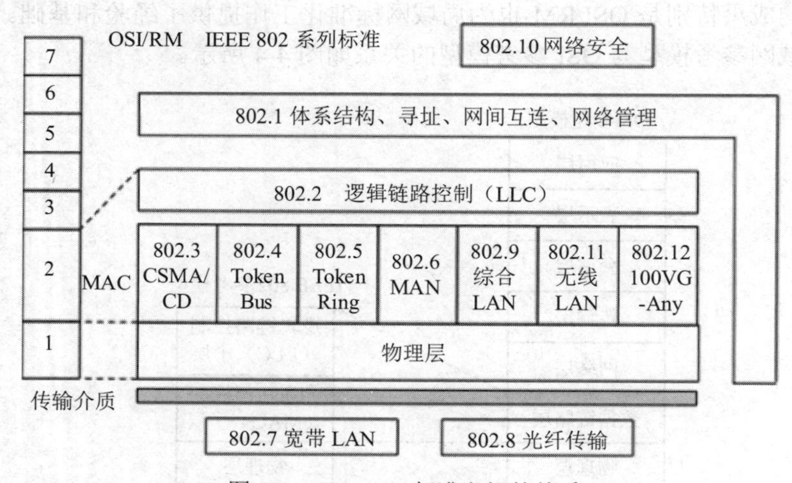

图 4-5 IEEE 802 标准之间的关系

知识链接：IEEE 802 有一系列标准，它们定义了 OSI 最下面两层——物理层和数据链路层的功能，而 OSI 只定义了哪一层需要做什么，并没有规定如何去实现。

5. 局域网介质访问控制方法

传统的局域网是“共享式”局域网。在“共享式”局域网的实现过程中，可以采用不同的方式对其共享介质进行控制。所谓“介质访问控制”就是解决：当局域网中共用信道的使用产生竞争时，如何分配信道使用权问题。目前，局域网中广泛采用的两种介质访问控制方法是：

- 争用型介质访问控制协议，又称随机型的介质访问控制协议，如载波侦听多路访问/冲突检测（Carrier Sense Multiple Access with Collision Detection，CSMA/CD）方式。
- 确定型介质访问控制协议，又称有序的访问控制协议，如令牌（Token）方式。

下面对 CSMA/CD 的工作原理和特点进行介绍。

（1）CSMA/CD 的工作原理。

所谓“载波侦听”(Carrier Sense)，意思是网络上各个工作站在发送数据前都要确认总线上有没有数据传输。若有数据传输（称总线为忙），则不发送数据；若无数据传输（称总线为空），立即发送准备好的数据。所谓“多路访问”(Multiple Access)，意思是网络上所有工作站收发数据共同使用一条总线，且发送数据是广播式的。所谓“冲突”(Collision)，意思是若网上有两个或两个以上工作站同时发送数据，在总线上就会产生信号的叠加，这样所有工作站都辨别不出真正的数据是什么，这种情况称为冲突，又称为“碰撞”。CSMA/CD 的工作过程如图 4-6 所示。

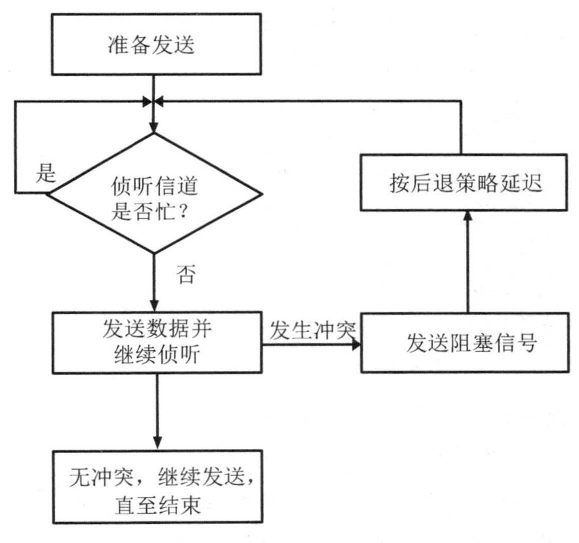

图 4-6 CSMA/CD 的工作流程

1）当一个站点想要发送数据的时候，它检测网络查看是否有其他站点正在传输，即侦听信道是否空闲。

2）如果信道忙，则等待，直到信道空闲；如果信道空闲，站点就准备好要发送的数据。

3）在发送数据的同时，站点继续侦听网络，确信没有其他站点在同时发送数据才继续传输数据。因为有可能两个或多个站点都同时检测到网络空闲，然后几乎在同一时刻开始传输数据就会产生冲突。若无冲突则继续发送，直到发完全部数据。

4）若有冲突，则立即停止发送数据，但是要发送一个加强冲突的阻塞（Jam）信号，以便使网络上所有工作站都知道网上发生了冲突，然后，等待一个预定的随机时间，且在总线为空闲时，再重新发送未发完的数据。

CSMA/CD 的工作过程可归结为：先听后发、边听边发、冲突等待、空闲发送。

（2）CSMA/CD 的工作特点。

CSMA/CD 采用的是一种“有空就发”的竞争型访问策略，因而不可避免地会出现信道空闲时多个站点同时争发的现象。CSMA/CD 无法完全消除冲突，它只能采取一些措施来减少冲突，并对所产生的冲突进行处理。另外，网络竞争的不确定性，也使得网络延时变得难以确定。因此，采用 CSMA/CD 协议的局域网通常不适合于那些实时性要求很高的网络应用。

6. MAC 地址的基本概念

（1）MAC 地址的定义。

在网络通信中需要地址区来分参与通信的各个站点。数据链路层所使用的地址被固化在网络设备的接口中，用于标识网络设备的物理接口。由于它们存在于硬件中，故称为硬件地址或物理地址，又由于 IEEE 802.3 标准中寻址定义在 MAC 子层，所以也称为 MAC 地址。在以太网中，MAC 地址是由 48 位的二进制数或 12 位的十六进制数表示的，被嵌入网络接口卡（Network Interface Card，NIC）的芯片中，一般不能修改。虽然许多 NIC 允许嵌入的 MAC 地址被软件任务所取代，但是这种做法并不受推崇，因为这样可能导致 MAC 地址重复，从而在网络上造成灾难性的后果。如图 4-7 所示为在 Windows 的 DOS 窗口中，使用 ipconfig/all 命令查看网卡的 MAC 地址。

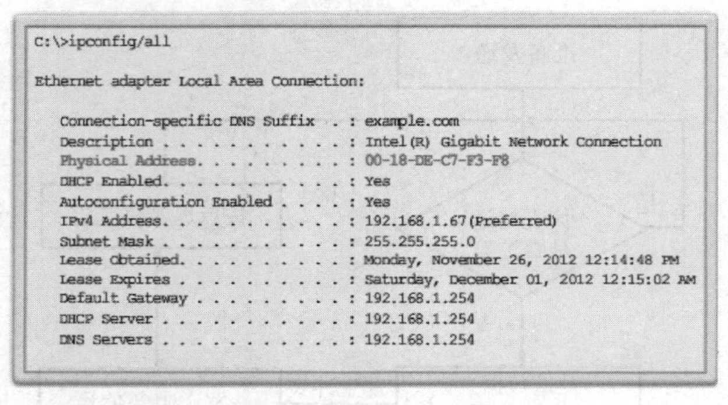

```
C:\>ipconfig/all

Ethernet adapter Local Area Connection:

   Connection-specific DNS Suffix  . : example.com
   Description . . . . . . . . . . . : Intel(R) Gigabit Network Connection
   Physical Address. . . . . . . . . : 00-18-DE-C7-F3-F8
   DHCP Enabled. . . . . . . . . . . : Yes
   Autoconfiguration Enabled . . . . : Yes
   IPv4 Address. . . . . . . . . . . : 192.168.1.67(Preferred)
   Subnet Mask . . . . . . . . . . . : 255.255.255.0
   Lease Obtained. . . . . . . . . . : Monday, November 26, 2012 12:14:48 PM
   Lease Expires . . . . . . . . . . : Saturday, December 01, 2012 12:15:02 AM
   Default Gateway . . . . . . . . . : 192.168.1.254
   DHCP Server . . . . . . . . . . . : 192.168.1.254
   DNS Servers . . . . . . . . . . . : 192.168.1.254
```

图 4-7　查看网卡的 MAC 地址

知识链接： 网卡是局域网中提供各种网络设备与网络通信介质相连的接口，全名是网络接口卡，也叫网络适配器。网卡作为一种 I/O 接口卡插在主机板的扩展槽上，其基本结构包括数据缓存、帧的装配与拆卸、MAC 层协议控制电路、编码与解码器、收发电路、介质接口装置等六大部分，如图 4-8 所示。网卡的实际结构，如图 4-9 所示。

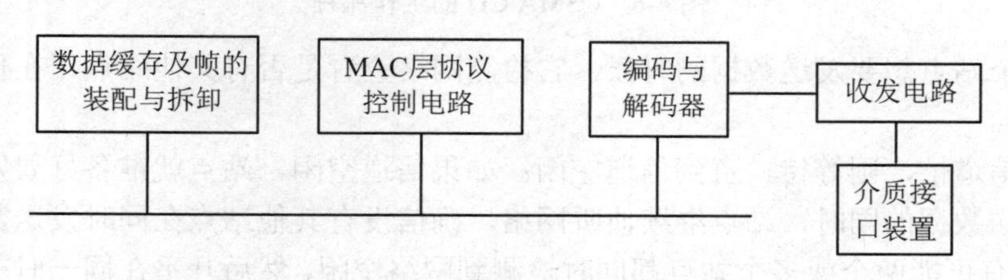

图 4-8　网卡的基本结构

网卡主要有两个功能：一是读取由网络设备传输过来的数据包，并将它变换为计算机可以识别的数据；二是将计算机发送的数据打包后传输到网络中。

（2）MAC 地址的组成。

MAC 地址由两个字段组成：机构唯一标识符（Organizational Unique Identifier，OUI）和扩展标识符（Extended Identifier，EI），其中 OUI 为前 24 位，而 EI 为后 24 位。OUI 标识了 NIC 的制造厂商，而 MAC 地址的 EI 部分则唯一地标识了 NIC 网卡，这两部分联合在一起就确保了在网络中不存在重复的 MAC 地址。MAC 地址的命名规则如图 4-10 所示，图中给出的 MAC 地址示例 00-60-2F-3A-07-BC（十六进制表示）中的前 24 比特值 00-60-2F 是 Cisco 公司的 OUI。如果某厂商想要生产以太网卡，他们就必须从 IEEE 注册管理委员会（Registration Authority Committee，RAC）组织购买一个 24 位的 ID。

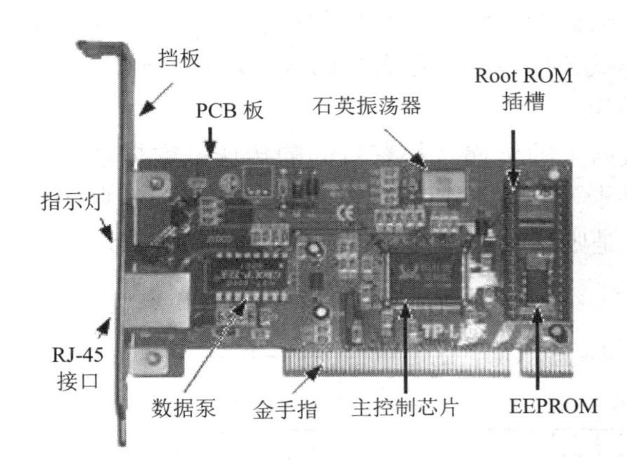

图 4-9　网卡的实际结构图

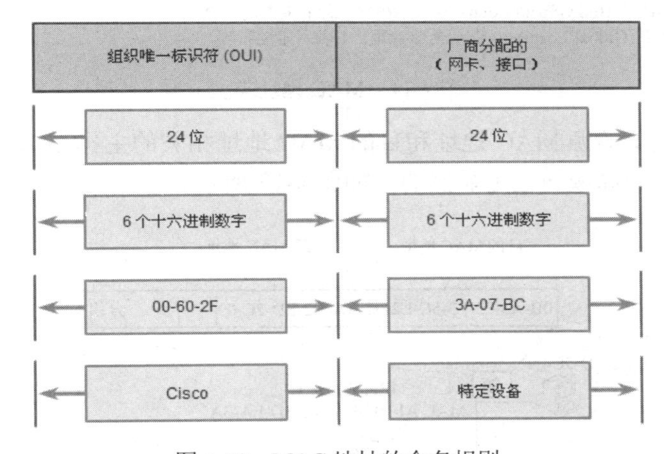

图 4-10　MAC 地址的命名规则

知识链接：MAC 地址在实际使用过程中，采用不同的表现形式，如在不同物理设备的 NIC 中，MAC 地址可以表示为 00-60-2F-3A-07-BC 或 00:60:2F:3A:07:BC 或 00602F.3A07BC。

（3）MAC 地址的类型。

1）广播地址：48 位二进制全 1 的地址，局域网内的所有主机都要接收此帧并处理。

2）多播地址：第一字节的最低位为 1，只有一部分主机要接收此帧并处理。

3）单播地址：第一字节的最低位为 0，仅网卡地址与该目的地址相同的主机处理此帧。

知识链接：在以太网中，为了减轻主机的工作负担，NIC 只将发送给本节点的帧交给主机，而将其余帧丢掉。另外，有些特殊的设备需要接收网上传输的所有帧，如网络协议分析器等，这时只要将这些设备的 NIC 配置为混杂模式，就可以接收所有的帧。

（4）MAC 地址全局管理/本地管理与单播/多播位的规定。

MAC 地址第一字节的次低有效位——全局管理/本地管理（Global/Local，G/L）位，用于区分是全局地址还是本地地址，若 G/L=0，则为全局管理的物理地址；若 G/L=1，则为本地管理的物理地址。MAC 地址的第一字节的最低有效位——单播/多播（Individual/Group，I/G）位，用于区分是单播地址还是组播地址，I/L=0 为单播地址，I/L=1 为组播地址，如图 4-11 所示。显然，全球管理时，每一个站点的地址可使用 46 位的二进制数字来表示，其 MAC 地址容量空间为 2^{46} 个，并非 2^{48} 个。

知识链接： MAC 地址在以太网传送的顺序是：先传高位字节，再传低位字节，即从左到右；在字节内部，先传低位比特，再传高位比特，即从右到左。

（5）MAC 地址的作用。

有了 MAC 地址，数据帧的传递就是有目的的传送。数据帧头中将包含源主机和目的主机的 MAC 地址，主机网卡一旦探测到有数据帧到来，将检查此帧中的目的 MAC 地址是否是本机的 MAC 地址，若是则继续收取完整的数据帧，否则放弃。这一作用被称作是 NIC 的过滤功能。

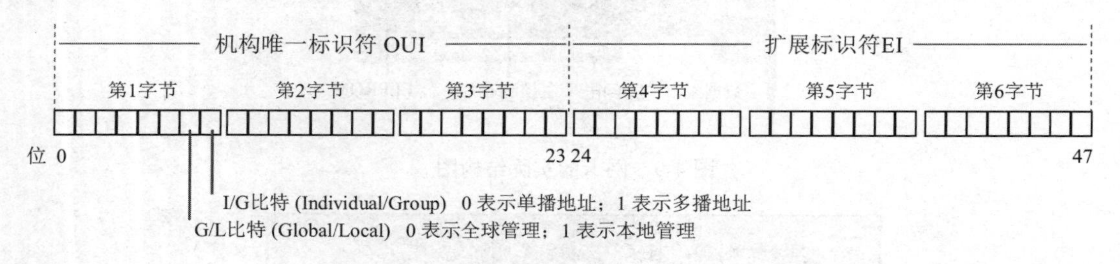

图 4-11 MAC 地址类型

任何一个数据帧中的源 MAC 地址和目的 MAC 地址相关的主机必然是相邻的。对于源主机和目的主机在同一个局域网也是显然的，如图 4-12 所示。

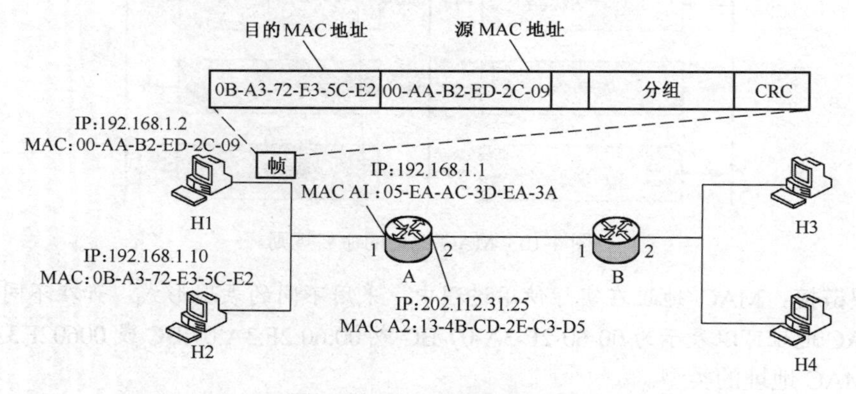

图 4-12 MAC 地址的作用

但是对跨网通信，此时源主机发送给目的主机的数据帧中，其目的 MAC 地址并非目的主机的网卡地址，而是与源主机相连的网关路由器的 MAC 地址，因为数据要发送到目的主机，必须要依靠路由器的选路才能到达目的主机，因此数据帧应先发给与源主机相邻的网关，由网关选择路由。如图 4-12 中的主机 H1 和 H3 通信，此时数据帧封装的目的 MAC 地址就不应该是 H3 主机的 MAC 地址，而是路由器 A 的接口 1 的 MAC 地址 05-EA-AC-3D-EA-3A。

7. 以太帧结构

帧（Frame）是对数据的一种包装或封装，之后这些数据被分割成一个一个的比特后在物理层上传输。由于以太网技术是局域网的主流技术，本书只讨论以太网帧。图 4-13 是一个典型的以太网 II 帧的帧结构。图中假定网络层使用的是 IP 协议，实际上使用其他协议也是可以的。

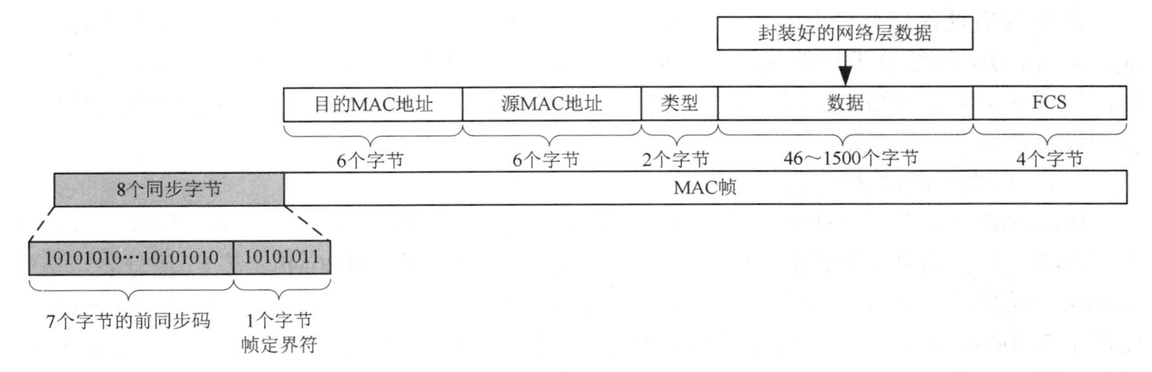

图 4-13　以太网 II 帧的帧结构

- 前同步码是 7 个字节的 10101010。前同步码字段的曼彻斯特编码会产生 10MHz、持续 5.6μs 的方波，便于接收方的接收时钟与发送方的发送时钟进行同步。这一过程可简单理解为通知接口做好数据接收的准备工作，它本身的内容没有任何实际意义。
- 定界符为 10101011，标志一帧的开始。
- 目的地址和源地址各为 48 位二进制，分别指示接收站点和发送站点。
- Type 字段：类型，2 个字节，指明可以支持的高层协议，主要是 IP 协议，也可以是其他协议，如 Novell IPX 和 AppleTalk 等。类型字段的意义重大，如果没有它标识上层协议类型，以太网将无法支持多种网络层协议。当类型字段的值为 0x0800（0x 表示后面的数字为十六进制）时，表示上层使用的协议是 IP 协议。
- 数据字段用于指明数据段中的字节数，其值为 46～1500。当网络层传递下来的数据不足 46 字节时，需在数据字段的后面加入一个整数字节的填充字段，将数据凑足 46 字节，以保证以太网帧的长度不小于 64 字节。
- FCS 字段：CRC-32 循环冗余校验，4 个字节。接收方检测，若有错，丢弃该帧。

知识链接：以太网帧中并没有明确的长度字段，它是如何知道一个帧的开始和结束的呢？以太网帧的最短和最长的长度是多少？请根据图 4-14 分析以太网帧各个字段。并思考以太网使用同步传输技术还是异步传输技术？

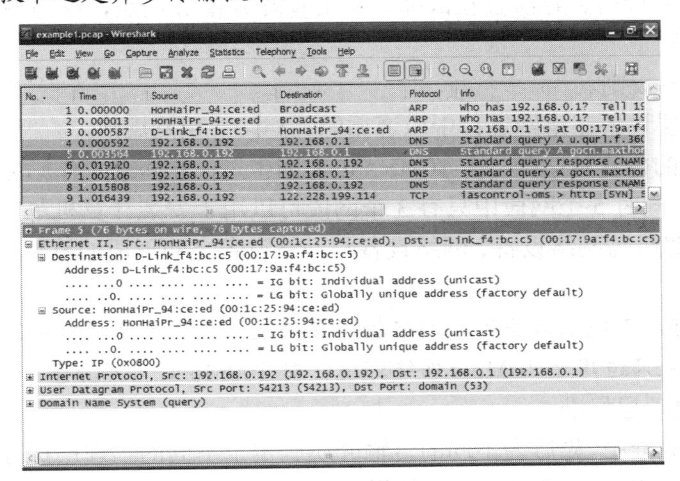

图 4-14　以太网帧分析

8. 以太网的组网规范

任何网络设备都有自己的特性和适用范围，只有在规定的范围内使用才能正常发挥其功能。实践证明，网络物理层的传输介质与设备在组网的过程中都有一定的条件限制，违背这些组网规范就会降低网络的性能，甚至造成严重的网络故障。下面分别讨论常见的物理层传输介质与设备在组网中的规范。

（1）以太网的命名原则。

IEEE 802.3 定义了一种缩写符号来表示以太网的某一标准实现：n-信号-物理介质：其中 n 表示以兆位每秒为单位的数据传输速率（如 10Mb/s，100Mb/s，1000Mb/s 等）；信号表示基带（Base）或宽带（Broad）类型；物理介质：表示网络的布线特性（同轴电缆以网络的分段长度表示 5-500m，2-185m；T 表示采用双绞线；C 表示采用同轴电缆；F 表示传输介质是光纤；X 表示编码方式：100Mb/s 网络中使用 4B5B 编码，1000Mb/s 网络中使用 8B10B 编码等）。

（2）物理层组网设备介绍。

1）中继器（Repeater）。

中继器具有对物理信号进行放大和再生的功能，可将从输入端口接收的物理信号经过放大和整形后从输出端口送出，如图 4-15 所示。中继器具有典型的单进单出结构，因此当网络规模增加时，可能会需要许多单进单出结构的中继器来放大信号。在这种需求背景下，集线器应运而生。

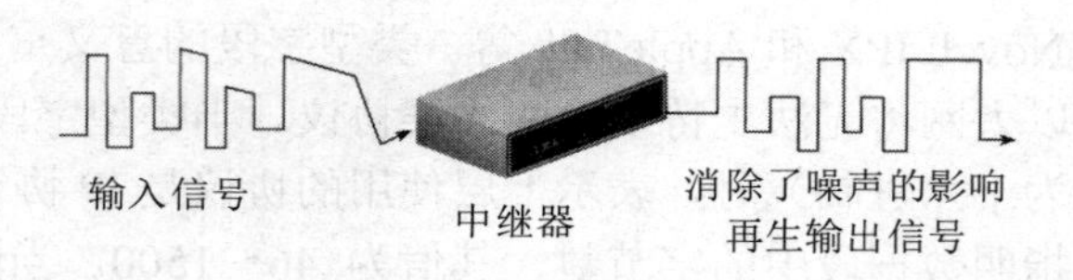

图 4-15 中继器的作用

2）集线器（Hub）。

集线器在历史上是网络连接中最常用的设备，它在物理上被设计成集中式的多端口中继器，其多个端口可为多路信号提供放大、整形和转发功能。集线器除了中继器的功能外，多个端口还提供了网络线缆连接的一个集中点，并可增加网络连接的可靠性。集线器是最早使用的设备，它具有低价格、容易查找故障、网络管理方便等优点，在小型的局域网中有过广泛使用。

（3）5-4-3 组网规则。

下面讨论物理层设备在组网过程中应遵循的“5-4-3”组网规则。

“5-4-3”规则的内容是：在一个 10Mb/s 以太网中，任意两个工作站之间最多可以有 5 个网段、4 个中继器，同时 5 个网段中只有 3 个网段可以用于安装计算机等网络设备，如图 4-16 所示。网段是指计算机与网络设备、网络设备与网络设备之间形成的链路，计算机与计算机之间的链路不叫网段。

知识链接：5-4-3 规则只适用于网络物理层的设备，对于交换机和路由器及其高层上的设备没有约束，并且只适用于 10Mb/s 网络环境，对 100Mb/s、1000Mb/s 网络不适用。

（4）以太网物理层标准。

在 IEEE 802.3 标准中，先后为不同的传输介质制定了不同的物理层标准，主要有 10Base-5、10Base-2 和 10Base-T 等。常见以太网物理层标准之间的差别如表 4-1 所示。

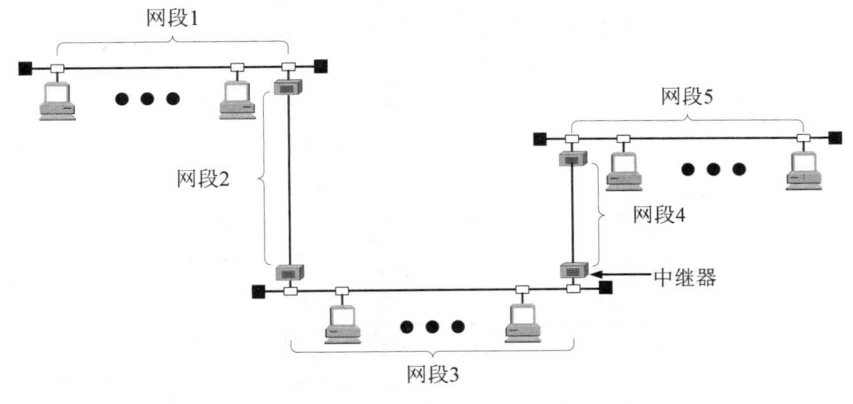

图 4-16　5-4-3 规则

表 4-1　常见以太网组网规范的比较

特性	10Base-5	10Base-2	10Base-T	10Base-F
IEEE 规范	802.3	802.3a	802.3i	802.3j
数据速率	10Mb/s	10Mb/s	10Mb/s	10Mb/s
信号传输方式	基带	基带	基带	基带
网段的最大长度	500m	185m	100m	2000m
最大网络跨度	2500m	925m	500m	4000m
网络介质	粗同轴电缆	细同轴电缆	UTP	单模、多模光纤
网段上的最大工作站数目	100 台	30 台	1024 台	没限制
拓扑结构	总线型	总线型	星型	星型
介质挂接方法	MAU 连接同轴电缆	网卡	网卡	网卡
网线上的连接端	9 芯 D 型 AUI	BNC T 型头	RJ-45	光纤
线缆电阻	50Ω	50Ω	100Ω	-------

知识链接：尽管以太网支持不同的物理层标准和传输介质，但都采用相同的曼彻斯特编码方案，信号速率都是 20MHz。

9. 高速以太网技术

提高以太网的带宽，是解决网络规模与网络性能之间矛盾的方案之一，一般把数据传输速率在 100Mb/s 以上的局域网称为高速局域网。对于目前已大量存在的以太网来说，需要保护用户已有的投资，因此高速以太网必须和传统以太网兼容，即使高速以太网可以不采用 CSMA/CD，但是它必须保持局域网的帧结构、最大与最小帧长度等基本特征。在物理层提高数据速率时，必然要在使用的传输介质和信号编码方式方面有所变化。重要的是，高速以太网在物理层的改变不能影响 MAC 层，因而需要设计一个介质无关的接口来隔离 MAC 层与物理层。如 100Mb/s 以太网的 802.3u 标准定义了介质无关接口（Media-independent Interface，MII），1000Mb/s 以太网定义了千兆介质无关接口（Gigabit Media-independent Interface，GMII）。

（1）高速以太网的物理层结构。

高速以太网的物理层由 MDI、PHY、MII 和 RS 四个部分构成，如图 4-17 所示。

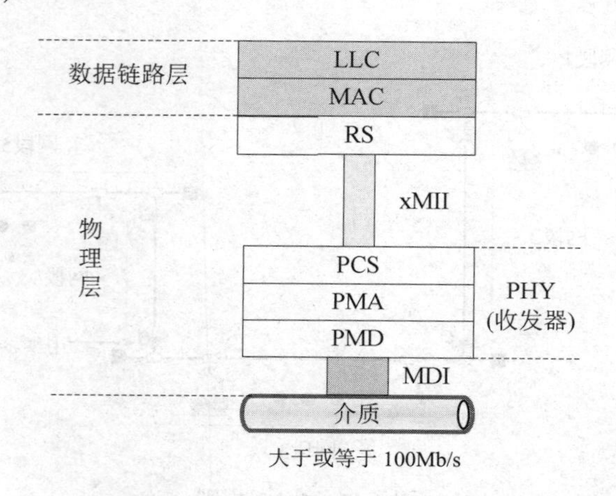

图 4-17　高速以太网物理层结构

1）MDI：介质相关接口（Media Dependent Interface）。是将收发器与物理介质相连接的硬件。

2）PHY：物理层设备（Physical Layer Device），即收发器，功能包括数据的发送和接收、冲突检测、数据的编码和解码。包含：

- PMD：物理介质相关（Physical Media Dependent）。
- PMA：物理介质连接（Physical Media Attachment）。
- PCS：物理编码子层（Physical Coding Sublayer）。

PCS 将来自 MAC 层的帧转换为物理层编码（4B5B 或 8B6T），PMA 与 PMD 将物理层编码转变为物理信号（NRZ 或 MLT-3）。

3）MII：介质无关接口（Media Independent Interface）。xMII 中的 x 用于表示多种不同速率，对于 100Mb/s 的以太网，该接口称为 MII；对于 1000Mb/s 的以太网，该接口称为 GMII。

4）RS：协调子层（Reconciliation Sublayer）。负责实现链路两端设备速率的自动协商，以自动选择双方所共有的最高性能工作模式。

（2）100Mb/s 以太网技术。

1）100Mb/s 以太网标准。

100Mb/s 以太网保留了 10Mb/s 以太网的特征，两者有相同的介质访问控制方法 CSMA/CD、相同的接口与相同的组网方法，而不同的只是把 Ethernet 每比特发送时间由 100ns 降低到 10ns。图 4-18 提供了 IEEE 802.3u 的四个不同的标准概要图，从此图中可以看出，四种类型的快速以太网的 MAC 层、MII 层都相同，只有 PHY 层及网络介质层不同。

2）100Base-TX 中的编码过程。

100Base-TX 标准在进行编码时，首先通过 4B/5B 块编码器，将从 NIC 中接收到的 4 比特并行码转换成 5 比特的串行码，然后将其转换成 NRZ 码，最后通过多电平传输码（Multi-Level Transmit-3，MLT-3）编码器转换成 MLT-3 信号，如图 4-19 所示。MLT-3 使用三种信号电平（+1、0 和-1）进行编码。对于比特 1，在起始处有从一种电平到下一种电平的跳变；对于比特 0，在起始处不发生跳变，如图 4-20 所示。

3）几种 100Mb/s 以太网之间的比较。

100Mb/s 以太网支持多种传输介质，目前制定了四种有关传输介质的标准：100Base-TX、100Base-T4、100Base-T2 与 100Base-FX，表 4-2 为 4 种 100Mb/s 以太网之间的性能比较。

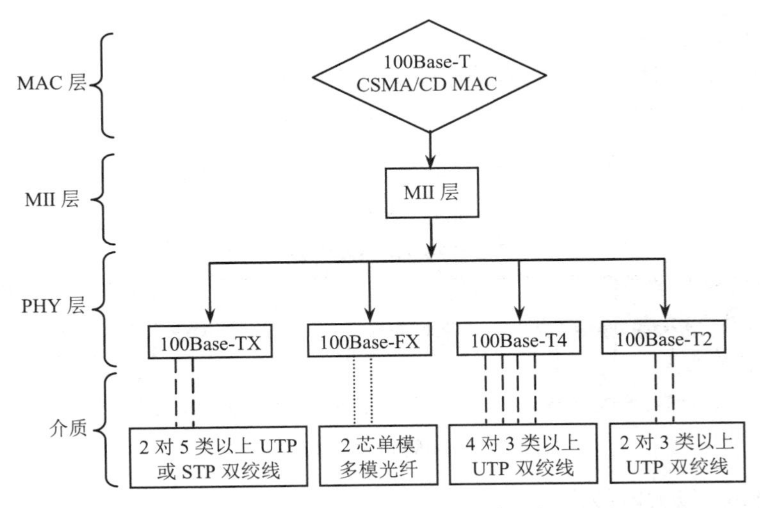

图 4-18 IEEE 802.3u 标准概要

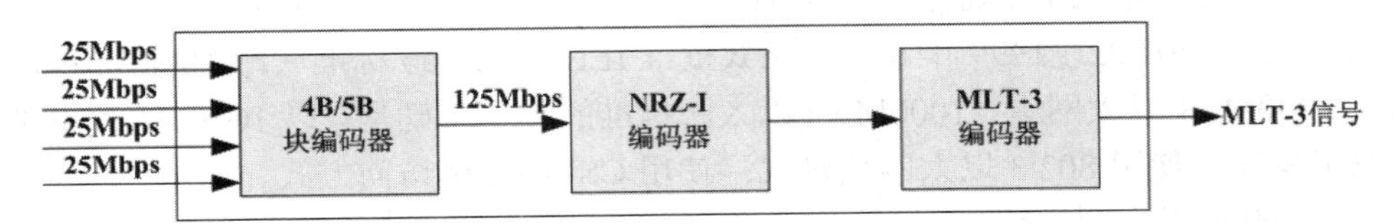

图 4-19 100Base-TX 中的编码

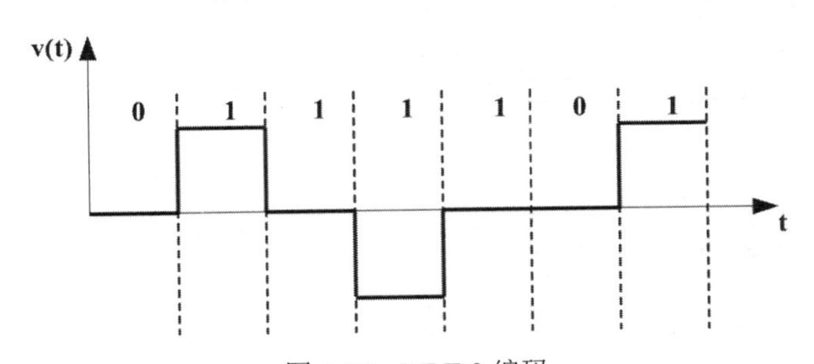

图 4-20 MLT-3 编码

表 4-2 4 种 100Mb/s 以太网的性能比较

特性	100Base-TX	100Base-T4	100Base-FX	100Base-T2
传输介质	UTP Cat 5，STP	3 类以上 UTP	单模/多模光纤	3 类以上 UTP
接头	RJ-45	RJ-45	ST、SC	RJ-45
最长介质段	100m	100m	150m、412m、2000m、10km	100m
拓扑结构	星型	星型	星型	星型
所需传输线数目	2 对	4 对	1 对	2 对
发送线对数目	1 对	3 对	1 对	1 对
集线器数量	2	2	不支持集线器组网	2
全双工支持	是	不	是	是
信号编码方式	4B/5B	8B/6T	4B/5B	PAM5X5
信号频率	125MHz	25MHz	125MHz	25MHz

4）100Mb/s 以太网应用举例。

在网络设计中，快速以太网通常采用快速以太网集线器作为中央设备，使用非屏蔽 5 类双绞线以星型连接的方式连接网络节点（工作站或服务器）以及另一个快速以太网集线器和 10Base-T 的共享集线器，其连接如图 4-21 所示。

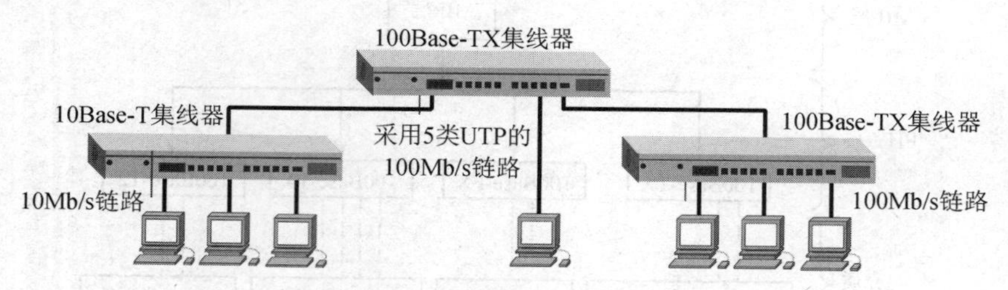

图 4-21 100Mb/s 以太网典型应用

（3）1000Mb/s 以太网技术。

1997 年 2 月 3 日，IEEE 确定了 1000Mb/s 以太网的核心技术，1998 年 6 月正式通过千兆以太网标准 IEEE 802.3z，1999 年 6 月，正式批准 IEEE 802.3ab 标准（即 1000Base-T），把双绞线用于 1000Mb/s 以太网中。1000Mb/s 以太网标准的制定基础是：以 1Gb/s 的速率进行半双工、全双工操作；使用 802.3 以太网帧格式；使用 CSMA/CD 访问方式。

1）1000Mb/s 以太网标准。

图 4-22 列出了 1000Mb/s 以太网协议结构图，并按不同的模块列举其网络介质。

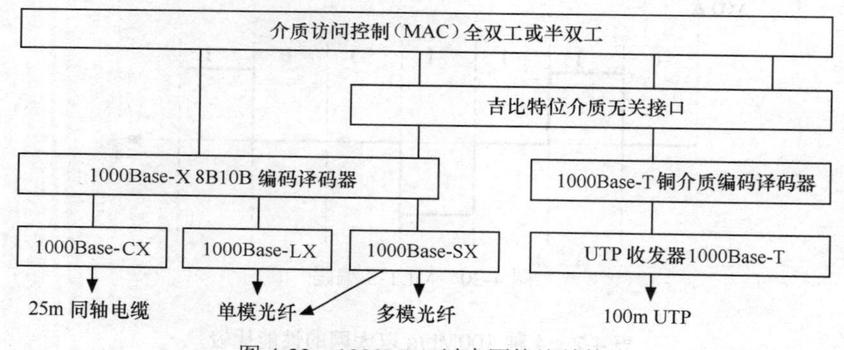

图 4-22 1000Mb/s 以太网协议结构

2）几种 1000Mb/s 以太网之间的比较。

表 4-3 所示为 4 种 1000Mb/s 以太网之间的性能比较。

表 4-3 4 种 1000Mb/s 以太网的性能比较

特性	1000Base-SX	1000Base-LX	1000Base-CX	1000Base-T
编码技术	8B/10B	8B/10B	8B/10B	PAM-5
传输介质	MMF	MMF/SMF	STP	5 类 UTP
线对	1	1	1	4
接口	SC	SC	DB9	RJ-45
最长介质段	260m/550m	550m/5000m	25m	100m
拓扑结构	星型	星型	星型	星型

3）1000Mb/s 以太网应用举例。

在网络设计中，通常用一个或多个千兆以太网交换机构成主干网，以保证主干网的带宽；用快速以太网交换机构成楼内局域网。组网时，采用层次结构将几种不同性能的交换机结合使用，千兆以太网的组网结构如图 4-23 所示。

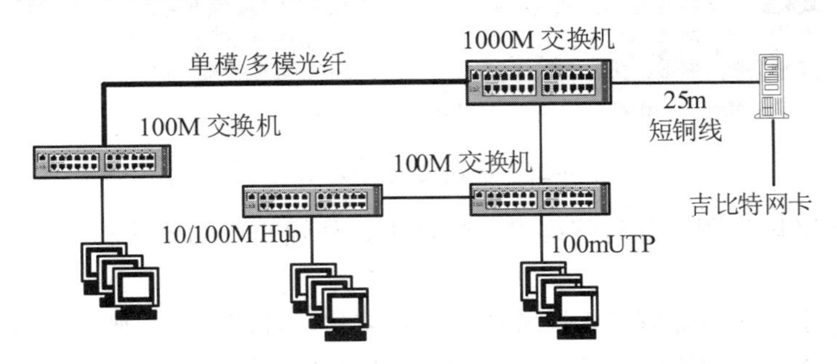

图 4-23　1000Mb/s 以太网典型应用

10. 交换式以太网

（1）交换式以太网的基本概念。

对共享式以太网而言，受到 CSMA/CD 介质访问控制协议的制约，整个网络都处于一个冲突域中，网络带宽为所有站点共同分割，当网络规模不断扩大时，网络中的冲突就会大大增加，造成网络整体性能下降，因此集线器的带宽成了网络的瓶颈。

交换式以太网采用了以太网交换机为核心的技术。交换机连接的每个网段都是一个独立的冲突域，它允许多个用户之间同时进行数据传输；每个节点独占端口带宽，随着网络用户的增加，网络带宽也随之增加，因而交换式以太网从根本上解决了网络带宽问题。

共享式以太网和交换式以太网的工作原理与两者之间的主要区别如图 4-24 所示。

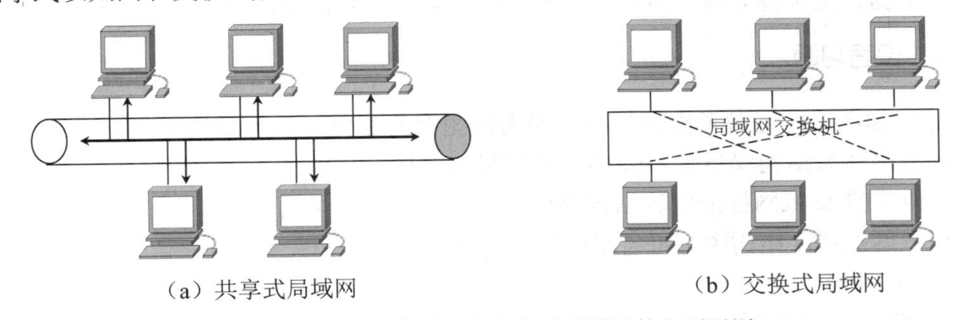

（a）共享式局域网　　（b）交换式局域网

图 4-24　共享式局域网与交换式局域网的主要区别

（2）交换式以太网的应用实例。

在实际应用中，通常将一台或多台快速交换以太网交换机连接起来，构成园区的主干网，再下连交换以太网交换机或自适应交换以太网交换机，组成全交换的快速交换式以太网。通常，用以太网交换机构成星型结构，主干交换机可以连接共享式快速以太网设备，交换机的普通端口连接客户端计算机，上行端口连接数据传输量很大的服务器，其连接结构如图 4-25 所示。

4.1.3 任务实施

（1）根据交换式以太网设计要求和本任务实际情况，绘制公司办公楼交换式以太网的设计图，并对网络结构的特点进行说明。

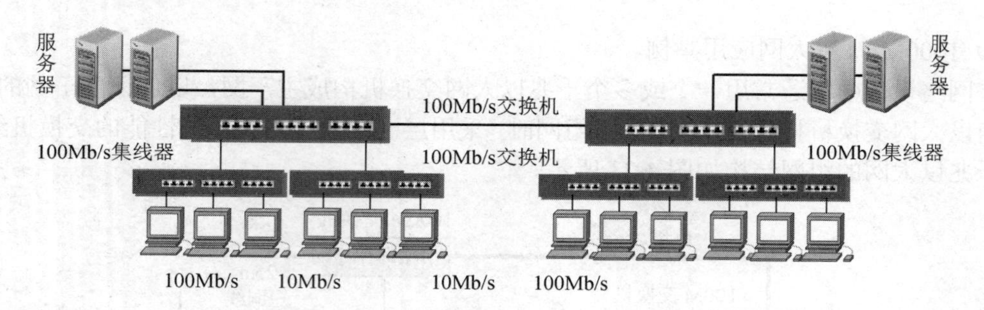

图 4-25　快速交换式以太网应用

（2）绘制网络拓扑图，并对网络设备的部署、传输介质的连接和公司网络功能的实现情况进行说明。

（3）布线设计、IP 地址规划、设备选购、安装共享打印机等步骤要求参见项目三任务 1。

（4）在服务器上使用 Serv-U 软件搭建 FTP 服务器，服务器中预装数据量大的视频文件，供链路速度测试使用。

（5）在各主机和服务器上根据 IP 地址规划表进行配置。该公司网络的主机数量较多，采用手工配置 IP 地址一是工作量大，二是 IP 地址配置容易出错。请读者思考，如何解决这一问题？服务器上的 IP 地址也可以采用这一解决方案吗？

（6）用做好的网络跳线将主机和交换机设备连接起来，并测试网络的连通性。

（7）用一测试主机，接入网络中不同位置的交换机上，登录到搭建的服务器上下载一个数据量较大的视频文件，对比传输速度和所花时间。

（8）多台主机同时访问 Serv-U 服务器，请对比和（7）测试的速度差异，试分析造成这一差异的具体原因，怎么解决这个问题。

（9）根据以上步骤完成一份实训报告，要求叙述简明扼要，图表精当，版面精美。

4.1.4　课后习题

1．IEEE 802 局域网参考模型与 OSI 参考模型有何差异？

2．局域网体系结构仅包含 OSI 参考模型最低两层，分别是（　　）层和（　　）层。

3．IEEE 802 局域网标准将数据链路层划分为（　　）子层和（　　）子层。

4．局域网的层次结构中，可省略的层次是（　　）。

A．物理层　　　　B．访问控制层

C．逻辑链路控制层　　　　D．网际层

5．为什么说局域网是一个通信子网？

6．决定局域网特性的主要技术因素有（　　）、传输介质和介质访问控制技术。

7．从介质访问控制方法的角度，局域网可分为两类，即共享局域网与（　　）。

A．交换局域网　　　　B．高速局域网

C．ATM 网　　　　D．虚拟局域网

8．CSMA/CD 的中文名称是（　　）。

9．CSMA/CD 遵循“先听后发，（　　），（　　），随机重发”的原理控制数据包的发送。

10．对于使用 CSMA/CD 介质访问控制方法叙述错误的是（　　）。

A．信息帧在信道上以广播方式传播

B．站点只有检测到信道上没有其他站点发送的载波信号时，才能发送自己的帧

C．当两个站点同时检测到信道空闲后，同时发送自己的信息帧，则肯定发生冲突

D．当两个站点先后检测到信道空闲后，先后发送自己的信息帧，则肯定不发生冲突

11．采用 CSMA/CD 介质访问控制方法的局域网适用于办公自动化环境。这类局域网在（　　）网络通信负荷情况下表现出较好的吞吐率与延迟特性。

A．较高　　B．较低　　C．中等　　D．不限定

12．具有冲突检测的载波侦听多路访问（CSMA/CD）技术，一般用于（　　）拓扑结构。

A．网状网络　　B．总线型网络

C．环型网络　　D．星型网络

13．CSMA/CD 方法用来解决多节点如何共享公用总线传输介质的问题，网中（　　）。

A．不存在集中控制的节点　　B．存在一个集中控制的节点

C．存在多个集中控制的节点　　D．可以有也可以没有集中控制的节点

14．在 CSMA/CD 中，什么情况会发生信息冲突？怎么解决？简述其工作原理？

15．IEEE 802.3 物理层标准中的 10Base-T 标准采用的传输介质为（　　）。

A．双绞线　　B．粗同轴电缆

C．细同轴电缆　　D．光纤

16．对于采用集线器连接的以太网，其网络逻辑拓扑结构为（　　）。

A．总线结构　　B．星型结构

C．环型结构　　D．以上都不是

17．MAC 地址也称物理地址，是内置在网卡中的一组代码，由（　　）个十六进制数组成，总长（　　）bit。

18．在网络中，网络接口卡的 MAC 地址位于 OSI 参考模型的（　　）层。

19．下面不属于网卡功能的是（　　）。

A．实现介质访问控制　　B．实现数据链路层的功能

C．实现物理层的功能　　D．实现调制和解调功能

20．以下关于 MAC 地址叙述正确的是（　　）。

A．MAC 地址是一种便于修改的逻辑地址

B．MAC 地址固化在 ROM 中，通常情况下无法改动

C．通常只有主机才需要 MAC 地址，路由器等网络设备不需要

D．MAC 地址长度为 32 位，通常表示为点分十进制形式

21．某个公司目前的网络结构如图 4-26 所示，它采用了具有中央集线器的以太网，由于网络节点的不断扩充，各种网络应用日益增加，网络性能不断下降，因此，该网络急需升级和扩充，请问：

（1）为什么该网络的性能会随着网络节点的扩充而下降？分析一下技术原因。

（2）如果要将该网络升级为快速以太网，并克服集线器之间的“瓶颈”，应该使用什么样的集线器？

（3）如果要将该网络升级为交换式以太网，应该如何解决？

（4）如果在该网络中，所有客户机与服务器之间的通信非常频繁，为了克服出入服务器通信量的“瓶颈”，该如何处理？

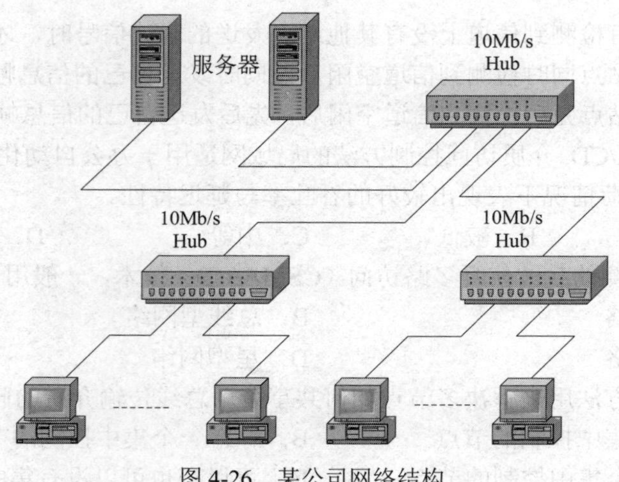

图 4-26　某公司网络结构

任务 2　管理交换式局域网

4.2.1　任务目的及要求

本任务让读者了解交换机的分类，掌握交换机的工作原理、功能及扩展交换式网络的方法，理解交换机在分割网络中的具体作用，了解无线局域网（Wireless Local Area Network，WLAN）的基本概念和组网方法。

本次任务围绕网络工程中常用的思科网络设备，结合实际工程，介绍设备的管理方法和组网技术。让读者掌握管理交换机的系统名称、启用远程和本地服务功能、本地和远程登录密码、IP 地址的操作过程，掌握在交换机上划分 VLAN 的方法和配置步骤，使读者初步具备交换式网络组建和管理的能力。

4.2.2　知识准备

本任务知识点的组织与结构，如图 4-27 所示。

- 交换机的工作原理
- 交换机的数据转发方式
- 交换机与集线器的区别
- 交换机的连接方式
- 冲突域与广播域
- 虚拟局域网技术
- 无线局域网简介
- 交换机配置基础

图 4-27　任务 2 知识点结构示意图

读者在学习本部分内容的时候，请认真领会并思考以下问题：

（1）共享式以太网与交换式以太网的区别是什么？

（2）简述交换机的工作原理？交换机常见的数据转发方式有哪几种？各有什么特点？

（3）中继器、集线器、网桥和交换机的区别是什么？

（4）如何理解广播风暴？交换机固有机制能否解决广播风暴问题？

（5）虚拟局域网是不是一种新型的局域网？

（6）无线局域网和 Wi-Fi 是一回事吗？无线网卡和无线上网卡是同一种设备吗？

（7）分隔冲突域和广播域最理想的网络设备是哪类设备？

（8）配置交换机的方法有哪些？

1. 交换机的工作原理

交换机是工作在 OSI 参考模型的第二层上的网络设备，其主要任务是将接收到的数据快速转发到目的地，当交换机从某个端口接收到一个数据帧时，它将按照如图 4-28 所示的流程进行操作。

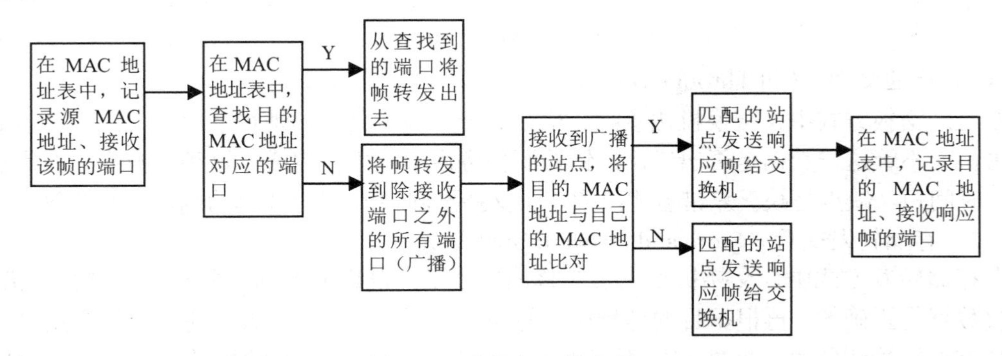

图 4-28　交换机工作流程

（1）交换机在自己的转发表（也称 MAC 表、交换表）中添加一条记录，记录下发送该帧的站点 MAC 地址（源 MAC 地址）和交换机接收该帧的端口，通常称这种行为是交换机的“自学习功能”。

（2）依据帧的“目的 MAC 地址”，在转发表中查找该 MAC 地址对应的端口。

（3）如果在转发表中找到 MAC 地址对应的端口，则将该帧从找到的端口转发出去，此种行为称为交换机的“转发功能”。

（4）如果在转发表中没有找到“目的 MAC 地址”，交换机将该帧广播到除接收端口之外的所有端口，称这种行为为交换机的“泛洪功能”。

（5）接收到广播帧的站点，将“目的 MAC 地址”与自己的 MAC 地址相比较，如果匹配，则发送一个响应帧给交换机，交换机在转发表中记录下“目的 MAC 地址”和交换机接收相应帧的端口。

（6）交换机将接收数据帧从接收响应帧的端口转发出去。

另外，如果交换机发现，帧中的源 MAC 地址和目的 MAC 地址都在转发表中，并且两个 MAC 地址对应的端口为同一个端口，说明两台计算机是通过集线器连接到同一端口，不需要该交换机转发该数据帧，交换机将不对该数据帧做任何转发处理，称这种行为为交换机的“过滤功能”。

2. 交换机数据转发方式

以太网交换机的数据交换与转发方式可以分为直通交换、存储转发交换和无碎片（免碎片）交换三类，如图 4-29 所示。

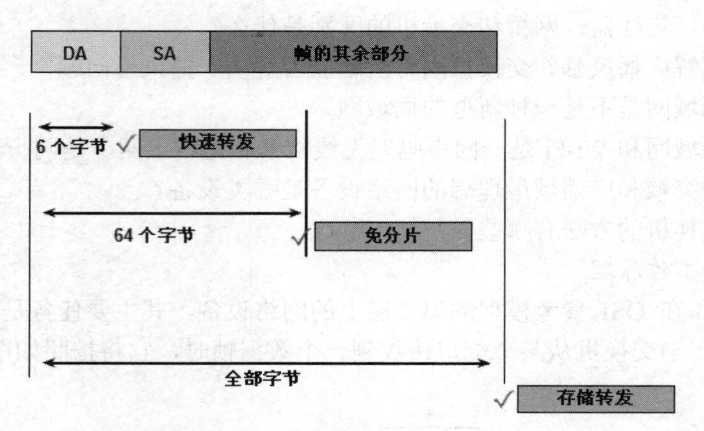

图 4-29　交换机转发方式比较

（1）直通交换（Cut Through Switching）。

在直通交换方式中，交换机边接收边检测。一旦检测到目的地址字段，就立即将该数据转发出去，而不管这一数据是否出错，出错检测任务由节点主机完成。这种交换方式的优点是交换延迟时间短，缺点是缺乏差错检测能力，不支持不同输入/输出速率的端口之间的数据转发。

（2）存储转发交换（Store and Forward Switching）。

在存储转发方式中，交换机首先要完整地接收站点发送的数据，并对数据进行差错检测。如接收数据是正确的，再根据目的地址确定输出端口号，将数据转发出去。这种交换方式的优点是具有差错检测能力，并能支持不同输入/输出速率端口之间的数据转发，缺点是交换延迟时间相对较长。

（3）免碎片交换（Fragment Free Switching）。

免碎片交换将直通交换与存储转发交换结合起来，它通过过滤掉无效的碎片帧来降低交换机直接交换错误帧的概率。在以太网的运行过程中，一旦发生冲突，就要停止帧的继续发送并发送帧冲突的加强信号，形成冲突帧或碎片帧。碎片帧的长度必然小于 64B，在改进的直通交换模式中，只转发那些帧长度大于 64B 的帧，任何长度小于 64B 的帧都会被立即丢弃。显然，无碎片交换的延时要比其他交换方式的时延大，但它的传输可靠性得到了提高。

3. 交换机与集线器的区别

（1）在 OSI/RM（OSI 参考模型）中的工作层次不同。

集线器是工作在第一层（物理层），而交换机至少是工作在第二层，更高级的交换机可以工作在第三层（网络层）和第四层（传输层）。

（2）交换机的数据传输方式不同。

集线器的数据传输方式是广播（Broadcast）方式，而交换机的数据传输是有目的的，数据只对目的节点发送，只是在自己的 MAC 地址表中找不到的情况下第一次使用广播方式发送。

（3）带宽占用方式不同。

集线器所有端口是共享集线器的总带宽，而交换机的每个端口都具有自己的带宽，这样交换机每个端口的带宽比集线器端口可用带宽要高许多，也就决定了交换机的传输速度比集线器要快许多。

（4）传输模式不同。

集线器只能采用半双工方式进行传输，而交换机则采用全双工方式来传输数据，因此在同一时刻可以同时进行数据的接收和发送，这不但使数据的传输速度大大加快，而且在整个系统的吞吐量方面，交换机比集线器至少要快一倍以上，因为它可以同时进行接收和发送，实际上还远不止一倍，因为端口带宽一般来说交换机也要比集线器高许多倍。

4. 交换机的连接方式

常见的交换机连接方式有两种：级联和堆叠。

（1）级联（Uplink）。

级联是最常见的连接方式，即使用网线将两个交换机连接起来。分普通端口 RJ-45 和使用 Uplink 端口级联两种情况。普通端口之间相连，使用交叉双绞线；一台交换机使用 Uplink 端口，另一台交换机使用普通端口相连时，使用直通双绞线，如图 4-30 所示。

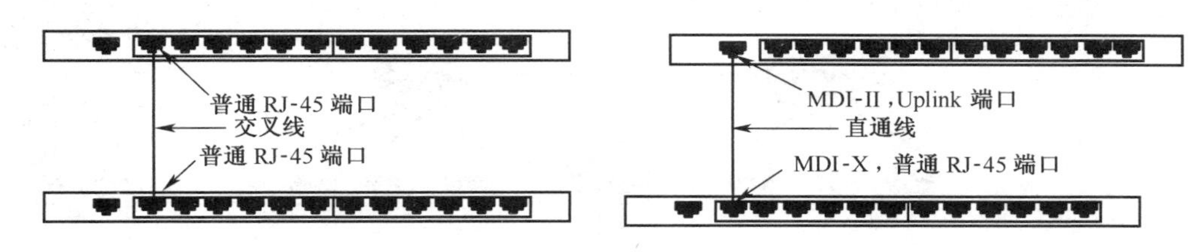

图 4-30　交换机的级联

知识链接： 目前有些交换机已实现智能判断，即使用交叉线或直通线均可在两台交换机之间建立连接。

（2）堆叠（Stack）。

提供堆叠接口的交换机之间可以通过专用的堆叠线连接起来，扩大级联带宽。堆叠的带宽是交换机端口速率的几十倍，例如，一台 100M 交换机，堆叠后两台交换机之间的带宽可以达到几百兆甚至上千兆。堆叠的方法有菊花链（见图 4-31）和主从式（见图 4-32）。

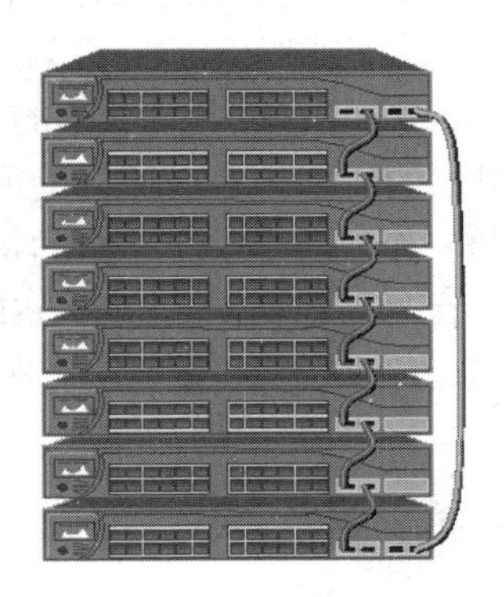

图 4-31　菊花链堆叠方式

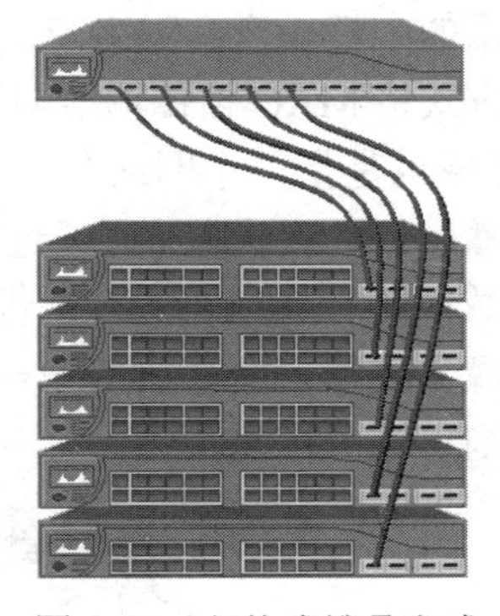

图 4-32　主从式堆叠方式

（3）级联和堆叠的区别。

1）连接方式不同：级联是两台交换机通过两个端口互联，而堆叠是交换机通过专门的背板堆叠模块相连。堆叠可以增加设备总带宽，而级联不能增加设备的总带宽。

2）通用性不同：级联可通过光纤或双绞线在任何网络设备厂家的交换机之间进行连接，而堆叠只在自己厂家的设备之间，且设备必须具有堆叠功能才可实现。

3）连接距离不同：级联的设备之间可以有较远的距离（一百米至几百米），而堆叠的设备之间距离十分有限，必须在几米以内。

5．冲突域与广播域

冲突和广播是计算机网络中的两个基本概念，也是学习交换式局域网的基础，同时也是掌握集线器、交换机等设备工作特点的必备知识。

（1）冲突和冲突域。

1）冲突是指在以太网中，当两个数据帧同时被发送到物理传输介质上，并完全或部分重叠时，就发生了数据冲突。冲突是影响网络性能的重要因素。

2）冲突域是指一个网络范围内同一时间只能有一台设备发送数据，若有两台以上设备同时发送数据，就会发生数据冲突，如图 4-33 所示。冲突域被认为是 OSI 中的第一层概念，因此像集线器、中继器连接的所有节点被认为是同一冲突域，而第二层设备如交换机和第三层设备路由器、第三层交换机则可划分冲突域。

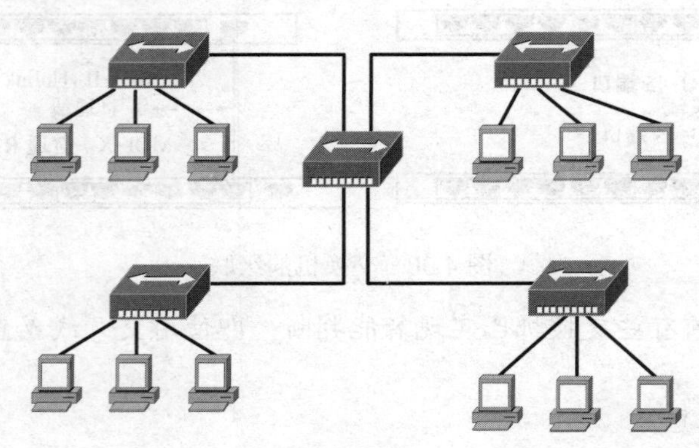

图 4-33　集线器构成冲突域

（2）广播和广播域。

1）广播是由广播帧构成的数据流量，在网络传输中，告知网络中的所有计算机接收此帧并处理它。过量的广播操作、网络带宽的利用率及终端的负荷都将成为问题。更为严重的是，由于广播传输方式将 MAC 帧传输给网络中的每一个终端，将引发 MAC 帧中数据的安全性问题。

2）广播域也是指一个网络范围内，任何一台设备发出的广播帧，区域内的所有设备都能接收到该广播帧。默认状态下，通过交换机连接的网络是一个广播域，交换机的每一个端口就是一个冲突域，所有端口在一个广播域内，如图 4-34 所示。广播域被认为是 OSI 中的第二层概念，因此像集线器、交换机等第一、二层设备连接的节点被认为是同一广播域，而路由器、三层交换机则可划分广播域。

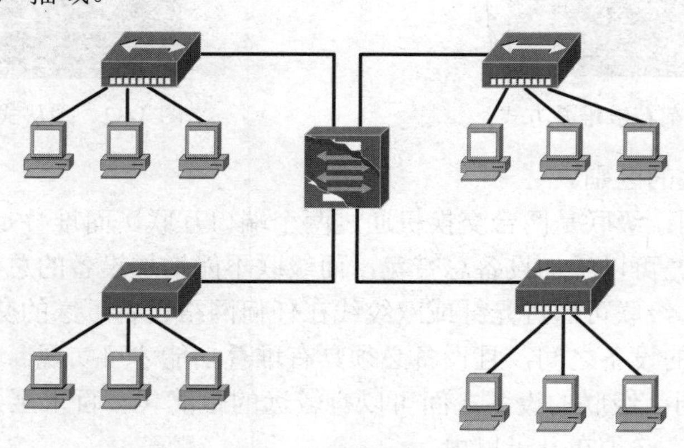

图 4-34　交换机构成广播域

（3）集线器、交换机、路由器分割冲突域与广播域比较。

冲突域和广播域之间最大的区别在于：任何设备发出的 MAC 帧均覆盖整个冲突域，而只有以广播形式传输的 MAC 帧才能覆盖整个广播域。集线器、交换机、路由器分割冲突域与广播域比较情况如表 4-4 所示。

表 4-4　集线器、交换机、路由器分割冲突域与广播域比较

设备	冲突域	广播域
集线器	所有端口处于同一冲突域	所有端口处于同一广播域
交换机	每个端口处于同一冲突域	可配置的（划分 VLAN）广播域
路由器	每个端口处于同一冲突域	每个端口处于同一广播域

6．虚拟局域网技术

虚拟局域网（Virtual LAN，VLAN）是一种将局域网从逻辑上按需要划分为若干个网段，在第二层分割广播域，分隔开用户组的一种交换技术。这些网段物理上是连接在一起的，逻辑上是分离的，即将一个局域网划分成了多个局域网，故名虚拟局域网。

VLAN 技术的实施可以确保：在不改变一个大型交换式以太网的物理连接的前提下，任意划分子网；每一个子网中的终端具有物理位置无关性，即每一个子网可以包含位于任何物理位置的终端；子网划分和子网中终端的组成可以通过配置改变，且这种改变对网络的物理连接不会提出任何的要求，如图 4-35 所示。

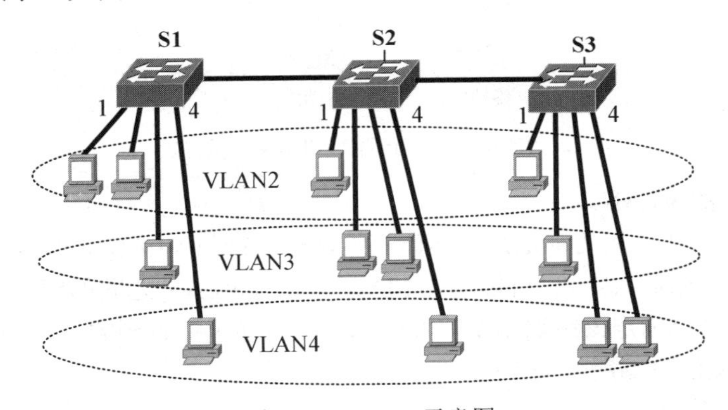

图 4-35　VLAN 示意图

（1）VLAN 的优点。

1）控制广播流量。默认状态下，一个交换机组成的网络，所有交换机端口都在一个广播域内。采用 VLAN 技术，可将某个（或某些）交换机端口划到某一个 VLAN 内，在同一个 VLAN 内的端口处于相同的广播域。每个 VLAN 都是一个独立的广播域，VLAN 技术可以控制广播域的大小。

2）简化网络管理。当用户物理位置变动时，不需要重新布线、配置和调试，只需保证在同一个 VLAN 内即可，可以减轻网络管理员在移动、添加和修改用户时的开销。

3）提高网络安全性。不同 VLAN 的用户未经许可是不能相互访问的。可以将重要资源放在一个安全的 VLAN 内，限制用户访问，通过在三层交换机设置安全访问策略允许合法用户访问，限制非法用户访问。

4）提高设备利用率。每个 VLAN 形成一个逻辑网段。通过交换机合理划分不同的 VLAN

将不同应用放在不同的 VLAN 内，实现在一个物理平台上运行多种相互之间要求相对独立的应用，而且各应用之间不会相互影响。

（2）VLAN 的分类。

在应用上，各公司对 VLAN 的具体实现方法有所不同，基于端口的 VLAN 和基于 MAC 地址的 VLAN 是两种常见的分类。

1）基于端口的 VLAN。

基于端口的 VLAN 划分是最简单、最有效，也是使用最多的一种划分 VLAN 的方法。在一台交换机上，可以按需求将不同的端口划分到不同的 VLAN 中，如图 4-36 所示。在多台交换机上，也可以将不同交换机上的几个端口划分到同一个 VLAN 中，每一个 VLAN 可以包含任意的交换机端口组合。

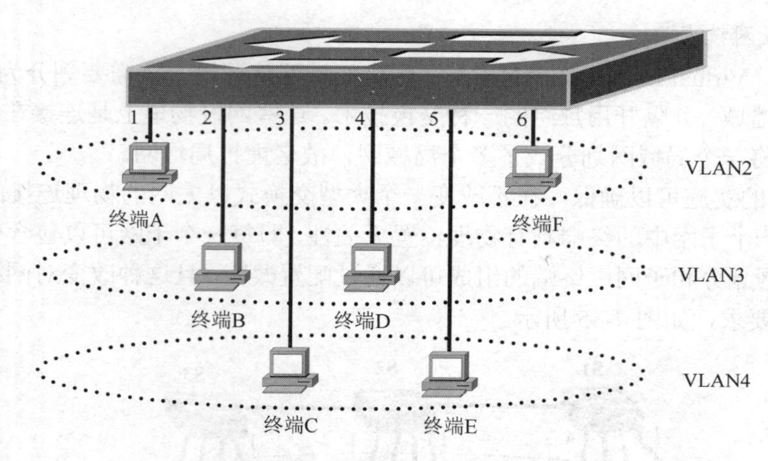

图 4-36　基于端口 VLAN 划分

2）基于 MAC 的 VLAN。

建立终端与 VLAN 之间的绑定，必须建立终端标识符与 VLAN 之间的绑定，最常用作终端标识符的是 MAC 地址，因此，可以建立 MAC 地址与 VLAN 之间的绑定，交换机不是根据终端接入交换机的端口确定该终端属于的 VLAN，而是通过接收到的 MAC 帧的源 MAC 地址确定发送该 MAC 帧的终端所属的 VLAN。

7. 无线局域网简介

无线局域网（Wireless Local Area Network，WLAN）与有线网络的用途十分类似，最大的区别在于传输介质的使用不同，WLAN 利用电磁波取代了网线。通常情况下，有线网络依赖同轴电缆、双绞线或光缆作为主要的传输介质，但在某些场合要受到布线的限制，存在布线改线工程量大、线路容易损坏、网络中各节点移动不便等诸多问题。WLAN 就是为了解决有线网络以上问题而出现的。

（1）WLAN 的常见标准。

1）IEEE 802.11a：使用 5GHz 频段，最高传输速度为 54Mb/s，与 802.11b 不兼容。

2）IEEE 802.11b：使用 2.4GHz 频段，最高传输速度为 11Mb/s。

3）IEEE 802.11g：使用 2.4GHz 频段，最高传输速度为 54Mb/s，可向下兼容 802.11b。

（2）WLAN 常用组件。

组建 WLAN 所需的组件主要包括无线 NIC、无线接入点（Access Point，AP）、无线路由器等，其中无线网卡是必需的设备，而其他的组件则可以根据不同的网络环境选择使用。例如WLAN与以太网连接时需要用到无线AP，WLAN接入Internet时需要用到无线路由器，接收远距离传输的无线信号或者扩展网络覆盖范围时需要用到无线天线。

1）无线网卡。

无线网卡的作用类似于以太网的网卡，作为无线网络的接口，实现与无线网络的连接。

2）无线AP。

无线AP的作用类似于以太网中的集线器。当网络中增加一个无线AP之后，即可成倍地扩展网络覆盖直径。另外，也可使网络中容纳更多的网络设备。通常情况下，一个AP最多可以支持多达80台计算机的接入，推荐数量为30台。

3）无线路由器。

无线路由器事实上就是无线AP与宽带路由器的结合。借助无线路由器，可实现无线网络中的Internet连接共享，实现ADSL、Cable Modem和小区宽带的无线共享接入。如果不购置无线路由，就必须在无线网络中设置一台代理服务器才可以实现Internet连接共享。

在通常情况下，无线路由器通常拥有4个以太网接口，用于直接连接传统的台式计算机。当然，如果网络规模较大，也可以用于连接交换机，为更多的计算机提供Internet连接共享。

4）WLAN的实现。

简单地讲，无线局域网的组建可分成以下两个步骤完成：

首先将无线AP通过网线与网络接口相连，例如LAN或ADSL宽带网络接口等；然后为配置了无线网卡的笔记本电脑或台式计算机提供无线网络信号，当搜索到该无线网络并连接之后，计算机就可以在有效的信号覆盖范围内登录局域网或Internet了。WLAN组网示意图如图4-37所示。

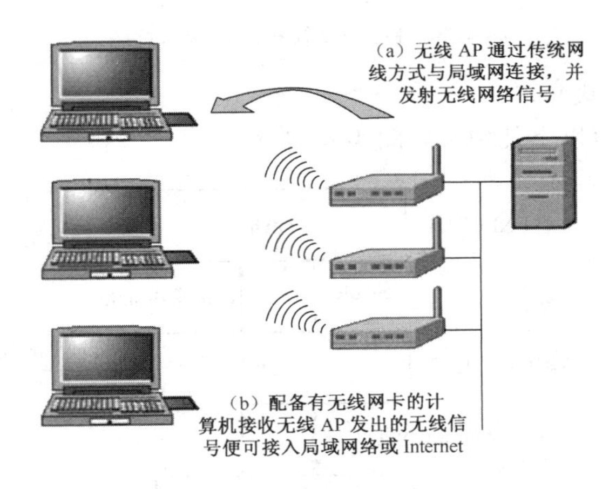

图4-37　WLAN组网示意图

8. 交换机配置基础

为了充分发挥交换机的转发效率优势，往往需要针对网络环境中的交换机进行配置。本节以思科公司Cat-2900系列交换机为例，介绍交换机的配置方式。

（1）配置线缆的选择和连接。

目前由于交换机管理的配置线缆有以下几种，如图4-38所示。

图4-38（c）所示的配置线缆是目前各厂商使用最多的方式。一般来说，配置线缆总有一

端是 DB-9 母头，因为这一端正好与计算机上的串口相连接，而计算机上的串口一般都是 DB-9 公头。图 4-38（c）所示的配置线缆连接方法如图 4-39 所示。

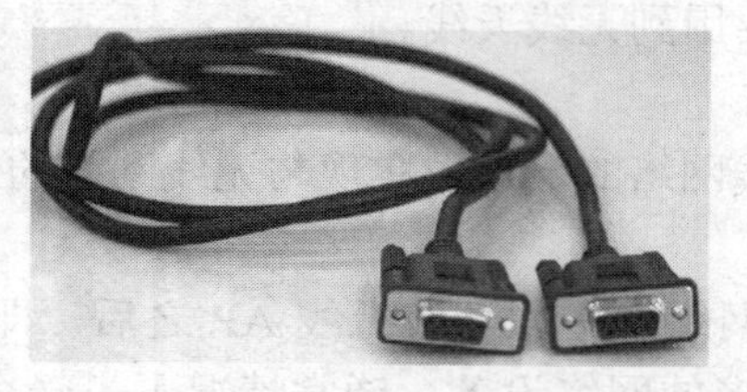

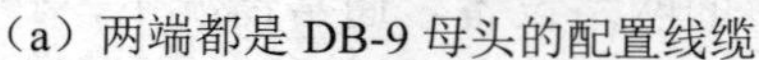

（a）两端都是 DB-9 母头的配置线缆

（b）一端是 DB-9 母头，另一端是 DB-9 公头的配置线缆

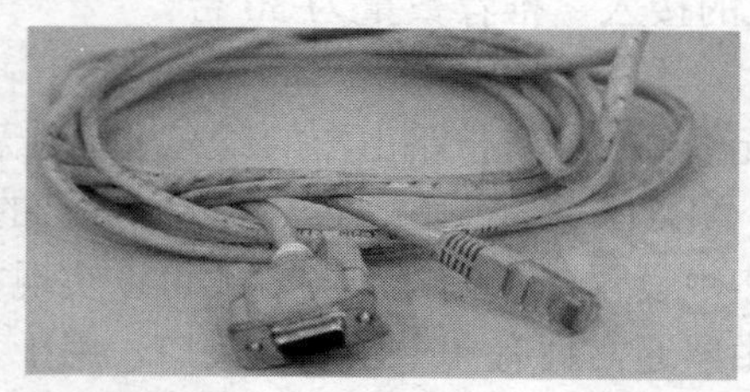

（c）一端是 DB-9 母头，另一端是 RJ-45 头的配置线缆

图 4-38　常用的配置线缆

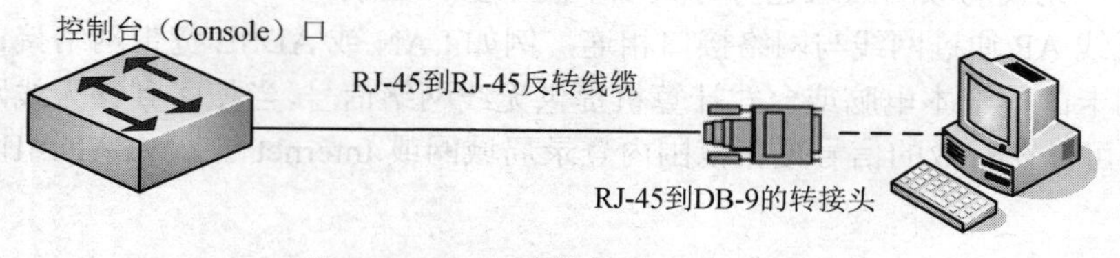

图 4-39　PC 与交换机的连接示意图

（2）交换机配置模式介绍。

交换机的配置模式有以下几种，如图 4-40 所示。

用户EXEC模式　switch
enable　exit 或 disable
特权EXEC模式　switch#
config terminal　exit　end 或 Ctrl+Z
全局配置模式　switch(config)#
exit
接口配置模式　switch(config-if)#
子接口配置模式　switch(config-subif)#
线路配置模式　switch(config-line)#
VLAN配置模式　switch(config-vlan)#

图 4-40　交换机或路由器配置模式

1）用户模式。

当用户通过交换机或路由器的控制台端口或 Telnet 会话连接并登录到交换机时，所处的命令执行模式就是用户模式。在该模式下，可以简单查看计算机的软、硬件版本信息，但不能对交换机进行任何配置。用户模式的命令行提示符为：Switch>。其中，Switch 是交换机默认的主机名。在用户模式下，直接输入“?”并按 Enter 键，可获得在该模式下允许执行的命令清单及相关说明。若要获得某一命令的进一步帮助信息，可在命令之后，加“?”，如：Switch>show ?。

2）特权模式。

在用户模式下，执行 enable 命令，将进入到特权模式。在该模式下，可以对交换机的配置文件进行管理，查看交换机的配置信息，进行网络测试与调试等。特权模式的命令行提示符为：Switch#。在该模式下直接输入“?”，可获得在该模式下允许执行的命令清单及相关说明。如果返回用户模式可以使用 exit 和 disable 命令。如果要重新启动交换机可以执行 reload 命令。

3）全局配置模式。

在特权模式下，执行 configure terminal 命令，可以进入全局配置模式。在该模式下只要输入一条有效的命令并按 Enter 键，内存中正在运行的配置就会立即改变并生效。该模式下的配置命令的作用域是全局性的，对整个交换机起作用。全局配置模式的命令行提示符为：Switch(config)#。从全局模式返回特权模式，执行 exit、end 命令或按 Ctrl+Z 组合键皆可。

4）接口配置模式。

在全局配置模式下，执行 interface 命令，即可以进入接口配置模式。在该模式下，可对选定的接口（端口）进行配置，并且只能执行配置交换机端口的命令。接口配置模式的命令行提示符为：Switch(config-if)#。从接口配置模式返回全局配置模式，可执行 exit 命令，如果要返回特权模式，则应执行 end 命令或按 Ctrl+Z 组合键。

5）Line 配置模式。

在全局模式下，执行 line vty 或 line console 命令，将进入 Line 配置模式。该模式主要用于对虚拟终端和控制台端口进行配置，主要是设置虚拟终端和控制台的用户级登录密码。Line 配置模式的命令行提示符为：Switch(config-line)#。从 Line 配置模式返回全局配置模式，可执行 exit 命令，如果要返回特权模式，则应执行 end 命令或按 Ctrl+Z 组合键。

6）VLAN 配置模式。

在特权模式下执行 vlan database 配置命令，即可进入 VLAN 配置模式，在该模式下，可实现对 VLAN 的创建、修改或删除等配置操作。VLAN 配置模式的命令行提示符为：Switch(config-vlan)#。要从 VLAN 配置模式返回特权模式，可执行 exit 命令。

4.2.3　任务实施

这里以隔离本项目中管理部下设的财务科（6 人）、业务拓展科（8 人）、公关部（7 人）等 3 个部门之间的互访，以及配置交换机的本地和远程管理功能为例，实现交换式局域网的管理任务，其要求如图 4-41 所示。

交换机名	Enable Secret 密码	Enable,VTY 和 console 密码	VLAN1 IP 地址	默认网关地址	子网掩码
Switch_A	Class	Cisco	192.168.1.2	192.168.1.1	255.255.255.0

图 4-41　交换机的基本配置

1. 网络拓扑设计

由于财务科、业务拓展科、公关部有员工 21 人，按每人配备 1 台电脑计算，需要 21 台电脑，接入公司网络中需占用交换机端口 21 个，因此这里选用 24 口 Cisco 2960 交换机或锐捷的 RG2126-24 交换机。网络拓扑图如图 4-42 所示。

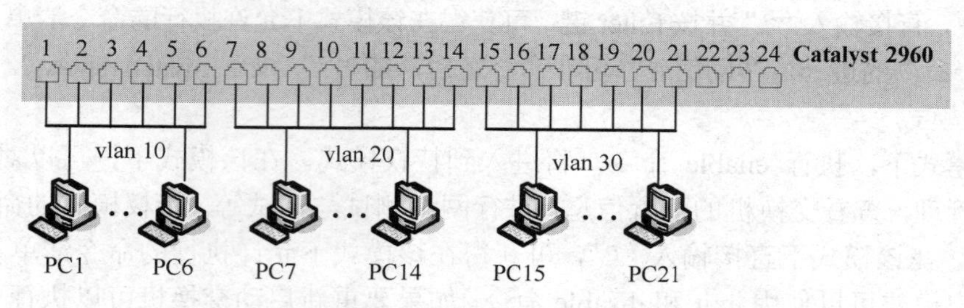

图 4-42 网络拓扑结构

2. VLAN 及 IP 地址规划

通过 VLAN 的划分，财务科、业务拓展科、公关部对应的 VLAN 号、VLAN 组名、分配端口号及各 VLAN 组所对应的网段如表 4-5 所示。

表 4-5 VLAN 规划表

VLAN 号	VLAN 名称	端口号	所在网段
10	caiwuke	fa0/1~ fa0/6	192.168.10.0/24
20	yewutuozhanke	fa0/7~ fa0/14	192.168.20.0/24
30	gongguanbu	fa0/15~ fa0/21	192.168.30.0/24

3. 连接设备

利用 Console 线将计算机的串口与交换机的 Console 端口连接在一起，如图 4-43 所示。

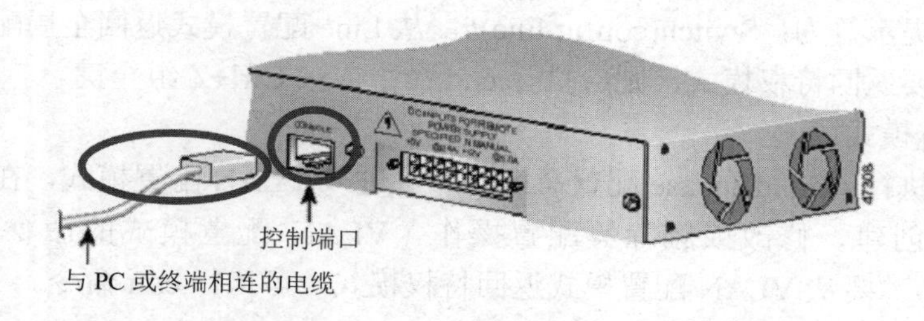

图 4-43 PC 的 COM 口与交换机的 Console 口连接

4. Windows 中运行并配置超级终端

终端仿真软件包括 Hyper Terminal（HHgraeve 公司制作）、Procomm Plus（DataStorm Technologies 公司制作）及 Tera Term 等，其中，Hyper Terminal 应用更为广泛。如要对交换机等网络设备进行配置操作，需要在计算机上运行终端仿真软件。一般采用 Windows 操作系统默认安装方式安装 Hyper Terminal 仿真软件。下面就以 Microsoft 操作系统自带的终端仿真程序“超级终端”来连接到交换机的 Console 端口。

（1）单击“开始”→“程序”→“附件”→“通讯”→“超级终端”，弹出如图 4-44 所示的对话框。

（2）给连接任意选取图标、输入名称后单击“确定”按钮，出现如图 4-45 所示的对话框，根据 Console 线实际所连的计算机串口号选择连接时使用的端口。

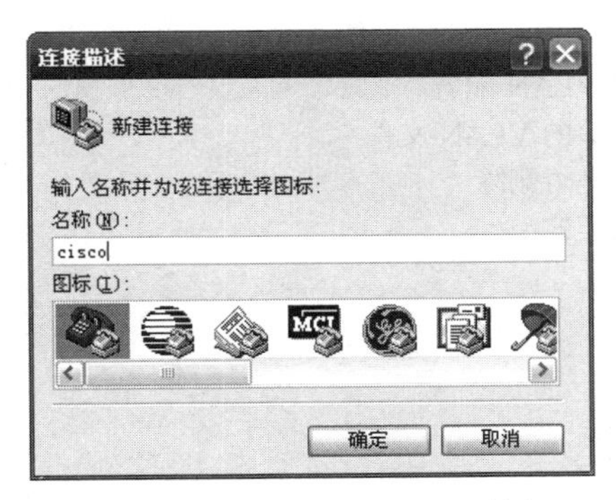

图 4-44　“连接描述”对话框

图 4-45　“连接到”对话框

（3）设置端口参数为每秒位数 9600、8 位数据位、1 位停止位、无奇偶校验和无数据流控制，如图 4-46 所示。单击“还原为默认值”按钮，出现的即是应该设置的正确的数值。然后单击“确定”按钮。

图 4-46　设置端口通信参数

（4）上电开启交换机，连续按 Enter 建，此时交换机开始载入操作系统，Cisco 交换机可以从载入界面上看到诸如 IOS 版本号、交换机型号、内存大小及其他软、硬件信息，读者大致浏览一下，现在暂可不求甚解。

5. 管理交换机

按如下步骤，在交换机命令行（Command Line Interface，CLI）模式下，执行相关命令，实现交换机能被远程访问的功能。不熟悉 Cisco 系列交换机配置命令的读者，请参阅相关技术文档和网络资源。

（1）清除交换机 SW2-1 上的原有配置。

```
SW2-1#erase startup-config                    //清除启动配置文件
```

使用 show flash: 命令，如下所示，查看到交换机的 VLAN 配置信息保存在闪存的 vlan.dat 文件中，要想删除 VLAN，必须删除闪存中的 vlan.dat 文件。

```
Switch#show flash:
```

```
Directory of flash:/
    1  -rw-      4414921        <no date>  c2960-lanbase-mz.122-25.FX.bin
    2  -rw-          616        <no date>  vlan.dat
64016384 bytes total (59600847 bytes free)
SW2-1#delet vlan.dat                        //删除 VLAN 配置
Delete filename [vlan.dat]?                 //欲删除的 VLAN 文件
Delete flash:vlan.dat? [confirm]            //确认是否删除
Switch#                                     //特权模式
```

（2）设置交换机的远程登录密码。

```
switch>                                  //进入用户模式
switch>enable                            //进入特权模式
switch #                                 //特权模式提示符
switch #config terminal                  //进入全局配置模式
switch (config)#                         //全局配置模式提示符
switch (config)#hostname SW2-1           //设置交换机名称为 SW2-1
SW2-1(config)#                           //主机名为 SW2-1 全局配置模式提示符
SW2-1(config)#line vty 0  2              //进入线路配置模式，允许 3 台主机登录
SW2-1(config-line)#login local           //配置本地的用户数据库验证方式
SW2-1(config-line)#exit                  //返回全局配置模式
```

（3）设置交换机的 enable 密码。

```
SW2-1(config)#enable password Class                  //设置特权加密口令为 Class
```

（4）创建本地用户数据库。

```
SW2-1(config)#username cqcet password Cisco          //创建用户名为 cqcet，密码为 Cisco
```

（5）设置交换机远程登录的 IP 地址。

```
SW2-1(config)#interface vlan 1                              //进入 vlan 配置模式
SW2-1(config-if)#ip address 192.168.1.2 255.255.255.0       //配置交换机管理 IP 地址
SW2-1(config-if)#exit                                       //返回全局配置模式
SW2-1(config)#ip default-gateway 192.168.1.1     //和管理 IP 地址在同一个子网，由核心层或汇聚层或
                                                   路由器定义，实现跨网段的远程访问能力
```

（6）Telnet 登录验证。

将网线的一端插入交换机的 fa0/22~24 中的任何一个端口中，另外一端插入计算机的以太网端口中，设置计算机的 TCP/IP 通信参数为：IP 地址为 192.168.1.3；掩码为 255.255.255.0；默认网关为 192.168.1.1。在 PC 的命令行窗口下输入：telnet 192.168.1.2。

```
C:\>telnet 192.168.1.2
Trying 192.168.10.100 ...Open
User Access Verification          //连接成功，接下来提示用户输入用户名及密码
Username:                         //在这里输入 SW2-1 上设置的用户名 cqcet
Password:                         //在这里输入 SW2-1 上设置的密码 Cisco
SW2-1>en                          //已连接到 SW2-1，继续进入 SW2-1 的特权模式
Password:                         //输入 SW2-1 上设置的 enable 密码 Class
SW2-1#                            //进入 SW2-1 的特权模式
```

6. SW2-1 交换机 VLAN 配置

远程登录成功后，接下来可以对交换机进行远程管理了，下面完成交换机上 VLAN 的配置任务。

（1）在 SW2-1 上创建 VLAN，并按表 4-5 分别为 VLAN 命名。

```
SW2-1(config)#vlan 10                                   //定义一个 VLAN，编号为 10
SW2-1(config-vlan)#name caiwuke                         //定义 VLAN10 的名称为 caiwuke
SW2-1(config-vlan)#exit                                 //回退到全局模式
SW2-1(config)#vlan 20                                   //定义一个 VLAN，编号为 20
SW2-1(config-vlan)#name yewutuozhanke                   //定义 VLAN20 的名称为 yewutuozhanke
SW2-1(config-vlan)#exit                                 //回退到全局模式
SW2-1(config)#vlan 30                                   //定义一个 VLAN，编号为 30
SW2-1(config-vlan)#name gongguanbu                      //定义 VLAN30 的名称为 gongguanbu
SW2-1(config-vlan)#exit                                 //回退到全局模式
```

（2）按图 4-39 所示，将端口划分到对应 VLAN 中。

```
SW2-1(config)#interface range fastethernet 0/1-6        //指定批量端口
SW2-1(config-if-range)#swichport access vlan 10         //将批量端口分配给 VLAN10
SW2-1(config-if-range)#exit                             //回退到全局模式
SW2-1(config)# interface range fastethernet 0/7-14      //指定批量端口
SW2-1(config-if-range)#swichport access vlan 20         //将批量端口分配给 VLAN20
SW2-1(config-if-range)#exit                             //回退到全局模式
SW2-1(config)# interface range fastethernet 0/15-21     //指定批量端口
SW2-1(config-if-range)#swichport access vlan 30         //将批量端口分配给 VLAN30
SW2-1(config-if-range)#end                              //回退到特权模式
```

（3）在 SW2-1 交换机上使用 show vlan 命令查看 VLAN 配置情况，如下所示。

```
SW2-1#show vlan                                         //显示所有 VLAN 的信息
```

（4）测试连通性。

按表 4-5 分配的 IP 地址，配置计算机的 IP 地址，用网线将计算机连接到如图 4-39 所规划的端口上，使用 ping 命令分别测试网络的连通性。如果是相同 VLAN 内计算机之间通信，其结果是（□通□不通）；如果是不同 VLAN 内计算机之间通信，结果是（□通□不通），请说明理由。

4.2.4　课后习题

1．交换式局域网的核心设备是（　　）。

2．以太网交换机的数据转发方式可以分为（　　）、（　　）和（　　）。

3．下列（　　）MAC 地址是正确的。

A．00-16-5B-4A-34-2H　　B．192.168.1.55

C．65-10-96-58-16　　D．00-06-5B-4F-45-BA

4．以太网交换机中的端口/MAC 地址映射表（　　）。

A．是由交换机的生产厂商建立的

B．是交换机在数据转发过程中通过学习动态建立的

C．是由网络管理员建立的

D．是由网络用户利用特殊的命令建立的

5．在交换式以太网中，下列（　　）描述是正确的。

A．连接于两个端口的两台计算机同时发送，仍会发生冲突

B．计算机的发送和接收仍采用 CSMA/CD 方式

C．当交换机的端口数增多时，交换机的系统总吞吐量下降

D．交换式以太网消除信息传输的回路

6．在以太网中，MAC 帧中的源地址域的内容是（　　）。

A．接收者的物理地址　　B．发送者的物理地址

C．接收者的 IP 地址　　D．发送者的 IP 地址

7．在数据帧格式中，目的地址字段在数据字段之前，而校验字段在数据字段之后的原因是（　　）。

A．可以提高数据帧发送处理效率　　B．可以提高数据帧传输效率

C．没有特别的含义　　D．可以提高数据帧接收处理效率

8．数据链路层中的数据块常被称为（　　）。

A．信息　　B．分组　　C．帧　　D．比特流

9．无线网络与有线网络相比有（　　）优势。

A．速度　　B．减少安装时间

C．用户可以共享更多资源　　D．不易受到其他设备干扰

10．Ethernet Switch 的 100Mb/s 全双工端口的带宽为（　　）。

A．100Mb/s　　B．10/100Mb/s　　C．200Mb/s　　D．20Mb/s

11．在以太网中，交换机的级联（　　）。

A．必须使用直通 UTP 电缆　　B．必须使用交叉 UTP 电缆

C．可以使用不同速率的集线器　　D．必须使用同一速率的集线器

12．说明交换机的功能及工作原理，并指出交换机与集线器之间的区别。

13．写出 EthernetⅡ帧的格式，并解释每个字段的作用。

14．有关 VLAN 的概念，下面说法不正确的是（　　）。

A．VLAN 是建立在局域网交换机上的以软件方式实现的逻辑分组

B．可以使用交换机的端口划分虚拟局域网，且虚拟网可以跨越多个交换机

C．使用 IP 地址定义的虚拟网与使用 MAC 地址定义的虚拟网相比，前者性能较高

D．VLAN 中的逻辑工作组各节点可以分布在同一物理网段上，也可以分布在不同的物理网段上

15．高速以太网的数据传输速率最低为（　　）。

A．10 Mb/s　　B．100Mb/s　　C．1Gb/s　　D．10Gb/s

16．交换式局域网增加带宽的方法是在交换机端口节点之间建立（　　）。

A．并发连接　　B．点一点连接

C．物理连接　　D．数据连接

17．100Mb/s 快速以太网与 10Mb/s 以太网工作原理的相同之处主要在（　　）。

A．介质访问控制方法　　B．物理层协议

C．网络层　　D．发送时钟周期

18．集线器在 OSI 参考模型中属于（　　）设备，而交换机属于（　　）设备。

19．交换机上的每个端口属于一个（　　）域，不同的端口属于不同的（　　），交换机上所有的端口属于同一个（　　）域。

20．分析说明交换机的帧交换技术。

21．什么是虚拟局域网技术？它有哪几种划分方法？有什么优点？

22．与共享式以太网相比，为什么说交换式以太网能够提高网络的性能？

项目五　实现网络互联

IEEE 802.X 实现的任何一种网络均能正确进行通信，但是不同的网络因各自环境条件的不同，在实现技术上存在很大的差别，这些网络是异构的，形成了相互隔离的网络孤岛。随着计算机技术、计算机网络技术和通信技术的飞速发展，以及计算机网络的广泛应用，单一网络环境已经不能满足社会对信息的需求，需要将多个相同或不同的计算机网络互联成规模更大、功能更强、资源更丰富的网络系统，以实现更广泛的资源共享和信息交流。Internet 的巨大成功以及人们对 Internet 的热情都充分证明了计算机网络互联的重要性。

网络互联涉及许多要解决的问题：在网络间提供互联的链路；在不改变所有互联网络体系结构的前提下，采用网间互联设备来协调和适配网络之间存在的各种差异。IP 协议是一个面向 Internet 的网络层协议，在设计之初就考虑了各种异构的网络和协议，使得异构网络的互联变得容易了，它屏蔽了互联的网络在数据链路层、物理层协议与技术实现的差异问题，向传输层提供统一的 IP 分组。路由器（Router）是在网络层上实现网络互联的重要设备，并为数据的传输指出一条明确的最佳路径，即路由。

本项目围绕如何实现多网络互联和通信这一主题，将计算机网络的连接和通信范围扩展到多个网络环境，并介绍网络层的基本概念，讨论 IP 协议的基本内容、路由器的工作原理、路由选择算法与协议。

重庆某科技公司凭借自身产品的优势，公司规模逐渐增大，目前拥有 2 个分公司，分别为分公司 A 和分公司 B。每个分公司，包括总公司都有不同的职能部门，并且公司信息点不超过 200 个，如表 5-1 所示。分公司和总公司之间有密切的业务联系，产品的开发资料和运营资料放在总公司的一台服务器上供本公司的员工访问。要求公司的所有员工都能接入 Internet，尽可能减少信息化办公需求的投入成本。

表 5-1　各职能部门信息点

信息点数 职能部门	公司		
	总公司	分公司 A	分公司 B
财务部	4		
人事部	3		
研发部	26	10	
市场部		24	24
工程部		26	12
售后服务部		12	4
后勤管理部	12		4

假定你是该公司的一名网络工程师，试在此背景下为该公司设计一个可行的网络建设方案。

项目分析

要能够完成本项目，需要考虑以下几个问题：

（1）在 Internet 和局域网中，使用 TCP/IP 协议时，每台主机上都必须有独立的 IP 地址，才能与网络上的其他主机通信。另外，该公司每个职能部门的主机数量都在 30 台以下，信息点数量虽然不是太多，但分散区域过多，要根据使用者和用途分类，对给定的公有网段 222.182.163.0/24 划分子网，以充分利用现有的资源简化网络管理，提高网络的安全性，达到事半功倍的效果。如果公司内部均采用私有地址，来满足公司员工访问 Internet 的需求，这时需采用 NAT 技术，这不属于本书所讨论的范围。

（2）由于总公司和分公司之间处于不同的地理位置，要实现总公司和分公司网络的互联互通，需要选用路由器作为网络互联设备，并对设备进行必要的配置，如接口 IP 地址等。

（3）总公司和分公司之间是广域网。广域网的规模较大，一般采用动态路由协议，以适应网络状态的变化，同时也减少人工生成与维护路由表的工作量。但总公司和分公司的出口路由器与 ISP 的路由器是相连的，ISP 路由器没有必要将成百上千条的路由告诉给总公司和分公司的出口路由器，否则会加重出口路由器的负担。因此，在总公司和分公司的路由器上配置一条指向与 ISP 路由器相连的默认路由，同时，在 ISP 路由器上分别配置一条指向总公司和分公司内部网络的静态路由，就可以满足总公司和分公司内部网络用户访问 Internet 的上网需求。该项目实施方案的网络拓扑结构如图 5-1 所示。

通过上面的分析，完成本项目需要实现三个核心任务：规划公司网络 IP 地址；配置与调试网络互联设备；配置静态路由和动态路由。

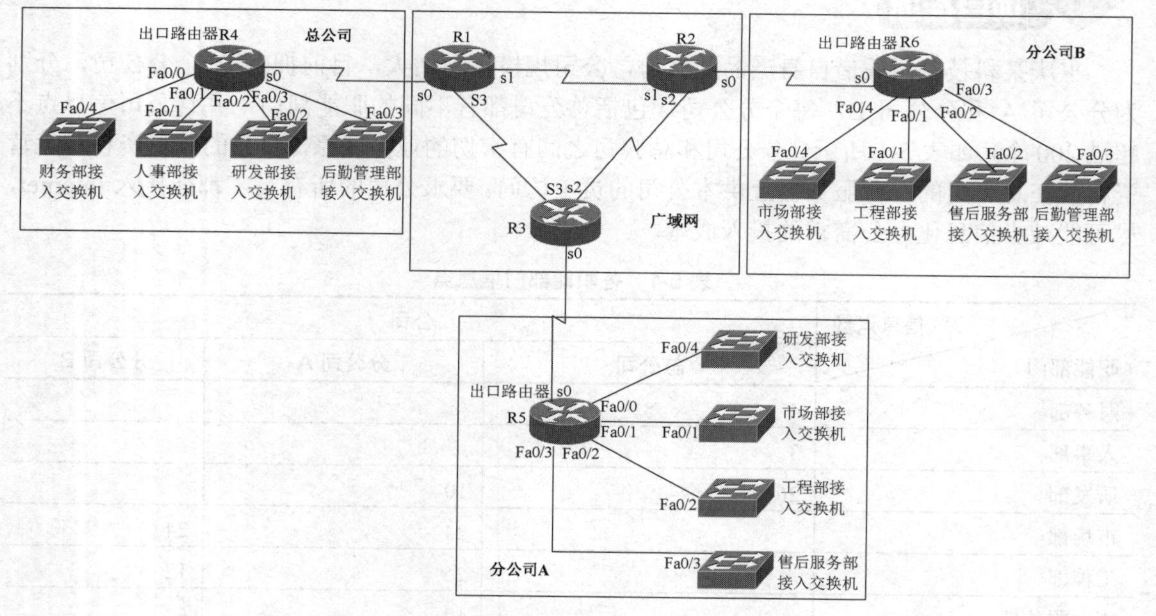

图 5-1 公司网络拓扑结构

学习目标

通过完成本项目的操作任务，读者将：

- 了解网络互联的类型和互联的层次。
- 掌握 IP 协议簇（IPv4 协议、IPv6 协议、ICMP 协议、ARP 协议等）的作用，理解 IP 数据报的格式和在 Windows 系统上操作 ping、arp 命令的方法。
- 掌握划分子网的作用、划分子网的方法、子网掩码的作用、划分子网的规则、无类域间路由（CIDR）的概念。
- 了解路由器的结构，掌握路由器的作用、路由协议和路由表的概念，会管理和配置路由器。
- 掌握网间路由协议：静态路由和动态路由（RIP、OSPF）的工作原理及配置方法。

任务 1　规划公司网络 IP 地址

5.1.1　任务目的及要求

本任务是在了解网络互联的类型和互联层次，熟悉 IP 协议簇（IPv4 协议、ICMP 协议、ARP 协议等）的作用，理解 IP 地址与 MAC 地址之间的关系，深刻理解 IP 数据报的格式并弄清 IP 数据报分片操作过程的基础上，进一步掌握划分子网的作用，划分子网的方法、步骤和规则，理解子网掩码在划分子网中的作用，能够在网络数量和主机数量之间进行平衡，对一个实际网络实施有效管理，具备使用 ping 和 tracert 命令解决网络故障问题的能力。

5.1.2　知识准备

本任务知识点的组织与结构，如图 5-2 所示。

- 网络互联概述
- 网际IP协议
- ARP协议
- ICMP协议
- IP数据包格式
- 划分子网
- NAT技术
- 无类域间路由（CIDR）
- IPv6技术简介
- 移动互联网技术简介

图 5-2　任务 1 知识点结构示意图

读者在学习本部分内容的时候，请认真领会并思考以下问题：

（1）网络互联的动力是什么？

（2）如何理解把互联网看成一个虚拟网络（Virtual Network）系统，能够将所有的主机互联起来，实现全方位的通信？

（3）如果路由器收到一个 IP 分组的前 8 位是 01000010，路由器丢弃了该分组，为什么？

（4）如何认识 IP 分组头中生存时间 TTL 字段的作用？

（5）计算机网络中采用什么机制检测网络中 IP 地址的冲突问题？

（6）ICMP 协议能离开 IP 协议而独立存在吗？

（7）不同的子网掩码得出相同的网络地址，它们的效果一样吗？

（8）试比较使用定长子网掩码划分子网、变长子网掩码划分子网和采用 CIDR 技术在提高 IP 资源利用率方面的差异？

（9）IP 地址是能标识网络中的一台主机吗？准确的表述应该是什么？

（10）请问 192.168.2.255 一定是一个广播地址吗？

（11）人们对未来网络技术的应用前景的描述是“Everything over IP，IP over Everything”，你是如何理解这一观点的？

1. 网络互联概述

由多个异构网络相互连接而成的计算机网络一般称为互联网络，其实可以认为是网络的网络。网络互联是通过网络互联设备来实现的，在网络互联设备内部不仅可以执行各子网的协议，成为子网的一部分，更主要的是实现不同子网协议之间的转换，包括协议数据格式的转换、地址映射、速率匹配、网间流量控制等。参照 ISO 的 OSI/RM，协议转换的过程可以发生在任何层次，相应的互联设备分别被称为中继器、交换机、路由器和网关，如图 5-3 所示。

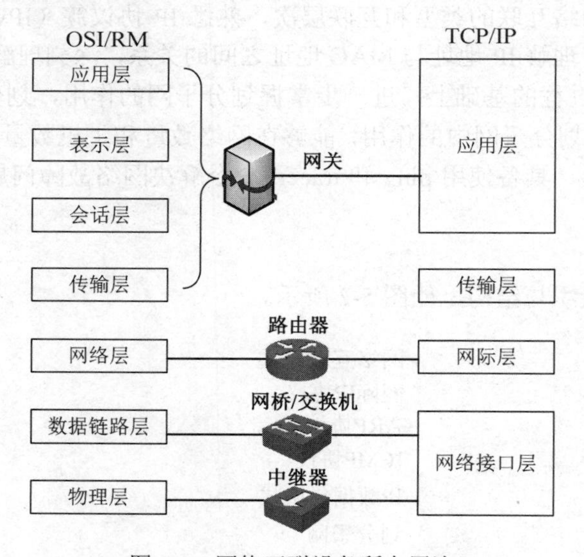

图 5-3 网络互联设备所在层次

在组建计算机网络时，应根据实际情况来选择不同的网络互联设备，为了方便使用，现将 4 种互联设备的连接层次和各自的性能特点进行比较，如表 5-2 所示。

2. 网际协议 IP

为了能跨越多个网络有效地传输计算机数据，需要适当的通信规则和方法，当今使用最重要的网络间连接通信的规则和方法就是网际协议（Internet Protocol，IP）。

表 5-2　4 种互联设备性能特比较

互联设备	互联层次	应用场合	功能	优点	缺点
中继器	物理层	互联相同 LAN 的多个网段	信号放大；延长信号传送距离	互联容易；价格低；基本无延迟	互联规模有限；不能隔离不需要的流量；无法控制信息传输
网桥	数据链路层	各种局域网的互联	连接局域网；改善局域网性能	互联容易；协议透明；隔离不必要的流量；交换效率高	会产生广播风暴；不能完全隔离不必要的流量；管理控制能力有限，有延迟
路由器	网络层	LAN 与 LAN 互联 LAN 与 WAN 互联 WAN 与 WAN 互联	路由选择；过滤信息；网络管理	适合于大规模复杂网络互联；管理控制能力强；充分隔离不必要的流量；安全性好	网络设置复杂；价格高；延迟大
网关	会话层 表示层 应用层	互联高层协议不同的网络；连接网络与大型主机	在高层转换协议	可以互联差异很大的网络；安全性好	通用性差；不易实现

知识链接：由于历史的原因，网关（Gateway）被称为网间连接器、协议转换器，是多个网络间提供数据转换服务的计算机系统或设备。网关工作在 OSI/RM 的传输层及以上的所有层次，对收到的信息要重新打包，以适应目的系统的需求，同时起到过滤和安全的作用。现在一般将路由器称为网关设备，网关实质上就是一个网络通向其他网络的 IP 地址，本书中描述的“网关”指的就是一个网络通向其他网络的 IP 地址。

（1）IP 协议简介。

IP 协议是 TCP/IP 协议簇中最重要的两个协议之一，也是最重要的因特网标准协议之一，与 IP 协议配套使用的还有四个协议。

- 地址解析协议（Address Resolution Protocol，ARP）。
- 反向地址解析协议（Reverse Address Resolution Protocol，RARP）。
- 网际控制报文协议（Internet Control Message Protocol，ICMP）。
- 网际组管理协议（Internet Group Management Protocol，IGMP）。

图 5-4 给出了这四个协议和 IP 协议之间的关系。在这一层中，ARP 和 RARP 在 IP 的下面，因为 IP 经常要使用这两个协议。ICMP 和 IGMP 在 IP 协议的上面，因为它们要使用 IP 协议。本项目将对 ARP、IP 和 ICMP 协议做详细介绍。

（2）IP 协议特点。

1）IP 协议是一种无连接、不可靠的分组传送服务协议，提供的是一种“尽力而为（Best-Effort）”的服务。

- 不可靠的数据投递服务。这意味着 IP 不能保证数据报的可靠投递，IP 本身没有能力证实发送的报文是否被正确接收。数据报可能在线路延迟、路由错误、数据报分片和重组等过程中受到损坏，但 IP 不能检测这些错误。在错误发生时，IP 也没有可靠的机制来通知发送方或接收方。
- 面向无连接的传输服务。它不管数据报沿途经过哪些节点，甚至也不管数据报起始于哪台计算机，终止于哪台计算机，从源节点到目的节点的每个数据报可能经过不同的传输路径，而且在传输过程中数据报有可能丢失，有可能正确到达。

- 尽最大努力投递服务。尽管 IP 层提供的是面向非连接的不可靠服务，IP 并不随意的丢弃数据报，只有当系统的资源用尽，接收数据错误或网络故障等状态下，IP 才被迫丢弃报文。

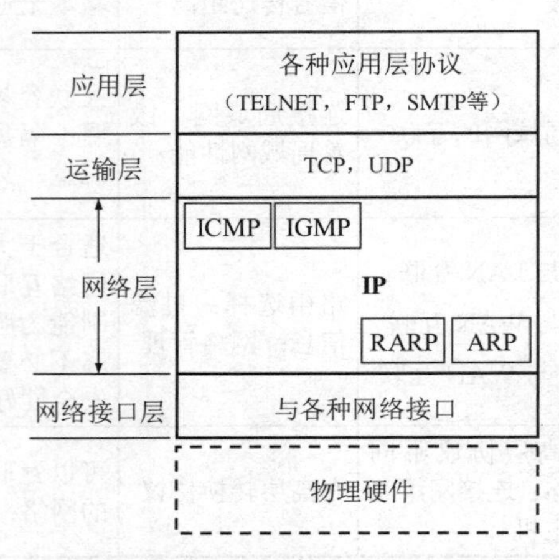

图 5-4 IP 及其配套协议之间的关系

2）IP 协议是点一点的网络层通信协议

网络层需要在 Internet 中为通信的两个主机之间寻找一条路径，而这条路径通常是由多个路由器、点一点链路组成。IP 协议要保证数据分组从一个路由器到另一个路由器，通过多跳路径从源节点到目的节点。因此，IP 协议是针对源主机一路由器、路由器一路由器、路由器—目的主机之间的数据传输的点一点的网络层通信协议。

3）IP 协议屏蔽了互联的物理网络在数据链路层、物理层协议与实现技术上的差异。

IP 协议作为一个面向互联网的网络层协议，必然要面对各种异构的网络和协议。如局域网、广域网和城域网等，它们的物理层和数据链路层协议可能也不同，但通过 IP 协议，网络层向传输层提供统一的 IP 分组，网络层不需要考虑互联的不同类型的物理网络在帧结构与地址上的差异，使得各种异构网络的互联变得更容易了。

3. IP 地址和 MAC 地址

知识链接：既然以太网的 MAC 地址可以唯一地标识网络节点，为什么还要定义 IP 地址呢？从纯粹的功能角度讲，只要能够唯一地标识网络节点就足够了。但是在具体应用地址定位目的节点时，还要考虑寻址的效率问题。由于 MAC 地址是没有任何层次结构的数字序列，在大型网络中的寻址效率很差，因此需要层次化的 IP 地址提高寻址效率。

对于学习计算机网络的人来说，网络地址可能越学越糊涂。不同的物理网络技术有不同的编址方式，物理网络中的主机有不同的物理网络地址，如以太网地址、令牌环地址等。图 5-5 是实现以太网和公共交换电话网（Public Switched Telephone Network，PSTN）互联的网络结构。作为互联网络的核心路由器，和以太网相连的端口要分配 MAC 地址，标记为 MAC R，和 PSTN 网络相连的端口要分配电话号码，这里标记为 65926056。适合以太网传输的数据封装是以太网帧，帧中含有源 MAC 地址和目的 MAC 地址；适合点到点的语言信道传输的数据封装形式是点到点协议（Point-to-Point Protocol，PPP）帧。但这是两种截然不同的封装形式，路由器根本无法根据以太网帧或 PPP 帧包含的数据实现这两种封装形式的相互转化。

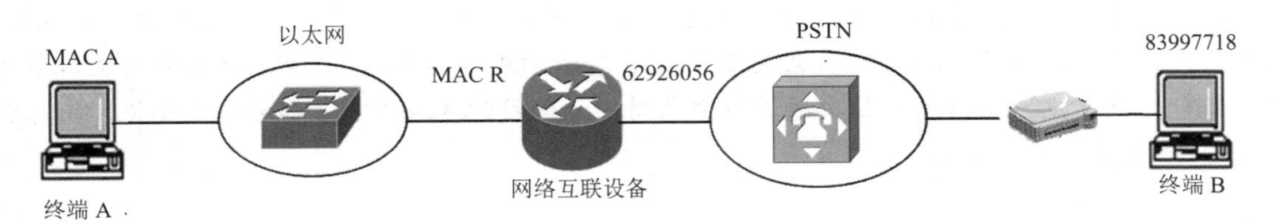

图 5-5　互联网络结构

为了实现互联异构网络的数据传输，需要采用一种全局通用的地址格式，为全球的每一网络和每一个主机都分配一个地址，以屏蔽物理网络的地址差异，从而保证互联网络以一个一致性实体的形象出现奠定重要基础。IP 地址就是在这样的背景下产生的，它是一种抽象地址，脱离具体的物理特性，而只是“简单”地给通信的物理对象分配一个全球唯一的编号。如上图中，给终端 A、终端 B 和路由器分配统一的 IP 地址：IP A、IP B 和 IP R，此时再来分析终端 A 和终端 B 之间的数据传输过程，如图 5-6 所示。

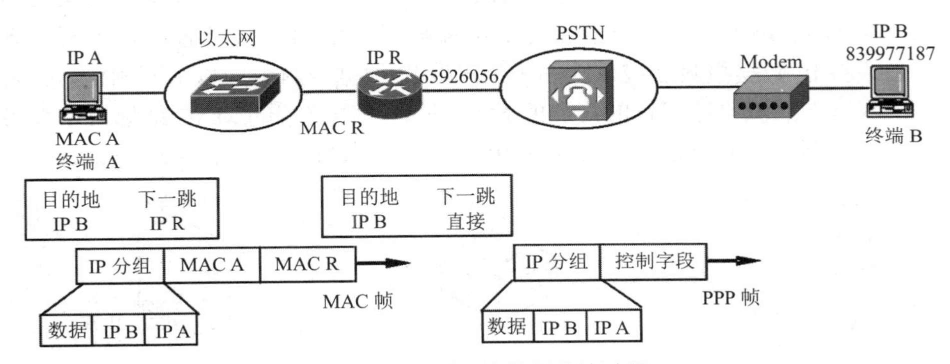

图 5-6　互联网络数据传输过程

（1）终端 A 将传输给终端 B 的数据封装成 IP 数据报，在 IP 数据报中给出终端 A 和终端 B 的 IP 地址，并且在传输过程中，IP 地址是不能变化的。

（2）终端 A 根据 IP 分组中终端 B 的 IP 地址确定下一跳为路由器（因为终端 A 和终端 B 不在同一网段，必须通过路由器来转发），获得路由器的 IP 地址：IP R，终端 A 根据路由器的 IP 地址确定连接终端 A 和路由器的传输网络——以太网，获得路由器以太网端口的 MAC 地址：MAC R，将 IP 数据报封装成以太网帧，经过以太网传输给路由器。

（3）路由器从以太网帧分离出 IP 数据报，根据 IP 分组中终端 B 的 IP 地址确定下一跳为终端 B，根据终端 B 的 IP 地址确定连接终端 B 和路由器的传输网络——PSTN，并获得终端 B 的电话号码，通过呼叫建立路由器和终端 B 之间点对点语音信道，将 IP 数据报封装成适合点对点语音信道传输的格式：PPP 帧，并经过点对点语音信道将 PPP 帧传输给终端 B。

（4）终端 B 从 PPP 帧分离出 IP 数据报，再从 IP 数据报中分离出终端 A 传输给它的数据。

从以上过程可以看出，路由器每收到一个 IP 分组，需要执行解封装、重新封装和发送到相应端口三个复杂过程，这一过程和交换机转发数据的过程是有着本质区别的。细心的读者还会发现，还有两个重要问题没有解决：

- 主机或路由器怎样知道应当在以太网帧的首部填入什么样的 MAC 地址？
- 路由器是如何得出下一跳地址的？

第一个问题就是下一节要讲的内容，第二个问题将在后续项目中详细讨论。

✍知识链接：IP 地址和 MAC 地址的对应关系如同职位和人才的对应关系，IP 地址和 MAC 地址之间也不存在绑定关系。IP 地址负责将信息包送到正确的网络，MAC 地址用来在本地传送信息包。事实上，当信息包每次通过路由器时，源和目的 MAC 地址都会发生变化，而源和目的 IP 地址不会发生变化。

4. ARP 协议

（1）ARP 的作用。

在网络层使用统一的 IP 地址屏蔽了下层网络的差异性，但这种“统一”实际上是将下层的物理地址隐藏起来，而不是用 IP 地址代替他。实际上，物理地址是必不可少的，因为只有通过物理地址才能找到节点设备的接口。基于这个原因，在使用 IP 地址时，有必要在它与物理地址之间建立映射关系，这样才可以将数据最终送到物理设备的接口上。在图 5-7 中，假定终端 A 和服务器 B 通过交换机连接在同一网络上，即便如此，终端 A 访问服务器 B 时所给出的地址也不是服务器 B 的 MAC 地址，往往是服务器 B 的 IP 地址（若是域名地址，也要经过解析，最终得到的也只能是 IP 地址）。根据以太网交换机的工作原理，以太网交换机只能根据以太网帧的目的 MAC 地址和转发表来转发以太网帧，这就意味着：不能在以太网上直接传输 IP 数据报，必须将 IP 数据报封装成以太网帧；在将 IP 数据报封装成以太网帧前，必须先获取连接在同一个网络上的源终端和目的终端的 MAC 地址。源终端的 MAC 地址可以直接从安装的网卡中读取，问题是如何根据目的终端的 IP 地址来获取目的终端的 MAC 地址。

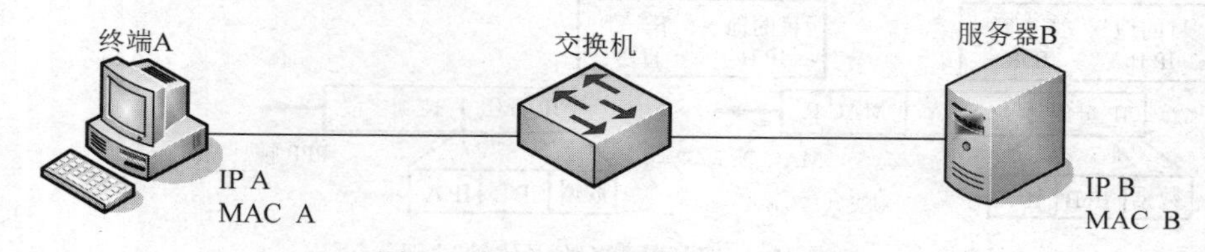

图 5-7 以太网内传输 IP 分组过程

✍知识链接：在实际通信时，一般使用 IP 地址，因为它比 MAC 地址更短、更好记忆，并且更灵活，随时可以更换，更重要的是屏蔽了下层网络的差异性。但是，主机接口的真实标识是 MAC 地址，所以需要一种机制将两种地址关联在一起，于是就产生了 ARP 协议。

（2）ARP 的工作过程。

将 IP 地址映射到物理地址的实现方法有多种，每种网络都可以根据自身的特点选择适合自己的映射方法。ARP 是以太网经常使用的地址映射方法，它充分利用了以太网的广播能力。在图 5-7 中，终端 A 获知了服务器 B 的 IP 地址 IP B 后，广播一个以太网帧，该以太网帧的结构如图 5-8 所示，它的源 MAC 地址为终端 A 的 MAC 地址 MAC A，目的 MAC 地址为广播地址 ff-ff-ff-ff-ff-ff，以太网帧的数据字段包含终端 A 的 IP 地址 IP A 和 MAC 地址 MAC A，同时包含服务器 B 的 IP 地址 IP B，IP B 为需要解析的地址。该以太网帧是 ARP 请求帧，它要求 IP 地址为 IP B 的网络终端回复它的 MAC 地址。

ff-ff-ff-ff-ff-ff	MAC A	类型=地址解析	数据	FCS
			IP A MAC A IP B ?	

图 5-8 用于地址解析的以太网帧

由于该帧的目的地址为广播地址，同一网络内所有终端都能接收到该帧，每一个接收到该以太网帧的终端首先检查自己的 ARP 缓冲区，如果 ARP 缓冲区中没有发送终端的 IP 地址和 MAC 地址对，将发送终端的 IP 地址和 MAC 地址对（IP A 和 MAC A）记录在 ARP 缓冲区中，然后比较以太网帧中给出的目标 IP 地址是否和自己的 IP 地址相同。如果相同，回复自己的 MAC 地址，整个过程如图 5-9 所示。

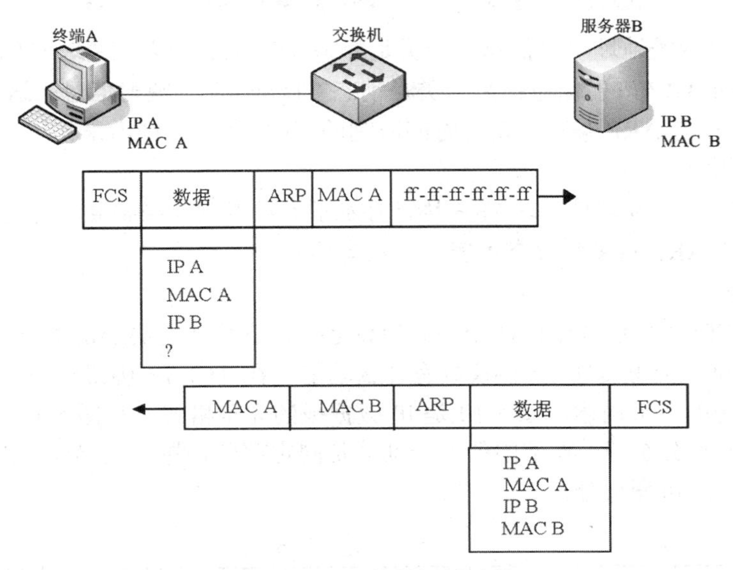

图 5-9　ARP 地址解析过程

通过以上分析可以知道，ARP 的主要用途是在知道下一跳的 IP 地址的前提下，获取下一跳的 MAC 地址。ARP 的另一个用途是测试 IP 地址是否重复。IP 网络中是不允许两个节点有相同的 IP 地址，因此，在对终端分配了 IP 地址后，终端可以通过 ARP 测试广播域中是否存在具有相同地址的终端。ARP 广播一个 ARP 请求帧，该 ARP 请求帧中的源终端地址为 0.0.0.0，表明是未知地址，下一跳地址是终端自身的 IP 地址。如果源终端接收到响应帧，意味着广播域中已经有终端使用了该 IP 地址，终端报错。

知识链接：ARP 请求中给出源终端的 IP 地址和 MAC 地址，就是用于广播域中其他终端在 ARP 缓存中记录下它们的关联，但这种关联是有时效性的。请思考，若源终端和目的终端不在同一网络中，此时 ARP 如何工作？

（3）ARP 命令的操作。

在 Windows 系统的 DOS 界面下，使用 arp 命令能够查看本地计算机或另一台计算机的 IP 地址和 MAC 地址的映射对。查看之前，网络应能 ping 通。arp 命令格式及参数如下：

格式：arp [参数] [主机 IP 地址] [MAC 地址]

参数：

-a：显示本机与该接口相关的 arp 缓存项。

-s：向 arp 缓存中人工加入一条静态项目。

-d：删除一条静态项目。

下面是运行 arp 命令的一个示例：

```
C:\Documents and Settings\Administrator>arp -a

Interface: 192.168.2.100 --- 0x2
  Internet Address      Physical Address      Type
  192.168.2.1           c8-3a-35-48-aa-c0     dynamic

Interface: 0.0.0.0 --- 0x3
  Internet Address      Physical Address      Type
  192.168.1.100         00-1d-60-9e-49-cf     static
```

ARP 表中包含两类地址映射信息，一类是静态（Static）映射信息，它们是由网络管理员或用户手工配置的 ARP 映射信息；另一类是动态（Dynamic）映射信息，这类信息是由 ARP 自动学习得来的。动态 ARP 缓存表是有时间限制的，如果在 2 分钟内未使用该 ARP 表项的话，该表项会被自动删除。

知识链接：在实际环境中，ARP 协议存在很大的漏洞，经常会被冒充或修改，扰乱局域网的通信。因为 ARP 报文既没有加密，也没有鉴别。

5. IP 数据报

IP 协议是 TCP/IP 协议栈中的两个核心协议之一，它将所有高层的数据都封装成 IP 数据报。IP 数据报的格式能够说明 IP 协议具有什么功能。在 TCP/IP 协议栈中，各种数据报格式通常以 4 个字节为单位来描述。图 5-10 是 IP 数据报的完整格式。从图 5-10 可以看出 IP 数据报由首部和数据两部分组成，首部中的前一部分是固定部分，共 20 字节，是所有 IP 数据报必须有的，后一部分是可变部分。

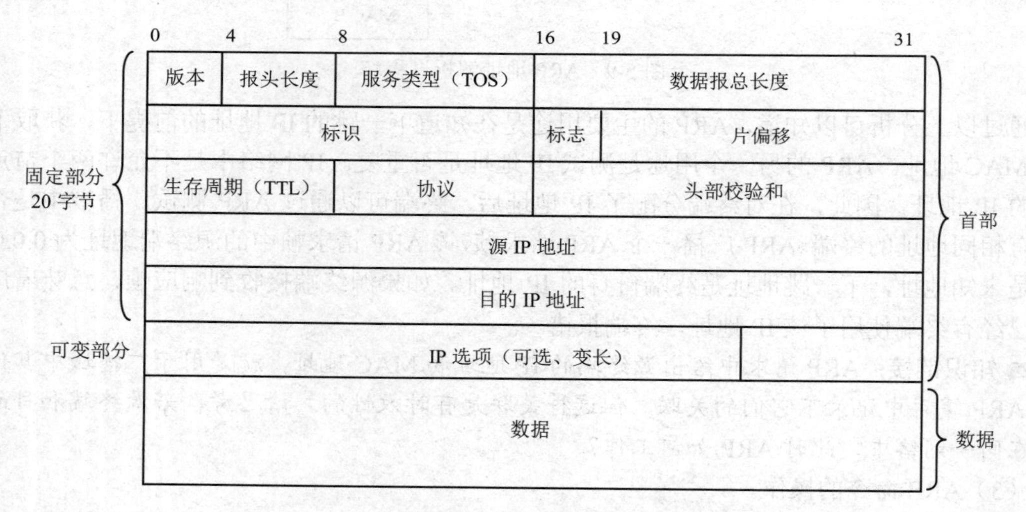

图 5-10 IP 数据报格式

（1）首部字段功能说明。

1）版本与协议类型。在 IP 报头中，版本字段表示该数据报对应的 IP 协议版本号，不同 IP 协议版本规定的数据报格式稍有不同，目前使用的 IP 协议版本号为“4”，通常称为 IPv4。若协议版本号是 6，称为 IPv6。协议字段表示在 IP 数据报所对应的上层协议（如 TCP）或网络层中的子协议（如 ICMP）。

知识链接：协议字段指出 IP 数据包携带的是何种协议，以便于目的方的 IP 协议将数据部分交付给正确的上层或子层协议机。

2）长度（Length）。报头中有两个表示长度的字段，一个为报头长度，一个为总长度。

头长度（Internet Head Length，IHL）表示报头占据了多少个 32 比特，或者说 4 个字节的数目。在没有选项和填充的情况下，该值为 5，即 IP 报头的长度为 20 个字节。IP 报头长度值最大为 15，即 60 个字节。

总长度（Total Length）表示整个 IP 数据报的长度（其中包含头部长度和数据区长度）。数据报的总长度以 32 字节为单位。由于该字段的长度为 16 位，因此 IP 数据报的最大值为 2^{16}-1 字节，即 65535 字节。

3）服务类型（Type of Service，TOS）。服务类型字段规定对本数据报的处理方式，常用于服务质量（Quality of Service，QoS）中，如图 5-11 所示。前 3 位为优先级，用于表示数据报的重要程度，优先级取值从 0（普通优先级）～7（网络控制高优先级）。第 4 位到第 7 位分别为 D、T、R 和 C 位，表示本数据报希望的传输类型。D 表示时延（Delay）需求，T 表示吞吐量（Throughput）需求，R 代表可靠性（Reliability）需求，C 代表花销需求，并且这几位是互相排斥的，只有其中一个位可以被置 1。

0	1	2	3	4	5	6	7
优先级			D	T	R	C	保留

图 5-11　IP 数据报提供的服务类型

知识链接：1988 年 IETF 将其改为区分服务（Differentiated Service，DS）。

4）生存周期（Time To Live，TTL）。IP 数据报的路由选择具有独立性，因此从源主机到目的主机的传输延迟也具有随机性。如果路由表发生错误，数据报有可能进入一条循环路径，无休止地在网络中流动。生存周期是用以限定数据报生存期的计数器，最大值为 2^8-1=255。数据报每经过一个路由器其生存周期就要减 1，当生存周期减到 0 时，报文将被删除。利用 IP 报头中的生存周期字段，就可以有效地控制这一情况的发生，避免死循环的发生。

5）头部校验和（Checksum）。头部校验和用于保证 IP 数据报报头的完整性。在 IP 数据报中只含有报头校验字段，而没有数据区校验字段。这样做的最大好处是可大大节约路由器处理每一数据报的时间，并允许不同的上层协议选择自己的数据校验方法。

知识链接：TTL 是一个非常有趣的参数，IP 数据报居然也有寿命。实际上，TTL 非常重要，假如一个 IP 数据报一直找不到目的地，那么就可能会在 Internet 上永无休止地兜圈子，这会浪费网络带宽。

6）地址。在 IP 数据报报头中，源 IP 地址和目的 IP 地址分别表示该 IP 数据报发送者和接收者地址。在整个数据报传输过程中，无论经过什么路由，无论如何分片，这两个字段一直保持不变。

7）选项（Options）和填充字段（Padding）。IP 选项主要用于控制和测试两大目的。作为选项，用户可以使用也可以不使用它们。但作为 IP 协议的组成部分，所有实现 IP 协议的设备必须能处理 IP 选项。

在使用选项过程中，有可能造成数据报的头部不是 32 位整数倍的情况，如果这种情况发生，则需要使用填充字段凑齐。

（2）分片（Fragment）与重组（Recombination）操作。

传输网络数据链路层帧数据字段允许的最大长度称为最大传输单元（Maximum Transfer Unit，MTU）。例如以太网的 MTU 为 1500B，光纤分布数据接口（Fiber Distributed Data Interface，

FDDI）的 MTU 为 4352B，PPP 的 MTU 为 296B。因此，一个 IP 数据报的长度只有小于或等于一个网络的 MTU，才能在这个网络中进行传输。如果一个 IP 数据报的长度超过传输网络所允许的 MTU，必须将 IP 数据报进行分片。分片的过程是将 IP 数据报的数据分为多个数据片。IP 数据报分片的原则是，除最后一个数据片，其他数据片必须是 8B 的倍数，且加上 IP 首部后尽量接近 MTU。IP 数据报报头中，标识、标志和片偏移 3 个字段与控制分片和重组有关。

1）标识（Identification）：用以标识被分片后的数据报。目的主机利用此域和目的地址判断收到的分片属于哪个数据报，以便数据报重组。所有属于同一数据报的分片被赋予相同的标识值。

2）标志（Flag）：该字段用来告诉目的主机该数据报是否已经分片，是否是最后一个分片，长度为 3 位。最高位为 0；次高位为 DF（Don't Fragment），该位的值若为“1”表示不可分片，若为“0”表示可分片；第三位为 MF（More Fragment），其值若为“1”代表还有进一步的分片，其值若为“0”表示接收的是最后一个分片。

3）片偏移（Offset）：该字段指出本片数据在初始 IP 数据报数据区中的位置，位置偏移量以 8 个字节为单位。由于各分片数据报独立地进行传输，其到达目的主机的顺序是无法保证的，而路由器也不向目的主机提供附加的片顺序信息，因此，重组的分片顺序由片偏移提供。

【例 5-1】一个数据报在以太网上传输，其数据部分为 4900 字节长（使用固定首部），而该以太网的 MTU 的值为 1500 字节。因此数据报在发送时需要分片。因固定首部长度为 20 字节，所以每段数据报长度不能超过 1480 字节。于是分为 4 个数据报片，其数据部分的长度分别为 1480、1480、1480 和 460 字节。

原始数据报首部被复制为各数据报片的首部，但必须修改有关字段的值。图 5-12 表示分片的结果。表 5-3 是各种数据报的首部中与分片有关的字段中的数值，其中标识字段的值是任意给定的。

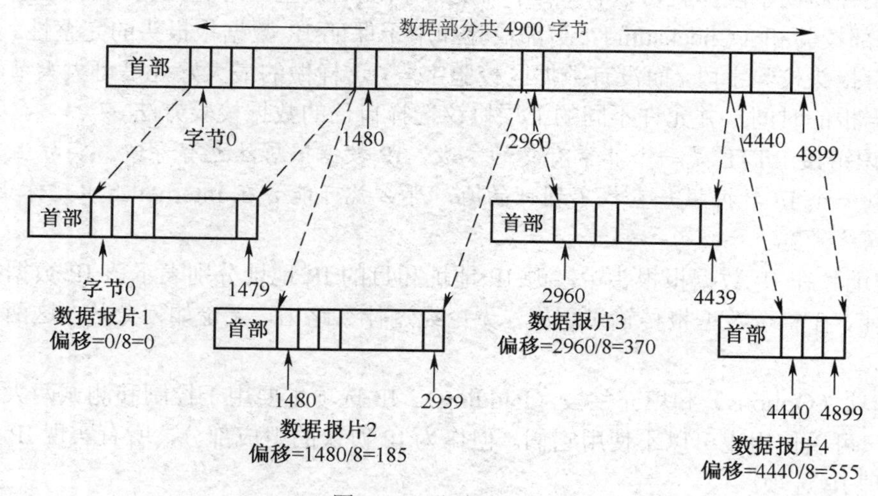

图 5-12 分片结果

表 5-3 各种数据报的首部中与分片有关的字段中的数值

	总长度	标识	MF	DF	片偏移
原始数据报	4920	13579	0	0	0
数据报片 1	1500	13579	1	0	0

续表

	总长度	标识	MF	DF	片偏移
数据报片 2	1500	13579	1	0	185
数据报片 3	1500	13579	1	0	370
数据报片 4	480	13579	0	0	555

具有相同标识的数据报片在目的站点就可无误地重装成原来的数据报。

6. ICMP 协议

IP 协议提供的是一种无连接的、不可靠的、尽力而为的服务，不存在关于网络连接的建立和维护过程，也不包括流量控制与差错控制功能，在数据报通过互联网络的过程中，出现各种传输错误是难免的。对于源主机而言，一旦数据报被发送出去，那么对该数据报在传输过程中是否出现差错，是否顺利到达目标主机等就会变得一无所知。因此，需要设计某种机制来帮助人们对网络的状态有一些了解，包括路由、拥塞和服务质量等问题，ICMP 就是为了这个目的而设计的。

虽然 ICMP 属于 TCP/IP 网际层的协议，但它的报文并不直接传送给数据链路层，而是先封装成 IP 数据报后再传送给数据链路层，如图 5-13 所示。

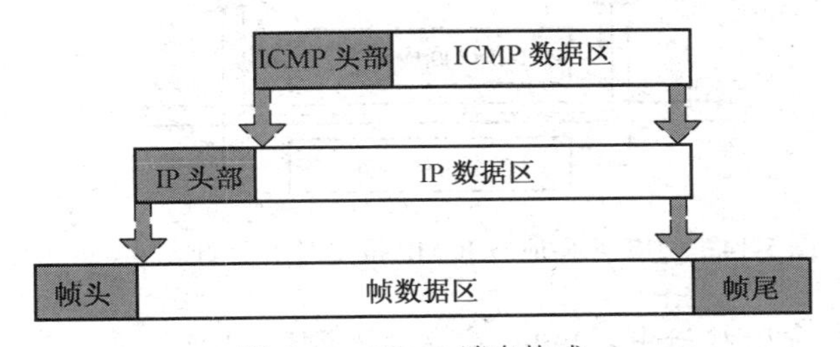

图 5-13　ICMP 消息格式

知识链接：ICMP 意为 Internet 控制报文协议，顾名思义它是用来提供传输控制功能的，但控制要建立在了解信息的基础之上。因此，为了完成控制任务，ICMP 不但负责传递控制信息，同时还要提供差错报告，这是它的两大主要功能。

（1）ICMP 报文类型。

ICMP 定义了多种消息类型，这些消息类型可分为差错报告报文和 ICMP 查询报文。差错报告报文又分为终点不可达、超时、参数问题、源端抑制（Source Quench）和重定向（Redirect）路由等 5 种。查询报文又分为回应请求与应答、时间标记请求与应答、地址掩码请求与应答、路由器询问与通告等。

（2）ICMP 报头。

正如数据链路层帧头包含网络层报头（在此为 IP 报头），IP 报头也包含着 ICMP 报头。这是因为 IP 协议为整个 TCP/IP 协议栈提供数据传输服务，那么 ICMP 要传递某种信息被封装在 IP 数据报中是自然而然的事情。表 5-4 显示了 ICMP 报头包含有 5 个字段，共 8 个字节的长度。

表 5-4　ICMP 报头

类型	代码	校验和	标记	队列号
1 字节	1 字节	2 字节	2 字节	2 字节

其中最重要的是类型字段。类型字段通知接收方工作站所包含的ICMP数据的类型。如果需要的话，代码字段可进一步限制类型字段。举例来说，类型字段可能表示消息是一个“目的地不能到达”消息；代码字段则可以显示更加详细的信息，如是“网络不可到达”还是“主机或端口不可到达”等。

（3）ICMP的典型应用。

大部分操作系统和网络设备都会提供一些ICMP工具程序，方便用户测试网络连接状况。如在UNIX、Linux、Windows系统和网络设备都集成了ping和tracert命令。我们经常使用这些命令来测试网络的连通性和可达性。

1）测试网络的连通性。回应请求（ICMP Echo）/应答（ICMP Reply）ICMP报文对用于测试目的主机或路由器的连通性，如图5-14所示。请求者（某主机）向特定目的IP地址发送一个包含任选数据区的回应请求，要求具有目的IP地址的主机或路由器响应。当目的主机或路由器收到该请求后，发出相应的回应应答。

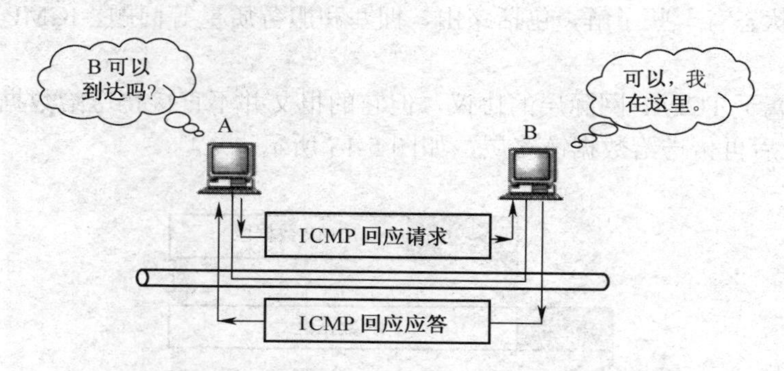

图5-14 回应请求/应答ICMP报文对用于测试网络可达性

知识链接：在希腊神话中，Echo是森林女神，宙斯之妻赫拉妒忌Echo的美貌，让她失去了正常的说话能力，只能重复别人说话的最后三个字。显然，Echo住在山谷里，对着大山呼喊时，山谷里总会传来Echo的“重复”声，这就是Echo被用来指代“回声”的原因。

2）实现路由跟踪。tracert是路由跟踪实用程序，通过向目标发送不同IP生存周期（TTL）值的ICMP回应数据报，tracert诊断程序确定到目标所采取的路由，要求路径上的每个路由器在转发数据报之前至少将数据报上的TTL递减1。若数据报上的TTL减为0时，路由器应该将“ICMP已超时”的消息发回源系统。

3）命令的使用。tracert命令格式及常见参数如下：

格式：tracert[参数1][参数2]目标主机

参数：

-d：不解析目标主机地址。

-h：指定跟踪的最大路由数，即经过的最多主机数。

-j：指定松散的源路由表。

-w：以毫秒为单位指定每个应答的超时时间。

该命令的路由跳数默认为30跳。下面是运行tracert命令的示例：

```
C:\>tracert  172.16.0.99  -d
 Tracing route to 172.16.0.99 over a maximum of 30 hops
  1  2s     3s     2s     10.0.0.1
  2  75 ms  83 ms  88 ms  192.168.0.1
  3  73 ms  79 ms  93 ms  172.16.0.99
 Trace complete.
C:\
```

知识链接： ping 和 tracert 是故障诊断时常用的测试工具，但遗憾的是出于安全方面的考虑，路径中的路由器、防火墙和主机防火墙会过滤某些 ICMP 报文，给故障排除带来困难。

7. 划分子网

一方面公网上可用的 IP 地址越来越少，另一方面 IP 地址的使用过程中又存在严重的浪费现象。比如路由器实现两个网络互联时只需要两个 IP 地址，若分配一个标准的 IP 地址给其使用，就会浪费很多 IP 地址资源，因此在实际应用中，一般以子网（Subnet）的形式将主机分布在若干物理地址上。网络上常常需要将大型的网络划分为若干小网络，这些小网络称为子网。子网的产生能够增加寻址的灵活性，划分子网的作用主要有 3 点：一是隔离网络广播在整个网络的传播，提高信息的传输效率；二是在小规模的网络中，细分网络，起到节约 IP 地址资源的作用；三是进行多个网段划分，提高 IP 地址使用的灵活性。

（1）划分子网（Subneting）的概念。

我们已经知道，IP 地址具有层次结构，标准的 IP 地址分为网络号和主机号两层。为了创建子网，需要从原有 IP 地址的主机位中借出连续的若干高位作为子网络标识，于是 IP 地址从原来两层结构的"网络号+主机号"变成了三层结构的"网络号+子网络号+主机号"形式，如图 5-15 所示。可以这样理解，经过划分后的子网因为其主机数量减少，已经不需要原来那么多位作为主机标识，从而人们可以借用那些多余的主机位作子网标识。

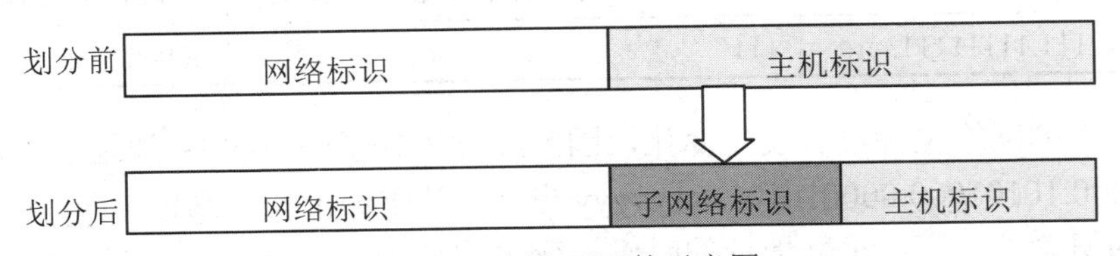

图 5-15　划分子网的示意图

（2）子网掩码（Subnet Mask）。

一个标准的 IP 地址，无论采用二进制或点分十进制表示都可以从数值上直观地判断它的类别，指出它的网络号和主机号。但是，当包括子网号的三层结构 IP 地址出现后，一个很现实的问题将是如何从 IP 地址中提取子网号。为了解决这个问题，人们提出了子网掩码（Subnet Mask）的概念。子网掩码采用与 IP 地址相同的位格式，由 32 位长度的二进制位构成，也被分为 4 个 8 位组并采用点分十进制来表示。为了表达方便，在书写上还可以采用更加简单的"X.X.X.X/Y"方式来表示 IP 地址与子网掩码对。其中，每个 X 分别表示与 IP 地址中的一个 8 位组对应的十进制值，而 Y 表示子网掩码中与网络标识对应的位数。例如 IP 地址为 102.2.3.3，掩码为 255.0.0.0，可表示为 102.2.3.3/8。下面举一个例子，说明如何使用子网掩码提取给定 IP 地址的子网号。

【例 5-2】给定的 IP 地址为 192.168.1.203，子网掩码为 255.255.255.224，试求取这个 IP 地址的子网络号和主机号。

首先，将 IP 地址与子网掩码的十进制形式转化为二进制形式，然后再做“与”运算，得到的结果即为子网号，过程如下。

11000000　　10101000　　00000001　　110 01011　　（192.168.1.203）
11111111　　11111111　　11111111　　111 00000　　（255.255.255.224）
11001010　　10101000　　00000001　　110 00000　　（192.168.1.192）

求得的子网号为 192.168.1.192。

（3）划分子网的过程。

当借用 IP 地址主机部分的高位作为子网编号时，就可以在某类地址中划分出更多的子网。设主机部分借用 n 位给子网，剩下 m 位作为主机号（n+m=主机标识部分的位数，若为 A 类网络，n+m=24；若为 B 类网络，n+m=16；若为 C 类网络，n+m=8），则有：

$$子网数 \leqslant 2^n-2（个） \tag{5-1}$$

$$每个子网具有的最大主机数量 \leqslant 2^m-2（台） \tag{5-2}$$

下面还是以一个实际的例子来说明划分子网的过程。

【例 5-3】一个 C 类地址 192.168.10.0 需要划分成 6 个子网，每个子网分别能容纳 14、24、7、12、2、30 台主机，给出子网掩码和对应的地址空间范围。

因为需要 6 个子网，子网中最大主机数为 30 台，所以根据公式（5-1）有：$6 \leqslant 2^n-2$；根据公式（5-2）有：$30 \leqslant 2^m-2$；且 n+m=8（因为 C 类 IP 地址的主机位为 8）。所以取 n=3，m=5，能够满足 6 个子网，子网最大主机数为 30 台的需要。

经过划分子网后，新的子网掩码为默认的 24 位加上 n（这里 n 取 3）为 27 位，即 225.255.255.224，如表 5-5 所示。

表 5-5　划分子网后掩码变化

默认子网掩码（C 类）	从主机标识部分所借 n 位子网掩码	剩下 m 位作为主机标识
11111111.11111111.11111111.	111	00000

很显然原有的网络位并没有发生变化，因此经过划分子网后的 IP 地址的二进制形式可以写成：11000000.10101000.00001010. xxxyyyyy 形式，其中 xxx 为子网位，yyyyy 为主机位。根据网络地址的概念，在写出子网地址的时候，变化的是 xxx，为 0、1 的三位组合，yyyyy 置 00000，具体过程如表 5-6 所示。

表 5-6　子网划分过程

子网地址	网络位	子网位（xxx）	主机位（yyyyy）	子网序号
192.168.10.0	11000000 10101000 00001010	**000**	00000	子网 0
192.168.10.32	11000000 10101000 00001010	**001**	00000	子网 1
192.168.10.64	11000000 10101000 00001010	**010**	00000	子网 2
192.168.10.96	11000000 10101000 00001010	**011**	00000	子网 3
192.168.10.128	11000000 10101000 00001010	**100**	00000	子网 4
192.168.10.160	11000000 10101000 00001010	**101**	00000	子网 5
192.168.10.192	11000000 10101000 00001010	**110**	00000	子网 6
192.168.10.224	11000000 10101000 00001010	**111**	00000	子网 7

接下来写出每一个子网可用的 IP 地址范围。此时变化的部分不再是 xxx 子网位了，而是 yyyyy 主机位了，如我们要写出第一个子网 192.168.10.32 可用的 IP 地址范围，具体过程如表 5-7 所示。

表 5-7 第一个子网的 IP 地址范围

子网地址	网络位	子网位（xxx）	主机位（yyyyy）	子网 1IP 地址序号
192.168.10.32	11000000 10101000 00001010	**001**	00000	子网 1 网络地址（192.168.10.32）
			00001	第一个可用 IP 地址（192.168.10.33）
			00010	第二个可用 IP 地址（192.168.10.34）
			00011	第三个可用 IP 地址（192.168.10.35）
			…	…
			11110	最后一个可用 IP 地址（192.168.10.62）
			11111	子网 1 的广播地址（192.168.10.63）

可以看出：每一个子网的第一个地址是子网地址，最后一个地址是广播地址，都不能用作主机地址，故每一个子网可用的 IP 地址数量都要去掉 2 个。经过子网划分后，每一个子网的可用 IP 范围和子网广播地址的分配情况如表 5-8 所示。

表 5-8 所有子网的 IP 地址范围

子网地址	广播地址	主机地址	子网分配情况
192.168.10.32	192.168.10.63	192.168.10.33～192.168.10.62	分配给具有 14 台主机的子网
192.168.10.64	192.168.10.95	192.168.10.65～192.168.10.94	分配给具有 24 台主机的子网
192.168.10.96	192.168.10.127	192.168.10.97～192.168.10.126	分配给具有 7 台主机的子网
192.168.10.128	192.168.10.159	192.168.10.129～192.168.10.158	分配给具有 12 台主机的子网
192.168.10.160	192.168.10.191	192.168.10.161～192.168.10.190	分配给具有 2 台主机的子网
192.168.10.192	192.168.10.223	192.168.10.193～192.168.10.222	分配给具有 30 台主机的子网

这里去除了第一个子网（称为全 0 子网）和最后一个子网（称为全 1 子网），因为早期 RFC 950 禁止使用全 0 和全 1 子网，全 0 和全 1 子网可能给以有类方式工作的主机和路由器带来问题。全 0 子网与主类网络地址（按标准的 IP 地址进行分类的网络地址）相冲突，因为此时分不清究竟是子网地址还是主类网络地址；全 1 子网广播地址与称为直接广播地址的特殊地址相冲突。但是 RFC 1812 允许在无类域间路由（Classless Inter Domain Routing，CIDR）兼容环境中使用全 0 和全 1 子网，CIDR 兼容环境是一个现代路由选择协议，不再存在以上问题。因此，在使用全 0 和全 1 子网之前，要证实用户的主机和路由器能支持它们。目前，Windows 2000 和 Windows NT 都支持使用全 0 和全 1 子网。

（4）变长子网掩码。

当网络中所有子网节点的数量相等时，定长子网掩码（Fixed Length Subnet Mask，FLSM）划分技术能最大化地节约地址。但是，网络中不同子网的节点数量相差悬殊，采用 FLSM 的分配方式就会造成 IP 地址的浪费。例如，例 5-3 中，除了子网 6 有较高的 IP 地址利用率之外，其他子网的 IP 地址利用率是非常低下的，并且这种划分方法非常缺乏灵活性。

为了尽可能地提高地址利用率，必须根据不同子网的主机规模来进行不同位数的子网划分，从而会在网络内出现不同子网掩码长度并存的情况。通常将这种允许在同一网络范围内使用不同长度子网掩码的情况称为可变长子网掩码（Variable Length Subnet Mask，VLSM）划分技术。下面通过一个例子来说明。

【例 5-4】一个 C 类地址 192.168.10.0 需要划分成 6 个子网，每个子网分别能容纳 14、24、7、12、2、30 台主机，请设计一个编址方案，满足上述要求并以最节约的方式规划 IP 地址。

由于每个子网的主机数量不一样，因此采用 VLSM 划分方法，步骤如下：

1）首先满足主机数量最大的网络需求：1 个具有 30 台主机的子网。

按照 $30 \leqslant 2^m-2$，求得 m=5，且 n+m=8，所以 n=3，即需要向 IP 地址 192.168.10.0/24 的主机位借 3 位作为子网位，划分的结果如表 5-6 所示的 8 个子网，并且子网掩码均为 255.255.255.224。将 192.168.10.0/27 作为 30 台主机需求的子网。

2）满足第二大主机数量需求：具有 24 台主机的子网。

在进行第一次划分子网后，每个子网的 IP 地址容量空间为 32，若进一步划分，必然会变成 2 个最大具有 16 个 IP 地址容量空间的子网，显然不能满足 24 个 IP 地址要求，因此，从剩下的 7 个子网中任选 1 个子网作为 24 台主机的子网，这里选择 192.168.10.32 /27 作为 24 台主机需求的子网。

3）满足 14 台和 12 台主机的 IP 地址需求。

由于 14 和 12 与 16 非常接近，因此我们需要从剩下的 6 个子网中选出 1 个子网做进一步的子网划分，这里将对 192.168.10.64/27 再进行 1 位长度的划分子网（相当于子网掩码长度为 28），得到具有 16 个 IP 地址空间的两个子网：192.168.10.64/28（满足 14 台主机的 IP 地址需求）和 192.168.10.80/28（满足 12 台主机的 IP 地址需求）。注意掩码再次发生了变化，从 255.255.255.224 变为 255.255.255.240。

4）满足 7 台主机的 IP 地址需求。

7 台主机至少需要 7 个 IP 地址，实际的 IP 地址空间为 9 个（加上子网地址和广播地址），因此将 192.168.10.96/27（具有 32 个 IP 地址空间）划分成 4 个具有 8 个 IP 地址空间的子网，显然不能满足要求。因为 9 与 16 更接近，可将 192.168.10.64/27 划分成 2 个具有 16 个 IP 地址空间的子网，因此需要对 192.168.10.96/27 再进行 1 位长度的划分子网（相当于子网掩码长度为 28），得到具有 16 个 IP 地址空间的两个子网：192.168.10.96/28（满足 7 台主机的 IP 地址需求）和 192.168.10.112/28（满足其他主机的 IP 地址需求）。

5）满足 2 台主机的 IP 地址需求。

实际需要的 IP 地址空间为 4 个，因此可将 192.168.10.112/28 具有 16 个 IP 地址空间的子网再进行子网化。4 个 IP 地址空间需要占用 2 位主机位，言外之意，需要向 192.168.10.112/28 子网的主机位再借 2 位用作子网位，即可以划分成 4 个具有 4 个 IP 地址空间的子网，分别是 192.168.10.112/30（满足 2 台主机的 IP 地址需求）、192.168.10.116/30（备用）、192.168.10.120/30（备用）、192.168.10.124/30（备用）。

至此，所有主机需求的 IP 地址都已分配完成，剩下的 192.168.10.128/27 未进行分配，留作将来使用。

读者可能会注意到，在上面的例子中，用到了那些子网位全 0 或全 1 的子网，即前面提到的不可用子网。这是因为尽管以前在颁布子网划分技术时对全0和全1的子网做了这种规定，但出于提高 IP 地址利用率的考虑，现在的网络厂商所提供的主机及网络设备基本上都能够支持这种所谓“不可用”子网的使用。

下面针对本例的 VLSM 的过程做一个小结，如表 5-9 所示。

表 5-9　VLSM 划分过程

所需地址个数	子网地址	子网掩码	网络前缀	浪费 IP 地址个数
30	192.168.10.0	255.255.255.224	192.168.10.0/27	2
24	192.168.10.32	255.255.255.224	192.168.10.32/27	8
14	192.168.10.64	255.255.255.240	192.168.10.64/28	2
12	192.168.10.80	255.255.255.240	192.168.10.80/28	4
7	192.168.10.96	255.255.255.240	192.168.10.96/28	9
2	192.168.10.112	255.255.255.252	192.168.10.112/30	2
掩码长度变化：24→27→28→30				

知识链接：从以上过程可以知道在划分子网时，每划分一个子网至少要浪费 2 个 IP 地址，为什么还要进行划分子网呢？相比之下，因子网数增加而造成 IP 地址浪费是微不足道的。实际上，在进行 IP 地址规划时只能做到尽量节省，除非网络中节点数正好是 2^n-2 这些数值，否则在分配 IP 地址时无法保证绝对不浪费 IP 地址。

8. NAT 技术

大多数 IP 地址都是公有 IP 地址，具有公有 IP 地址的主机可以访问 Internet。与之相对，具备私有 IP 地址的主机访问范围被限制在本地网络，不能访问 Internet。在 A、B、C 三个主类网络地址空间中，各取出其中一个子集作为私有地址空间，A 类私有地址空间为 10.0.0.0～10.255.255.255，B 类私有地址空间为 172.16.0.0～172.31.255.255，C 类私有地址空间为 192.168.0.0～192.168.255.255。如果组织内部的主机要访问 Internet，需要使用网络地址转换技术。网络地址转换（Network Address Translation，NAT）是 Internet 工程任务组（Internet Engineering Task Force，IETF）公布的标准，允许一个机构以一个公有 IP 地址出现在 Internet 上。它能够帮助解决 IP 地址紧缺问题，而且使得内外网络隔离，提供一定的网络安全保障。它解决问题的办法是：在内部网络（Intranet）中使用私有 IP 地址，通过 NAT 把私有 IP 地址翻译成公有 IP 地址在 Internet 上使用，其具体做法是把 IP 数据报内的地址域用公有 IP 地址来替换，如图 5-16 所示。NAT 功能通常被集成到路由器、防火墙中，也有单独的 NAT 设备。NAT 设备维护一个状态表，用来把私有 IP 地址映射到公有 IP 地址上去。

NAT 技术可以让区域网络中的所有机器经由一台通往 Internet 的服务器上网，而且只需要注册该服务器的一个 IP 地址就够了。使用 NAT 技术，客户端不需要做任何的更动，只需要把网关设到该服务器上就可以了。专用网络中使用私有 IP 地址的主机，通过直接向 NAT 设备发送数据报连接到 Internet 上。与普通路由器不同，NAT 设备实际上对报头进行修改，将私有网络的源 IP 地址变为 NAT 设备自己的 Internet 公有 IP 地址，而普通路由器仅在将数据报转发到目的地前读取源地址和目的地址。

9. CIDR

（1）分类编址的问题。

分类编址（A 类、B 类和 C 类）已经产生了许多问题，分配给一个组织的 IP 地址最小数量是 254 个，最大数量是 16,777,214 个，可以想象，这种分配方法意味着快速且浪费 IP 地址空间。例如，世界范围内的很多单位要求超过 254 个 IP 地址，因此一个 C 类网络是不够的。但是一个 B 类网络却提供足够的地址空间，有利于实现在单位内部进行分割子网，但不利于 Internet IP 地址空间分配。假设只需要 4000 个 IP 地址的较小单位，分配给它的却是有 65,534 个主机 IP 地址的 B 类网络，意味着 61,534 个 IP 地址未分配而被浪费掉了，因为一旦将某个地址块分配给某组织，就不能再分配给其他组织。

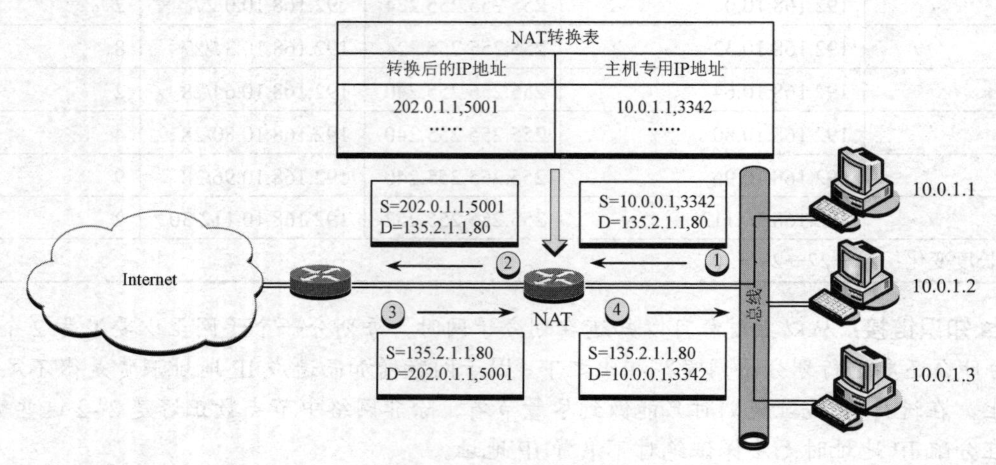

图 5-16　NAT 工作过程

（2）CIDR 的概念。

为了解决此类问题，1996 年 Internet 管理机构宣布了一种新的体系结构，叫做无分类编址，正式名称是无分类域间路由选择（Classless Inter-Domain Routing，CIDR），它是 VLSM 的扩展，进一步提高了 IP 地址资源的利用率，消除了传统的 A 类、B 类、C 类地址以及划分子网的概念，把 32 位的 IP 地址划分为两个部分：IP 地址={<网络前缀>，<主机号>}，网络前缀用来指明网络，主机号用来指明主机。因此，CIDR 使 IP 地址从三级编址（使用子网掩码）又回到两级编址（网络前缀和主机号），但这已是无分类的两级编址。CIDR 采用“斜线记法”，即在 IP 地址后面加上斜线“/”，然后写上前缀所占的位数，如 129.30.0.0/20 表示这个 IP 地址的前 20 位是网络前缀（用于标识网络位的长度，由此确定掩码长度，由于在 CIDR 中并不存在子网，故在 CIDR 中掩码不称为子网掩码，而是称为网络掩码，尽管它们的功能相同），后 12 位是主机号。CIDR 将网络前缀相同的连续 IP 地址组成一个“CIDR”地址块，由块的起始地址与前缀来表示。

例如 129.30.0.7/20 是某 CIDR 地址块中的一个地址，那么这个地址块的最小地址结构为：

129.30.0.0/20=**10000001 00011110 0000**0000 00000000

这个地址块的最大地址结构为：

129.30.15.255/20=**10000001 00011110 0000**1111 11111111

那么 129.30.0.7/20 所在地址块由初始地址与前缀表示为 129.30.0.0/20。

与标准分类 IP 地址一样，主机号为全 0 的网络地址和主机号为全 1 的广播地址不分配给主机，因此这个 CIDR 地址块中可以分配的 IP 地址为：129.30.0.1/20～129.30.31.254/20。

知识链接：子网划分的方法可以灵活地设置网络位的长度，但它遵循 A、B、C 类地址分类的规则，子网号仅在组织内部使用，对外仍然表现为 A、B、C 类主网号形式。而 CIDR 的提出，彻底打破了严格的地址分类，它使用“网络前缀”来代替地址类别的概念，网络位的长度可以平滑变动，而不像 A、B、C 类的主网号位数必须是 8 位、16 位和 24 位。

（3）CIDR 的应用。

CIDR 特别适用于中等规模的网络。例如，对于一个中等规模的 B 类网络，由于 B 类网络地址已经很难申请到，因此可以改为申请几个连续的 C 类地址，再将这些 C 类地址结合起来使用。如一个企业的网络有 1500 个主机，由于难以申请 B 类地址，因此申请了 192.56.0.0/21 地址块（8 个连续 C 类网络地址），既能解决地址资源短缺的问题，又能有效防止网络管理开销的膨胀。但在具体运用 CIDR 时必须遵守下列两个规则：

- 网络号的范围必须是 2 的 N 次方，如 2、4、8、16 等。
- 网络地址必须是连续的。

知识链接：值得一提的是，并不是所有的 C 类地址都可以作为 CIDR 地址块的起始地址，只有一些特殊的地址可以使用，读者可以想一想，这类地址应具有什么特点？

10. IPv6 技术简介

IPv4 的设计者当初无法预见到未来 Internet 技术发展如此之快，应用也如此之快。IPv4 协议面临的很多问题，如 IP 地址不够用、路由器上路由表规模巨大等，已经无法用打“补丁”（如使用划分子网、NAT、CIDR 技术等）的办法来解决。为了应对 Internet 目前存在的问题，IETF 于 1994 年推出了 IPv6 协议版本，越来越多的国际组织加入到 IPv6 标准制定的行列中。2008 年，北京奥运会成功使用 IPv6 网络，我国成为全球最早商用 IPv6 的国家之一，同年 10 月，中国下一代 Internet 示范工程 CNGI 正式宣布从前期的实验阶段转入试商用。目前 CNGI 已经成为全球最大的示范性 IPv6 网络。

IPv6 协议的主要特征可归纳为：新的协议格式、巨大的地址空间、有效的分级寻址和路由结构、有状态和无状态的地址自动配置、内置的安全机制、更好地支持服务质量（Quality of Service，QoS）。这为智能手机、汽车、物联网智能仪器、PDA 等都能接入 Internet 提供了良好的发展前景。

11. 移动互联网技术简介

（1）移动互联网的概念。

移动互联网（Mobile Internet，MI）就是将移动通信和互联网二者结合起来成为一体。从技术层面的定义是以宽带 IP 为技术核心，可以同时提供语音、数据、多媒体等业务的开放式基础电信网络；从终端层面的定义是用户使用手机、上网本、笔记本电脑、平板电脑、智能本等移动终端，通过移动网络获取移动通信网络服务和互联网服务。3G/4G 无线通信技术成为移动互联网发展的重要基础。

（2）移动互联网的业务体系。

目前来说，移动互联网的业务体系，如图 5-17 所示，主要包括三大类：一是固定互联网的业务向移动终端的复制，从而实现移动互联网与固定互联网相似的业务体验，这是移动互联网业务的基础；二是移动通信业务的互联网化；三是结合移动通信与互联网功能而进行的有别于固定互联网的业务创新，这是移动互联网业务未来的发展方向。移动互联网的业务创新关键是如何将移动通信的网络能力与互联网的网络与应用能力进行聚合，从而创新出适合移动互联网的互联网业务。

（3）移动互联网的目标。

使用传统 IP 技术的主机不论是采用有线接入还是无线接入 Internet，基本上都是固定不动的，或者只能在一个子网范围内小规模移动。在通信期间，它们的 IP 地址和端口号保持不变。而移动 IP 主机在通信期间可能需要在不同子网间移动，当移动到新的子网时，如果不改变其

IP 地址，就不能接入这个新的子网。如果为了接入新的子网而改变其 IP 地址，那么先前的通信将会中断。移动互联网技术是在 Internet 上提供移动功能的网络层方案，它可以使移动节点用一个永久的地址与互联网中的任何主机通信，并且在切换子网时不中断正在进行的通信，达到的效果如图 5-18 所示。

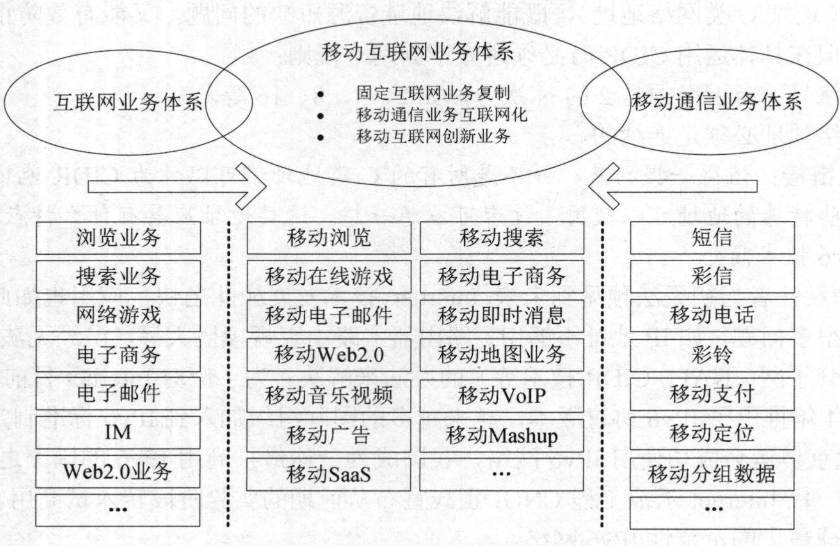

图 5-17 移动互联网业务体系

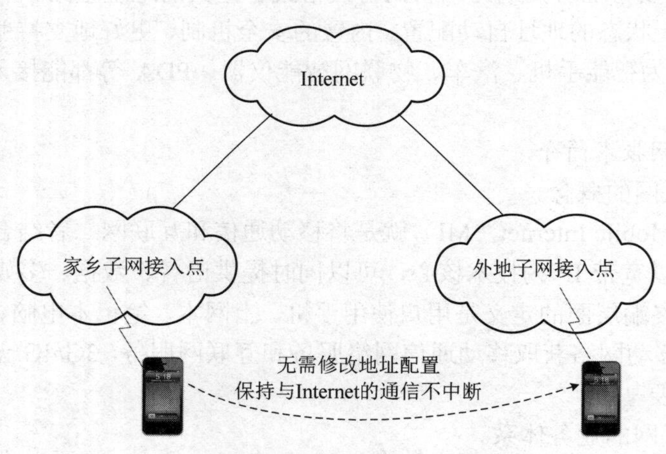

图 5-18 移动互联网终端接入目标

5.1.3 任务实施

1. 任务实施条件

本任务不需要对网络设备进行配置，只需要一台电脑（安装有 Office 2003），根据图 5-1 和表 5-1 完成给定需求的 IP 地址规划。

2. 确定主机和互联设备需要的 IP 地址数量

（1）总公司。

1）财务部网段主机数量需要 4 个 IP 地址，路由器接口（fa0/0）需要 1 个 IP 地址，实际该网段需要 5 个 IP 地址。

2）同理确定人事部网段实际需要4个IP地址，研发部网段实际需要27个IP地址，后勤管理部实际需要13个IP地址。

（2）分公司A。

研发部网段实际需要11个IP地址，市场部实际需要25个IP地址，工程部实际需要27个IP地址，售后服务部实际需要13个IP地址。

（3）分公司B。

市场部实际需要25个IP地址，工程部实际需要13个IP地址，售后服务部实际需要6个IP地址，后勤管理部实际需要5个IP地址。

（4）与广域网相连的出口路由器。

总公司和分公司A、B与广域网路由器相连，采用3个网段，从节省IP地址资源的角度，这3个网段需要的实际IP地址数量均为4个（其中两个分配给路由器的接口，另外两个，一个是网络地址，另一个是广播地址）。

（5）广域网路由器。

广域网中的3台路由器用来模拟Internet中的路由器，3台路由器互联，将广域网分成3个网段，因此每个网段实际需要的IP地址数量为4个（其中两个分配给路由器的接口，另外两个，一个是网络地址，另一个是广播地址）。广域网的IP地址不由公司来分配，而由ISP分配。

（6）服务器。

总公司有2台服务器（在拓扑图上没有画出来），均在同一个网段，每台服务器需要一个IP地址。

综上所述，整个公司实际需要的IP地址数量为186个，若采用公有网段222.182.163.0/24（IP地址空间数量为256个），完全可以满足项目需求，保证每台主机至少有1个IP地址，不会存在IP地址不够分配的情况。

3. IP地址规划思路

需要IP地址数量最大的为总公司的研发部和分公司A中工程部所在的网段，均需要27个IP地址，按照VLSM划分子网的规则，首先满足网段中IP地址数量需求最大的，由于27与32非常接近，所以第一次划分子网后，每个子网中的IP地址容量空间应为32个IP地址，子网的数量为8个。考虑IP地址分配的连续性和管理方便，子网1～2分配给总公司使用，子网3～5分配给分公司A使用，子网6～7分配给分公司B使用，剩下的1个网段分配给路由器和服务器使用。为了提高IP地址的利用率，需对这些网段再进行子网化，方能满足项目的需求。详细的步骤，请参见例5-4。

4. 具体的IP地址规划

如表5-10所示，需读者自行填写。

表5-10　IP地址规划表

设备	接口	IP地址（范围）	子网掩码	默认网关
路由器R4	Fa0/0			不适用
	Fa0/1			不适用
	Fa0/2			不适用
	Fa0/3			不适用
	S0			不适用

续表

设备	接口	IP 地址（范围）	子网掩码	默认网关
路由器 R1	S1			不适用
	S0			不适用
	S3			不适用
路由器 R5	Fa0/0			不适用
	Fa0/1			不适用
	Fa0/2			不适用
	Fa0/3			不适用
	S0			不适用
路由器 R3	S2			不适用
	S0			不适用
	S3			不适用
路由器 R6	Fa0/0			不适用
	Fa0/1			不适用
	Fa0/2			不适用
	Fa0/3			不适用
	S0			不适用
路由器 R2	S1			不适用
	S0			不适用
	S2			不适用
服务器	服务器 1			不适用
	服务器 2			
总公司	财务部			
	人事部			
	研发部			
	后勤管理部			
分公司 A	研发部			
	工程部			
	市场部			
	售后服务部			
分公司 B	市场部			
	工程部			
	售后服务部			
	后勤管理部			

IP 地址规划正确与否，对实现网络连通性功能至关重要，希望读者掌握这一技能。

5.1.4 课后习题

1．ICMP 报文可以分为（　　）和（　　）。

2．ARP 充分利用了以太网的（　　），将 IP 地址与 MAC 进行动态联编。

3．IP 报头长度字段的值为 10，代表 IP 报头长度为（　　）Bytes。

4．以太网的 MTU 为（　　）Bytes。

5．在网络互联的层次中，（　　）是在数据链路层实现互联的设备。

A．网关　　B．中继器　　C．网桥　　D．路由器

6．我们所说的高层互联是指（　　）及其以上各层使用协议不同的网络之间的互联。

A．网络层　　B．表示层　　C．数据链路层　　D．传输层

7．如果在一个采用粗缆作为传输介质的以太网中，两个节点之间的距离超过 500m，那么最简单的方法是选用（　　）来扩大局域网覆盖的范围。

A．中继器　　B．网关　　C．路由器　　D．网桥

8．如果有多个局域网需要互联，并且希望将局域网的广播信息能很好地隔离开来，那么最简单的方法是采用（　　）。

A．中继器　　B．网桥　　C．路由器　　D．网关

9．（　　）协议负责将 IP 地址转换成 MAC 地址.

A．TCP　　B．ARP　　C．UDP　　D．RARP

10．IP 协议提供的服务是（　　）。

A．可靠服务　　B．有确认的服务

C．不可靠无连接数据报服务　　D．以上都不对

11．ping 命令就是利用（　　）协议来测试网络的连通性。

A．TCP　　B．ICMP　　C．ARP　　D．IP

12．在 IP 数据报报文中，标识、标志、片偏移 3 个字段是与控制（　　）有关。

A．生存周期　　B．分片与重组

C．封装　　D．服务类型

13．删除 ARP 表项可以通过（　　）命令进行。

A．arp -a　　B．arp -s　　C．arp -t　　D．arp -d

14．假设链路的 MTU=1200 字节，若网络层收到上层传递的 4000 个字节，试对其进行分片，并说明每个分片的标识、标志以及分片的偏移？

15．ICMP 协议的作用是什么？没有 ICMP，IP 协议能否正常工作？

16．把网络 202.112.78.0 划分为多个子网（子网掩码是 255.255.255.192），则各子网中可用的 IP 地址总数是（　　）

A．254　　B．252　　C．64　　D．62

17．使用子网的主要原因是（　　）。

A．减少冲突域的规模　　B．增加主机地址的数量

C．减少广播域的规模　　D．上述答案都不对

18．以下地址中，不是子网掩码的是（　　）。

A．255.255.255.0　　B．255.255.0.0

C．255.241.0.0　　D．255.255.254.0

19．路由器收到 3 个分组，其目的 IP 地址分别是：205.16.37.44、205.16.42.56、205.17.33.76，哪个分组属于 205.16.32.0/21？

20．若要将一个 B 类的网络 172.17.0.0 划分为 14 个子网，请计算出每个子网的子网掩码，

以及在每个子网中主机 IP 地址的范围是多少？

21．若要将一个 B 类的网络 172.17.0.0 划分子网，其中包括 3 个能容纳 16000 台主机的子网，7 个能容纳 2000 台主机的子网，8 个能容纳 254 台主机的子网，请写出每个子网的子网掩码和主机 IP 地址的范围。

22．对于一个从 192.168.80.0 开始的地址块，假设能够容纳 4000 台主机，请写出该地址块的网络掩码以及所需使用的每一个 C 类网络地址。

23．子网掩码 255.255.255.0 代表什么意思？如果某一网络的子网掩码为 255.255.255.128，那该网络能够连接多少台主机？

24．简述 IP 地址和 MAC 地址的区别与联系。

任务 2　配置与调试网络互联设备

5.2.1　任务目的及要求

通过本任务让读者了解路由器的组成，基本存储组件、路由器的接口，理解路由器的工作原理和路由表的概念，掌握路由器的配置方式和配置模式，能够对网络互联设备路由器进行本地和远程的管理；了解广域网提供的服务，接入广域网的常见技术和协议。

5.2.2　知识准备

本任务知识点的组织与结构，如图 5-19 所示。

路由器的基本概念
路由器的组成部件
路由器的路由表
路由器的工作过程
广域网的基本概念
路由器的基本配置

图 5-19　任务 2 知识点结构示意图

读者在学习本部分内容的时候，请认真领会并思考以下问题：

（1）路由器和三层交换机的区别是什么？

（2）IP 数据报在转发过程中 IP 地址与 MAC 到底哪个在变？

（3）如果路由器收到一个 IP 分组的前 8 位是 01000010，路由器丢弃了该分组，为什么？

1．路由器的基本概念

通常人们把交换和路由进行对比，主要原因是在普通用户看来，两者实现的基本功能是一致的。其实二者之间的区别是交换发生在数据链路层，而路由工作在网络层。这一区别决定了路由和交换在数据传输过程中需要使用不同的控制信息，所以二者实现的基本功能是不相同的。

路由器（Router）工作在 OSI 模型中的下三层，其最高层为网络层，路由器利用网络层定义的“逻辑”上的网络地址（即 IP 地址）来区别不同的网络。路由器用于互联两个或多个独立的相同类型和不同类型的网络，它能对不同网络或网段之间的数据信息进行“翻译”，以使它们能够相互“读懂”对方的数据，从而构成一个更大的网络，通过路由器互联的广域网示例如图 5-20 所示。

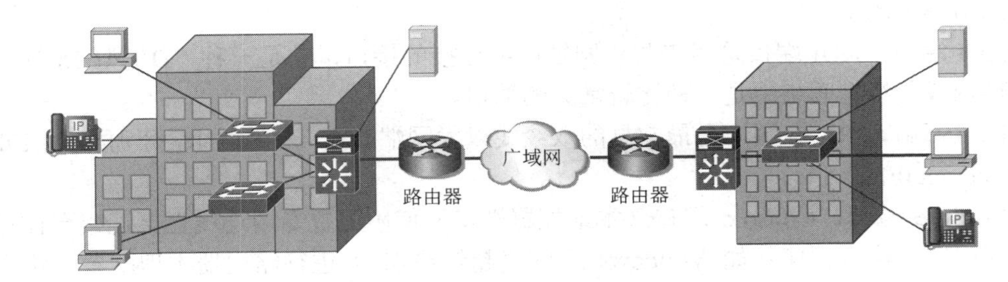

图 5-20　通过路由器互联的广域网

路由器主要完成两项工作，即“寻径”和“转发”。“寻径”是指建立和维护路由表的过程，主要由软件实现；“转发”是指把数据分组从一个接口转到另一个接口的过程，主要由硬件完成。

2. 路由器的组成部件

路由器是一台特殊功能的计算机，它的主要功能是用来进行路由的计算和数据报的转发，而不是传统的文字和图像处理。路由器除了和传统的计算机有类似的体系结构外，还和计算机一样拥有相应的操作系统。下面以 Cisco 路由器为例了解路由器的结构。

（1）路由器的硬件组成。

路由器的硬件组成如图 5-21 所示。

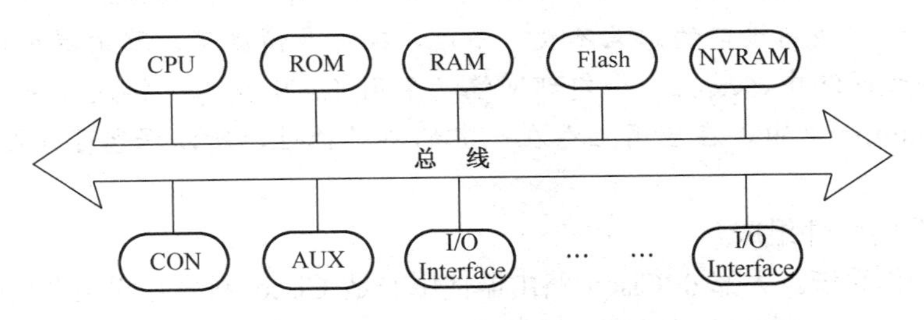

图 5-21　路由器的硬件组成

1）CPU：中央处理单元，和计算机一样，它是路由器的控制和运算部件。

2）RAM/DRAM：内存（Random Access Memory/Dynamic Random Access Memory）是路由器主要的存储部件。RAM 也叫做工作存储器，包含动态的配置信息，用于存储临时的运算结果，如路由表、ARP 表、快速交换缓存、缓冲数据报、数据队列、当前配置文件等。

3）Flash Memory：可擦除、可编程的 ROM，用于存放路由器的操作系统，Flash 的可擦除特性允许更新、升级操作系统而不用更换路由器内部的芯片。路由器断电后，Flash 的内容不会丢失。Flash 容量较大时，就可以存放多个版本操作系统。

4）NVRAM：非易失性 RAM（Non-volatile RAM），用于存放路由器的配置文件，路由器断电后，NVRAM 中的内容仍然保持。NVRAM 包含的是配置文件的备份。

5）ROM：只读存储器，存储了路由器的开机诊断程序、引导程序和特殊版本的操作系统软件（用于诊断等有限用途），ROM 中软件升级需要更换芯片。

6）接口（Interface），用于网络连接，路由器就是通过这些接口和不同的网络进行连接的。路由器具有非常强大的网络连接和路由功能，它可以与各种各样的网络进行物理连接，这就决定了路由器的接口技术非常复杂，越是高档的路由器其接口种类也就越多，因为它所能连接的网络类型越多。

①AUI 端口。AUI 端口是用来与粗同轴电缆连接的接口，它是一种“D”型 15 针接口，在令牌环网或总线型网络中是一种比较常见的端口。

②RJ-45 端口。RJ-45 端口是最常见的双绞线以太网端口。一般为两个，分别标为：Ethernet 0/0 和 Ethernet 0/1。

③Console 端口。Console 端口（本地配置端口）使用配置专用连线直接连接至计算机的串口，利用终端仿真程序（如 Windows 下的“超级终端”）进行路由器本地配置。路由器的 Console 端口多为 RJ-45 端口，但使用的线却为反转线。

④AUX 接口。用于路由器的远程配置连接。AUX 端口为异步端口，主要用于远程配置，也可用于拔号连接，还可通过收发器与 Modem 进行连接。AUX 端口与 Console 端口通常同时提供，因为它们的用途不一样。

⑤高速同步串口。在路由器的广域网连接中，应用最多的端口还要算“高速同步串口”（Serial）。这种端口主要是用于连接目前应用非常广泛的 DDN、帧中继（Frame Relay）、X.25、PSTN 等网络。在企业网之间有时也通过 DDN 或 X.25 等广域网连接技术进行专线连接。这种同步端口一般要求速率非常高，因为通过这种端口所连接的网络的两端都要求实时同步。

知识链接：从上面的分析可知：路由器的网络接口有三种，分别是以太网、广域网和配置接口。对路由器来说，既然是用于不同的网络，所有网络都理应被“平等对待”，那么区分以太网接口和广域网接口的意义不大。不过，在许多情况下，路由器被用来把一个“小网络”连到一个大网络中，或把一个内部网络（采用 LAN 技术）接入（采用 WAN 技术）外部网络（或 Internet）中，在应用上存在一定的不对称性，所以保留了 LAN 接口和 WAN 接口的说法。

（2）路由器的软件组成。

1）路由器操作系统。大部分 Cisco 路由器使用的是 Cisco 网络互联操作系统（Internetwork Operating System，IOS）。IOS 配置通常是通过基于文本的命令行接口（Command Line Interface，CLI）进行的。

2）配置文件。

①启动配置文件（Startup-Configure）：也称为备份配置文件，被保存在 NVRAM 中，并且在路由器每次初始化时加载到内存中变成运行配置文件。

②运行配置文件（Running-Configure）：也称为活动配置文件，驻留在内存中。当通过路由器的命令行接口对路由器进行配置时，配置命令被实时添加到路由器的运行配置文件中并被立即执行。

3. 路由器的路由表

路由器寻径的依据是经过每个路由器中的路由表（Routing Table）。路由表指明了从源站点到目的站点的一条路由。路由器将所有关于如何到达目标网络的最佳路径信息以数据库表的形式存储起来，这种专门用于存放路由信息的表被称为路由表。路由表中的不同表项（Routing Entry）给出了到达不同目标网络所需要历经的路由器接口或下一跳（Next Hop）地址信息。

路由表不包含从源网络到目的网络的完整路径信息，它只包含该路径中下一跳地址的相关信息。路径上所有中间路由器之间的路由信息都采用网络地址的形式，而不是特定主机的地址。只有在最终路由器的路由表中，目的地址才指向特定的主机而非某一网络。

知识链接：路由器在执行选路算法时选择的 IP 地址是"下一跳"地址，因为它指明了下一步把数据报发往何处。那么"下一跳"地址存储在哪里呢？不在数据报中，这里没有为它保留空间。事实上，路由器在执行选路算法后，把数据报及"下一跳"地址传递给一个网络接口软件，该软件对发送数据报必须经过的物理网络负责。这个接口软件把"下一跳"地址绑定到一个物理地址，使用这个物理地址形成一个帧，把数据报放在该帧的数据部分，并把结果发送出去。在使用"下一跳"地址找到一个物理地址后，网络接口软件就丢弃了"下一跳"地址。

图 5-22 显示了通过 3 台路由器互联 4 个子网的简单例子。

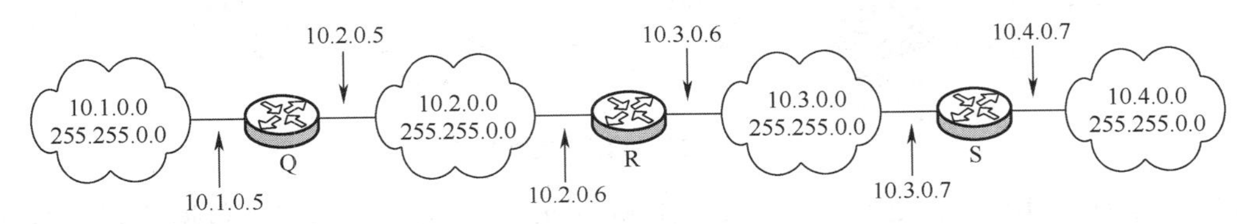

图 5-22　通过 3 台路由器互联 4 个子网

表 5-11 给出了路由器 R 的路由表。如果路由器 R 收到一个目的地址为 10.4.0.16 的 IP 数据报，那么它在进行路由选择时首先将该 IP 地址与路由表第一个表项的子网掩码 255.255.0.0 进行"与"操作，由于得到的操作结果 10.4.0.0 与本表项目的网络地址 10.2.0.0 不相同，说明路由选择不成功，需要对路由表的下一个表项进行相同的操作。当对路由表的最后一个表项操作时，IP 地址 10.4.0.16 与子网掩码 255.255.0.0"与"操作的结果 10.4.0.0 同目的网络地址 10.4.0.0 一致，说明选路成功，于是路由器 R 将报文转发给该表项指定的下一路由器 10.3.0.7（即路由器 S）。当然，路由器 S 接收到该 IP 数据报后也需要按照自己的路由表，决定数据报的去向。

表 5-11　路由器 R 的路由表

子网掩码	要到达的网络	下一路由器
255.255.0.0	10.2.0.0	直接投递
255.255.0.0	10.3.0.0	直接投递
255.255.0.0	10.1.0.0	10.2.0.5
255.255.0.0	10.4.0.0	10.3.0.7

4. 路由器的工作过程

对路由器而言，上述这种根据分组的目标网络号查找路由表以获得最佳路径信息的功能被称为路由（Routing），而将从接收端口进来的数据分组按照输出端口所期望的帧格式重新进行封装并转发（Forward）出去的功能称为交换（Switching）。路由与交换是路由器的两大基本功能。

知识链接：在网络领域，术语"交换"与"交换机"都不止一重含义。单是交换机便有以太网交换机、帧中继交换机、三层交换机和多层交换机之分。在以太网技术领域，交换是指根据目的 MAC 地址转发帧的行为；在电信领域，交换则是在通话双方建立一条连接的行为；

在路由选择领域，交换则是在一台路由器上的两个接口之间转发数据报的过程。

下面以图 5-23 为例解释路由的过程。在图 5-23 中，三台路由器 router1、router2、router3 把 4 个网络连接起来，它们是 192.168.10.0/24、192.168.11.0/24、192.168.12.0/24、192.168.13.0/24，3 台路由器的互联又需要 3 个网络，它们是 10.0.0.0/8、11.0.0.0/8、12.0.0.0/8。

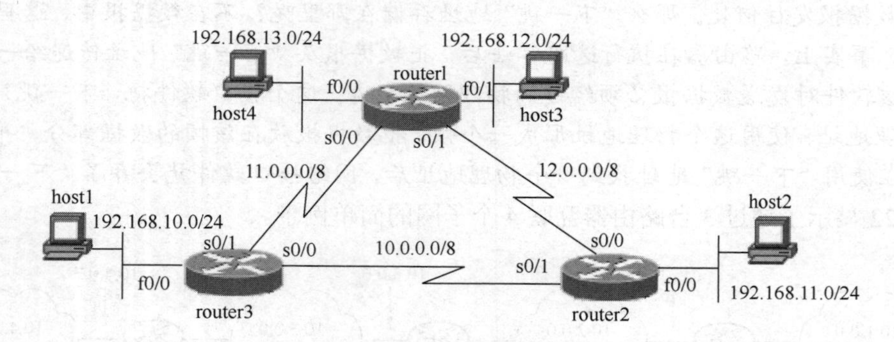

图 5-23　路由的过程

假如 host1 向 host3 发送数据，而 host1 和 host3 不在同一个网络，数据要到达 host3 需要经过两个路由器。host1 看不到这个图，它如何知道 host3 在哪里呢？host1 上配置了 IP 地址和子网掩码，知道自己的网络号是 192.168.10.0，它把 host3 的 IP 地址（这个地址 host1 知道）与自己的掩码做"与"运算，可以得知 host3 的网络号是 192.168.12.0。显然二者不在同一个网络中，这就需要借助路由器来相互通信（如前所说，路由器就是在不同网络之间转发数据用的）。

所以，host1 得知目的主机与自己不在同一个网络时，它只需将这个数据报送到距它最近的 router3 就可以了。host1 需要知道 router3 的位置。在 host1 上除了配置 IP 地址和掩码外，还配置了另外一个参数——默认网关，其实就是路由器 router3 与 host1 处于同一个网络的接口 f0/0 的地址。在 host1 上设置默认网关的目的就是把去往不同于自己所在的网络的数据，发送给默认网关。只要找到了 f0/0 接口就等于找到了 router3。为了找到 router3 的 f0/0 接口的 MAC 地址，host1 使用了 ARP。获得了必要信息之后，host1 开始封装数据报：

- 把自己的 IP 地址封装在网络层的源地址域。
- 把 host3 的 IP 地址封装在网络层的目的地址域。
- 把 f0/0 接口的 MAC 地址封装在数据链路层的目的地址域。
- 把自己的 MAC 地址封装在数据链路层的源地址域。

之后，把数据发送出去。路由器 router3 收到 host1 送来的数据报后，把数据报解开到第三层，读取数据报中的目的 IP 地址，然后查阅路由表决定如何处理数据。路由表是路由器工作时的向导，是转发数据的依据。如果路由表中没有可用的路径，路由器就会把该数据丢弃。路由表中记录有以下内容（参照上面有关路由表的信息）：

- 已知的目标网络号（目的网络）。
- 到达目标网络的距离。
- 到达目标网络应该经由自己哪一个接口。
- 到达目标网络的下一台路由器的地址。

路由器使用最近的路径转发数据，把数据交给路径中的下一台路由器，并不负责把数据送到最终目的地。

对于本例来说，router3 有两种选择，一种选择是把数据交给 router1，另一种选择是把数据交给 router2。经由哪一台路由器到达目标网络的距离近，router3 就把数据交给哪一台。这里假设经由 router1 比经由 router2 近。router3 决定把数据转发给 router1，而且需要从自己的 s0/1 接口把数据送出。为了把数据送给 router1，router3 也需要得到 router1 的 s0/0 接口的数据链路层地址。由于 router3 和 router1 之间是广域网链路，所以并不使用 ARP，不同的广域网链路类型使用的方法不同。获取了 router1 接口 s0/0 的数据链路层地址后，router3 重新封装数据：

- 把 router1 的 s0/0 接口的物理地址封装在数据链路层的目标地址域中。
- 把自己 s0/1 接口的物理地址封装在数据链路层的源地址域中。
- 网络层的两个 IP 地址没有替换。

之后，把数据发送出去。router1 收到 router3 的数据报后所做的工作跟前面 router3 所做的工作一样，查阅路由表。不同的是在 router1 的路由表里有一条记录，表明它的 f0/1 接口正好和数据声称到达的网络相连，也就是说 host3 所在的网络和它的 f0/1 接口所在的网络是同一个网络。router1 使用 ARP 获得 host3 的 MAC 地址并把它封装在数据帧头内，之后把数据传送给 host3。至此，数据传递的一个单程完成了。

知识链接：需要强调指出，在数据报的首部写上源 IP 地址和目的 IP 地址是指正在通信的两个主机的 IP 地址，路由器的 IP 地址并没有出现在数据报的首部中。当然，路由器的 IP 地址是很有用的，它是用来使源主机得知路由器的物理地址。总之，数据报在一个路由段上传送时，要用物理地址才能找到路由器。

5. 广域网

（1）广域网基本概念。

通常广域网是指覆盖范围很广的长距离网络。广域网是 Internet 的核心，其任务是通过长距离传输主机所发送的数据。图 5-24 表示相距较远的局域网通过路由器与广域网相连，组成了一个覆盖范围很广的互联网。

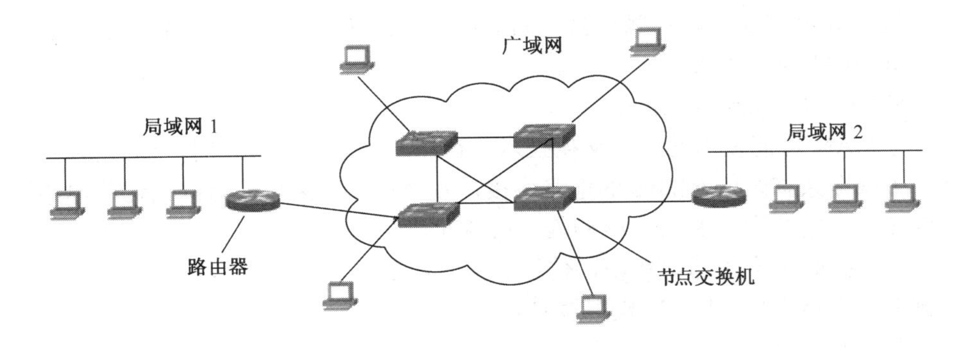

图 5-24　局域网通过广域网组成互联网

（2）广域网类型。

提供公共传输网络服务的单位主要是电信部门，随着电信运营市场的开放，用户有较多的余地来选择公共传输网络的服务提供商。服务提供商提供多种同步和异步 WAN 服务，可以根据连接类型分为 3 类：租用专用网络、电路交换网络、分组交换网络，如图 5-25 所示。

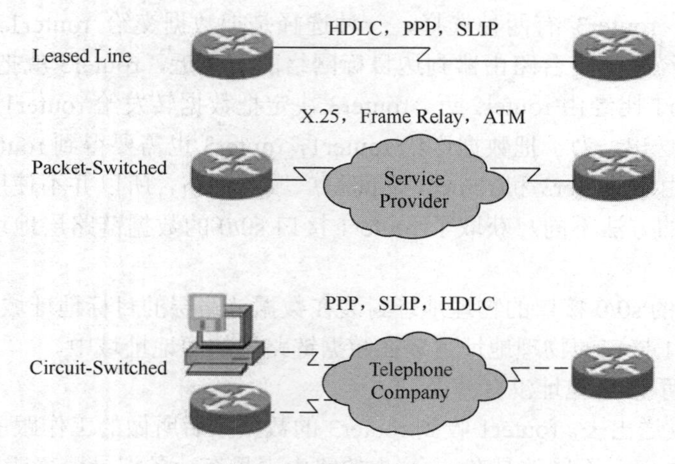

图 5-25 广域网连接类型

1）租用专线（Lease Line）。

租用专线是指 ISP 的点到点的专用连接线路；在运营商传输网内，需要为该连接分配一个固定速率的专用逻辑通道。

- 支持多种传输速率：2Mb/s、N×2Mb/s、N×45Mb/s、(1,4,16,64)×155Mb/s。
- 租用成本高。
- 典型的专线：E1 专线、POS 专线、以太网专线。

2）分组交换（Packet Switched）。

运营商提供的基于分组交换的连接线路；在运营商分组交换网内，数据以分组形式进行交换，在数据交换之前，需要从发端至收端建立一条端到端的保证一定带宽的逻辑连接（虚电路），当这条连接上的流量未占满时，其剩余的带宽可与其他连接共享。

- 支持任何等级的传输速率（64Kb/s～155Mb/s）。
- 租用成本较专线低。
- 典型的分组交换线路：帧中继（Frame-Relay，FR）、异步传输模式（Asynchronous Transfer Mode，ATM）。

3）电路交换（Circuit-Switched）。

PSTN 是 WAN 可能使用的电路交换技术。在用户需要传送数据时，通过拨号，在 PSTN 网内建立一条或多条临时的 64kb/s 的电路连接，数据传送结束后，将挂断这些电路连接。

- 传输速率主要为 56Kb/s，64Kb/s，128Kb/s。
- 不传数据时不产生通信费用，传送数据时需独占电路，成本高。
- 典型的电路交换：PSTN 模拟拨号。

（3）广域网协议栈。

广域网主要运行在 TCP/IP 参考模型的第 1 层和第 2 层，即物理层和数据链路层，如图 5-26 所示。

1）广域网物理层协议。

①物理连接结构。

广域网物理连接结构中包括以下几个部分，如图 5-27 所示。

- 传输网：电信运营商建设的长途通信网。

TCP/IP
应用层
传输层（TCP/UDP）
网络层（IPv4/IPv6）
数据链路层
物理层

局域网
MAC/LLC
802.3i/802.3u/ 802.3ab/802.3z 802.3ae/……

广域网			
Ethernet （同LAN）	PPP/HDLC/ Frame-Relay	PPP	
Ethernet （同LAN）	V.24/V.35 G.703 G.707	RS232 （拨号）	I.430 （ISDN BRI）

图 5-26 广域网协议栈

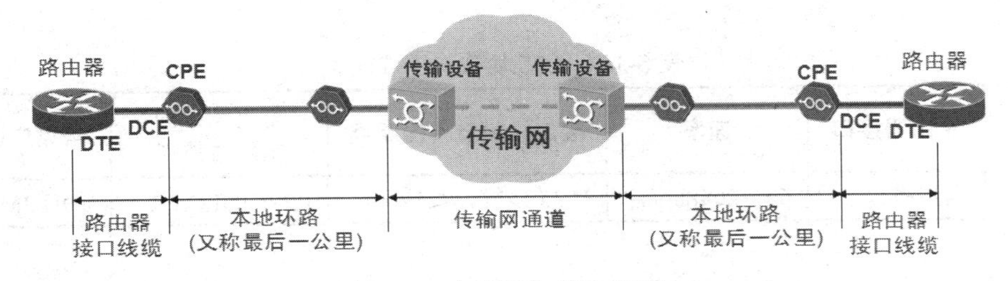

图 5-27 广域网物理连接结构

- 本地环路：从电信运营商传输机房至用户机房的线路及设备。
- 用户驻地设备（Customer Premise Equipment，CPE）：运营商放在用户机房的设备，是本地环路的最后一个设备。一般由 CPE 作 DCE，DCE 设备为 DTE 设备提供时钟。
- 路由器：用户的广域网互连设备。

②物理层接口及协议。

- Ethernet 接口。

路由器的 Ethernet 接口用于连接运行 Ethernet 协议的网络或设备，其接口协议与连接性能如表 5-12 所示。

表 5-12 Ethernet 协议与连接性能

协议	路由器接口	速率	接口线缆及传输距离	常见承载的链路层协议	常见广域网线路
Ethernet	以太网口	10/100/1000Mb/s	双绞线，≤100m	IEEE802.3	MSTP 以太网专线

- V.35 接口。

V.35 是通用终端接口的规定，是对 60～108kHz 基群带宽线路进行 48kb/s 同步数据传输的调制解调器的规定，同步串口与 V.35 线缆，如图 5-28 所示。V.35 接口协议与连接性能如表 5-13 所示。

2）广域网协议。

广域网协议指 Internet 上负责路由器与路由器之间连接的数据链路层协议，如：高级数据链路控制协议（High Level Data Link Control，HDLC）、点到点协议（PPP）、帧中继（Frame Relay，FR）等。

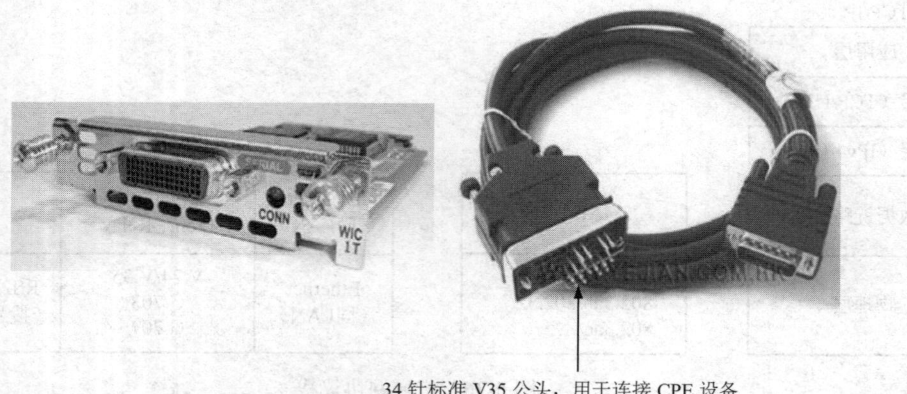

图 5-28　同步串口与 V.35 连接线缆

表 5-13　V.35 协议与连接性能

协议	路由器接口	速率	接口线缆及传输距离	常见承载的链路层协议	常见广域网线路
V.35	同步串口	64～2048kb/s	V.35 线缆，≤1200m	PPP/HDLC/FR	SDH 2M 专线

①HDLC。

HDLC 是面向比特的协议，不依赖于任何一种字符编码集，支持数据报文透明传输；全双工通信，有较高的数据链路传输效率；所有帧采用循环冗余编码（Cyclic Redundancy Code，CRC）检验，传输可靠性高；传输控制功能与处理功能分离，具有较大灵活性，现仍作为广域网数据链路层协议应用于广域网设备配置中。

②FR。

FR 是在 X.25 分组交换技术的基础上发展起来的一种快速分组交换技术，是改进的 X.25 协议，以虚电路的方式工作，与 X.25 一样是面向连接的数据链路技术。

③PPP。

PPP 为在点对点连接上传输多协议数据报提供了一个标准方法，是为同等单元之间传输数据报而设计的链路层协议。这种链路提供全双工操作，并按照顺序传递数据报。目前，PPP 仍是广域网接入使用最广泛的协议。

● PPP 组件。

PPP 包含三个主要组件，如图 5-29 所示。一个将 IP 数据报封装到串行链路的协议；用于建立、配置和测试数据链路连接的可扩展链路控制协议（Link Control Protocol，LCP）；用于建立和配置各种网络层协议的一系列网络控制协议（Network Control Protocol，NCP）。PPP 允许同时使用多个网络层协议。较常见的 NCP 有 Internet 协议控制协议、AppleTalk 控制协议、Novell IPX 控制协议、Cisco 系统控制协议、SNA 控制协议和压缩控制协议等。

● PPP 协议的特点。

PPP 提供了 3 类功能：成帧；链路控制协议（LCP）；网络控制协议（NCP）。PPP 是面向字节类型的协议，支持同步或异步串行链路的传输；支持多种网络层协议；支持错误检测、支持网络层的地址协商；支持用户认证、允许进行数据压缩。

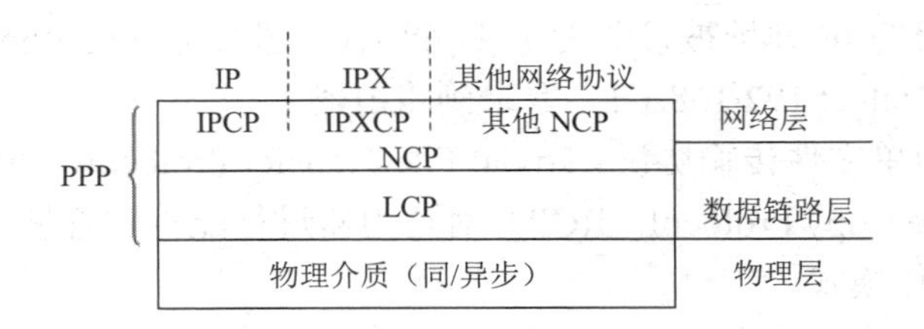

图 5-29　PPP 协议组成示意图

6. 路由器的基本配置

以下采用 Cisco 路由器为例来说明路由器的基本配置。

（1）路由器的配置方法。

对路由器进行配置，可以通过如图 5-30 所示的几种方法。

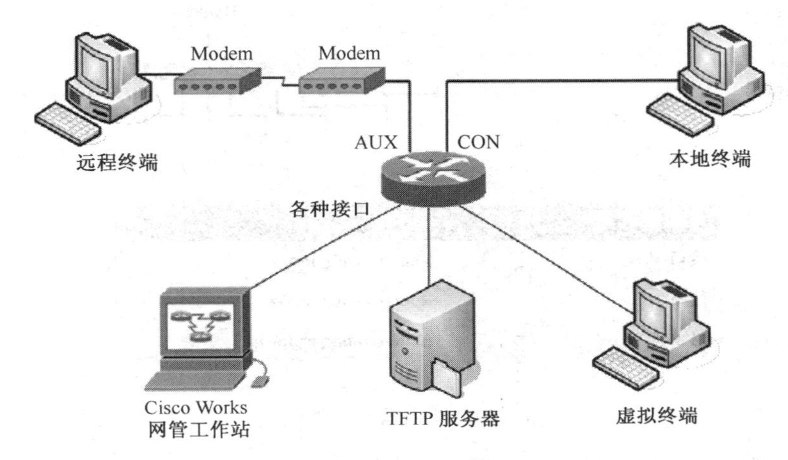

图 5-30　路由器的几种访问方法

1）控制台（Console）端口：通过控制台端口直接对设备进行配置，设备连接方法如图 5-31 所示。

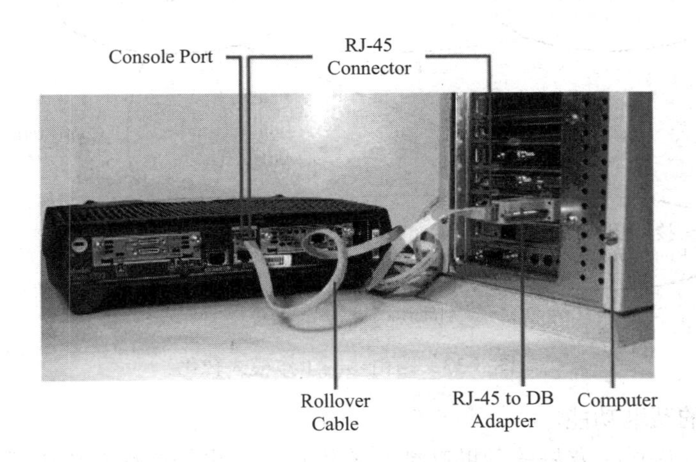

图 5-31　通过 Console 口访问路由器

2）远程登录（Telnet）：可以通过 Telnet 程序对设置 IP 地址的路由器进行远程配置。

例如，如果路由器的 IP 地址被设置为 192.168.1.1，那么可以在 Windows 的 DOS 窗口中的命令提示符下输入“telnet 192.168.1.1”登录到路由器。

此外还可以通过简单文件传输协议（Trivial File Transfer Protocol，TFTP）、基于 Web 页面、远程拷贝协议（Remote Copy Protocol，RCP）对路由器进行配置和管理。

（2）路由器的工作模式。

路由器主要有三种基本模式，如图 5-32 所示：用户执行模式（User EXEC）、特权执行模式（Privileged EXEC）和全局配置模式（Global Configuration），这三种模式可以对路由器配置进行访问，同时也赋予了一定的编辑路由器配置的功能。

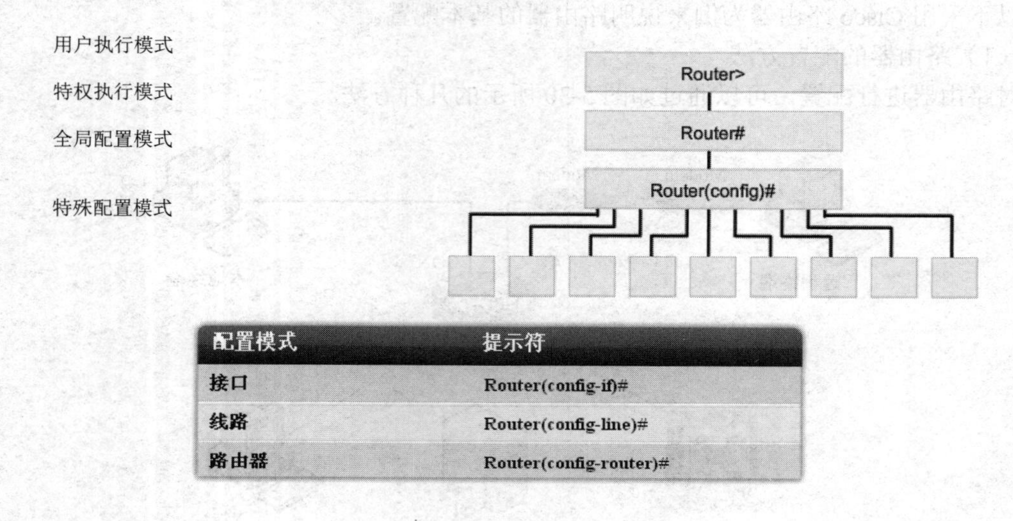

配置模式	提示符
接口	Router(config-if)#
线路	Router(config-line)#
路由器	Router(config-router)#

图 5-32　路由器的工作模式

几种配置模式之间的相互转化，如图 5-33 所示。

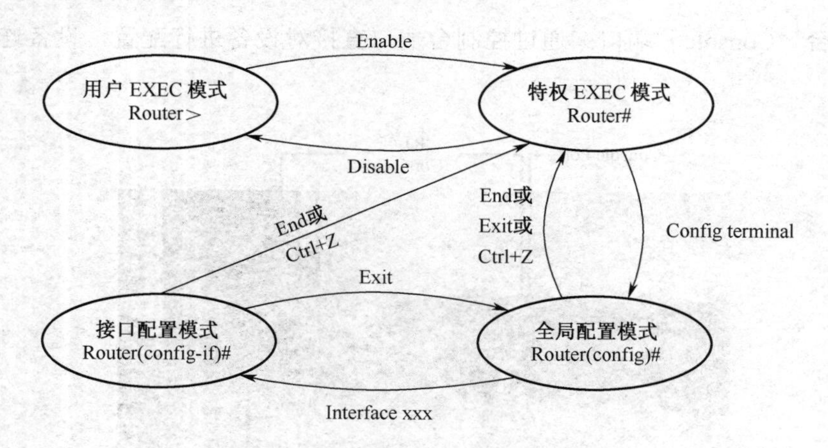

图 5-33　路由器的工作模式转化

（3）路由器的帮助功能。

Cisco IOS 软件提供了友好的帮助功能，使用户可以更轻松地对路由器进行配置。这些帮助功能主要体现在 4 个方面：上下文相关帮助、命令简化、控制台错误消息、历史缓冲区。

1）上下文相关帮助。EXEC 会话中的“?”可以为用户提供帮助。直接使用“?”可以获得相应模式下所支持命令的列表；也可以在问号前面加上特殊的字母，以获得更详细的列表；当对某个命令的使用方法不熟悉时，也可以使用“?”。

2）使用命令简化方式。Cisco IOS 还提供了良好的命令简化功能，例如将 show interface 简写为“sh int”，在对路由器进行操作时不必将命令写全。这个功能大大简化了用户的操作。

还有一种简化命令的输入方法——使用 Tab 键。当输入了命令的一部分字母时，如果按下 Tab 键，IOS 软件会自动补齐此命令剩余的字母，当然，已输入的那部分字母要足以使命令唯一，否则不会产生任何作用。

3）控制台错误消息。如果输入了错误的命令或者不完全的命令，路由器将会提示错误消息。这可以帮助用户纠正错误的命令。

4）历史缓冲区信息。路由器命令的历史缓冲区内记录了最近使用过的命令，可以使用 Ctrl+P 或者↑键翻阅以前使用过的命令；如果翻过了头，可以使用 Ctrl+N 或者↓键重新翻回去。

（4）常见路由器配置命令简介。

1）enable：进入特权模式。

Router>**enable**

Router#

2）disable：返回用户模式。

Router#**disable**

Router>

3）configure terminal：进入全局模式。

Router# **configure terminal**

Router(config)#

4）hostname name：配置路由器主机名。

Router#**configure terminal**

Router(config)#**hostname** *Cisco*

Cisco(config)#**no hostname**（no hostname 命令使该路由器恢复到其默认主机名 "Router"）

5）line console 0：限制设备访问——配置口令。

Router(config)#**line console** 0

Router(config-line)#**password** *password*

Router(config-line)#**login**

6）line vty 0 4：限制设备访问——配置 Telnet。

Router(config)#**line vty** 0 4

Router(config-line)#**password** *password*

Router(config-line)#**login**

7）enable password *password*（使能口令，明文显示）

8）enable secret *password*（使能密码，密码加密形式显示）优先级高。尽可能使用 enable secret 命令，而不要使用较老版本的 enable password 命令。enable secret 命令提供更高的安全性，因为使用此命令设置的口令会被加密。enable password 命令仅在尚未使用 enable secret 命令设置口令时才能使用。

9）interface type slot：配置路由器的接口。可以为路由器接口配置许多参数。type 的类型有 ethernet、fastethernet、serial 等。

- 配置快速以太网接口：

Router(config)#**interface FastEthernet** *0/0*

Router(config-if)#**ip address** *ip_address netmask*
Router(config-if)#**no shutdown** //接口默认被禁用。要启用接口，在接口配置模式下输入 no shutdown 命令

- 配置串行接口：

Router(config)#**interface Serial** *0/0/0*
Router(config-if)#**ip address** *ip_address netmask*
Router(config-if)#**clock rate** *56000* //在直接互联的串行链路上，其中一端必须作为 DCE 提供时钟信号
Router(config-if)#**no shutdown**

5.2.3 任务实施

1. 任务实施条件

本次任务需要 Cisco 2801 路由器 6 台，Cisco 2950 交换机 12 台，装有 Windows XP 操作系统的计算机 3 台，直连网线若干条，DB-9 to RJ-45 配置电缆 1 条，V.35 电缆 6 条，如图 5-34、图 5-35 所示。

图 5-34 配置电缆

图 5-35 V.35 电缆

2. IP 地址分配表

根据拓扑图 5-1 和 IP 地址规划表 5-10，弄清各设备上的以太网接口、串行接口和 IP 地址的对应关系，并认真核对，确保准确无误。合理分配测试主机的 IP 地址。表 5-14 给出了本次任务实施的 IP 地址分配表（有多种分配方式）。

表 5-14 IP 地址表

设备	接口	IP 地址（范围）	子网掩码	默认网关
路由器 R4	Fa0/0			不适用
	Fa0/1			不适用
	Fa0/2			不适用
	Fa0/3			不适用
	S0			不适用
路由器 R1	S0			不适用
	S1			不适用
	S3			不适用
路由器 R5	Fa0/0			不适用
	Fa0/1			不适用
	Fa0/2			不适用
	Fa0/3			不适用
	S0			不适用

续表

设备	接口	IP 地址（范围）	子网掩码	默认网关
路由器 R3	S0			不适用
	S2			不适用
	S3			不适用
路由器 R6	Fa0/0			不适用
	Fa0/1			不适用
	Fa0/2			不适用
	Fa0/3			不适用
	S0			不适用
路由器 R2	S1			不适用
	S0			不适用
	S2			不适用
服务器	服务器 1			
	服务器 2			
总公司	财务部			
	人事部			
	研发部			
	后勤管理部			
分公司 A	研发部			
	工程部			
	市场部			
	售后服务部			
分公司 B	市场部			
	工程部			
	售后服务部			
	后勤管理部			

3. 连接设备

按图 5-1 用合适的网线、串行线缆将交换机、路由器、PC 连接起来，PC1 主机通过串口（COM）连接到路由器 R1 的控制（Console）端口，注意不要带电拔插电缆。

4. 运行超级终端

开启交换机、路由器、PC 的电源，完成启动过程。在 PC1 上参照项目四任务 2 相关步骤设置好超级终端，最后出现如图 5-36 所示界面，此时就可以对路由器进行配置了。

5. 清空设备原有配置

进入特权执行模式，使用 erase startup-config 命令清除配置；当收到提示[confirm]要求确认确实想要清除 NVRAM 中当前存储的配置时，按下 Enter 键；当返回提示符状态时，使用 reload 命令，如果询问是否保存更改，回答 no，然后重新加载路由器；在其他路由器上重复上述步骤，清除任何可能存在的启动配置文件。

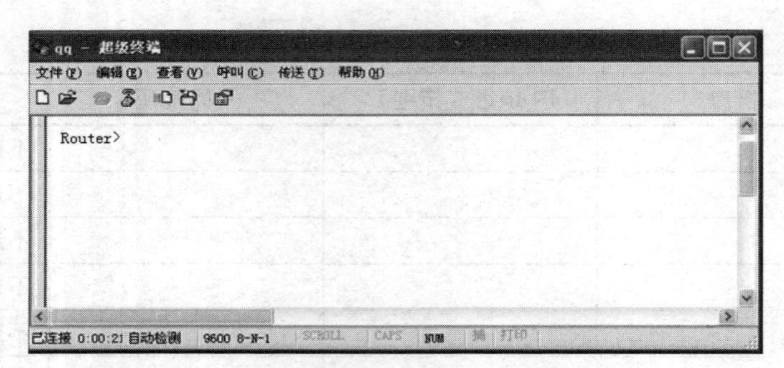

图 5-36　超级终端登录界面

6. 修改路由器主机名

本任务涉及的路由器数量较多，外观看上去都差不多，为了加以区分，给每台路由器配置一个名称。进入全局配置模式，在提示符下输入命令 hostname R1，将路由器名称配置为 R1。注意路由器的名称要和拓扑图上所在路由器的名称对应。其他路由器名称的配置方法与此类似。

7. 配置远程访问使能密码

使用 enable password *password* 命令配置执行模式口令，其用意是非网络管理员不能对路由器进行配置，但是该密码 password 是以明文的方式保存，安全性不高；为了提高安全性，使用 enable secret *password* 命令将 password 加密。

8. 配置线路口令

在路由器上配置控制台口令，使用 cisco 作为口令，完成后，退出线路配置模式；为虚拟终端线路配置口令，使用 cisco 作为口令，完成后，退出线路配置模式。

9. 配置以太网接口 IP 地址

在全局配置模式下输入命令 interface fastethernet 0/0，进入接口配置模式，按照地址表为 R1 的 Fa0/0 接口配置 IP 地址，输入命令 ip address 172.16.3.1 255.255.255.0，启用该接口，输入 no shutdown 命令。按同样的方法，对该路由器的其他以太网接口和其他路由器的以太网接口进行操作。

10. 配置串行口 IP 地址

配置 R1 的 S0/0/0 接口，注意在该接口配置模式下使用 clock rate 64000 命令来设置时钟速率，使用 ip address 命令为该接口配置 IP 地址，使用 no shutdown 命令激活该端口。按同样的方法，对该路由器的其他路由器的串行接口进行操作。

11. 检查 IP 地址配置

在特权模式下，使用 show ip interface brief 命令检验每台路由器的接口配置是否与表 5-14 分配的 IP 地址相一致，每个接口是否都处于启用状态。在一台路由器上使用 ping 命令，检查与之直连路由器的链路连通性，如 R1 和 R2 之间、R4 和 R1 之间等。正常情况下是能够连通的。如果测试路由器之间非直连链路，如在 R4 上 ping R2 路由器接口的 IP 地址，这时会有什么情况发生？你能分析其中的原因吗？

12. 保存配置

在特权执行模式下，使用 copy running-config startup-config 命令保存路由器的配置。

5.2.4 课后习题

1．路由器的基本组件有（　　）、（　　）、（　　）、（　　）和（　　）。

2．访问路由器的主要方法有（　　）和（　　）。

3．路由表中存放着（　　）、（　　）和（　　）等内容。

4．在 IPv4 环境中，路由器根据（　　）在不同的路由器接口之间转发数据报。

A．目的网络地址　　B．源网络地址

C．源 MAC 地址　　D．公认端口目的地址

5．OSI 第三层封装期间添加（　　）。

A．源 MAC 地址和目的 MAC 地址　　B．源应用程序协议和目的应用程序协议

C．源端口号和目的端口号　　D．源 IP 地址和目的 IP 地址

6．路由器使用网络层地址的（　　）转发数据报。

A．主机部分　　B．广播地址　　C．网络部分　　D．网关地址

7．IP 数据报的（　　）用于防止无限循环。

A．服务类型　　B．标识　　C．标志　　D．生存时间

8．如果目的网络未列在 Cisco 路由器的路由表中，路由器可能会采取（　　）两项措施。

A．路由器发送 ARP 请求以确定所需的下一跳地址

B．路由器丢弃数据报

C．路由器将数据报转发到 ARP 表所示的下一跳

D．路由器将数据报转发到源地址所示的接口

E．路由器将数据报从默认路由条目所确定的接口发出

9．以下（　　）是路由表条目的组成部分。

A．路由器接口的 MAC 地址　　B．第四层目的端口号

C．目的主机地址　　D．下一跳地址

10．下列关于路由及其用途的描述，（　　）三项是正确的。

A．如果找不到通往目的网络路由，则将数据报返回前一个路由器

B．如果目的主机直接连接网络，路由器会将数据报转发到目的主机

C．如果存在代表目的网络的多个网络条目，则使用最常用的路由转发数据报

D．如果没有代表目的网络的路由但存在默认路由，则将数据报转发到下一跳路由器

E．若发送主机配置了默认网关，可使用该路由转发以远程网络为目的网络的数据报

F．如果未对主机手动配置目的网络的路由，该主机将丢弃数据报

11．请参见图 5-37，图中显示的所有设备均为出厂默认设置。图示拓扑代表（　　）个广播域。

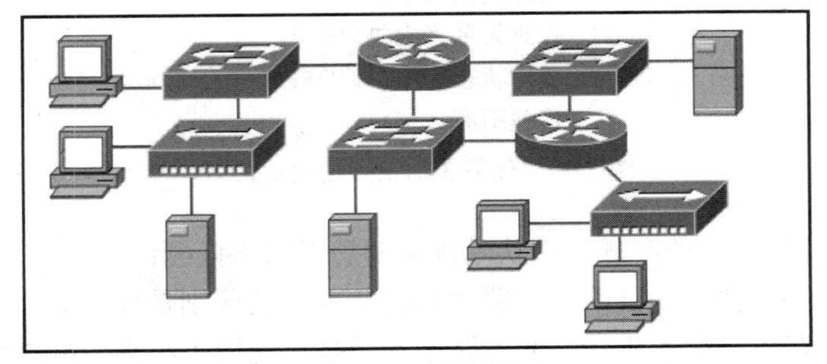

图 5-37　广播域

A．3　　B．4　　C．5　　D．7

12．请参见图 5-38，网络管理员发现网络中存在过多广播。网络管理员采用（　　）两个步骤可以解决此问题。

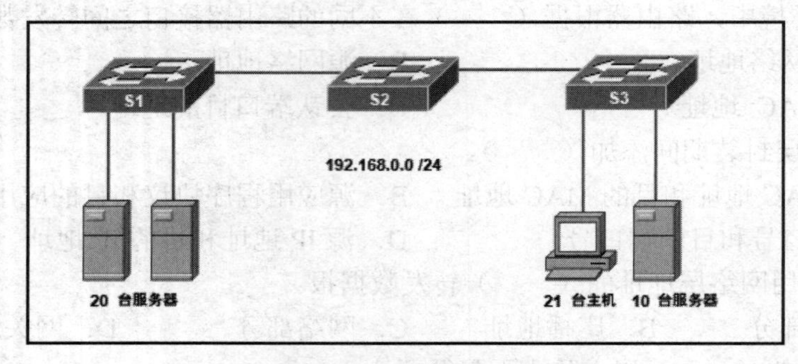

图 5-38　隔离广播域

A．用一台路由器更换 S2　　B．将所有服务器连接到 S1
C．禁用 TCP/IP 广播　　D．对 192.168.0.0/24 网络划分子网

任务 3　配置静态路由和动态路由

5.3.1　任务目的及要求

通过本任务让读者了解路由协议的概念，掌握静态路由的优缺点和应用场合，并能在实际网络中的路由器上配置静态路由和进行连通性的测试。掌握网间动态路由协议 RIP、OSPF 的工作原理和应用场合，并能在实际网络中的路由器上配置 RIP 协议，掌握配置过程和测试动态路由协议的运行效果。

5.3.2　知识准备

本任务知识点的组织与结构，如图 5-39 所示。

- IP数据报的路由选择机制
- 路由协议的概念
- 路由算法的特点
- 静态路由的概念
- 动态路由的概念
- 距离矢量路由协议RIP
- 链路状态路由协议OSPF
- 管理距离（AD）

图 5-39　任务 3 知识点结构示意图

读者在学习本部分内容的时候，请认真领会并思考以下问题：

（1）距离矢量路由协议与链路状态路由协议最主要的区别是什么？

（2）总结静态路由的配置步骤？静态路由是不是只能用于小规模网络环境中？静态路由是否只能由手工生成？

（3）在静态路由配置命令中，如何理解下一跳地址和传出接口？

（4）是否存在一种绝对的最佳路由算法？

（5）RIP 协议与 OSPF 协议之间有哪些区别？

1. IP 数据报的路由选择机制

路由选择是选择一条路径发送分组的过程。由前面的分析知道，网络互联的目的是要提供一个可包含多个物理网络的虚拟网络（Virtual Network），并提供无连接的数据报服务。因此，路由选择（Routing）是用户考虑的重点，路由选择算法（Routing Algorithm）必须决定如何通过多个物理网络发送数据报。通常一个主机只与一个物理网络相连，而路由器连接多个物理网络，那么路由选择由谁来承担呢？显然主机和路由器都参与。

知识链接：虚拟网络是指各种物理网络的异构性本来是客观存在的，但是利用 IP 协议可以使性能各异的网络让用户看起来像一个统一的网络。

（1）直接交付与间接交付。

如果目的主机和源主机在同一个物理网络上（如在同一个局域网中），则源主机将数据报封装成帧直接发送给目的主机（帧的目的地址为目的主机的 MAC 地址），这种情况不涉及路由器，称为直接交付（Direct Delivery）。如果目的主机和源主机不在同一个物理网络上，则源主机需要将数据报封装成帧后发送给本网络的一台路由器（一定会有一个路由器存在，帧的目的地址为路由器的 MAC 地址），称为间接交付（Indirect Delivery）。路由器涉及直接交付与间接交付问题，当路由器位于传输路径上的最后一个站时，采用直接交付将数据报发送给目的主机（硬件转发），其他中间路由器采用间接交付将数据报发送给下一跳路由器（软件选择）。

发送方如何知道目的站点是否在同一个直连的网络上呢？方法是提取目的 IP 地址中的网络部分，并同自己的 IP 地址的网络部分进行比较，如果匹配则可直接交付，否则间接交付。路由器如何知道把数据传送到哪里呢？主机又如何知道对一个特定的目的地究竟使用哪一个路由器呢？办法是使用路由表。

（2）路由表。

每个节点（包括路由器和主机）都有一个路由表，每个表项记录了一个可能的目的地址以及如何到达该目的地址的信息。当主机或路由器中的 IP 选路软件需要发送数据报时，就查询路由表来决定怎么转发。路由表中应存有哪些信息呢？路由表中一般包含三类路由：

1）网络前缀路由。

由于 IP 地址的分配使得所有连接到给定网络上的主机共享一个相同的网络前缀（代表地址范围），而在同一个物理网络上采用直接交付非常高效，这意味着路由表中仅需要包含网络前缀的信息而不需要整个 IP 地址，也就是说路由表的一个表项可以是目的网络而不是一个特定的目的主机。

IP 路由器采用“逐跳转发”（Hop by Hop Forwarding）思想，即在路由表中存储去往目的地的下一跳路由器的 IP 地址，而不是一条完整的到达目的地址的路径。下一跳路由器必须是通过单个网络可达的，这一点非常重要，强调这一点是为了保证数据报能够通过物理网络到达下一跳路由器。

2）默认路由。

路由表中可以将多个表项统一到默认情况，即 IP 转发软件首先在转发表中查找目的网络，如果表中没有路由，则把数据报发给一个默认路由器，称为缺省（默认）路由。

3）特定主机路由。

尽管 Internet 中主要是基于网络而不是单个主机进行选路，但多数 IP 选路软件允许作为特例指定每个主机的路由，这在有些场合是很有用的，称为特定主机路由。

✍知识链接： 路由器每收到一个IP数据报，将其首部中目的IP地址字段中的IP地址与路由表中的每一路由条目中的掩码做与运算，以判断运算结果和该条目的网络地址是否匹配。在路由表的查找过程中，可能得到不止一个匹配结果，此时应该选择匹配网络前缀长度最长的路由条目，因为路由更具体。

2. 路由协议

从前面的路由过程看，路由器不是直接把数据送到目的地，而是把数据送给朝向目的地更近的下一台路由器，称为下一跳（Next Hop）路由器。为了确定谁是朝向目的地更近的下一跳，路由器必须知道那些并非和它直连的网络，即目的地，这要依靠路由协议（Routing Protocol）来实现。路由协议是路由器之间通过交换路由信息，负责建立、维护动态路由表，并计算最佳路径的协议。路由器通过路由协议把和自己直接相连的网络信息通告给它的邻居，并通过邻居通告给邻居的邻居。

通过交换路由信息，网络中的每一台路由器都了解到了远程的网络，在路由表里每一个网络号都代表一条路由。当网络的拓扑发生变化时，和发生变化的网络直接相连的路由器就会把这个变化通告给它的邻居，进而使整个网络中的路由器都知道此变化，都能及时地调整自己的路由表，使其反映当前的网络状况。

✍知识链接： 路由协议是实现路由算法的协议，如RIP、OSPF等。被路由协议（Routed Protocol），也称可路由协议，属于网络协议，按照由路由协议构建的路由表通过互联网转发用户数据。被路由协议包括IP、IPX等。

3. 路由算法

路由选择算法是路由协议的核心，它为路由表中最佳路径的产生提供了算法依据。不同的路由协议有不同的路由选择算法，通常，评价一个算法的优劣要考虑以下一些因素：

（1）正确性（Correctness）。

沿着路由表所给出的路径，分组一定能够正确无误地到达目标网络或目标主机。

（2）简单性（Simplicity）。

在保证正确性的前提下，路由选择算法要尽可能得简单，以减少最佳路径计算的复杂度和相应的资源消耗，包括路由器的CPU资源和网络带宽资源等。

（3）健壮性（Robustness）。

具备适应网络拓扑和通信量变化的足够能力。当网络中出现路由器或通信线路故障时，算法能及时改变路由以避免数据报通过这些故障路径。当网络中的通信流量发生变化时，如某些路径发生拥塞时，算法能够自动调整路由，以均衡网络链路中的负载。

（4）稳定性（Stability）。

当网络拓扑发生变化时，路由算法能够很快地收敛，即网络中的路由器能够很快地捕捉到网络拓扑的变化，并在最快时间内对到达目标网络的最佳路径有新的一致认识或选择。

（5）最优性（Optimality）。

相对于用户所关心的那些开销因素，算法所提供的最佳路径确实是一条开销最小的分组转发路径。但是，由于不同的路由选择算法通常会采用不同的评价因子及权重来进行最佳路径的计算，因此在不同的路由算法之间，事实上并不存在关于最优的严格可比性。

4. 静态路由的概念

静态路由（Static Routing）是指网络管理员根据其所掌握的网络连通信息以手工配置方式

创建的路由表表项，也称为非自适应路由。当网络的拓扑结构或链路的状态发生变化时，网络管理员需要手工去修改路由表中的相关静态路由信息。静态路由信息在默认情况下是私有的，不会传递给其他的路由器。当然网络管理员也可以通过对路由器进行设置使之成为共享。

（1）静态路由的优点。

静态路由除具有实现简单、开销较小并且可靠的优点之外，它的另一个好处是网络安全保密性高。动态路由则需要路由器之间频繁地交换各自的路由表，而对路由表的分析可以揭示网络的拓扑和网络地址等信息，因此使用动态路由存在一定的安全性。

（2）静态路由的缺点。

配置静态路由时要求网络管理员对网络的拓扑结构和网络状态有非常清晰的了解，而且当网络连通状态发生变化时，静态路由的更新也要通过手工方式完成。在大型和复杂的网络环境下通常不采用静态路由。

（3）静态路由配置命令。

配置静态路由的命令为“ip route”，其命令的格式如下：

router(config)#**ip route** *目的网络 掩码 下一跳地址/本地出接口*

参数说明：

目的网络/掩码：为目的 IP 地址和掩码，点分十进制格式。

下一跳地址/本地出接口：指定该路由器的发送接口名或该路由器的下一跳 IP 地址。

知识链接：配置静态路由时，若使用出接口方式，仅用于点对点的链路上（如串行线路），而不能用于像以太网这种多路访问的链路上，因为此时路由器不知道把数据报发往哪一台路由器，无法完成 ARP 的解析过程，从而不知道下一跳设备的 MAC 地址，自然也就完成链路层的数据封装。

下面是一个适合使用静态路由的实例。在如图 5-40 所示的静态路由配置图中（称这样的网络为末节网络），在路由器 A 上配置到达目标网络 172.16.1.0 的静态路由命令如下：

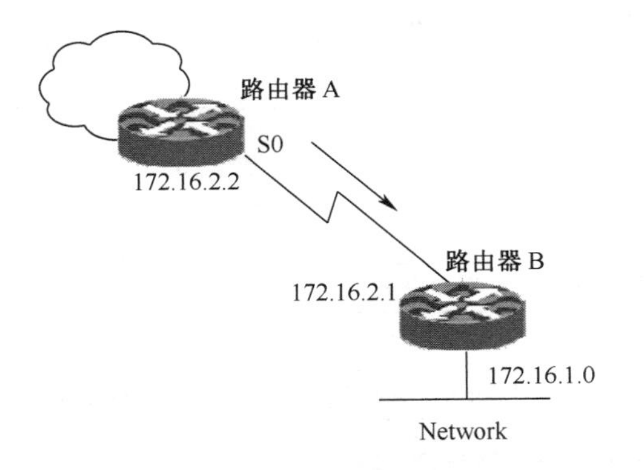

图 5-40 静态路由配置图

router(config)#**ip route** 172.16.1.0 255.255.255.0 172.16.2.1

或 router(config)#**ip route** 172.16.1.0 255.255.255.0 serial 0

要删除一条静态路由，使用 no ip route 命令，方法如下：

router(config)# **no ip route** *目的网络 子网掩码*

（4）默认路由。

默认路由，也称缺省路由，是为那些找不到直接匹配的目标网络所指出的转发端口（即路由器没有明确路由可用时采用的路由）。默认路由不是路由器自动产生的，需要管理员人为设置，所以可以把它看作一条特殊的静态路由。

✍**知识链接**：默认路由是一种特殊的静态路由。在路由表中，默认路由是以到未知的目标网络 0.0.0.0/0 的路由形式出现，所有网络都会与这条路由记录匹配。由于路由器在查询路由表时采用的是最长掩码匹配原则，也就是匹配子网掩码位数长的路由记录优先转发，而默认路由的掩码为 0，所以最后考虑。

配置默认路由的命令为“ip route”，其命令的格式如下：

router(config)#**ip route 0.0.0.0 0.0.0.0** *下一跳地址/本地出接口*

✍**知识链接**：不能将这一配置方式应用到所有路由器上，它只使用于末节路由器。所谓末节路由器（Stub Router），是指这个路由器只有一条通往所有其他网络的路径。所以，默认路由一般用于只有一条出口路径的网络的路由器中。

5．动态路由协议概念

动态路由协议就是路由器用来动态交换路由信息，动态（Dynamic）生成路由表的协议。通过在路由器上运行路由协议并进行相应的路由协议配置即可保证路由器自动生成并动态维护有关的路由信息，如图 5-41 所示。使用路由协议动态构建的路由表不仅能较好地适应网络状态的变化，如网络拓扑和网络流量的变化，同时也减少了人工生成与维护路由表的工作量。大型网络或网络状态变化频繁的网络通常都会采用动态路由协议。但动态路由协议的开销较大，其开销一方面来自运行路由协议的路由器为了交换路由更新信息所消耗的网络带宽资源，同时也来自处理路由更新信息、计算最佳路径所占用的路由器本地资源，包括路由器的 CPU 与存储资源。

交换路由信息的最终目的在于通过路由表找到一条数据交换的“最佳”路径。例如在图 5-42 中计算机 A 访问计算机 B，我们可选择两条路径：一条是走上面的 56Kb/s 连接的通道；另一条则是走向下的 E1 速度（2.048Mb/s）连接的通道。那么这两条路径哪一个比较有效呢？如果从远近上说，两个路径是一样的；如果从速度的角度说，则应该选择后一条线路。

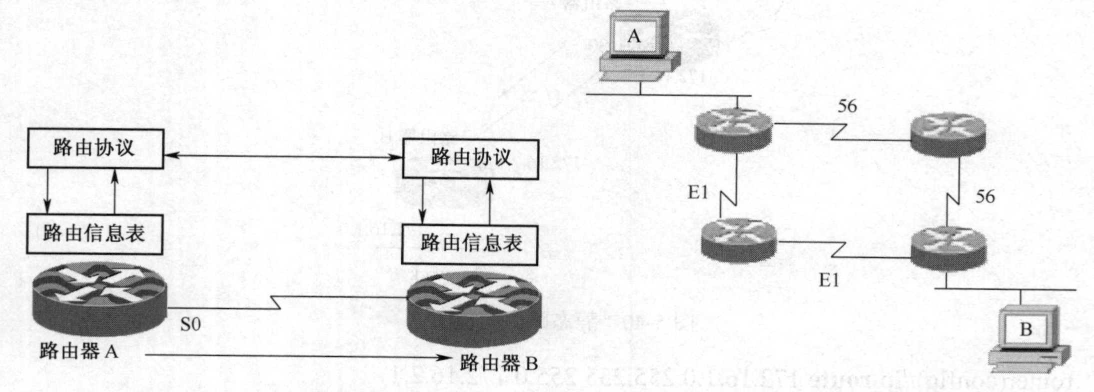

图 5-41 路由信息交换过程　　图 5-42 动态路由中最佳路由选择

每一种路由算法都有其衡量“最佳路径”的一套标准。大多数动态路由算法使用一个度量值（Metric）来衡量路径的优劣，一般来说，此参数值越小，路径越好。该参数可以通过路径的某些特性进行综合评价，也可以以个别参数特性进行单一评价。几个比较常用的特征如下：

（1）跳数（Hop Count）：IP 数据报到达目的地必须经过的路由器个数。

（2）带宽（Bandwidth）：链路的数据传输能力。

（3）延迟（Delay）：将数据从源送到目的地所需的时间。

（4）负载（Load）：网络中（如路由器中或链路中）信息流的活动数。如 CPU 使用情况和每秒处理的分组数。

（5）可靠性（Reliability）：数据传输过程中的差错率。

（6）最大传输单元（MTU）：路由器端口所能处理的、以字节为单位的包的最大尺寸。

（7）开销（Cost）：一个变化的数值，通常可以根据建设费用、维护费用、使用费用等因素由网络管理员指定。

对于特定的路由协议，计算路由的度量并不一定全部使用这些参数，有些使用一个，有些使用多个。比如，后面要讲的 RIP 协议只使用跳数作为路由的度量，而 OSPF 会用到接口的带宽作为路由度量的计算参数。

6. 动态路由协议的分类

动态路由协议按照作用范围和目标的不同，可以被分成内部网关协议（Interior Gateway Protocols，IGP）和外部网关协议（Exterior Gateway Protocols，EGP）。要了解 IGP 和 EGP 的概念，应该首先了解自治系统（Autonomous System，AS）的概念。AS 是共享同一路由选择策略的路由器集合。AS 也称为路由域。AS 的典型示例是公司的内部网络和 ISP 的网络，如图 5-43 所示。

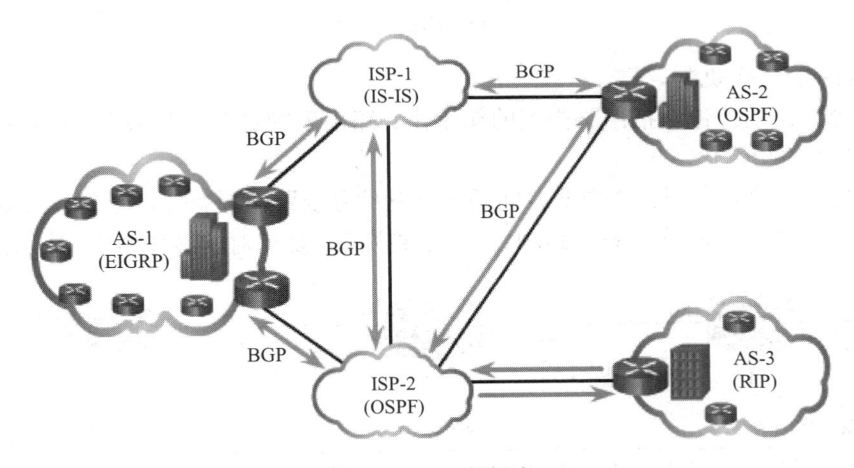

图 5-43　AS 的概念

由于互联网是基于 AS 概念，因此需要两种路由协议：

内部网关协议（Interior Gateway Protocols，IGP）用于在 AS 中实现路由，也称为 AS 内路由。公司、组织甚至服务提供商，都在各自的内部网络上使用 IGP。IGP 包括 RIP（Routing Information Protocol）、EIGRP（Enhanced Interior Gateway Routing Protocol）、OSPF（Open Shortest Path First）和 IS-IS（Intermediate System to Intermediate System）等。

外部网关协议（Exterior Gateway Protocols，EGP）用于在 AS 间实现路由，也称为 AS 间路由。服务提供商和大型企业可以使用 EGP 实现互联。边界网关协议（Border Gateway Protocol，BGP）是目前唯一可行的 EGP，也是互联网使用的官方路由协议。

另外根据动态路由协议所执行的算法，动态路由协议一般分为以下两类：距离矢量路由协议（如 RIP 等）和链路状态路由协议（如 OSPF 等）。

7. 距离矢量路由协议（RIP）

RIP 最初是为 Xerox 网络系统 Xeroxparc 通用协议而设计的，采用距离矢量算法（Distance Vector Algorithm），即路由器根据距离选择路由，所以也称为距离矢量路由协议。

（1）距离矢量算法介绍。

距离矢量路由选择算法，也称为 Bellman-Ford 算法。其基本思想是路由器周期性（Periodicity）地向其相邻路由器广播（Broadcasting）自己知道的路由信息，用于通知相邻路由器自己可到达的网络以及到达该网络的距离，相邻路由器可以根据收到的路由信息修改和刷新自己的路由表。运行距离矢量路由协议的路由器向它的邻居通告路由信息时包含两项内容，一个是距离（是指分组经历的路由器跳数）；一个是方向（是指从下一跳路由器的哪一个接口转发），图 5-44 给出了距离矢量实例。在图中，R1 知道到达网络 172.16.3.0/24 的距离是 1 跳，方向是从接口 S0/0/0 到 R2。使用距离矢量路由协议的路由器并不了解到达目的网络的整条路径，距离矢量协议将路由器作为通往最终目的地路径上的路标，这就好比在高速公路上行车，驾驶员仅根据前方的路牌指示了解下一站是哪里。

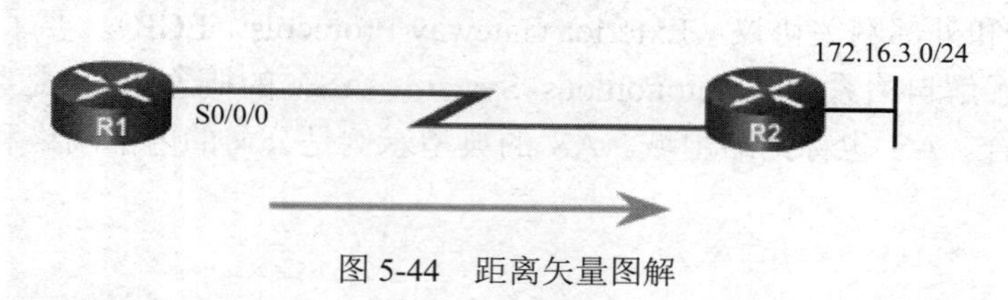

图 5-44　距离矢量图解

（2）RIP 的工作机制。

RIP 路由协议的工作包括：路由表的初始化、路由表的更新以及路由表的维护。

1）路由表的初始化。

RIP 路由协议刚运行时，路由器之间还没有开始互发路由更新包。每个路由器的路由表里只有自己所直接连接的网络（直连路由），其距离为 0，是绝对的最佳路由，如图 5-45 所示。

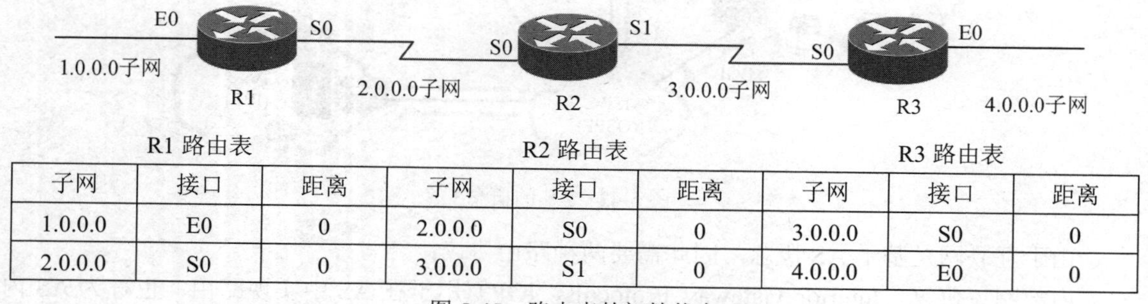

R1 路由表			R2 路由表			R3 路由表		
子网	接口	距离	子网	接口	距离	子网	接口	距离
1.0.0.0	E0	0	2.0.0.0	S0	0	3.0.0.0	S0	0
2.0.0.0	S0	0	3.0.0.0	S1	0	4.0.0.0	E0	0

图 5-45　路由表的初始状态

2）路由表的更新（Update）。

路由器知道了自己直连的子网后，每 30 秒就会向相邻的路由器发送路由更新包，相邻路由器收到对方的路由信息后，先将其距离加 1，并改变接口为自己收到路由更新包的接口，再通过比较距离大小，每个网络取最小距离保存在自己的路由表中。如图 5-46 所示。路由器 R1 从路由器 R2 处学到 R2 的路由“3.0.0.0 S0 1”和“2.0.0.0 S0 1”，而自己的路由表“2.0.0.0 S0 0”为直连路由，距离更小，所以不变。

路由器把从邻居那里学来的路由信息不仅放入路由表，而且放进路由更新包，再向邻居发送，一次一次地，路由器就可以学习到远程子网的路由了。如图 5-47 所示，路由器 R1 再次从路由器 R2 处学到路由器 R3 所直接连接的子网“4.0.0. 0S0 2”，路由器 R3 也能从路由器 R2 处学到路由器 R1 所直接连接的子网“1.0.0. 0S0 2”，距离值在原基础上增 1 后变为 2。

R1 路由表			R2 路由表			R3 路由表		
子网	接口	距离	子网	接口	距离	子网	接口	距离
1.0.0.0	E0	0	2.0.0.0	S0	0	3.0.0.0	S0	0
2.0.0.0	S0	0	3.0.0.0	S1	0	4.0.0.0	E0	0
3.0.0.0	S0	1	1.0.0.0	S0	1	2.0.0.0	S0	1
			4.0.0.0	S1	1			

图 5-46　路由器开始向邻居发送路由更新包，通告自己直接连接的子网

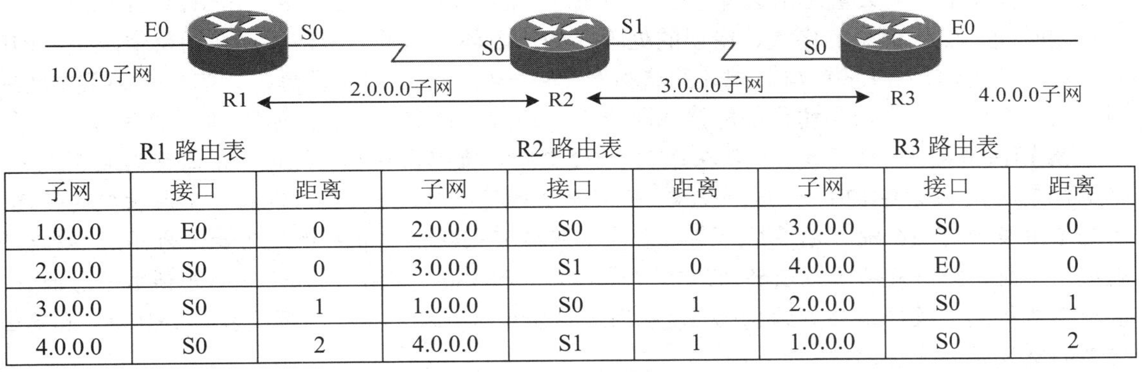

R1 路由表			R2 路由表			R3 路由表		
子网	接口	距离	子网	接口	距离	子网	接口	距离
1.0.0.0	E0	0	2.0.0.0	S0	0	3.0.0.0	S0	0
2.0.0.0	S0	0	3.0.0.0	S1	0	4.0.0.0	E0	0
3.0.0.0	S0	1	1.0.0.0	S0	1	2.0.0.0	S0	1
4.0.0.0	S0	2	4.0.0.0	S1	1	1.0.0.0	S0	2

图 5-47　路由器把从邻居那里学到的路由放进路由更新包，通告给其他邻居

至此，三台路由器对网络上所有应该了解的路由都学习到了，这种状态称为路由收敛（Routing Convergence），达到路由收敛状态所花费的时间叫做收敛时间（Convergence Time）。从上述过程可以看出，这种协议不适合运行在大型网络中，因为网络越大收敛越慢。在路由器的路由表没有收敛时是不能转发某些数据的，因为没有路由。所以快速收敛是人们的期望，它可以减少路由器不正确的路由选择。

RIP 路由表的更新有以下三条原则。

- 如果路由更新中的路由条目是新的，路由器则将新的路由连同通告路由器的地址（作为路由的下一跳地址）一起加入到自己的路由表中。
- 如果目的网络的 RIP 路由已经在路由表中，那么只有在新的路由拥有更小的跳数时才能替换原路由条目。
- 如果目的网络的 RIP 路由已经在路由表中，但是路由更新通告的跳数大于或等于路由表中已记录的跳数，这时 RIP 路由器将判断这条路由更新是否来自于已记录条目的下一跳路由器（也就是来自于同一个通告路由器），如果是，该路由器就被接受，然后路由器更新自己的路由表，重新更新计时器。否则，这条路由将被忽略。

3）路由表的维护。

网络中若是拓扑发生变化，将引起路由表的更新。如图 5-48 所示，RA 在更新路由表后，立即传送更新后的 RIP 路由信息，通知其他路由器同步更新，如图中的 RB 同步更新。这种更新与前面所说的路由器周期性的发送更新信息不一样，它是在路由器更新路由表后立即进行的，无须等待。

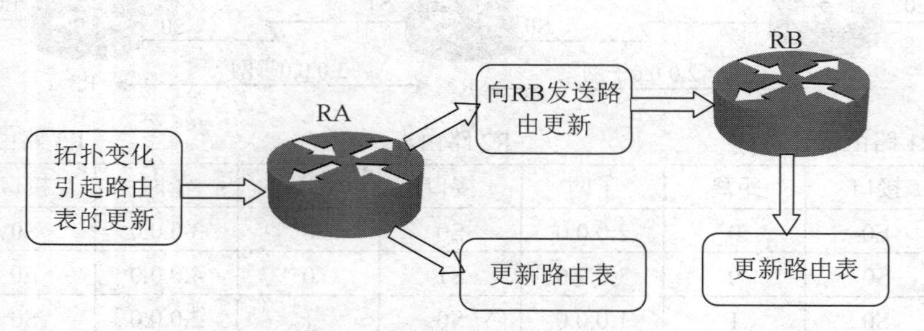

图 5-48　拓扑变化引起的路由表更新

（3）RIP 协议特点。

RIP 协议是距离矢量路由选择算法在局域网上的直接实现。它规定了路由器之间交换路由信息的时间、交换信息的格式、错误的处理（如路由环路问题）等内容。在通常情况下，RIP 协议规定路由器每 30 秒钟与其相邻的路由器交换一次完整的路由信息，该信息来源于本地的路由表，其中，路由器到达目的网络的距离以“跳数”计算。最大跳数限制为 15 跳。

知识链接：一般而言，RIP 在每 30 秒会更新一次路由信息，因此当距离目的地 5 跳时，路由信息的获取需要 120 秒。这样一来，当网络规模很大时，必然会出现路径无法收敛的情况，因此 RIP 定义了 16 跳“无限”距离，当某个网络节点从相邻节点收到度量值为 16 跳以上的表项信息时，则该表项源地址的网络不可达（Unreachable）。RIP 无穷计算问题的本质原因是，节点不能得到有关网络拓扑结构的信息，因此该协议只在相邻节点之间交换部分信息，其路由信息的交换是不充分的。

（4）RIP 协议与子网路由。

RIP 协议的最大优点是配置和部署相当简单。RIP 的最大问题是收敛慢（当最远两台之间相距 15 跳时，路由表的收敛时间为 15×30=450 秒，最短也需要 7×30=210 秒，并且在收敛过程中，可能产生路由环路）。早在 RIP 协议的第一个版本被 RFC 正式颁布之前，它已经被写成各种程序并被广泛使用。但是，RIP 的第一个版本是以标准的 IP 互联网为基础的，它使用标准的 IP 地址，并不支持子网路由。直到第二个版本的出现，才结束了 RIP 协议不能为子网选路的历史。与此同时，RIP 协议的第二个版本支持 MD5 或明文认证、支持多播（多播地址为 224.0.0.9）、支持手动路由聚合（Routing Aggregation）等特性。

（5）RIP 配置基础。

在学习如何配置 RIP 之前，要考虑一些无论运行了何种路由选择协议都需要的基本配置任务。在路由器上设置 IP 路由选择时，需要执行两个基本步骤：

- 启用路由选择协议。
- 为路由器接口分配 IP 地址。

请注意，这些任务的顺序并不重要。

1）router 命令。启用 IP 路由选择协议包括两个步骤。首先，进入路由器子配置模式，该模式决定将要运行的路由选择协议。要进入路由选择协议的配置模式，可以使用下列命令：

Router (config) # **router** *name_of_the_IP_routing_protocol*

Router (config-router) #

需要指出的是：router 命令并不打开路由选择协议，router 命令只是启动了一个路由选择进程。该过程是在协议的路由器配置模式下完成的，该模式由提示符(config-router)#表示。

2）network 命令。network 命令能实现以下 3 项功能：

- 路由选择更新信息都从某个接口传送出去。
- 如果它们从相同接口进入，路由选择更新将被处理。
- 直接连到接口的子网被发布。

默认情况下，没有接口参与。要指定哪些接口将要参与，可以使用 network 路由器子配置模式命令：

Router(config-router)#**network** *IP_network_#*

一旦输入网络号，路由选择进程就成为活动的。对于距离向量协议，如 RIP，只需要输入与接口相关的 A、B 或 C 类网络号。换句话说，如果利用子网掩码 255.255.255.192（/26）对 192.168.1.0 进行了子网划分，则会拥有子网 192.168.1.0/26、192.168.1.64/26、192.168.1.128/26 与 192.168.1.192/26，并不需要输入每个具体子网。而是只要输入 192.168.1.0 就可以满足所有与该 C 类网相关的接口的需要。如果你指定一个子网，则由于 RIP 是有类（Classful）协议，路由器会将其转换成有类地址。

来看一个配置简单的实例，如图 5-49 所示。在该实例中，路由器连接到 B 类网络（172.16.0.0）与 C 类网络（192.168.1.0），这两个网络都子网化了。

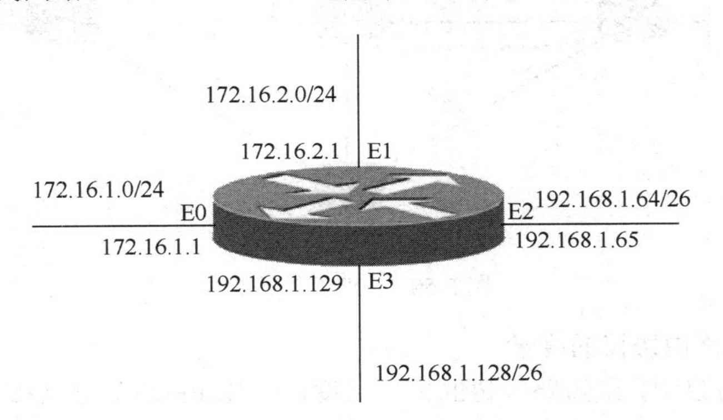

图 5-49 简单网络实例

假设忘记了，只需要输入有类网络号，而是输入了子网化后的值，如下所示：

Router(config-router)#**network** *172.16.1.0*

Router(config-router)#**network** *172.16.2.0*

Router(config-router)#**network** *192.168.1.64*

Router(config-router)#**network** *192.168.1.128*

输入 network 语句时，需要包括与路由器接口相关的每个网络；如果忽略了一个网络，那么路由器在路由选择进程中将不会包括被忽略的接口。

从前面实例可以看到，所有的子网都包括了。然而，无论何时配置了任一版本的 RIP，network 命令都假设是有类的。正如前面讨论过的，只需要输入 A、B 或 C 类的网络号，而不是子网。实际上只需要输入两条 network 命令：

Router(config-router)#**network** *172.16.0.0*

Router(config-router)#**network** *192.168.1.0*

两种输入的语句都是正确的，但后者是在输入了所有特定子网的情况下路由器将会使用的方法。

8. 链路状态路由协议（OSPF）

（1）链路状态路由算法（Link State Routing Algorithm）。

链路状态路由算法的基本思想是每个路由器周期性地向其他路由器广播自己与相邻路由器的连接关系，例如链路类型、IP 地址和子网掩码、带宽、延迟、可靠度等，从而使网络中的各路由器能获取远方网络的链路状态信息，以使各个路由器都可以画出一张互联网络拓扑结构图。利用这张图和最短路径优先算法（Shortest Path First，SPF），路由器就可以计算出自己到达各个网络的最短路径。此算法使用每条路径从源到目标的累计开销来确定路由的总开销，如图 5-50 所示，每条路径都标有一个独立的开销值，R2 发送数据报至连接到 R3 的 LAN 的最短路径的开销是 27。每台路由器会自行确定通向拓扑中每个目的地的开销。换句话说，每台路由器都会站在自己的角度计算 SPF 算法并确定开销。

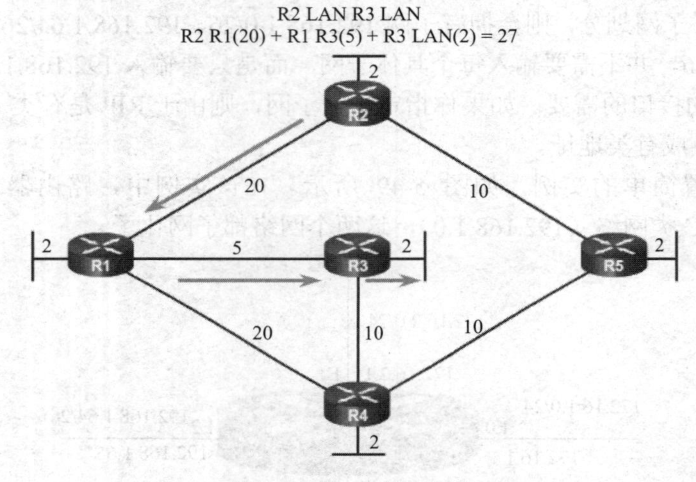

图 5-50　SPF 开销计算

（2）链路状态路由协议的度量。

在 OSPF 路由协议中，最短路径树的树干长度，即 OSPF 路由器至每一个目的地路由器的距离，称为 OSPF 的 Cost，其算法为：Cost=10^8/链路带宽。在这里，链路带宽以 b/s 来表示。也就是说，OSPF 的 Cost 与链路的带宽成反比，带宽越高，Cost 越小，表示 OSPF 到目的地的距离越近。举例来说，100Mb/s 或快速以太网的 Cost 为 1（10^8/(100*1000*1000)），E1 串行链路的 Cost 为 48（10^8/(2.048*1000*1000)），10Mb/s 以太网的 Cost 为 10 等。

（3）OSPF 的优点。

与 RIP 相比，OSPF 的优越性非常突出，并在越来越多的网络中取代 RIP 成为首选的路由协议。OSPF 的优越性主要表现在以下几方面。

1）协议的收敛时间短。当网络状态发生变化时，执行 OSPF 的路由器之间能够很快地重新建立起一个全网一致的关于网络链路状态的数据库，能快速适应网络变化。

✍**知识链接**：RIP 路由器认识到路径发生不可达的变更时，它将设置此路由项为等待，直到 6 次更新总共 180 秒没有收到关于这个路由项的更新之后，才会将路由项标识为不可达，这意味着 RIP 至少要经过 3 分钟的延迟才能启动备份路由，这个时间对于多数应用程序来说都会出现超时错误。

2）不存在路由环路。OSPF 路由器中的最佳路径信息通过对路由器中的拓扑数据库（Topological Database）运用最短路径优先算法得到。通过运用该算法，会在路由器上得到一个没有环路的 SPF 树的图，从该图中所提取的最佳路径信息可避免路由环路问题。

知识链接：RIP 协议由于无法了解整个网络的结构，只能依靠来自于相邻路由器的信息进行路由选择，因此会产生路由环路。

3）支持 VLSM 和 CIDR，节省网络链路带宽。OSPF 不像 RIP 操作那样使用广播发送路由更新，而是使用组播技术发布路由更新，并且也只是发送有变化的链路状态更新。

4）网络的可扩展性强。首先，在 OSPF 的网络环境中，对数据报所经过的路由器数目即跳数没有进行限制。其次，OSPF 为不同规模的网络分别提供了单域（Single Area）和多域（Multiple Area）两种配置模式，前者适用于小型网络。而在中到大型网络中，网络管理员可以通过良好的层次化设计将一个较大的 OSPF 网络划分成多个相对较小且较易管理的区域。单域 OSPF 与多域 OSPF 的简单示意图如图 5-51 所示。

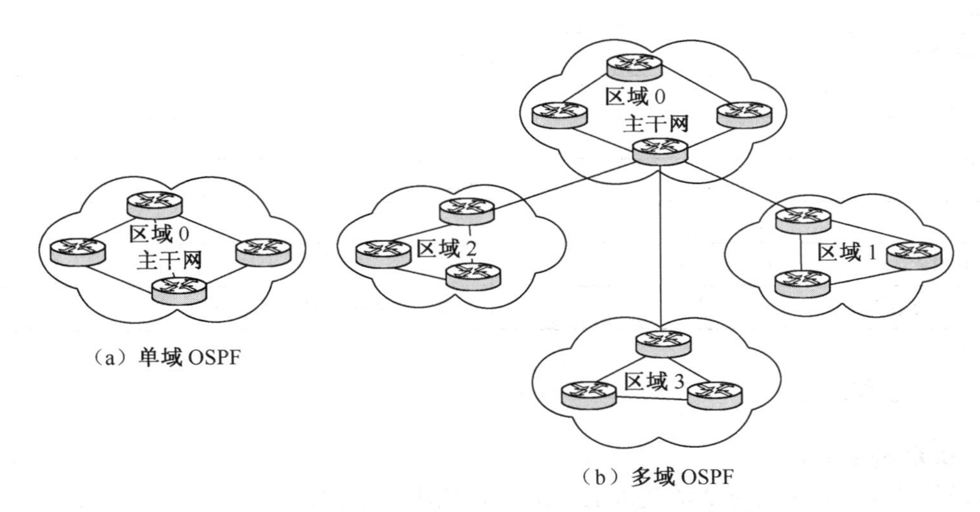

图 5-51　单域 OSPF 与多域 OSPF 的简单示意图

知识链接：OSPF 具有良好的扩展性，能够应用在大型网络中，但对链路带宽、路由器的处理能力和存储空间的要求比较高。另外，采用划分区域的方法，使交换信息的种类增加了，同时也使 OSPF 协议更加复杂。但此方法能使每一个区域内部交换的路由信息量大大减少了，因而能够使 OSPF 协议用于大规模网络中。

9. 管理距离（又称路由的优先级）

考虑下面的问题：在路由器上同时启用了 RIP 协议和 OSPF 协议，这两种路由协议都通过更新得到了有关某一网络的路由，但下一跳的地址是不一样的，路由器会如何转发数据报？读者可能想通过路由度量 Metric 进行衡量，这是不对的。只有在同种路由协议下，才能用 Metric 的标准来做比较。例如，在 RIP 中，只通过跳数（Hop）来作为 Metric 的标准，跳数越少，也就是 Metric 的值越小，认为这条路径越好。而在不同的协议中，计算标准是不同的，例如在 OSPF 中，就不是简单用跳数衡量的，而是用带宽数来计算 Metric 值的，所以不同协议的 Metric 值没有可比性。就如同我们要问 1 公斤和 13 厘米哪个大一样没有意义。

管理距离（Administrative Distance，AD）是路由器用来评价路由信息可信度（最可信也意味着最优）的一个指标。每种路由协议都有一个缺省的管理距离。管理距离值越小，协议的可信度越高，也就等于这种路由协议学习到的路由最优。为了使人工配置的路由（静态路由）和动态路由协议发现的路由处在同等的可比原则下，静态路由也有缺省管理距离，参见表 5-15。缺省管理距离的设置原则是：人工配置的路由优于路由协议动态学习到的路由；算法复杂的路由协议优于算法简单的路由协议。从表中可以看到，路由协议 RIP 和 OSPF 的管理距离分别是 120 和 110。如果在路由器上同时运行这两个协议的话，路由表中只会出现 OSPF 协议的路由条目。因为 OSPF 的管理距离比 RIP 的小，因此 OSPF 协议发现的路由更可信。路由器只使用最可靠协议的最佳路由。虽然路由表中没有出现 RIP 协议的路由，但这并不意味着 RIP 协议没有运行，它仍然在运行，只是它发现的路由在和 OSPF 协议发现的路由比较时落选了。

表 5-15　缺省管理距离

路由来源	管理距离
直连路由	0
静态路由	1
内部 EIGRP	90
IGRP	100
OSPF	110
IS-IS	115
RIP	120
外部 EIGRP	170
未知（不可信路由）	255（不被用来传输数据流）

5.3.3　任务实施

1. 任务实施条件

本任务是在项目五任务 2 的基础上实施，即完成路由器接口 IP 地址等基本配置的基础上进行的。

2. 查看直连路由

在路由器上，一旦正确配置了接口 IP 地址，就会在路由器的路由表中自动生成直连路由。在特权配置模式下，使用 show ip route 命令，在 R4、R5、R6 路由器的路由表中，应该各有 5 条直连路由；在 R1、R2、R3 路由器的路由表中，应该各有 3 条直连路由。

3. 配置静态路由

在 R4、R5、R6 路由器上，进入全局配置模式，使用 ip route 命令，配置指向 Internet 的默认路由。

（1）R4 (config)#**ip route** *0.0.0.0 0.0.0.0 s0*

（2）R5 (config)#**ip route** *0.0.0.0 0.0.0.0 s0*

（3）R6 (config)#**ip route** *0.0.0.0 0.0.0.0 s0*

请读者思考，如果 ip route 命令中使用下一跳 IP 地址的方式，又该如何配置？

（4）回退到特权模式，使用 show ip route 命令，在路由器的路由表多了一条刚才配置的静态路由。请读者思考，该条路由代码显示部分是用什么标识的？

（5）在总公司或分公司网络中，在一台测试主机上正确配置 IP 地址（注意不同网段的 IP 地址和默认网关是有区别的）后，使用 ping 命令测试能否 ping 通与 R4 直接相连路由器 R1 接口 s0 的 IP 地址，或者与 R5 直接相连路由器 R3 接口 s0 的 IP 地址，或者与 R6 直接相连路由器 R2 接口 s0 的 IP 地址，结果是什么？

4. 在 ISP 路由器上配置指向总公司和分公司内部网络的回指静态路由

上面的测试结果是不通的，原因是静态路由是单向的。要实现全网的连通性，必须配置回程（回指）路由。接下来在 ISP 路由器 R1、R2、R3 分别配置指向总公司、分公司 A、分公司 B 内部网络的路由。考虑总公司、分公司 A、分公司 B 内部网络是划分子网的，因此目的网络地址的写法很关键。在任务 1 规划 IP 地址的时候，已采用网段 222.182.163.0/24 的子网 1～2 分配给总公司使用，子网 3～5 分配给分公司 A 使用，子网 6～7 分配给分公司 B 使用；另外总公司、分公司 A、分公司 B 各子网是连续的，因此可以使用 CIDR 技术，将子网进行聚合。

使用 ping 命令测试能否 ping 通与 R4 直接相连路由器 R1 接口 s0 的 IP 地址，或者与 R5 直接相连路由器 R3 接口 s0 的 IP 地址，或者与 R6 直接相连路由器 R2 接口 s0 的 IP 地址，结果是什么？

5. 在 ISP 路由器上配置动态路由

前面的步骤已经实现总公司、分公司 A、分公司 B 内部网络连通，并且能够访问 Internet 了，但是还不能实现总公司、分公司 A、分公司 B 之间网络的连通，因为广域网还没连通。这里我们使用 RIP 协议来实现广域网部分的路由连通。

（1）在 R1、R2、R3 路由器全局配置模式，使用如下命令配置 RIP 路由：

```
R1(config)#router rip
R1(config-router)#network 222.182.163.0
```

在 R2、R3 路由器上的操作与 R1 路由器上的操作完全一样，请读者自行完成。思考为什么这样配置？

（2）在 R1、R2、R3 路由器的特权配置模式下，使用 show ip route 命令检查路由表，查看在 R1、R2、R3 的路由表中是否都有非直连网段的路由，特别是是否有到达总公司、分公司 A、分公司 B 内部网络的路由。

（3）在 R1、R2、R3 路由器上使用动态路由命令下发静态路由。

在第（1）、（2）步中，虽然正确配置了 RIP 动态路由，但整个网络还是没有连通，主要的原因是在 R1 路由器上没有到达分公司 A 和分公司 B 网络的路由，同样道理在 R2 路由器上没有到达总公司和分公司 A 内部网络的路由，在 R3 路由器上没有到达总公司和分公司 B 内部网络的路由。下面使用 RIP 的动态路由配置命令下发到达各个网络的静态路由。

```
R1(config)#router rip
R1(config-router)# default-information originate
```

在 R2、R3 路由器上的操作与 R1 路由器上的操作完全一样，请读者自行完成。

6. 在 ISP 路由器上检查路由表

在 ISP 路由器 R1、R2、R3 的特权配置模式下，使用 show ip route 命令查看路由表。路由表中有直连路由（代码 C 表示）、静态路由（用代码 S 表示）、动态路由（用代码 R 表示）、通过动态路由学习到的静态路由（用代码 R*表示），每个路由器上都有到达非直连网段的路由了。在测试主机 PC1（位于总公司网络）、PC2（位于分公司 A 网络）和 PC3（位于分公司 B 网络）上正确配置 IP 地址后，能够相互 ping 通对方的 IP 地址，至此全网连通，配置结束。

对于本任务的实施，请读者思考有没有更优的解决方案？在任务报告中记录本任务实施的操作步骤和出现的问题，并写出优化的解决方案。

5.3.4 课后习题

1．静态路由的主要优点是（　　）、（　　），同时避免了（　　）的开销。

2．路由器中的路由表（　　）。

A．包含到达所有主机的完整路径信息

B．包含到达目的网络的完整路径信息

C．包含到达目的网络的下一步路径信息

D．包含到达所有主机的下一步路径信息

3．在 Windows NT 中，下述（　　）命令用于显示本机路由表。

A．route print　　B．tracert　　C．ping　　D．ipconfig

4．图 5-52 是一个 B 类互联网 172.57.0.0（掩码为 255.255.255.0）的子网互联结构图，将主机 A，路由器 R1、R2 的路由表填写完整。

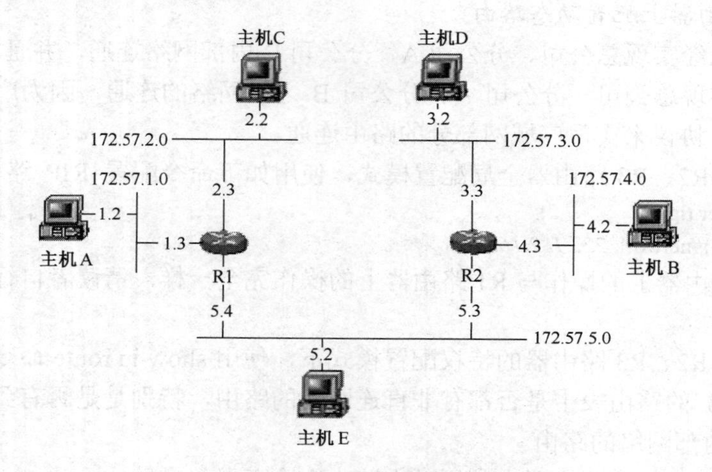

图 5-52 子网互联结构图

（1）主机 A 的路由表。

子网掩码	目的网络	下一站地址
255.255.255.0	172.57.1.0	直接投递
0.0.0.0		

（2）R1 的路由表。

子网掩码	目的网络	下一站地址
255.255.255.0	172.57.1.0	直接投递
255.255.255.0	172.57.2.0	
255.255.255.0	172.57.3.0	
255.255.255.0	172.57.4.0	
255.255.255.0	172.57.5.0	

（3）R2 的路由表。

子网掩码	目的网络	下一站地址
255.255.255.0	172.57.1.0	
255.255.255.0	172.57.2.0	
255.255.255.0	172.57.3.0	直接投递
255.255.255.0	172.57.4.0	
255.255.255.0	172.57.5.0	

5．路由表分为静态路由表和动态路由表，使用路由选择信息协议（RIP）来维护的路由表是（　　）路由表。

6．度量值（Metric）的计算，请举出其中（　　）、（　　）、（　　）和（　　）四个常用基本特征。

7．RIP 协议使用（　　）算法，OSPF 协议使用（　　）算法。

8．关于 OSPF 和 RIP，下列（　　）说法是正确的。

A．OSPF 和 RIP 都适合在规模庞大的、动态的互联网上使用

B．OSPF 和 RIP 比较适合于在小型的、静态的互联网上使用

C．OSPF 适合于在小型的、静态的互联网上使用，而 RIP 适合于在大型的、动态的互联网上使用

D．OSPF 适合于在大型的、动态的互联网上使用，而 RIP 适合于在小型的、静态的互联网上使用

9．RIP 路由算法所支持的最大 Hop 数为（　　）。

A．10　　B．15　　C．16　　D．32

10．RIP 协议使用（　　）。

A．链路－状态算法　　B．矢量－距离算法

C．标准路由选择算法　　D．统一的路由选择算法

11．对矢量－距离算法进行具体描述正确的是（　　）。

A．路由器启动时对路由器直接进行初始化，该初始路由表包括所有去往与本路由器直接相连的网络路径

B．初始化的路由表中各路径的距离均为 0

C．各路由器周期性地向其相邻的路由器广播自己的路由表信息

D．以上都正确

12．关于动态路由说法不对的一项（　　）。

A．动态路由可以通过自身的学习，自动修改和刷新路由表

B．动态路由要求路由器之间不断地交换路由信息

C．动态路由有更多的自主性和灵活性

D．动态路由特别适合于拓扑结构简单、网络规模较小的互联网环境

13．默认网关的作用是（　　）。

A．用于物理连接计算机和网络

B．为计算机提供永久地址

C．标识计算机所连接的网络

D．标识网络计算机的逻辑地址，并且是网络中的唯一标识

E．允许本地网络计算机和其他网络中的设备通信的设备标识

14．如图 5-53 所示，如果使用图示中的网络，下列（　　）将成为 192.133.219.0 网络中主机 A 的默认网关地址。

A．192.135.250.1　　B．192.31.7.1

C．192.133.219.0　　D．192.133.219.1

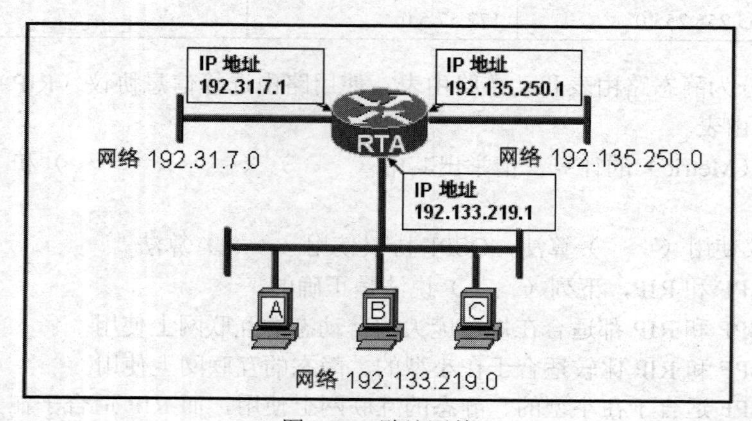

图 5-53　默认网关

15．如图 5-54 所示，图中网络的运行完全正常。下列（　　）两项陈述正确描述了所示拓扑的路由。

A．R3 使用 192.168.0.2 作为下一跳地址将数据报从 10.0.0.0 网络路由到 172.16.0.0 网络

B．R1 使用 10.0.0.1 作为下一跳地址将数据报从 192.168.12.0 网络路由到 10.0.0.0 网络

C．R1 使用 192.168.0.2 作为下一跳地址将数据报从 192.168.12.0 网络路由到 172.16.0.0 网络

D．R3 使用 172.16.0.1 作为下一跳地址将数据报从 10.0.0.0 网络路由到 172.16.0.0 网络

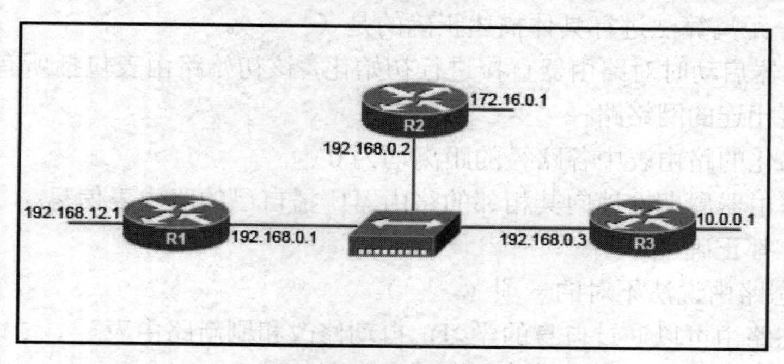

图 5-54　IP 数据报转发

16．下列（　　）两项特征通常与动态路由协议相关。

A．无需进行设备配置　　B．为路由器提供最新的路由表

C．所需处理能力比静态路由低　　D．交换路由信息需要消耗带宽

E. 无需手动配置和路由表维护

17. 下列（　　）陈述描述了默认路由的作用。

A. 主机使用默认路由将数据传输到位于同一个网段中的其他主机

B. 主机使用默认路由将数据转发到本地交换机，它充当前往所有目的设备的下一跳

C. 主机使用默认路由确定本地网络中终端设备的第二层地址

D. 不存在通往目的主机的其他路由时，主机使用默认路由将数据传输到本地网络外的主机

18. 下列（　　）选项显示了正确配置的 IPv4 默认静态路由。

A. ip route 0.0.0.0 0.0.0.0 S0/0/0

B. ip route 0.0.0.0 255.255.255.0 S0/0/0

C. ip route 0.0.0.0 255.255.255.255 S0/0/0

D. ip route 0.0.0.0 255.0.0.0 S0/0/0

19. 下列（　　）两项陈述描述了 OSPF 路由协议。

A. 自动汇总有类边界的网络　　B. 管理距离为 100

C. 使用带宽计算度量　　D. 使用 Dijkstra 算法构建 SPF 树

E. 主要用作 EGP

20. 在路由器的 RIP 配置模式中输入 network 192.168.1.0 命令会发生（　　）两种状况。

A. 将网络地址 192.168.1.0 通告至邻居路由器

B. 通过属于 192.168.1.0 的所有接口发送路由更新

C. 在路由器 RAM 中创建路由表

D. 终止 RIP 进程，并清除所有现有的 RIP 配置

E. 向相邻路由器发送路由更新请求

21. 如图 5-55 所示，网络中已使用 OSPF。OSPF 将会选择（　　）路径将数据报从网络 A 发送至网络 B。

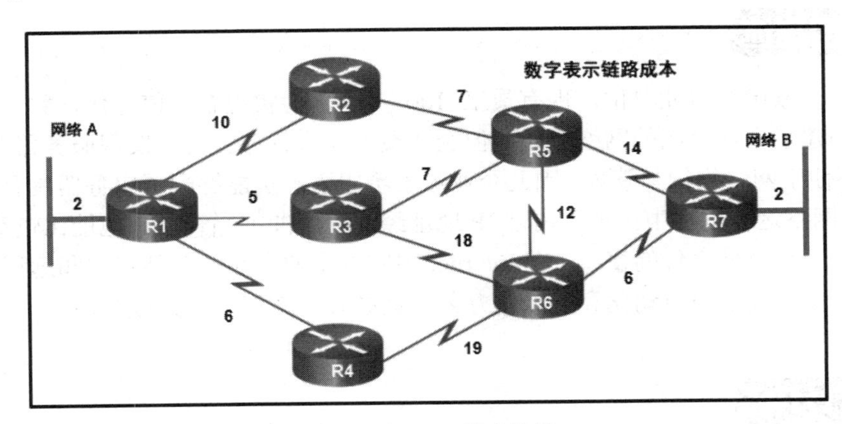

图 5-55　OSPF 路由协议

A. R1、R2、R5、R7　　B. R1、R3、R5、R7

C. R1、R3、R6、R7　　D. R1、R4、R6、R7

E. R1、R3、R5、R6、R7

项目六　设计和实现 Internet 网络服务

计算机网络的本质活动是实现分布在不同地理位置的主机之间的进程通信，以实现应用层的各种网络服务。Internet 能够飞速发展的重要原因是提供了如此丰富多彩、使用便捷的网络应用服务。将本书项目三到项目五实现的技术综合起来，可以描述成：实现了本地主机经过互联网络到远端主机之间的数据传输，这是计算机网络的功能定位，也是在计算机网络体系结构中的定位。如何把主机中运行的网络应用程序（网络进程）所产生的数据（通过互联网络）可靠地传送到远端主机对应的网络进程呢？

对现代计算机网络用户而言，在主机上可能运行了多个网络应用程序，这些网络应用程序可能同时和互联网络上的不同主机之间进行数据传输，问题是如何标识这些网络应用程序？采用 IP 地址是没办法区分的，如果又不加以标识，不知道将网络应用程序交给谁，导致通信失败。网络层提供的网络服务是不可靠的，不能满足网络应用程序的需要，最终也无法为用户提供网络服务。因此，需要有一个网络层次将网络层低于可靠性要求的服务转变成应用程序需要的高级服务。

本项目围绕“网络进程－网络进程”可靠的数据传输这一任务，将计算机网络从数据通信层次拓展为资源应用层次，讨论传输层实现的基本工作任务、网络应用系统与应用层协议的实现方法。

某企业是一家国营事业单位，现有员工 100 多名，为实现企业信息化、数字化、现代化的办公需求构建了企业自己的网络系统，但企业员工在进行办公时，发现服务器的 IP 地址比较难记，也不便于网络维护与管理，因此企业员工希望管理员能够配置服务器具有好记并具标识性的名字；网络运行过程中出现了内部 IP 地址经常发生冲突、管理 IP 地址比较费时等问题；企业希望建立一个对外宣传的窗口，在 Internet 中实现企业产品的对外宣传和远程终端业务数据处理，还希望实现办公自动化和无纸化办公，提高办公效率和节约成本。

随着信息化建设的不断深入，企业网内部的应用需求越来越多，并希望通过网络的建设提高自身的信息化程度。在网络内部规划和搭建网络服务器，提供专门的信息和资源，达到网络共享服务，提高企业的办公效率，各种不同类别的服务器随着用户的需求而出现。

- 服务器名称化访问，便于企业信息化管理和提高工作效率，可以采用 DNS 技术实现 IP 地址和域名之间的转换关系。

- 减少网络管理员的工作量和减少 IP 地址冲突的问题，可组建以 DHCP 服务器为主控中心的网络，实现为客户端自动分配 IP 地址功能。
- 提高企业对外服务的形象，实现信息发布和业务数据处理，可使用 Web 服务器技术和后台数据库服务器处理技术实现这一需求。
- 及时、快捷地传递公司业务信息，有效地、快速地与客户交换信息，“网络邮局”是实现这一需求不错的选择。

学习目标

通过完成本项目的操作任务，读者将：

- 掌握传输层的功能及提供的服务、传输层的寻址、TCP 的三次握手过程及 TCP 和 UDP 的报文格式。
- 掌握 DNS 相关的基本概念，能够熟练地配置 DNS 服务器和客户端。
- 掌握 DHCP 的使用目的、工作过程，能够正确配置 DHCP 服务器及客户端。
- 了解 Internet 信息服务器的功能和使用方法，能够搭建 Web 站点、电子邮件服务器、FTP 服务器。

任务　搭建网络应用服务平台

6.1.1　任务目的及要求

通过本任务让读者理解传输层的功能、提供的服务、端口号的概念、TCP 的三次握手过程、TCP 数据包的格式等。掌握基于 TCP、UDP 之上的一些典型应用：DNS、DHCP、Web 和 E-mail 等服务的基本概念、工作原理及技术形式，并能够结合企业自身实际情况和发展的需要，会安装和配置 DNS、DHCP、Web 和 E-mail 等 4 类网络服务器。

6.1.2　知识准备

本任务知识点的组织与结构，如图 6-1 所示。

- 传输层的定位
- 传输层的功能
- 传输层提供的服务
- 传输层的端口
- 传输控制协议TCP
- 用户数据报协议UDP
- DNS的基本工作原理
- DHCP的基本工作原理
- 互联网络上的应用服务

图 6-1　任务 1 知识点结构示意图

读者在学习本部分内容的时候，请认真领会并思考以下问题：

（1）比较术语点到点通信、主机到主机通信、端到端通信的区别。

（2）阐述 TCP 提供可靠的服务，采用了哪些具体措施？

（3）阐述两主机上的网络进程通过互联网络传输数据的过程。

（4）TCP 提供可靠的数据传输服务，而 UDP 提供的是不可靠的数据传输服务，为什么还要使用 UDP？

（5）客户端通过浏览器访问 Web 服务器，使用 Wireshark 捕获的数据帧长度为 516 字节，分析传送的实际数据长度是多少？

（6）DHCP 的四个工作过程各有什么作用？为什么四个过程发送的报文都是广播报文？

（7）DNS 查询机制有哪两种？它们的区别是什么？

1. *传输层的地位和上下层之间的关系*

传输层的地位和上下层之间的关系可以用图 6-2 来进行描述。

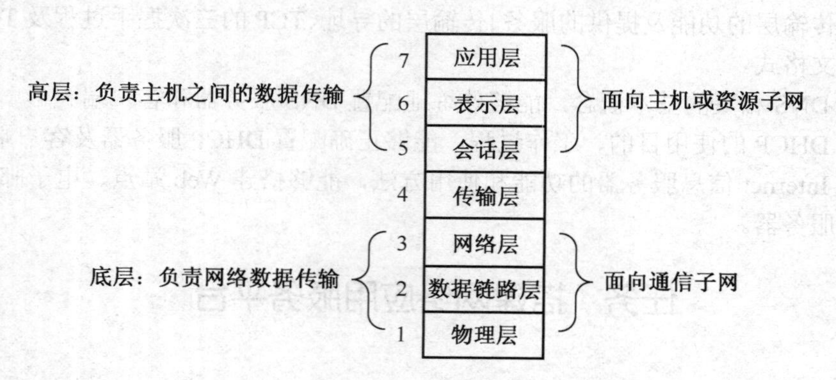

图 6-2　传输层的地位

传输层是整个网络体系结构中的关键，传输层向高层的应用屏蔽了底层通信子网细节（如网络拓扑结构、所采用的协议和实现技术等）。传输层使应用进程“看见的”好像是两个传输实体之间有一条端到端的逻辑通信信道。因此，从通信和信息处理的角度看，传输层属于面向通信部分的高层，同时也使用户功能的最低层，起到了承上启下的作用，是 OSI 参考模型的关键。

2. *传输层的功能*

传输层和网络层从功能实现上看，它们之间的区别是很大的。对于网络层，通信的两端是两个主机，用 IP 地址标识两个主机的网络连接，并且可以把数据报传输到目的主机，但该数据报还是停留在主机的网络层，而没有交给主机的应用进程。对于传输层，通信的真正端点应该是主机中的应用进程，端到端（End to End）通信就是应用进程之间的通信。如图 6-3 所示，用户的浏览器远程访问一个 Web 服务器，因为浏览器和 Web 服务器都是在物理终端设备上运行的应用软件，所以用户浏览器和 Web 服务器的通信过程实际上就是两个应用进程（浏览器进程和 Web 服务器进程）之间的交互过程。

传输层的主要功能如下：

（1）分割与重组数据。大多数网络对单个数据包能承载的数据量都有限制，因此将应用层的报文（Message）分割成若干子报文并封装为段（Segment）。

（2）按端口号寻址。为了将数据流传送到适当的应用程序，传输层必须使用标识符来标识应用层的不同进程，此标识符称为端口号。因此，两个应用进程开始通信之前，不但要知道对方的 IP 地址，还要知道对方的端口号。

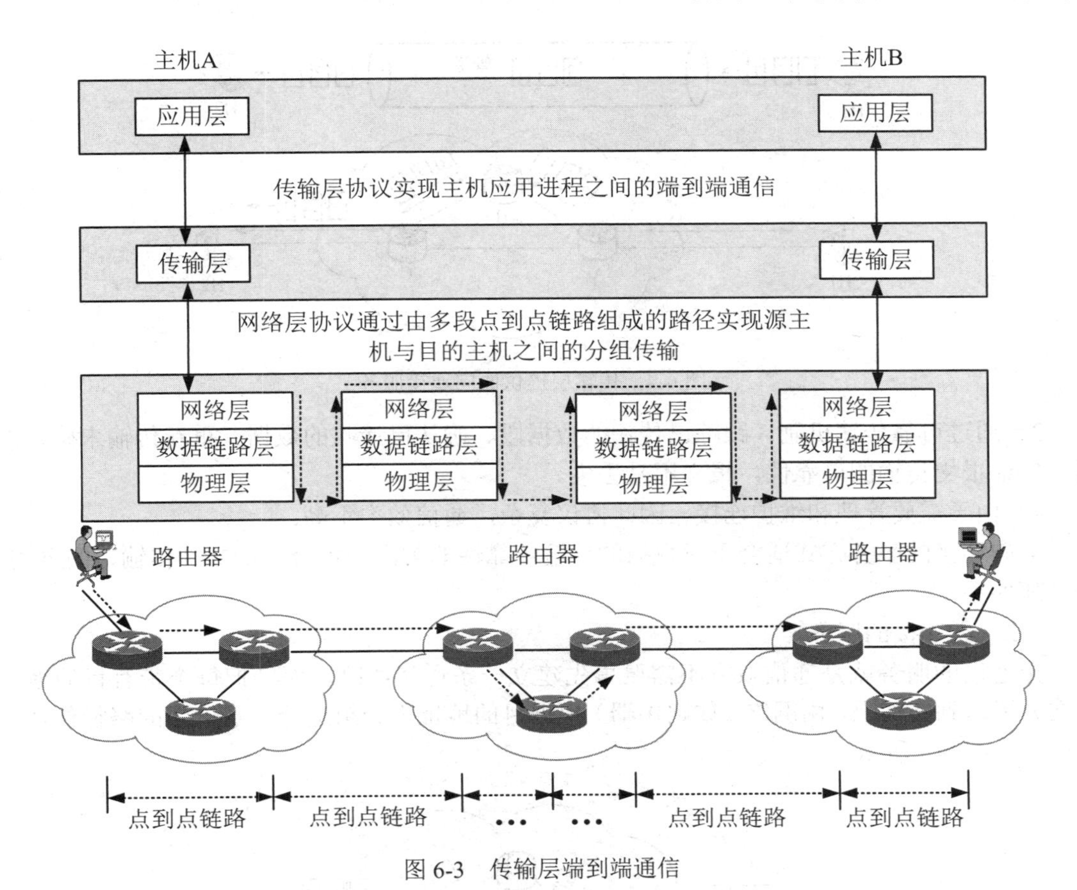

图 6-3 传输层端到端通信

（3）跟踪各个会话。在传输层中，源应用程序和目的应用程序之间传输的特定数据集合称为会话。每个应用程序都与一台或多台远程主机上的一个或多个应用程序通信。传输层负责维护并跟踪这些会话，完成端到端通信链路的建立、维护和管理。

（4）差错控制和流量控制。

传输层要向应用层提供通信服务的可靠性，避免报文的出错、丢失、延迟、重复、乱序等现象。后面讨论的 UDP 协议提供的是一种不可靠的服务，TCP 协议提供的是一种可靠的服务，它们同为传输层上的两种协议，但这里为什么说传输层向应用层提供的是可靠的通信服务能？请读者思考。

知识链接： 进程到进程（端到端）之间的通信不等同于主机到主机之间的通信，因为主机上可以同时运行多个进程。

3. 传输层提供的服务

传输层主要提供两种服务，一种是面向连接的服务，由 TCP 协议实现，它是一种可靠的服务；一种是无连接的服务，由 UDP 协议实现，它是一种不可靠的服务。

（1）面向连接的服务。

1）在服务进行之前必须建立一条逻辑链路后再进行数据传输，传输完毕后，再释放连接。在数据传输过程中，好像一直占用了一条这样的逻辑链路。这条链路好比一个传输管道，发送方在一端放入数据，接收者从另一端取出数据，如图 6-4 所示。

2）所有报文都在管道内传送，因此报文是按序到达目的地，即先发送的报文先到达。

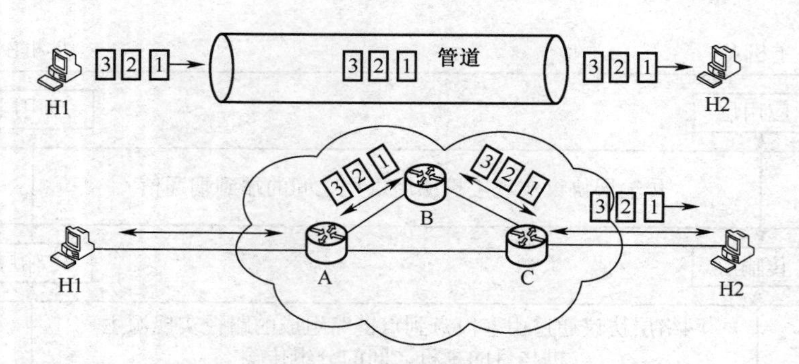

图 6-4　传输层提供面向连接服务

3）通过可靠传输机制（跟踪已传输的数据段、确认已接收的数据、重新传输未确认的数据）保证报文传输的可靠性，报文不易丢失。

4）由于需要管理和维护连接，因此协议复杂，通信效率不高。

面向连接的服务方式适合于对数据的传输可靠性非常高的场合，如文件传输、网页浏览、电子邮件等。

（2）无连接的服务。

无连接的服务就是通信双方不需要事先建立一条通信线路，而是把每个带有目的地址的报文分组送到网络上，由网络（如路由器）根据目的地址为分组选择一条恰当的路径传送到目的地，如图 6-5 所示。

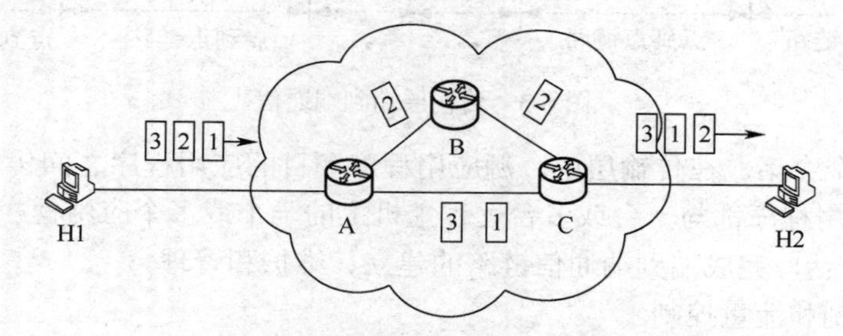

图 6-5　传输层提供无连接服务

无连接服务的特点是：

1）数据传输之前不需要建立连接。

2）每个分组都携带完整的目的节点地址，各分组在网络中是独立传送的。

3）分组的传递是失序的，即后发送的分组有可能先到达目的地。

4）可靠性差，容易出现报文丢失的现象，但是协议相对简单，通信效率较高。

无连接的 UDP 是网络层“尽最大努力投递”服务在传输层的进一步扩展，无法保证报文能够正确到达目的地。

4. 传输层端口

（1）端口的概念。

传输层必须能够划分和管理具有不同传输要求的多个通信。当传输层收到网络层交上来的数据时，要根据端口号来决定应当通过哪一个端口上交给对应接收此数据的应用进程，如图 6-6 所示。端口号的取值为 0～65535。端口号只有本地意义，在 Internet 不同计算机中相同的端口号没有联系。

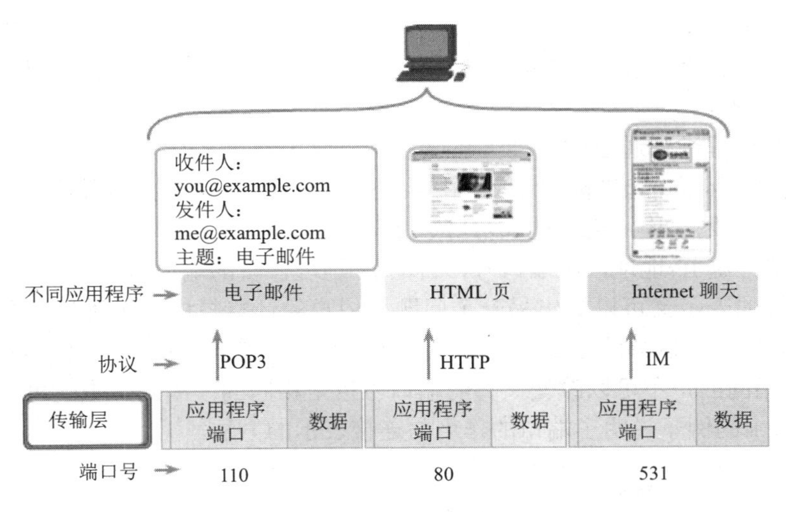

图 6-6　传输层上的端口

（2）源端口和目的端口。

在传输层的 PDU 一段的报头中，都含有源端口号和目的端口号字段。源端口号是与本地主机上始发应用程序相关联的通信端口号；目的端口号是此通信与远程主机上目的应用程序关联的一个号码，如图 6-7 所示。

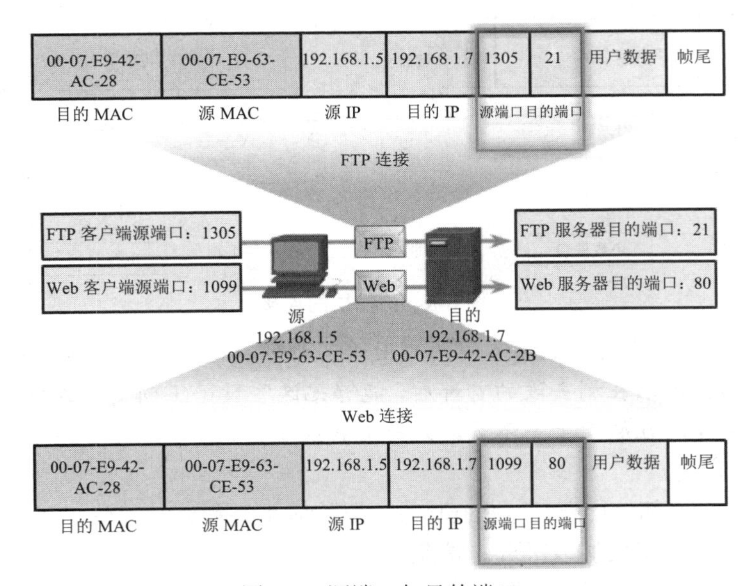

图 6-7　源端口与目的端口

在 TCP/IP 网络中，可用 IP 地址标识网络中的一台主机，端口号标识主机中的进程，这样“IP 地址+端口号”就可以唯一地标识一个进程了。考虑到网络中有多协议的特点，如 UDP、TCP，要唯一地标识一个进程，还应加上协议类型，即“协议类型+IP 地址+端口号”就是所谓的套接字（Socket）。

有了套接字后，可以方便地使用某个特定主机上的各种网络服务，如图 6-7 中的 FTP 和 Web 服务。但是，如果有多个用户要同时使用同一个主机上的同一个服务，例如收发邮件服务，那么邮件服务器如何正确区分邮件来源和目的呢？也就是说，邮件服务器如何将各个计算机送来的邮件信息区分开来，而不会产生通信混乱？这个问题实际上是如何标识连接的问题。

（3）连接技术。

连接是一对进程进行通信的一种关系。进程可以用套接字唯一标识。因此，可以用连接两端进程的套接字合在一起来标识连接，由于两个进程通信时，必须使用系统的协议，故在基于 TCP/IP 协议栈的网络中，连接的表示应该是这样的：

连接={协议，源 IP 地址，源端口号，目的 IP 地址，目的端口号}

现在从连接的表示又可以提出另一个问题：用户的计算机中多个进程与同一服务器的同一进程连接时，应如何区分这些连接。首先，在这些连接的表示中，协议、源 IP 地址、目的 IP 地址肯定是相同的，不可以改变，目的端口号也是相同的。因此，唯一可以改变的是源端口号。图 6-8 给出的例子说明了端口的作用与连接表示的方法。

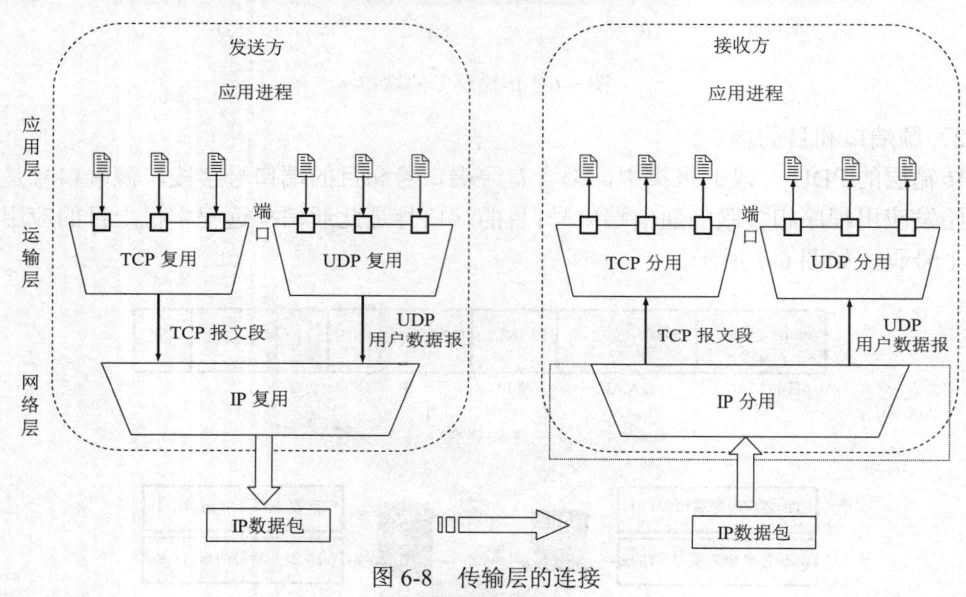

图 6-8　传输层的连接

✍**知识链接**：复用是指发送方不同的应用进程都可以使用同一个传输层协议传输数据，分用是指接收方的传输层在剥去段的首部后，能够把这些数据正确交付到目的应用进程，与项目三中讲解的多路复用在原理上差不多，只是形式改变了。

（4）端口的分类。

TCP 和 UDP 协议都使用端口（Port）与上层的应用进程进行通信，每个端口都拥有一个称为端口号的整数标识符来加以区分。按照 TCP 和 UDP 的规定，二者均允许长达 16 位的端口号，所以都可以提供 2^{16} 个不同端口，端口号的取值范围是 0～65535。端口分为两部分：一部分是保留端口，另一部分是自由端口。其中 0～254 以下规定作为公共应用服务的端口，如 WWW、FTP、DNS 和电子邮件服务等，255～1023 被保留用作商业性的应用开发，如一些网络设备厂商专用协议的通信端口等，都由因特网指派名字和号码公司分配，通常把这类端口叫做熟知端口（Well-known Port）。端口号大于 1023 以上作为自由端口，以本地方式进行随机分配，源主机在请求 TCP 服务时通常由此范围中选择。

（5）常见端口号。

常见的端口号如图 6-9 所示。

应用程序	FTP（控制）	FTP（数据）	SMTP	DNS	TFTP	HTTP	POP3	SNMP
熟知端口	21	20	25	53	69	80	110	161

图 6-9　常见端口号

5．传输控制协议（TCP）

传输层提供应用进程之间的通信。TCP/IP 协议栈包含两个传输层协议：传输控制协议（TCP）和用户数据报协议（UDP）。

（1）TCP 的主要功能。

TCP 协议提供的是一个可靠的、端到端的面向连接、全双工的通信服务，每一个连接可靠的建立，友好的终止，在终止发生之前的数据都会被可靠的传输。

1）可靠的：TCP 通过按序传送（序列号）、消息确认（确认号）、超时重传（计时器）等机制确保发送的数据正确地送到目的端且不会发生数据丢失或乱序。

2）端到端：每一个 TCP 连接有两个端点。这里的端点不是主机、主机的 IP 地址、主机的应用进程，也不是端口，而是套接字。由于端到端表示 TCP 连接只发生在两个进程之间，因此 TCP 不支持组播和广播。

3）面向连接（Connection-Oriented）：即希望发送数据的一方必须首先请求一个到达目的地的连接，然后利用这个连接来传输数据。

4）全双工通信（Full Duplex Communication）：TCP 连接的两端都设有发送缓冲和接收缓冲，TCP 允许通信双方的应用进程在任何时候都能发送数据。

（2）TCP 报文段的结构。

TCP 报文段的格式如图 6-10 所示。可以看出，一个 TCP 报文分为首部和数据两部分。TCP 报文段首部的前 20 个字节是固定的，后面的 4N 字节是可有可无的选项（N 为整数）。因此 TCP 首部的最小长度是 20 个字节。首部提供了可靠服务所需的字段。

下面对各个字段的含义进行简单的解释：

1）源端口（Source Port）：标识发送主机上发送应用程序的一个数字。

2）目标端口（Destination Port）：标识目标主机上接收应用程序的一个数字。

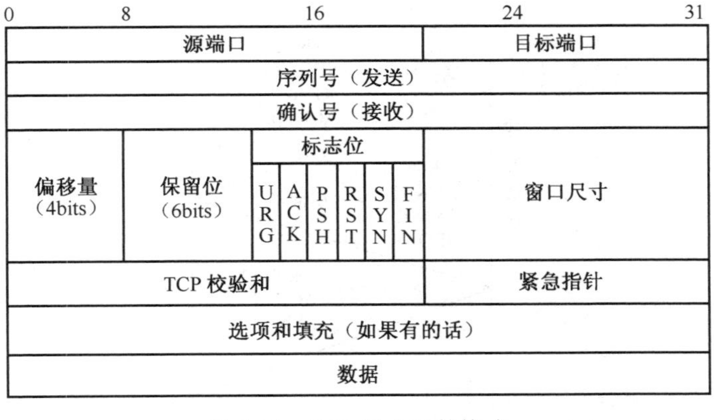

0　8　16　24　31

<table>
<tr><td colspan="8">源端口</td><td>目标端口</td></tr>
<tr><td colspan="9">序列号（发送）</td></tr>
<tr><td colspan="9">确认号（接收）</td></tr>
<tr><td rowspan="2">偏移量
（4bits）</td><td rowspan="2">保留位
（6bits）</td><td colspan="6">标志位</td><td rowspan="2">窗口尺寸</td></tr>
<tr><td>URG</td><td>ACK</td><td>PSH</td><td>RST</td><td>SYN</td><td>FIN</td></tr>
<tr><td colspan="8">TCP 校验和</td><td>紧急指针</td></tr>
<tr><td colspan="9">选项和填充（如果有的话）</td></tr>
<tr><td colspan="9">数据</td></tr>
</table>

图 6-10　TCP 报文段的格式

3）序列号（Sequence Number）：TCP 以字节作为最小处理单位，数据传送时是按照一个个字节（字节流）来传送的，所以在一个 TCP 连接中传送的字节流就需要编号。该字段指出

TCP 报文段中携带数据的第一个字节在发送字节流中的位置。

知识链接：流（Stream）相当于一个管道。从一端放入什么内容，从另一端照样取出什么内容。它描述了一个不出现丢失、重复和乱序的数据传输过程。

4）确认号（Acknowledgement Number）：发送方希望从接收方接收的下一字节，意思是已收到该字节之前的所有字节。

5）偏移量（Offset）：标识报文首部后数据开始的位置，该字段用 4 比特指出 TCP 报头的长度，以 4 个字节为单位。如果没有 TCP 选项，长度为 5 表示 TCP 报头长度为 20 字节。

6）标志位（Flag Bit）：一个 TCP 首部包含 6 个标志位。它们的意义分别为：

- SYN：用来建立连接，让连接双方同步序列号。如果 SYN=1 而 ACK=0，则表示该数据包为连接请求，如果 SYN=1 而 ACK=1 则表示接受连接。
- FIN：表示发送端已经没有数据要求传输了，希望释放连接。
- RST：用来复位一个连接。RST 标志置位的数据包称为复位包。如果 TCP 收到的一个报文段明显不是属于该主机上的任何一个连接，则向远端主机发送一个复位包。
- URG：紧急数据标志。如果为 1，表示本报文段中有紧急数据，应尽快传递。
- ACK：为确认标志位。如果为 1，表示包中的确认号是有效的。
- PSH：如果置位，接收端应尽快把数据传送给应用进程，而不是等到整个缓存都填满后再向上交付。

7）窗口尺寸（Window Size）：允许对方发送的数据量。

8）校验和（Checksum）：验证首部和数据。

9）紧急指针（Urgent Pointer）：只有当 URG 位设置时才有效。用来指向该段紧急数据的末尾。将该指针加到序列号可以产生该段紧急数据的最后字节数。

10）选项：各种选项的保留位，最常用的一个是最大段尺寸，通常在连接建立期间由连接的两端指定。

（3）TCP 连接的建立。

TCP 使用三次握手（Three-way Handshake）协议来建立连接。连接可以由任何一方发起，也可以由双方同时发起。一旦一台主机上的 TCP 软件已经主动发起连接请求，运行在另一台主机上的 TCP 软件就被动地（Passively）等待握手。图 6-11 给出了三次握手建立 TCP 连接过程。

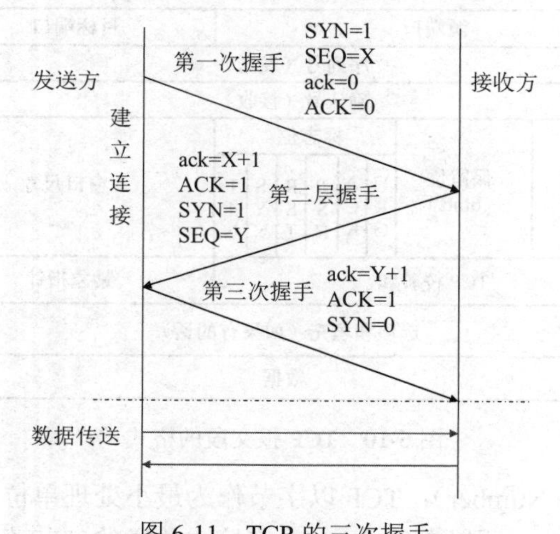

图 6-11　TCP 的三次握手

1）第一次握手（同步请求阶段）。

发送方向接收方发出连接请求的数据报，并在所发送的报文段中将标志位字段中的同步标志位 SYN 置为“1”、确认标志位 ACK 置为“0”。同时分配一个序列号 SEQ=X，表明待发送数据第一个数据字节的起始位置，序列号的确认号 ack＝0，因为此时未收到数据。

2）第二次握手（回应同步请求阶段）。

接收方收到该报文段，若同意建立连接，则发送一个接受连接的应答报文，其中标志位字段的 SYN 和 ACK 位均被置“1”，指示对第一个 SYN 报文段的确认，以继续握手操作；否则，要发送一个将 RST 位置为“1”的应答数据报，表示拒绝建立连接。确认号 ack＝X+1，表示已收到 X 之前的数据，期望从 X+1 开始接收数据。并产生一个随机的序列号 SEQ=Y，告诉本方发送的数据从序列号 Y 开始。

3）第三次握手（同步确认阶段）。

发送方收到接收方发来的同意建立连接报文段后，还有再次进行选择的机会，若其确认要建立这个连接，则向接收方发送确认报文报，用来通知接收方双方已完成建立连接；若其不想建立这个连接，则可以发送一个将 RST 位置为“1”的应答分段来告之接收方拒绝建立连接。此时 ACK=1，SYN=0 表示同意建立连接。确认号 ack=Y+1，表示已收到序列号 Y 之前的数据，期望从 Y+1 开始接收数据。

建立 TCP 连接后，随后进入数据传输阶段。

知识链接：采用“三次握手”的方法，目的是为了防止报文段在传输连接建立过程中出现差错。读者可能会问，为什么在 TCP 连接建立阶段的双方要相互交换初始序列号，如果建立连接的双方都从已知的序列号 SEQ=0 开始不是更简单吗？实际上，TCP 要求连接的每一方随机地选择一个初始序列号，从而防止黑客进行初始序列号攻击。

6. 用户数据报协议（UDP）

（1）UDP 概述。

UDP 协议是无连接的，即通信双方并不需要建立连接，这种通信显然是不可靠的。但是由于 UDP 简单，数据传输速度快、开销小。虽然 UDP 协议只能提供不可靠的数据传递，但是与 TCP 相比，UDP 具有一些独特的优势：

1）无需建立连接和释放连接，因此主机无需维护连接状态表，从而减少了连接管理开销，无需建立连接也减少了发送数据之前的时延。

2）UDP 数据报只有 8 个字节的首部开销，比 TCP 的 20 个字节的首部要短得多。

3）由于 UDP 没有拥塞控制，因此 UDP 的传输速度很快，即使网络出现拥塞也不会降低发送速率。这对实时应用如 IP 电话，视频点播等是非常重要的。

4）UDP 支持单播、组播和广播的交互通信，而 TCP 只支持单播。

（2）UDP 报文格式。

UDP 的报文格式由两部分构成：首部和数据，如图 6-12 所示。首部字段很简单，只有 8 个字节，由 4 个字段构成，每个字段的长度都是两个字节，各字段意义如下：

1）源端口：即本主机应用进程的端口号。

2）目的端口：目的主机应用进程的端口号。

3）长度：UDP 用户数据报的长度。

4）校验和：用于检验 UDP 用户数据报在传输中是否出错。

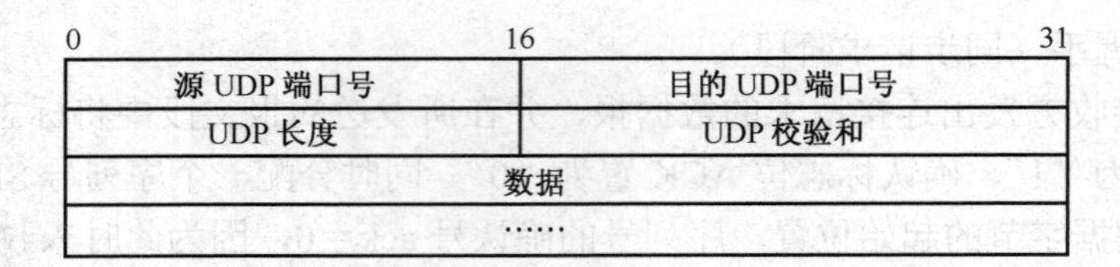

图 6-12　UDP 报文格式

（3）基于 TCP、UDP 的一些典型应用。

TCP 能提供面向连接的可靠服务，而 UDP 有无需建立、简单高效且开销小的特点，因此得到了广泛的应用，表 6-1 总结了基于 TCP、UDP 的一些典型应用。

表 6-1　基于 TCP、UDP 的一些典型应用

应用	应用层协议	传输层协议
域名服务	DNS	UDP、TCP
路由信息协议	RIP	UDP
动态主机配置	DHCP	UDP
简单网管	SNMP	UDP
电子邮件发送	SMTP	TCP
远程登录	Telnet	TCP
Web 浏览	HTTP	TCP
文件传输	FTP	TCP

7. DNS

（1）域名和域名系统。

IP 地址是 Internet 上的一个连接标识，数字型 IP 地址对计算机网络来讲自然是最有效的，但是对使用网络的用户来讲有不便记忆的缺点。与 IP 地址相比，人们更喜欢使用具有一定含义的字符串来标识 Internet 上的计算机。因此，在 Internet 中，用户可以使用各种方式命名自己的计算机。但是这样做就可能在 Internet 上出现重名，如提供 WWW 服务的主机都命名为 WWW，提供 E-mail 服务的主机都命名为 EMAIL 等，不能唯一地标识 Internet 上计算机的位置。为了避免重复，Internet 网络协会采取了在主机名后加上后缀名的方法，这个后缀名称就称为域名，用来标识主机的区域位置，域名是通过申请合法得到的。

DNS 就是帮助人们在 Internet 上用名字来唯一标识自己的计算机，并保证主机名和 IP 地址是一一对应的关系。DNS 的本质是提出一种分层次、基于域的命名方案，并且通过一个分布式的数据库系统，以及使用查询机制来实现域名服务功能。

（2）域名的层次命名机构。

在 Internet 上，采用层次树状结构的命名方法，称之为域树结构。图 6-13 为关于域名空间分级结构的示意图，整个形状如一棵倒立的树。每一层构成一个子域名，子域名之间用圆点“.”隔开，自上而下分别为根域、顶级域、二级域、子域及最后一级的主机名。根节点不代表任何具体的域，被称为根域。

在 Internet 中，首先由中央管理机构（又称顶级域）将第一级域名划分成若干部分，包括一些国家代码；又因为 Internet 的形成有其历史的特殊性，主要是在美国发展壮大的，Internet

的主干网都在美国，因此在第一级域名中还包括各种机构的域名，与其他国家的国家代码同级，都作为顶级域名。常见的顶级域名如表 6-2 所示。

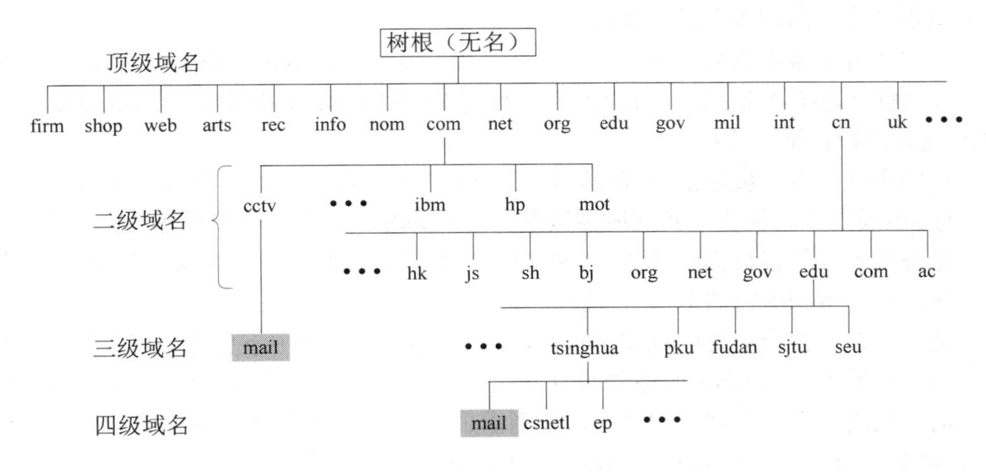

图 6-13 域名的层次结构

表 6-2 顶级域名代码

com	商业组织	edu	教育机构
gov	政府机构	mil	军事机构
net	网络服务机构	int	国际组织
org	非盈利机构	cn	中国顶级域名

（3）域名的表示方法。

Internet 的域名结构是由 TCP/IP 协议栈的 DNS 定义的。域名结构也和 IP 地址一样，采用典型的层次结构，其通用的格式如图 6-14 所示。

第四级域名	.	第三级域名	.	第二级域名	.	第一级域名

图 6-14 域名的格式

例如，在 www.cqcet.edu.cn 这个名字中，www 为主机名，由服务器管理员命名；cqcet.edu.cn 为域名，由服务器管理员合法申请后使用。其中，cqcet 表示重庆电子工程职业学院，edu 表示国家教育机构部门，cn 表示中国。www.cqcet.edu.cn 就表示中国教育机构重庆电子工程职业学院的 www 主机。

（4）域名服务器和域名解析过程。

实现域名和 IP 地址的相互转换有两种方法：

1）通过改写 Windows 目录：C:\WINDOWS\system32\drivers\etc 的 hosts 文件。

例如：要实现域名 www.cqcet.edu.cn 和 IP 地址 222.11.0.89 之间的相互转换，只需在 hosts 文件中增加：222.11.0.89 www.cqcet.edu.cn 即可。但该种方法只能在本地有效，其他计算机无法使用；主机很多时，不仅工作量大，而且查询速度慢。

2）在网络通信中，采用 DNS 服务器的方式，实现每个主机的域名和 IP 地址的一一对应关系。DNS 服务器的主要功能是回答有关域名、地址、域名到 IP 地址或 IP 地址到域名的映射询问以及维护关于询问类型、分类或域名的所有资源记录列表。

3）域名的解析过程。

域名解析分为正向解析和反向解析：

- 正向解析是将主机名解析成 IP 地址，如将 www.sina.com.cn 解析成 58.63.236.40。
- 反向解析是将 IP 地址解析成主机名，如将 58.63.236.40 解析成 www.sina.com.cn。

DNS 具有两种查询方式：

- 递归查询：客户机送出查询请求后，DNS 服务器必须告诉客户机正确的数据（IP 地址）或通知客户机找不到其所需数据。如果 DNS 服务器内没有所需要的数据，则 DNS 服务器会代替客户机向其他的 DNS 服务器查询。客户机只需接触一次 DNS 服务器系统，就可得到所需的节点 IP 地址。
- 迭代查询：客户机送出查询请求后，若该 DNS 服务器中不包含所需数据，它会告诉客户机另外一台 DNS 服务器的 IP 地址，使客户机自动转向另外一台 DNS 服务器查询，依次类推，直到查到数据，否则由最后一台 DNS 服务器通知客户机查询失败。

（5）域名、端口号、IP 地址、MAC 地址之间是什么关系。

域名是应用层使用的主机名字；端口号是传输层的进程通信中用于标识进程的号码；IP 地址是网络层 IP 协议使用的逻辑地址；MAC 地址是帧传输过程中使用的地址。如果一台计算机通过浏览器访问另一台计算机的 Web 服务，需要使用域名、端口号、IP 地址、MAC 地址来唯一地标识主机、寻址、路由、传输，实现网络环境中的分布式进程通信，完成 Internet 的访问过程。图 6-15 给出了域名、端口号、IP 地址、MAC 地址关系示意图。

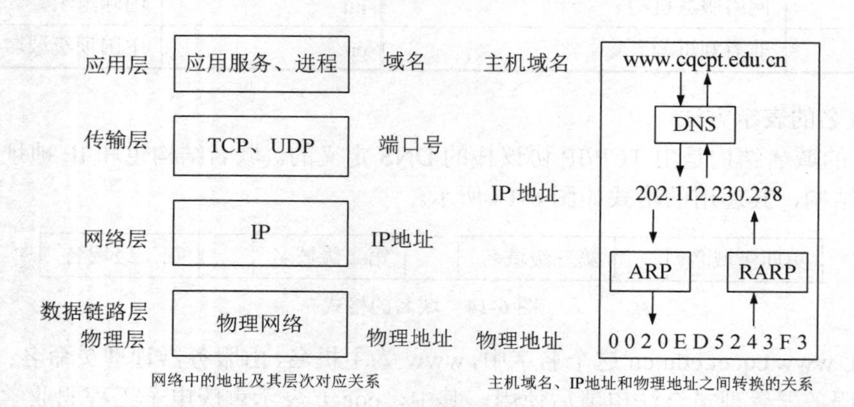

图 6-15　域名、端口号、IP 地址、MAC 地址关系示意图

8. DHCP

（1）使用 DHCP 的主要目的。

在较大的网络中，一般都使用 DHCP 服务器对 IP 地址实行自动管理和配置。在日常的网络管理工作中，使用 DHCP 服务的主要原因有以下几方面：

1）安全可靠的配置。DHCP 避免了由于要在每个计算机上键入值而引起的配置错误。DHCP 还有助于防止由于在网络上配置新的计算机时重用以前指派的 IP 地址而引起的地址冲突。

2）减少配置管理。一些用户由于经常移动办公，给网络管理员造成很多管理和配置方面的负担，使用 DHCP 服务器可以大大降低用于配置和重新配置网上计算机的时间。

3）动态分配 IP 地址可以解决 IP 地址不够用的问题。因为 IP 地址是动态分配的，所以，只要 DHCP 有空闲的 IP 地址可供分配，DHCP 客户机就可获得 IP 地址。当客户机不需要使用此地址时，DHCP 服务器收回此地址，并提供给其他的 DHCP 工作站使用。

（2）DHCP 的工作原理。

DHCP 的工作过程如图 6-16 所示，主要包括以下几个阶段。

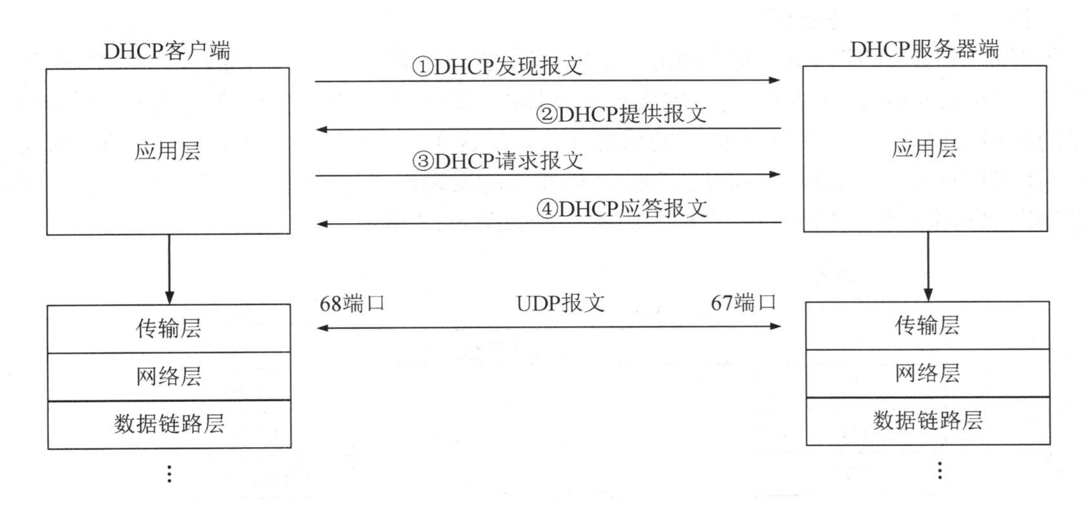

图 6-16　DHCP 的工作过程

1）发现阶段（DHCP Discover 报文）。DHCP 客户机向 DHCP 服务器发出请求，要求租借一个 IP 地址。此时的 DHCP 客户机上的 TCP/IP 还没有初始化，还没有一个 IP 地址，因此，只能使用广播的手段，向网上所有 DHCP 服务器发出租借请求。DHCP 发现报文的作用是查找网络上的 DHCP 服务器。

2）提供阶段（DHCP Offer 报文）。DHCP 工作的第二个过程是 DHCP 提供，是指当网络中的任何一个 DHCP 服务器（同一个网络中可能存在多个 DHCP 服务器时）在收到 DHCP 客户机的 DHCP 发现报文后，该 DHCP 服务器若能够提供 IP 地址，则利用广播方式提供给 DHCP 客户机。DHCP 提供报文的作用是告诉 DHCP 客户机："我是 DHCP 服务器，我能给你提供协议配置参数"。

3）选择阶段（DHCP Request 报文）。DHCP 工作的第三个过程是 DHCP 请求，一旦 DHCP 客户机收到第一个由 DHCP 服务器提供的应答信息后，就进入此过程。当 DHCP 客户机收到第一个 DHCP 服务器响应信息后就以广播的方式发送一个 DHCP 请求信息给网络中所有的 DHCP 服务器。在 DHCP 请求信息中包含所选择的 DHCP 服务器的 IP 地址。DHCP 请求报文的作用是请求对应的 DHCP 服务器给它配置协议参数。

4）确认阶段（DHCP ACK 报文）。DHCP 工作的最后一个过程便是 DHCP 应答。一旦被选择的 DHCP 服务器接收到 DHCP 客户机的 DHCP 请求信息后，就将已保留的这个 IP 地址标识为已租用，然后也以广播方式发送一个 DHCP 应答信息给 DHCP 客户机。该 DHCP 客户机在接收 DHCP 应答信息后，就完成了获得 IP 地址的过程，便开始利用这个已租到的 IP 地址与网络中的其他计算机进行通信。

知识链接：本地网络内 DHCP 工作的四个过程都是广播，因此 DHCP 客户机与 DHCP 服务器不在一个网段时，DHCP 的广播报文不能跨网段传播，这时要让 DHCP 服务器正常工作，需要 DHCP 中继。

9. 互联网络上的应用服务

Internet 提供的服务有很多种，其中大多数都是免费的，但随着 Internet 的发展，商业化的服务会越来越多。目前比较重要的服务包括 WWW 服务、电子邮件服务、远程登录服务和文件传输服务。

（1）客户机－服务器模式。

虽然不同的网络应用有不同的通信方式，但是总体上有一个共同的方式，即客户机/服务器模式（Client/Server，C/S）。为了完成一次具体的网络应用，对应的两个网络进程需要按照自己的应用层协议，经过若干次固定的信息交互，在这样一次信息交互中，总有一方进程是先发起通信的，而另一方是被动发起通信的。通常将主动发起网络进程通信的那一方称为客户机，而被动发起网络进程通信的另一方称为服务器，如图 6-17 所示。

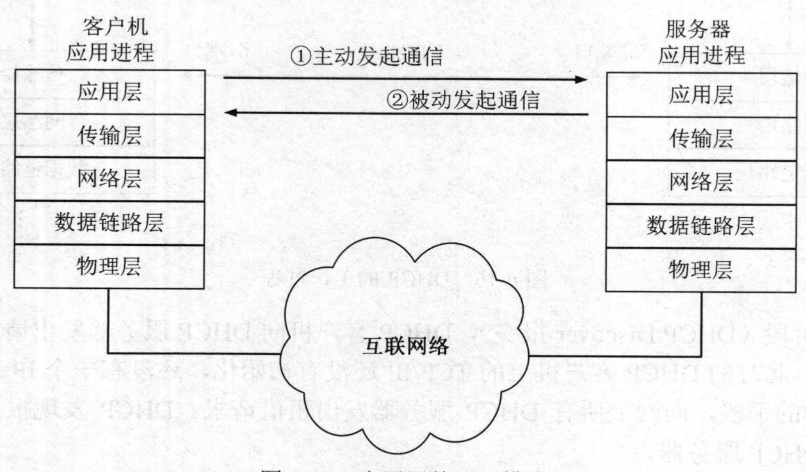

图 6-17　应用层的 C/S 模式

（2）WWW 服务。

WWW（World Wide Web）服务是目前互联网上最方便和最受欢迎的信息服务类型，它可以提供包括文本、图形、声音和视频在内的多媒体信息的浏览。事实上它的影响力已远远超出了专业技术的范畴，并且已经进入了广告、新闻、销售、电子商务与信息服务等诸多领域，它的出现是 Internet 发展中一个革命性的里程碑。WWW 是基于 C/S 工作模式的信息发布技术和超文本技术的综合。WWW 服务器通过超文本标记语言（Hyper Text Markup Language，HTML）把信息组织成为图文并茂的超文本，WWW 浏览器则为用户提供基于超文本传输协议（Hyper Text Transfer Protocol，HTTP）的用户界面。用户使用 WWW 浏览器通过 Internet 访问远端 WWW 服务器上的 HTML 超文本。

1）WWW 服务器。

WWW 服务器可以分布在互联网的各个位置，每个 WWW 服务器都保存着可以被 WWW 客户共享的信息。WWW 服务器上的信息通常以页面的方式进行组织。页面一般都是超文本文档，也就是说，除了普通文本外，它还包含指向其他页面的指针（通常称这个指针为超链接）。利用 Web 页面上的超链接，可以将 WWW 服务器上的一个页面与互联网上其他服务器的任意页面及图形图像、音频、视频等多媒体进行关联，使用户在检索一个页面时，可以方便地查看其他相关页面和信息。

WWW 服务器不但需要保存大量的 Web 页面，而且需要接收和处理浏览器的请求。通常，

WWW 服务器在 TCP 的 80 端口侦听来自 WWW 浏览器的连接请求。当 WWW 服务器接收到浏览器对某一页面的请求信息时，服务器搜索该页面，并将该页面返回给浏览器。

2）WWW 浏览器。

WWW 的客户程序称为 WWW 浏览器(Browser)，它是用来浏览服务器中 Web 页面的软件。

在 WWW 服务系统中，WWW 浏览器负责接收用户的请求（例如，用户的键盘输入或鼠标输入），并利用 HTTP 协议将用户的请求传送给 WWW 服务器。在服务器请求的页面送回到浏览器后，浏览器再将页面进行解释，显示在用户的屏幕上。

通常，利用 WWW 浏览器，用户不仅可以浏览 WWW 服务器上的 Web 页面，而且可以访问互联网中其他服务器（如 FTP 服务器、Gopher 服务器等）的资源。

3）页面地址。

互联网中存在着众多的 WWW 服务器，而每台 WWW 服务器中又包含有很多页面，那么用户如何指明要请求和获得的页面呢？这就要求助于统一资源定位符（Uniform Resource Locator，URL）了。利用 URL，用户可以指定要访问什么协议类型的服务器，互联网上的哪台服务器，以及服务器中的哪个文件。URL 一般由四部分组成：协议类型、主机名、路径及文件名和端口号。例如，重庆电子工程职业学院网络实验室 WWW 服务器中一个页面的 URL 为：

其中 http:指明要访问 HTTP 协议类型的服务器；netlab.cqcet.edu.cn 指明要访问的服务器的主机名，主机名可以是该主机的 IP 地址，也可以是该主机的域名，而/student/network.html 指明要访问页面的路径及文件名，HTTP 协议默认的 TCP 协议端口号为 80，可省略不写。

实际上，URL 是一种较为通用的网络资源定位方法。除了指定 http 访问 WWW 服务器之外，URL 还可以通过指定其他协议来访问其他类型的服务器。例如，可以通过指定 ftp 访问 FTP 文件服务器、通过指定 gopher 访问 Gopher 服务器等。表 6-3 给出了 URL 可以指定的主要协议类型。

表 6-3　URL 可以指定的主要协议类型

协议类型	描述
http	通过 http 协议访问 WWW 服务器
ftp	通过 ftp 协议访问 FTP 服务器
gopher	通过 gopher 协议访问 Gopher 服务器
telnet	通过 telnet 协议进行远程登录
file	在所连的计算机上获取文件

4）超文本标记语言。

HTML 是 ISO 标准 8879——标准通用标识语言（Standard Generalized Markup Language，SGML）在万维网上的应用。所谓标识语言就是格式化的语言，它使用一些约定的标记对 WWW 上各种信息（包括文字、声音、图形、图像、视频等）、格式以及超链接进行描述。当用户浏览 WWW 上的信息时，浏览器会自动解释这些标记的含义，并将其显示为用户在屏幕上所看到的网页。

（3）E-mail 服务。

电子邮件（Electronic mail，E-mail）是 Internet 上最受欢迎、最为广泛的应用之一。E-mail 服务是一种通过计算机网络与其他用户进行联系的快速、简便、高效、廉价的通信手段。

1）电子邮件系统。

电子邮件系统采用 C/S 工作模式。电子邮件服务器（简称为邮件服务器）是邮件服务系统的核心，一方面负责接收用户送来的邮件，并根据邮件所要发送的目的地址，将其传送到对方的邮件服务器中；另一方面则负责接收从其他邮件服务器发来的邮件，并根据收件人的不同将邮件分发到各自的电子邮箱（简称为邮箱）中。

邮箱是在邮件服务器中为每个合法用户开辟的一个存储用户邮件的空间，类似人工邮递系统中的信箱。电子邮箱是私人的，拥有账号和密码属性，只有合法用户才能阅读邮箱中的邮件。

在电子邮件系统中，用户发送和接收邮件需要借助于装载在客户机中的电子邮件应用程序来完成。电子邮件应用程序一方面负责将用户要发送的邮件送到邮件服务器，另一方面负责检查用户邮箱，读取邮件。

2）电子邮件的传送过程。

在互联网中，邮件服务器之间使用简单邮件传输协议（Simple Mail Transfer Protocol，SMTP）相互传递电子邮件。而电子邮件应用程序使用 SMTP 协议向邮件服务器发送邮件，使用第 3 代邮局协议（Post Office Protocol，POP3）或因特网报文存取协议（Internet Message Access Protocol，IMAP）从邮件服务器的邮箱中读取邮件，如图 6-18 所示。目前，IMAP 还是一种比较新的协议，支持 IMAP 协议的邮件服务器并不多，大量的服务器仍然使用 POP3 协议。互联网上邮件的处理和传递过程如图 6-19 所示。

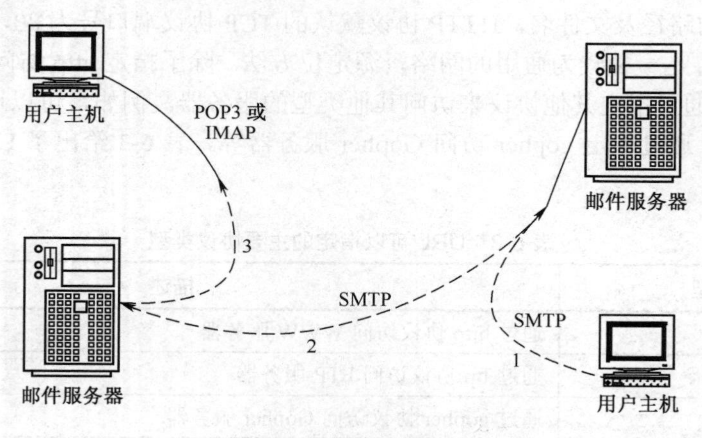

图 6-18 电子邮件系统

从邮件在 TCP/IP 互联网中的传递和处理过程可以看出，利用 TCP 连接，用户发送的电子邮件可以直接由源邮件服务器传递到目的邮件服务器，因此，互联网的电子邮件系统具有很高的可靠性和传递效率。

3）电子邮件的相关协议。

- SMTP 协议。

SMTP 是电子邮件系统中的一个重要协议，它负责将邮件从一个“邮局”传送到另一个“邮局”。SMTP 的最大特点就是简单和直观，它不规定邮件的接收程序如何存储邮件，也不规定邮件发送程序多长时间发送一次邮件，它只规定发送程序和接收程序之间的命令和应答。

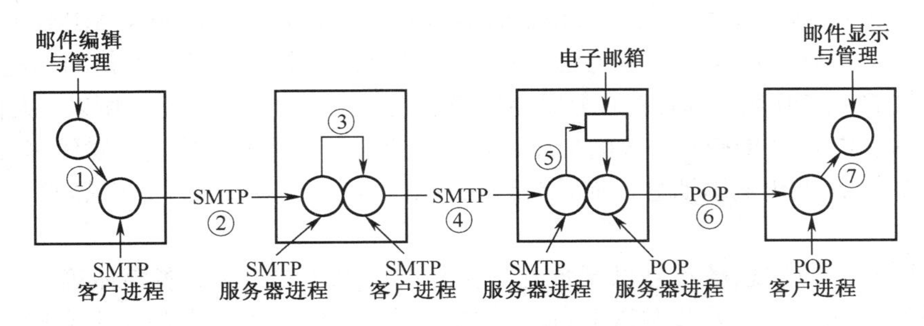

图 6-19　互联网上电子邮件传输过程

SMTP 邮件传输采用 C/S 模式，邮件的接收程序作为 SMTP 服务器在 TCP 的 25 端口守候，邮件的发送程序作为 SMTP 客户在发送前需要请求一条到 SMTP 服务器的连接，一旦连接建立成功，收发双方就可以传递命令、响应和邮件内容，其过程如图 6-20 所示。

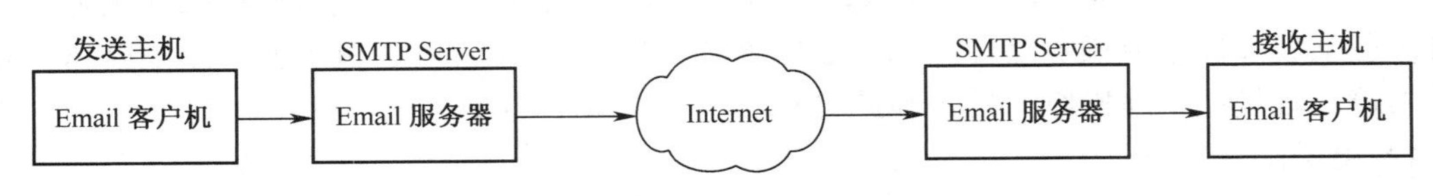

图 6-20　SMTP 的简单交互模型

- POP3 协议。

当邮件到来后，首先将其存储在邮件服务器的电子邮箱中。如果用户希望查看和管理这些邮件，可以通过 POP3 协议将邮件下载到用户所在的主机，如图 6-21 所示。

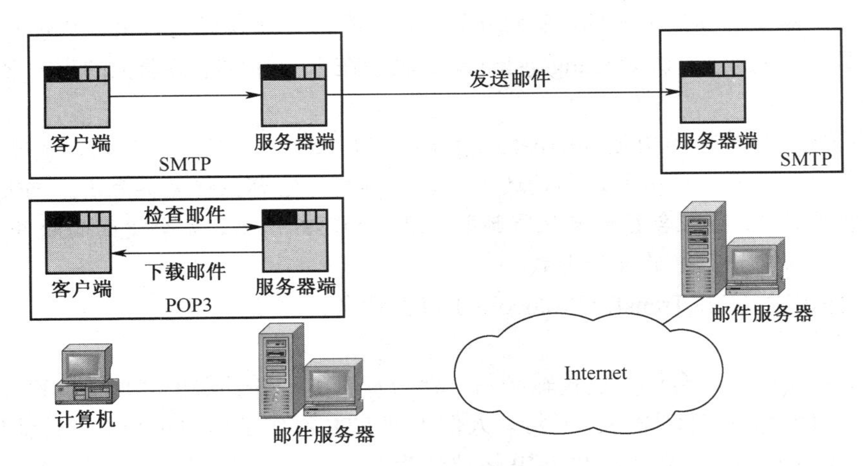

图 6-21　POP3 与 SMTP

POP3 允许用户通过 PC 机动态检索邮件服务器上的邮件。但是，除了下载和删除之外，POP3 没有对邮件服务器上的邮件提供更多的管理操作。

POP3 本身也采用 C/S 模式，其客户程序运行在用户的 PC 机上，服务器程序运行在邮件服务器上。当用户需要下载邮件时，POP3 客户首先向 POP3 服务器的 TCP 守候端口 110 发送建立连接请求。一旦 TCP 连接建立成功，POP3 客户就可以向服务器发送命令，下载和删除邮件。

● 多用途 Internet 邮件扩展（Multipurpose Internet Mail Extensions，MIME）协议。

由于 SMTP 协议存在一些不足之处：SMTP 不能传送可执行文件或其他的二进制对象，只限于传送 7 位的 ASCII 码，SMTP 服务器会拒绝超过一定长度的邮件等。所以，人们提出了一种 MIME 协议。作为对 SMTP 协议的扩充，MIME 使电子邮件能够传输多媒体等二进制数据。它不仅允许 7 位 ASCII 文本消息，而且允许 8 位文本信息以及图像、语音等非文本二进制信息的传送。

MIME 所规定的信息格式可以表示各种类型的消息（如汉字、多媒体等），并且可以对各种消息进行格式转换，所以 MIME 的应用很广泛。只要通信双方都使用支持 MIME 标准的客户端邮件收发软件，就可以互相收发中文电子邮件、二进制文件以及图像、语音等多媒体邮件。

● 因特网报文存取协议（Internet Message Access Protocol，IMAP）。

IMAP 是直接从公司的邮件服务器获取 E-mail 有关信息或直接收取邮件的协议，这是与 POP3 不同的一种接收 E-mail 的新协议。IMAP 协议可以让用户远程拨号连接邮件服务器，并且可以在下载邮件之前预览信件主题与信件来源。用户在自己的 PC 机上就可以操纵邮件服务器的邮箱，就像在本地操纵一样，因此 IMAP 是一个联机协议。

4）电子邮件地址。

传统的邮政系统要求发信人在信封上写清楚收件人的姓名和地址，这样，邮递员才能投递信件。互联网上的电子邮件系统也要求用户有一个电子邮件地址。互联网上电子邮件地址的一般形式为：

＜用户名＞@主机域名

其中，用户名指用户在某个邮件服务器上注册的用户标识，通常由用户自行选定，但在同一个邮件服务器上必须是唯一的；@为分隔符，一般将其读为英文的 at；主机域名是指邮箱所在的邮件服务器的域名。例如 wang@sina.com 表示在新浪邮件服务器上的用户名为 wang 的用户邮箱。

*✍**知识链接**：@符号恐怕是 Internet 上最美的字符之一。它简洁、生动、直观，正好是 at（在……）的缩写，不论是书写、朗读还是计算机解析，它都显得完美无瑕。与@的美相比，Web 访问中常用的“://”组合符号就显得臃肿、丑陋和不知所云，完全是面向软件工程师的技术格式，而不是面向使用者的友好形式。*

（4）文件传输（File Transfer Protocol，FTP）服务。

1）FTP 的概念。

FTP 负责将文件从一台计算机传输到另一台计算机上，并且保证其传输的可靠性。因此，人们将这一类服务称为 FTP 服务。通常，人们也把 FTP 看作是用户执行文件传输协议所使用的应用程序。Internet 由于采用了 TCP/IP 协议作为它的基本协议，所以两台与 Internet 连接的计算机无论地理位置上相距多远，只要都支持 FTP 协议，它们之间就可以随时随地相互传送文件。更为重要的是，Internet 上许多公司、大学的主机上都存储有数量众多的公开发行的各种程序与文件，这是 Internet 上巨大和宝贵的信息资源。利用 FTP 服务，用户就可以方便地访问这些信息资源。

2）文件传输协议——FTP。

FTP 是用在基于 TCP/IP 协议栈的网络上的两台计算机间进行文件传输的协议，它位于

TCP/IP 协议栈的应用层，也是最早用于 Internet 上的协议之一。FTP 允许在两个异构体系之间进行 ASCII 码或 EBCDIC 码（扩充的二进制码十进制转换）字符集的传输，这里的异构体系是指采用不同操作系统的两台计算机。

与大多数的 Internet 服务一样，FTP 也使用 C/S 模式，即由一台计算机作为 FTP 服务器提供文件传输服务，而由另一台计算机作为 FTP 客户机提出文件服务请求并得到授权的服务。FTP 服务器与客户机之间使用 TCP 作为实现数据通信与交换的协议。然而，与其他 C/S 模型不同的是，FTP 客户机与服务器之间建立的是双重连接，一个是控制连接（Control Connection），另一个是数据传送连接（Data Transfer Connection）。控制连接主要用于传输 FTP 控制命令，告诉服务器将传送哪个文件。数据传送连接主要用于数据传送，完成文件内容的传输。图 6-22 给出了 FTP 的工作模式。

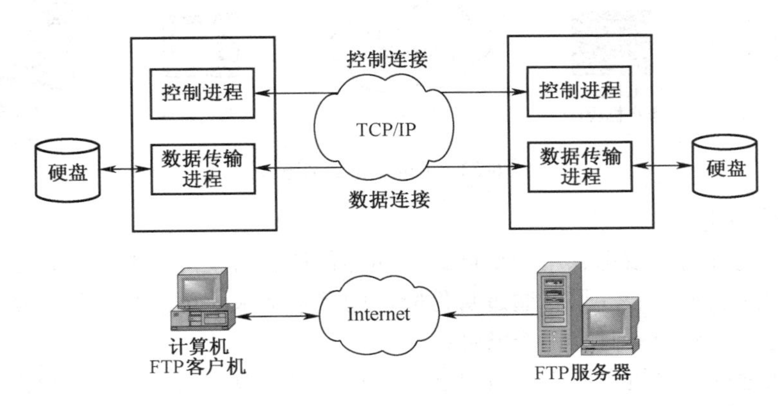

图 6-22 FTP 的工作模式

知识链接：完成一次 FTP 的数据传输过程，需要建立多少次 TCP 三次握手？FTP 使用数据连接与控制连接的端口号分别是多少？互联网用户使用 FTP 客户机应用程序通常有哪几种类型？

（5）Telnet 服务。

1）Telnet 的概念。

在分布式计算环境中，我们常常需要调用远程计算机的资源同本地计算机协同工作，这样就可以用多台计算机来共同完成一个较大的任务。这种协同操作的工作方式就要求用户能够登录到远程计算机中去启动某个进程，并使进程之间能够相互通信。为了达到这个目的，人们开发了远程终端协议，即 Telnet 协议。Telnet 协议是 TCP/IP 协议的一部分，它精确地定义了客户机远程登录服务器的交互过程。

2）Telnet 的工作原理。

Telnet 采用 C/S 的工作方式。当人们用 Telnet 登录进入远程计算机系统时，相当于启动了两个网络进程。一个是在本地终端上运行的 Telnet 客户机进程，它负责发出 Telnet 连接的建立与拆除请求，并完成作为一个仿真终端的输入输出功能，如从键盘上接收所输入的字符，将输入的字符串变成标准格式并送给远程服务器，同时接收从远程服务器发来的信息并将信息显示在屏幕上等。另一个是在远程主机上运行的 Telnet 服务器进程，该进程以后台进程的方式守候在远程计算机上，一旦接到客户端的连接请求，就马上活跃起来以完成连接建立的有关工作；建立连接之后，该进程等候客户端的输入命令，并把执行客户端命令的结果送回给客户端。

在远程登录过程中，用户的实际终端采用用户终端的格式与本地 Telnet 客户机程序通信，远程主机采用远程系统的格式与远程 Telnet 服务器程序通信。通过 TCP 连接，Telnet 客户机程序与 Telnet 服务器程序之间采用了网络虚拟终端（Network Virtual Terminal，NVT）标准来进行通信。网络虚拟终端将不同的用户本地终端格式统一起来，使得各个不同的用户终端格式只与标准的网络虚拟终端格式打交道，而与各种不同的本地终端格式无关。Telnet 客户机程序与 Telnet 服务器程序一起完成用户终端格式、远程主机系统格式与标准网络虚拟终端格式的转换，如图 6-23 所示。

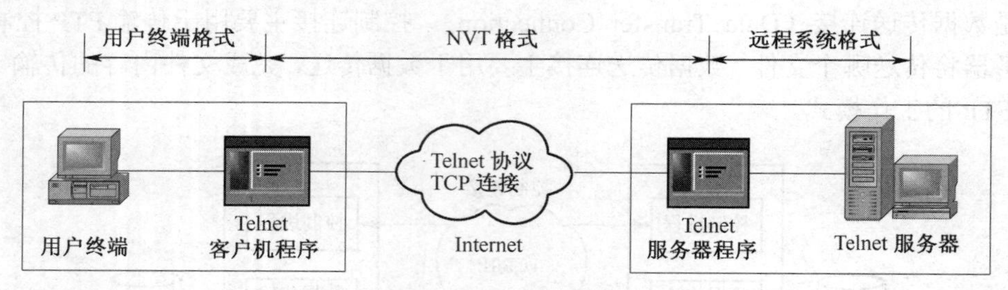

图 6-23 Telnet 的工作模式

3）Telnet 的使用。

为了防止非授权用户或恶意用户访问或破坏远程计算机上的资源，在建立 Telnet 连接时会要求提供合法的登录账号，只有通过身份验证的登录请求才可能被远程计算机所接受。

因此用户进行远程登录时有两个条件：

- 用户在远程计算机上应该具有自己的用户账户，包括用户名与用户密码。
- 远程计算机提供公开的用户账户，供没有账户的用户使用。

用户在使用 Telnet 命令进行远程登录时，首先应在 Telnet 命令中给出对方计算机的主机名或 IP 地址，然后根据对方系统的询问正确键入自己的用户名与用户密码。有时还要根据对方的要求回答自己所使用的仿真终端的类型。

Internet 有很多信息服务机构提供开放式的远程登录服务，登录到这样的计算机时，不需要事先设置用户账户，使用公开的用户名就可以进入系统。这样，用户就可以使用 Telnet 命令，使自己的计算机暂时成为远程计算机的一个仿真终端。一旦用户成功地实现了远程登录，用户就可以像远程主机的本地终端一样进行工作，并可使用远程主机对外开放的全部资源，如硬件、程序、操作系统、应用软件及信息、资源。

Telnet 也经常用于公共服务或商业目的。用户可以使用 Telnet 远程检索大型数据库、公众图书馆的信息资源库或其他信息。

6.1.3 任务实施

1．任务功能实现介绍

本任务实现公司员工客户端通过域名访问 Web 站点、E-mail 服务器；为客户机动态分配 IP 地址，并向客户机传递 DNS 服务器参数等。

2．网络拓扑设计

本任务主要实现 DNS 服务器、DHCP 服务器、Web 服务器、E-mail 服务器功能，并且这些服务器上承载的流量较大，因此服务器采用集中部署方式，即将这些服务器都部署在网络中的一台核心交换机上。本任务的网络拓扑图如图 6-24 所示。

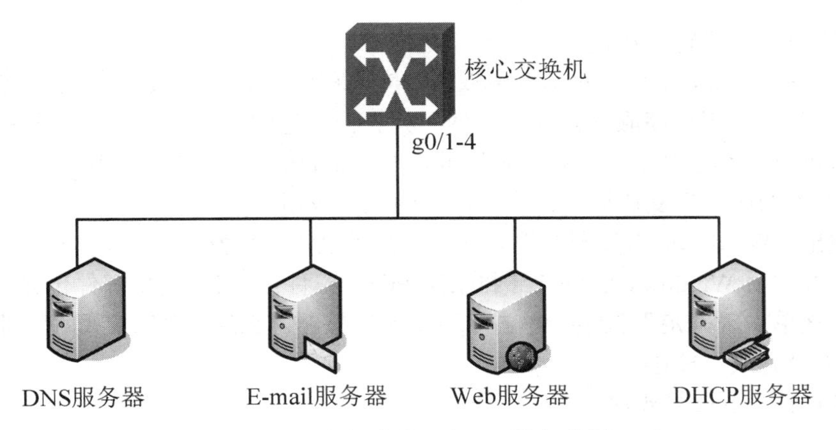

图 6-24　架设企业服务器网络拓扑图

3. IP 地址规划与配置

服务器的 IP 地址需要静态配置，客户端的 IP 地址采用动态分配，具体规划如表 6-4 所示。在 4 台服务器上手动按照表 6-4 配置 IP 地址参数。

表 6-4　服务器配置规划表

DHCP 服务器配置规划			
名称	内容	名称	内容
服务器名	Server	DHCP 的 IP 地址分配范围	192.168.1.10～192.168.1.100
IP 地址	192.168.1.251	排除 IP 地址	192.168.1.250～254
用户网关	192.168.1.254	租约	默认值
DNS	192.168.1.250	作用域名	huaxin
子网掩码	255.255.255.0		
DNS 服务器配置规划			
名称	内容	名称	内容
域名	cqcet.edu.cn	DNS 服务器 IP 地址	192.168.1.250
Web 站点主机名	www. cqcet.edu.cn	E-mail 主机名	mail.cqcet.edu.cn
Web 服务器配置规划			
在一台安装 Windows Server 2003 的计算机上设置 1 个 Web 站点，IP 地址为 192.168.1.252，子网掩码为 255.255.255.0，网关为 192.168.1.254，端口为 80，Web 站点标识为“cqcet.edu.cn”，主目录为 D:\tjy，允许用户读取和下载文件访问，默认文档为 index.html			

4. 安装 DHCP、Web、邮件（POP3）服务组件

在 Windows Server 2003 系统中默认没有安装这些组件，用户需要手动安装。安装服务器组件的步骤如下所述。

（1）在“控制面板”窗口中双击“添加或删除程序”图标，打开“添加或删除程序”窗口，单击“添加/删除 Windows 组件”按钮。

（2）弹出“Windows 组件向导”对话框，在“组件”列表框中选中“网络服务”复选框。弹出“网络服务”对话框，在“网络服务的子组件”选项区域中选中“动态主机配置协议（DHCP）”

复选框。依次单击“确定”按钮。

（3）在“Windows 组件”对话框中双击“应用程序服务器”选项，打开“应用程序服务器”对话框。在“应用程序服务器的子组件”列表框中选中“Internet 信息服务（IIS）”复选框。弹出“Internet 信息服务（IIS）”对话框，在“Internet 信息服务（IIS）的子组件”列表框中选中“万维网服务”复选框。依次单击“确定”按钮。

（4）弹出“Windows 组件向导”对话框，在“组件”列表框中选中“电子邮件服务”复选框。选中该选项后 Windows 组件向导将安装 POP3 组件，并安装简单邮件传输协议（SMTP）。

（5）依次单击“确定”按钮，单击“下一步”按钮。系统开始安装和配置服务组件，完成安装后单击“完成”按钮。

5. DHCP 服务器配置步骤

（1）在 DHCP 服务器中创建 IP 地址作用域。

使用 DHCP 服务器可以为同一个子网内的所有客户端计算机自动分配 IP 地址，用户首先需要创建一个 IP 地址作用域。在 DHCP 服务器中创建 IP 地址作用域的步骤如下所述。

1）在“开始”菜单中选择“管理工具”→“DHCP”菜单项，打开“DHCP”窗口。在左窗格中右击 DHCP 服务器名称，选择“新建作用域”命令。

2）弹出“新建作用域向导”对话框，在“新建作用域向导”对话框中单击“下一步”按钮，打开“作用域名”对话框。在“名称”文本框中为该作用域输入一个名称（如 huaxin），另外可以在“描述”文本框中输入一段描述性的语言，然后单击“下一步”按钮。

3）弹出“IP 地址范围”对话框，分别在“起始 IP 地址”和“结束 IP 地址”文本框中输入事先规划好的 IP 地址范围（如 192.168.1.10～192.168.1.100）。接着需要在“子网掩码”文本框中输入子网掩码，或者调整“长度”微调按钮的值，设置完毕单击“下一步”按钮。

4）在弹出的“添加排除”对话框中可以指定排除的 IP 地址或 IP 地址范围，例如已经指定给服务器的静态 IP 地址需要在此排除。在“起始 IP 地址”文本框中输入准备排除的 IP 地址并单击“添加”按钮，这样可以排除一个单独的 IP 地址，当然也可以排除某个范围内的 IP 地址，单击“下一步”按钮。

5）在弹出的“租约期限”对话框中，默认将客户端获取的 IP 地址使用期限设置为 8 天。根据实际需要修改租约期限（如 1 天），单击“下一步”按钮。

6）弹出“配置 DHCP 选项”对话框，选择“是，想现在配置这些选项”单选按钮，并单击“下一步”按钮。

7)在弹出的“路由器(默认网关)”对话框中根据实际情况输入网关地址(如 192.168.1.254)，并依次单击“添加”按钮→“下一步”按钮。

8）在弹出的“域名称和 DNS 服务器”对话框中设置 DNS 服务器地址。DNS 服务器地址可以设置为多个，既可以是局域网内部的 DNS 服务器地址，也可以是 Internet 上的 DNS 服务器地址，这里设置 DNS 服务器的 IP 地址为 192.168.1.250，单击“下一步”按钮。

9）弹出“WINS 服务器”对话框，一般无需进行设置，直接单击“下一步”按钮。在打开的“激活作用域”对话框中，选择“是，想现在激活此作用域”单选按钮，并单击“下一步”按钮。

10）最后弹出“正在完成新建作用域向导”对话框，单击“完成”按钮即可。

（2）在 DHCP 服务器中设置 IP 地址租约期限，操作步骤如下所述。

1）在“开始”菜单中选择“管理工具”→“DHCP”命令，打开“DHCP”窗口。在左窗格中展开服务器名称目录，然后右击“作用域”选项，在弹出的快捷菜单中选择“属性”命令。

2）打开“作用域属性”对话框，在“DHCP 客户端的租约期限”区域选择“无限制”单选按钮，并单击“确定”按钮。

（3）在 Windows XP 系统中设置 DHCP 客户端计算机。局域网中的计算机通过 DHCP 服务器能够自动获取 IP 地址，用户只需对 DHCP 客户端计算机进行相应的设置即可。以运行 Windows XP（SP2）系统的客户端计算机为例，设置 DHCP 客户端计算机的步骤如下所述。

1）在桌面上右击“网上邻居”图标，选择“属性”命令。在打开的“网络连接”窗口中右击“本地连接”图标并在弹出的快捷菜单中选择“属性”命令，弹出“本地连接属性”对话框。然后选中“此连接使用下列项目”选项区域中的“Internet 协议（TCP/IP）”复选框。

2）在弹出的“Internet 协议（TCP/IP）属性”对话框中选择“自动获取 IP 地址”和“自动获取 DNS 服务器地址”单选按钮，并依次单击“确定”按钮使设置生效。

6. 配置 Web 服务器

在 IIS 6.0 中搭建静态 Web 网站的步骤如下所述：

（1）在“开始”菜单中选择“管理工具”→“Internet 信息服务（IIS）管理器”菜单项，打开“Internet 信息服务（IIS）管理器”窗口。在左窗格中展开“网站”目录，右击“默认网站”选项，在弹出的快捷菜单中选择“属性”命令。

（2）弹出“默认网站属性”对话框，在“网站”选项卡中单击“IP 地址”下拉列表框中的下拉按钮，并选中该站点要绑定的 IP 地址。

（3）切换到“主目录”选项卡，单击“本地路径”文本框右侧的“浏览”按钮，选择网站程序所在的主目录并单击“确定”按钮。

（4）切换到“文档”选项卡，选中“启用默认内容文档”复选框。然后单击“添加”按钮，在弹出的“添加内容页”对话框的“默认内容页”文本框中输入网站首页文件名（如 index.html），并单击“确定”按钮。

（5）返回“默认网站属性”对话框，并单击“确定”按钮。至此静态网站搭建完毕，用户只要将开发的网站源程序复制到所设置的网站主目录中，即可使用指定的 IP 地址访问该网站。

7. 配置 DNS 服务器

（1）安装 DNS 服务器。

默认情况下 Windows Server 2003 系统中没有安装 DNS 服务器，建立 DNS 服务器第一件工作就是安装 DNS 服务器。

1）执行“开始”→“管理工具”→“配置您的服务器向导”命令，在弹出的“配置您的服务器向导”对话框中依次单击“下一步”按钮。配置向导自动检测所有网络连接的设置情况，进入“服务器角色”向导页。如果是第一次使用配置向导，则出现“配置选项”对话框，选中“自定义配置”单选按钮。

2）在“服务器角色”列表中选中“DNS 服务器”选项，并单击“下一步”按钮。

3）向导开始安装 DNS 服务器，并且可能会提示插入 Windows Server 2003 的安装光盘或指定安装源文件。

如果该服务器当前配置为自动获取 IP 地址，则“Windows 组件向导”对话框的“正在配置组件”页面就会出现，提示用户使用静态 IP 地址配置 DNS 服务器。

（2）创建区域。

DNS 服务器安装完成以后会自动弹出“配置 DNS 服务器向导”对话框。用户可以在该向导的指引下创建区域。

1）在“配置 DNS 服务器向导”对话框中单击“下一步”按钮，打开“选择配置操作”向导页。在默认情况下适合小型网络使用的“创建正向查找区域”单选按钮处于选中状态。如果所管理的网络不太大，保持默认选项，并单击“下一步”按钮。

2）打开“主服务器位置”对话框，如果所部署的 DNS 服务器是网络中的第一台 DNS 服务器，则应该选中“这台服务器维护该区域”单选按钮，将该 DNS 服务器作为主 DNS 服务器使用，并单击“下一步”按钮。

3）打开“新建区域向导”对话框，在“区域名称”文本框中输入一个能反映公司信息的区域名称（如“cqcet.edu.cn”），单击“下一步”按钮。

4）在打开的“区域文件”对话框中已经根据区域名称默认输入了一个文件名。保持默认值不变，单击“下一步”按钮。

5）在打开的“动态更新”对话框中指定该 DNS 区域能够接受的注册信息更新类型。允许动态更新可以让系统自动地在 DNS 中注册有关信息，在实际应用中比较有用，因此选择“允许非安全和安全动态更新”单选按钮，单击“下一步”按钮。

6）依次单击“完成”按钮，结束“cqcet.edu.cn”区域的创建过程和 DNS 服务器的安装配置过程。

（3）创建域名。

刚才利用向导成功创建了“cqcet.edu.cn”区域，可是内部用户还不能使用这个名称来访问内部站点，因为它还不是一个合格的域名。接着还需要在其基础上创建指向不同主机的域名才能提供域名解析服务。这里准备创建一个用以访问 Web 站点的域名“www.cqcet.edu.cn”，具体操作步骤如下。

1）执行“开始”→“管理工具”→“DNS”命令，打开 DNS 控制台窗口。

2）在左窗格中依次展开“Server Name”和“正向查找区域”目录。然后右击“cqcet.edu.cn”区域，执行快捷菜单中的“新建主机”命令。

3）弹出“新建主机”对话框，在“名称”文本框中输入一个能代表该主机所提供服务的名称（本例输入“www”）。在“IP 地址”文本框中输入该主机的 IP 地址（如“192.168.1.252”），单击“添加主机”按钮。很快就会提示已经成功创建了主机记录。单击“完成”按钮结束创建。

（4）设置 DNS 客户端。

在“Internet 协议（TCP/IP）属性”对话框中，选择“自动获得 DNS 服务器地址”。然后再次使用域名访问网站，会发现已经可以正常访问了。

8. 配置邮件服务器

（1）在 Windows Server 2003 邮件服务器中配置 POP3 服务。

POP3 服务组件主要用于提供电子邮件接收服务，用户需要对其进行必要的配置，以便能够正常提供服务，操作步骤如下所述。

1）在“开始”菜单中选择“管理工具”→“POP3 服务”菜单项，打开“POP3 服务”窗口。在左窗格中选中服务器名称（如 server），在右窗格中单击“服务器属性”超链接。

2）弹出“Server 属性”对话框，在“身份验证方法”下拉列表框中选中“本地 Windows 账户”选项。然后单击“根邮件目录”文本框右侧的“浏览”按钮，选择本地磁盘中的一个 NTFS

分区作为根邮件目录所在分区。最后选中“总是为新的邮箱创建关联的用户”复选框，并单击“确定”按钮。

3）在弹出的“POP3 服务”窗口中提示用户将重新启动 POP3 服务和 SMTP 服务，单击“是”按钮。

4）返回“POP3 服务”窗口，在左窗格中右击服务器名称，选择“新建”→“域”命令。

5）弹出“添加域”对话框，在“域名”文本框中输入准备使用的电子邮件域名（例如 cqcet.edu.cn），并单击“添加”按钮。

（2）在 POP3 邮件服务器中创建用户邮箱。

对 POP3 服务进行基本的配置工作后，POP3 服务已经启动，并具备了接收电子邮件的能力。不过用户如果在该邮件服务器上没有邮箱，接收电子邮件也就无从谈起了。因此需要为局域网用户创建一些邮箱，操作步骤如下所述。

1）在“POP3 服务”窗口中选中邮件域名（如 cqcet.edu.cn），然后在右窗格中单击“添加邮箱”超链接。

2）弹出“添加邮箱”对话框，在“邮箱名”文本框中输入邮箱用户名（即@字符前的名称）。选中“为此邮箱创建相关联的用户”复选框，设置邮箱初始密码。设置完毕单击“确定”按钮。

3）在弹出的“POP3 服务”窗口中，提示用户已经成功添加邮箱。并提醒用户可以使用两种方式登录邮箱（即明文身份验证和安全密码身份验证），直接单击“确定”按钮。

4）重复上述步骤继续添加其他邮箱，在“POP3 服务”窗口中选中邮件域名，会在右窗格中显示出已经添加的邮箱。选中指定的邮箱名，可以对其进行锁定和删除等管理操作。

（3）在 IIS 6.0 中配置 SMTP 邮件服务。

在 Windows Server 2003 邮件服务器中完成对 POP3 服务组件的配置，并创建用户邮箱以后，邮件服务器其实已经能够完成基本的邮件收发请求。不过为了进一步完善邮件服务器的功能，建议用户对 SMTP 服务进行必要的配置，操作步骤如下所述：

1）在“开始”菜单中选择“管理工具”→“Internet 信息服务（IIS）管理器”菜单项，打开“Internet 信息服务（IIS）管理器”窗口。在左窗格中展开本地计算机目录，右击“默认 SMTP 虚拟服务器”选项，并选择“属性”命令。

2）弹出“默认 SMTP 虚拟服务器属性”对话框。切换到“常规”选项卡，在“IP 地址”下拉列表框中选择 SMTP 服务器使用的 IP 地址（如 192.168.1.253）。也可以单击“高级”按钮对 IP 地址和端口号（默认端口为 25）进行更详细的设置。选中“限制连接数为”复选框，可以设置允许同时连接到 SMTP 服务器的用户数量，另外还可以在“连接超时（分钟）”文本框中设置空闲连接的生存周期。

3）切换到“邮件”选项卡，在该选项卡中可以设置与邮件发送相关的参数，如邮件大小、用户连接时间等参数信息，这些设置主要用于防止 SMTP 服务器被滥用。其他选项卡中的设置保持默认参数，并单击“确定”按钮。

9. 测试服务器

（1）DHCP 服务器的测试。

在命令行提示符方式下：

1）利用“ipconfig/all”命令可查看详细的 IP 设置（包括网卡的物理地址）。

2）利用“ipconfig/release”命令可释放获得的 IP 地址。

3）利用“ipconfig/renew”命令可重新获得IP地址。

通过这些命令能够正常查看和接收到分配的IP地址，则说明DHCP服务器正常运行。

（2）Web服务器的测试。

通过在IE浏览器的地址栏中输入http://192.168.1.252能够成功访问刚才创建的Web站点，则说明Web服务器正常运行。

（3）DNS服务器的测试。

1）通过在IE地址栏中输入www.cqcet.edu.cn，观察域名服务器解析是否正确，能够成功访问刚才创建的Web站点，则说明DNS服务器正常运行。

2）在命令提示符下，利用ping命令能够解析www.cqcet.edu主机域名所对应的IP地址，则说明DNS服务器正常运行。

（4）邮件服务器的测试。

在Outlook中建立两个账户，如tjy@cqcet.edu和yyd@cqcet.edu，如果双方能够成功发送邮件，则说明 SMTP 服务器运行正常。如果双方能够正常接收到对方发过来的邮件，则说明POP3 服务也是正常的。

6.1.4 课后习题

1. TCP协议建立连接的过程分为（　　）、（　　）、（　　）三个阶段。

2. TCP可以提供（　　）服务；UDP可以提供（　　）服务。

3. 为了保证连接的可靠建立，TCP通常采用（　　）。

A．三次握手机制　　B．窗口控制机制

C．自动重发机制　　D．端口机制

4. 在TCP/IP协议栈中，UDP协议工作在（　　）。

A．应用层　　B．传输层　　C．网络互联层　　D．网络接口层

5. 下面（　　）协议被认为是面向非连接的传输层协议。

A．IP　　B．UDP　　C．TCP　　D．RIP

6. 下列说法（　　）是错误的。

A．用户数据报协议（UDP）提供了面向非连接的、不可靠的传输服务

B．由于UDP是面向非连接的，因此它可以将数据直接封装在IP数据报中进行发送

C．在应用程序利用UDP协议传输数据之前，不需要建立一条到达主机的UDP连接

D．当一个连接建立时，连接的每一端分配一块缓冲区来存储接收到的数据，并将缓冲区的尺寸发送给另一端

7. 关于TCP和UDP端口，下列（　　）说法是正确的。

A．TCP和UDP分别拥有自己的端口号，它们互不干扰，可以共存于同一台主机

B．TCP和UDP分别拥有自己的端口号，但它们不能共存于同一台主机

C．TCP和UDP的端口没有本质区别，它们可以共存于同一台主机

D．TCP和UDP的端口没有本质区别，它们互不干扰，不能共存于同一台主机

8. DNS实际上是一个服务器软件，运行在指定的计算机上，完成（　　）的映射。

9. 在Internet中，计算机之间直接利用（　　）进行寻址，因而需要将用户提供的主机名转换成IP地址，这个过程称为（　　）。

10. SMTP服务器通常在（　　）的（　　）端口守候，而POP3服务器通常在（　　）

的（　　）端口守候。

11．在互联网中，电子邮件客户端程序向邮件服务器发送邮件使用（　　）协议，电子邮件客户端程序查看邮件服务器中自己的邮箱使用（　　）或（　　）协议，邮件服务器之间相互传递邮件使用（　　）协议。

12．WWW 服务器上的信息通常以（　　）方式进行组织。

13．WWW 服务以 HTML 和（　　）两种技术为基础，为用户提供界面一致的信息浏览系统，实现各种信息的链接。

14．为了实现域名解析，客户机（　　）。

A．必须知道根域名服务器的 IP 地址

B．必须知道本地域名服务器的 IP 地址

C．必须知道本地域名服务器的 IP 地址和根域名服务器的 IP 地址

D．知道互联网中任意一个域名服务器的 IP 地址即可

15．在 Internet 域名体系中，域的下面可以划分子域，各级域名用圆点分开，按照（　　）。

A．从左到右越来越小的方式分 4 层排列

B．从左到右越来越小的方式分多层排列

C．从右到左越来越小的方式分 4 层排列

D．从右到左越来越小的方式分多层排列

16．在 Internet/Intranet 中，不需要为用户设置账号和口令的服务是（　　）。

A．WWW　　B．FTP　　C．E-mail　　D．DNS

17．错误的 Internet 域名格式是（　　）。

A．www.sohu.net　　B．163.edu

C．www-nankai-edu-cn　　D．www.sise.com

18．关于 DNS 下列叙述错误的是（　　）。

A．子节点能识别父节点的 IP 地址

B．DNS 采用客户/服务器工作模式

C．域名的命名原则是采用层次结构的命名树

D．域名不能反映计算机所在的物理地址

19．电子邮件系统的核心是（　　）。

A．电子邮箱　　B．邮件服务器

C．邮件地址　　D．邮件客户机软件

20．电子邮件地址 zhang@163.com 中没有包含的信息是（　　）。

A．发送邮件服务器　　B．接收邮件服务器

C．邮件客户机　　D．邮箱所有者

21．下列 E-mail 地址格式不合法的是（　　）。

A．zhang@sise.com.cn　　B．ming@163.com

C．jun%sh.online.sh　　D．zh_mjun@eyou.com

22．下面选项中表示超文本传输协议的是（　　）。

A．RIP　　B．HTML　　C．HTTP　　D．ARP

23．在 Internet 上浏览时，浏览器和 WWW 服务器之间传输网页使用的协议是（　　）。

A．SMTP　　B．HTTP　　C．FTP　　D．Telnet

24．下列（　　）URL 的表达方式是错误的。

A．http://www.sise.com.cn　　B．ftp://172.16.3.250

C．rtsp://172.16.102.101/hero/01.rm　　D．http:/www.sina.com.cn

25．关于 DHCP 的工作过程，下面（　　）说法是错误的。

A．新入网的计算机一般可以从 DHCP 服务器取得 IP 地址，获得租约

B．若新入网的计算机找不到 DHCP 服务器，则该计算机无法取得 IP 地址

C．在租期内计算机重新启动，而且没有改变与网络的连接，允许该计算机维持原租约

D．当租约执行到 50%时，允许该计算机申请续约

26．关于 FTP 的工作过程，下面（　　）说法是错误的。

A．在传输数据前，FTP 服务器用 TCP 21 端口与客户端建立连接

B．建立连接后，FTP 服务启用 TCP 20 端口传输数据

C．数据传输结束后，FTP 服务器同时释放 21 和 20 端口

D．FTP 客户端的端口是动态分配的

项目七　构建安全的计算机网络

无论计算机网络建设得多么完善，缺乏安全保障和管理的网络系统也会丧失功能。目前，众多的企业用户为了提高办公效率和企业的竞争力，构建内部人员之间沟通信息的全新环境，纷纷建立了自己的内部网络；同时为了更快地获取市场信息、对外宣传自己的产品、树立企业的外部形象，大多数企业都选择了接入 Internet 这个见效快、投资小的方式。但是，公司或企业用户在享受网络带来的便利和快捷的同时，网络安全问题也随之而来，如企业的敏感信息的泄露、黑客的侵扰、网络资源的非法访问和使用以及计算机病毒等，都将对企业的信息安全构成严重的威胁。

对企业网络实行制度化管理，是保障网络安全的一个重要方面。在网络运行的过程中，IT 管理部门应该制定严格的网络安全管理制度，如监视对网络的未经授权的访问或修改；监控系统性能、错误日志和系统日志等。树立员工良好的安全意识，如要求员工熟悉各种潜在的网络安全威胁，经常检查安全升级和软件补丁，确保员工不将未受保护的移动设备接入网络，不要随意打开垃圾邮件等。

从技术角度对网络的安全进行保障，首先要做的就是制定好安全策略。安全策略应包括不同的规则和行为。例如，在用户设置密码时，密码策略就要求他们使用不易猜测或破译的密码；防火墙规则只允许特定流量进出网络。一旦制定安全策略，就要确保付诸实施。

其次就是要注意防范恶意攻击。所谓恶意攻击主要是指黑客攻击、计算机病毒和拒绝服务攻击等三个方面。对于通过 Internet 展开业务的企业来说，这些恶意攻击行为无疑是最令人头痛的问题。在中小企业所处的信息网络环境里，攻击行为相对来说并不特别猛烈，或者说相对较少受到有针对性的、强度很大的攻击。

本项目首先介绍了网络安全的基本概念，常见的网络威胁和入侵者常用的系统攻击方法。其次，介绍了网络安全策略架构、数据加密技术、防火墙技术。

前不久，重庆呀火呀广告公司内部的服务器经常处于瘫痪状态，并且服务器上保存的客户资料和商业机密文档也莫名其妙地被放在多个网站上，公司蒙受了巨大的损失。为了保护公司正常运作和信息资源的秘密，公司领导要求网络管理员提供有效的技术并加以实施，保护服务器不能被非授权的用户访问，商业机密文档通过互联网传到客户的过程中不被其他人看到；同时，要保证商业机密文档在传输过程中不被其他人修改或破坏；最后还要保证文档被客户收到后能确认是本公司的文案员发送的。

企业主机、数据库、应用服务器系统的安全运行十分关键，网络安全体系必须保证这些系统不会遭受来自网络的非法访问、恶意入侵和破坏。目前，国内企事业单位的网络安全防护手段中，大多采用防火墙技术。防火墙可以使企业内部网络和外部网络之间相互隔离、限制网络相互访问，从而达到保护内部网络的目的。但由于新的技术与攻击不断产生，所以安全管理的策略也要不断改变，因此对防火墙这样的安全设备需要不断地进行访问、规则的修改。

在实际的工作中，经常要把一些重要的文档传送给自己的客户或公司的总部，并且是利用 Internet 进行传送的，保密数据的泄密将直接带来企业商业利益的损失，网络安全系统应保证机密信息在存储与传输时的保密性。那么如何利用现有不安全的 TCP/IP 协议，实现对数据的安全传输呢？最有效的办法就是对要传输的数据进行加密后再进行传输。因此，作为网络安全管理与防护人员，要掌握加密的技术与方法，并能运用主流的加密与防护技术为企业商业机密数据提供保护。通过以上分析，本项目实施需要完成两个任务：利用加密软件实现数据传输安全和实施网络访问控制策略。

学习目标

通过完成本项目的操作任务，读者将：

- 了解网络安全、安全威胁、网络安全策略、网络安全体系结构等基本概念。
- 掌握对称加密技术和非对称加密技术的工作原理、特点和使用场合。
- 掌握数字签名的功能，了解认证技术的概念及方法。
- 掌握防火墙的概念、功能和存在的不足。
- 掌握防火墙采用的两种常见技术：包过滤技术和代理服务技术的特点及其区别。
- 掌握防火墙的体系结构。

任务 1　使用加密软件实现数据传输安全

7.1.1　任务目的及要求

通过本次任务让读者了解网络安全的基本概念、网络存在的安全威胁、网络安全策略和网络安全体系结构，掌握实施安全策略的手段：对称加密技术和非对称加密技术的特点和典型应用；数字签名的功能和在网络安全中的应用，能够使用合适的网络安全工具解决网络中信息保护的实际问题。

7.1.2　知识准备

本任务知识点的组织与结构，如图 7-1 所示。

读者在学习本部分内容的时候，请认真领会并思考以下问题：

（1）如何认识网络安全的特点？有没有绝对安全的网络？网络安全与网络应用技术之间是什么发展关系？

网络安全的重要性
网络安全的概念
网络存在的威胁
网络安全策略
网络安全机制（加密、签名、认证）
网络安全新技术

图 7-1　任务 1 知识点结构示意图

（2）网络安全与信息安全之间是什么关系？

（3）网络安全服务需要具备哪些基本功能？

（4）网络安全威胁总体发展趋势是什么？

（5）数字签名和加密技术之间存在何种关系？

1. 网络安全的重要性

（1）网络安全是计算机网络技术研究中的一个永恒主题。

计算机网络与 Internet 是高悬在全人类头上的一把双刃剑。一方面，计算机网络与 Internet 的应用对于各国的政治、经济、科学、文化、教育与产业的发展起到了重要的推动作用；另一方面，人们对它的负面影响也是忧心忡忡。网络安全是伴随着网络技术同步发展的。

（2）网络安全是一个系统的社会工程。

Internet 的发展虽然促进了技术的进步，但其本身的跨国界、无主管、不设防、开放、自由、缺少法律约束等特性，在带来机遇的同时也带来了巨大的风险，网络安全自然成为影响网络性能的重要问题。网络安全是实现社会安全的反映，网络安全问题实际上是个社会问题，光靠技术来解决安全问题是不可能的，它必然涉及技术、政策、道德与法律等多方面，因此网络安全是一个系统的社会工程。

（3）网络安全危及国家安全。

网络安全问题已成为信息化社会的一个焦点问题，没有网络安全就没有国家安全，没有信息化就没有现代化。2013 年，美国斯诺登和棱镜门事件，再一次把世界的眼光聚焦于信息安全，这无疑对中国的信息安全是一次前所未有的重大警示，信息安全已上升为国家安全层面，是国家安全的重要组成部分。如今安全问题已是世界各国共同关注的焦点，应用领域从传统、小型业务系统逐渐向大型、关键业务系统扩展，典型的如党政部门网络系统、金融业务系统、企业商务系统等。

2. 网络安全的基本概念

网络安全就是确保网络上的信息和资源不被非法授权用户使用。为了保证网络安全，就必须对信息处理和数据存储进行物理安全保护。网络信息安全强调的是：数据信息的完整性（Integrity）、可用性（Availability）、保密性（Confidentiality）以及不可否认性（Non-repudiation）。完整性是指保护信息不泄露给非授权用户修改和破坏；可用性是指避免拒绝授权访问或拒绝服务；保密性是指保护信息不泄露给非授权用户；不可否认性是指参与通信的双方在信息交流后不能否认曾经进行过信息交流以及不能否认对信息做过的处理。

3. 网络存在的威胁

随着网络的普及，安全日益成为影响网络性能的重要问题。Internet 所具有的开放性、国际性和自由性在增加应用自由度的同时，对安全提出了更高的要求。

✍**知识链接**：威胁（Threat）是指可能对资产或组织造成损害的某种安全事件发生的潜在

原因；弱点（Vulnerability）也称漏洞，是指资产或组织中存在的可被威胁利用的缺点；风险（Risk）是指特定威胁利用资产弱点给资产或组织带来损害的可能性。

（1）开放性的网络导致网络的技术是全开放的，可以对网络通信协议和实现实施攻击，可以对软件实施攻击，也可以对硬件实施攻击。

（2）国际性的网络还意味着网络的攻击不仅仅来自本地网络的用户，它可能来自 Internet 的任何一个机器。也就是说，网络安全所面临的是一个国际化的挑战。

（3）自由性意味着网络对用户的使用并没有提出任何的技术约束，用户可以自由地访问网络，自由地使用和发布各种类型的信息。用户只对自己的行为负责，而没有任何的法律限制。

尽管 Internet 的发展给政府机构、企事业单位带来了革命性的改革，但如何保护机密信息不受黑客和间谍的入侵已成为其重要事情之一。一般认为，目前网络存在的威胁主要表现在以下几个方面：

1）非授权访问：指没有预先经过同意就使用网络或计算机资源，如有意避开系统访问控制机制，对网络设备及资源进行非正常使用或擅自扩大权限、越权访问信息等。它主要有以下几种形式：假冒、身份攻击、非法用户进入网络系统进行违法操作、合法用户以未授权方式进行操作等。

2）信息泄漏或丢失：指敏感数据在有意或无意中被泄漏出去或丢失。它通常包括信息在传输中丢失或泄漏（如“黑客”们利用网络监听、电磁泄漏或搭线窃听等方式可截获机密信息，如用户口令、账号等重要信息，或通过对信息流向、流量、通信频度和长度等参数的分析，推测出有用信息）、信息在存储介质中丢失或泄漏、通过建立隐蔽隧道等窃取敏感信息等。

3）破坏数据完整性：指以非法手段窃得对数据的使用权，删除、修改、插入或重发某些重要信息，以取得有益于攻击者的响应；恶意添加、修改数据，以干扰用户的正常使用。

4）拒绝服务攻击：指不断对网络服务系统进行干扰，改变其正常的作业流程，执行无关程序，使系统响应减慢甚至瘫痪，影响正常用户的使用，甚至使合法用户被排斥而不能进入计算机网络系统或不能得到相应的服务。

5）利用网络传播病毒，指通过网络传播计算机病毒，其破坏性大大高于单机系统，而且用户很难防范。

✍**知识链接：**病毒（Virus）是附着于程序或文件中的一段计算机代码，可在计算机之间传播。蠕虫（Worm）也是从一台计算机复制到另一台计算机，但它自动进行。木马是指表面上是有用的软件，实际上却是危害计算机安全并导致严重破坏的程序，防范病毒、蠕虫、木马的主要措施是安装防病毒软件，并及时更新病毒库。

4. 网络安全的策略

安全策略是指在某个特定的环境下，为保证提供一定级别的安全保护所必须遵守的规则。安全策略模型包括建立安全环境的三个重要组成部分，即：威严的法律、先进的技术、严格的管理。

（1）威严的法律：安全的基石是社会法律、法规与手段，这部分用于建立一套安全管理标准和方法，即通过建立与信息安全相关的法律、法规，使非法分子慑于法律，不敢轻举妄动。

（2）先进的技术：先进的安全技术是信息安全的根本保障，用户对自身面临的威胁进行风险评估，决定其需要的安全服务种类，选择相应的安全机制，然后集成先进的安全技术。

（3）严格的管理：各网络使用机构、企业和单位应建立适宜的信息安全管理办法，加强内部管理，建立审计和跟踪体系，提高整体信息安全意识。

5. 网络安全体系结构

ISO 在 OSI/RM 的基础上，于 1989 年制定了在 OSI 环境下解决网络安全的规则：安全体系结构，如图 7-2 所示。它扩充了基本参考模型，加入了安全问题的各个方面，为开放系统的安全通信提供了功能性及一致性的途径。

OSI 安全体系包含七个层次：物理层、数据链路层、网络层、传输层、会话层、表示层、应用层。在各层之间进行的安全机制有：加密技术是确保信息安全的核心技术，安全技术是对信息系统进行安全检查和防护的主要手段；安全协议本质上是关于某种应用的一系列规定，通信各方只有共同遵守协议，才能安全地相互操作。

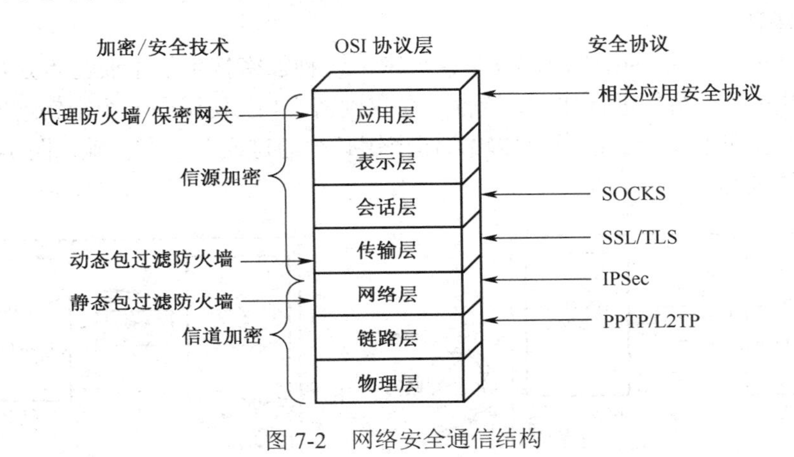

图 7-2　网络安全通信结构

6. 网络的安全机制

网络安全机制是网络安全策略的实施手段。一个完整的网络安全系统应该包括安全策略、用户认证、访问控制、加密、安全管理和审计等方面。就网络信息安全机制来说，常见的技术包括加密、认证和数字签名等。

知识链接： 网络安全的本质目的就是保护网络信息的保密性、完整性和可用性（称为网络安全目标）；网络安全服务是指计算机网络提供的安全防护措施；网络安全机制是指用于实现安全服务的手段。它们之间的关系是网络通过各种安全服务实现网络安全目标，安全机制是实现安全服务的保证。

（1）加密技术。

加密技术是一个过程，它使有意义的信息表现出没有意义。一个加密算法就是一系列规则或者过程，用于将“明文（Plaintext，P）”（原始信息）加密成“密文（Ciphertext，C）”（混乱的信息），算法对明文使用密钥（Key，K），尽管算法相同，不同的密钥将产生不同的密文。没有加密算法的密钥，密文将保持在混乱状态，不能转换回明文。数据的加密（Encryption，E）、解密（Decryption，D）过程如图 7-3 所示。

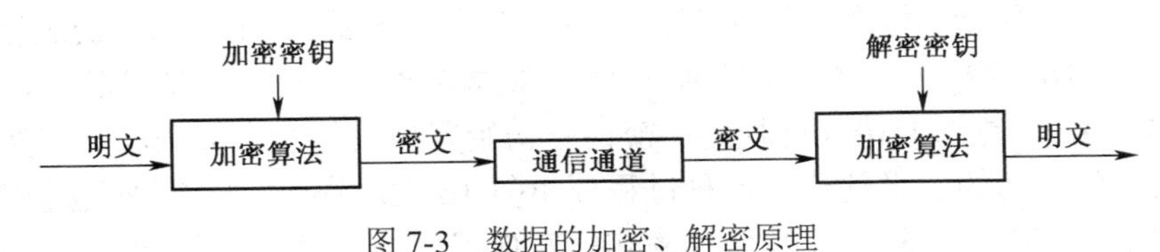

图 7-3　数据的加密、解密原理

在加密技术的实施中，对于算法和密钥，人们重点放在保证秘密的密钥上。想要长期保护加密算法的秘密很难，因为，硬件加密设备可以被进行反向设计，软件加密代码可以被反汇编，此外，开发有效的加密算法也是困难的。实际上，人们总是假设加密算法是公开的，只有密钥是必须要保密的。

（2）密码技术的分类。

衡量一个加密技术的可靠性，主要取决于解密过程的难度，而这又取决于密钥的长度和算法。密钥是用来对数据进行编码的一种算法。在安全保密中，可通过适当的密钥加密技术和管理机制，来保证网络的信息通信安全。按密钥方式划分，密码体制可以分为对称密码体制（Symmetric Cryptosystem）和非对称密码体制（Asymmetric Cryptosystem）。

1）对称密码体制。

对称密钥加密又称私有密钥加密或单钥加密。这种加密技术的主要特点是加密/解密密钥相同，发送方用密钥对明文进行加密，接收方在收到密文后，使用同一个密钥解密，实现容易，速度快。密文可以在不安全的信道上传输，但密钥必须通过安全信道传输。图 7-4 示意了私有密钥加、解密的过程。

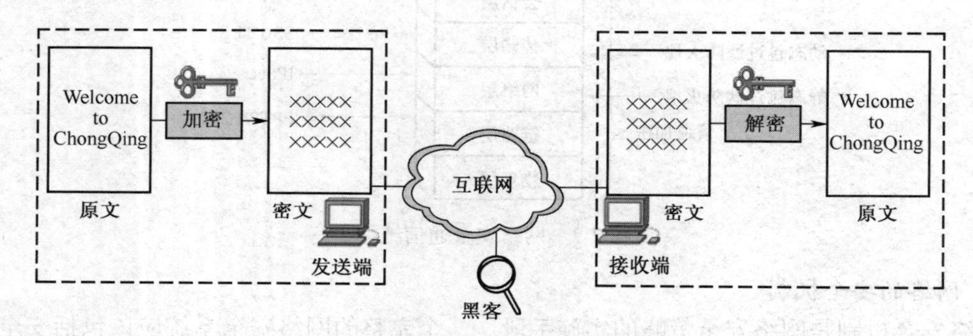

图 7-4　对称密钥的加密、解密原理

对称密钥加密技术的弊端有两点：一是密钥必须通过安全通道送达的代价大；二是当通信人数增加、密钥增多时，密钥的管理和分发变得十分困难。当 n 个人之间要进行两两通信时，共需要 n(n-1)/2 个密钥，在密钥的管理或传送人员中，如果有人把密钥泄露出去，就会失去保密的意义。

对称密钥加密技术中，比较典型的加密算法是数据加密标准（Data Encryption Standard，DES）算法。它是美国国家标准局于 1977 年公布的由 IBM 公司研制的加密算法，后来曾被国际标准化组织采纳为国际标准。

DES 的基本思想是将二进制序列的明文分成 64 位的分组，使用 64 位的密钥进行变换，每个 64 位的明文数据分组经过初始置换、16 次迭代和逆置换三个主要阶段，得到 64 位的密文。最后将各组密文串联得到整个密文。一个 64 位的分组的加密过程如图 7-5 所示。

DES 算法的初始置换过程为：输入 64 位明文，按初始置换规则将 64 位数据按位重组，并把输出分为左右两部分，每部分各为 32 位。在迭代前，先要对 64 位的密钥进行变换，密钥经过去掉其第 8、16、24、…、64 位减至 56 位，去掉的 8 位被视为奇偶校验位，所以实际密钥长度为 56 位。DES 算法的迭代过程为：密钥与初始置换后的右半部分结合，然后与左半部分结合，其结果作为新的右半部分。这种过程要重复 16 次。在最后一次迭代过程之后，所得的左右两部分不再交换，这种可能性使加密和解密使用同一算法。

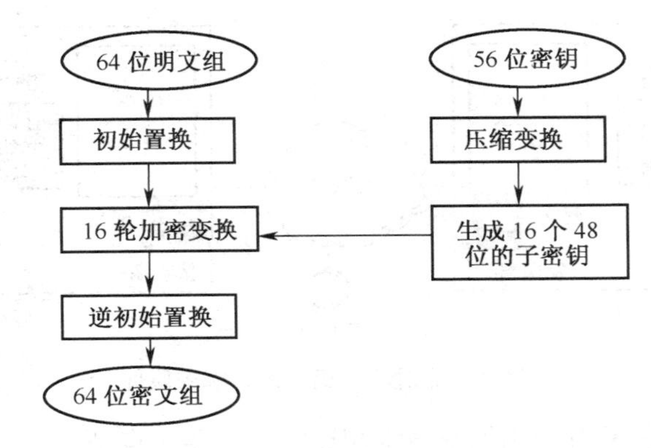

图 7-5　DES 加密过程

DES 算法的巧妙之处在于除了密钥输入顺序之外，其加密和解密的步骤完全相同，这使得在制作 DES 芯片时，易做到标准化和通用化，其加密、解密只是简单的比特位的处理，因此速度快，密钥生成容易。

DES 的算法是公开的，其安全性取决于对密钥的保密，因此必须使用传递密文以外的安全信道来传输密钥，所以，DES 算法不适合于在计算机网络中单独使用。此外，DES 算法的强壮性与密钥的长度相关，56 位的长度意味着共有 2^{56} 种可能的密钥，如果借助于网络计算，若每秒钟测试 5 亿个密钥，那么只需 4 小时就能把所有的密钥测试一遍。

虽然，DES 算法由于密钥太短和密钥分配困难而逐渐不再使用，但作为第一个公认的密码算法标准，对以后提出的许多加密算法有很大的影响。当然，研究者也针对 DES 算法密钥太短的缺点提出了三重 DES 算法，这种方法用两个密钥对明文进行三次 DES 加密，效果相当于将密钥的长度加倍。

除了 DES 外，比较著名的私有密钥加密算法还有瑞士学者提出的国际数据加密算法 IDEA（International Data Encryption Algorithm），日本的 RC4、RC5 等。

2）非对称密码体制。

非对称密钥加密技术，又称公开密钥加密技术，是和传统的对称密钥加密技术相对应的。在传统的加密方法中，加密解密使用相同的密钥，由发送者和接收者分别保存，在加密和解密时使用。通常，使用的加密算法比较简便高效且密钥较短。但采用这种方法的主要问题是在公开的环境中如何安全地传送和保管密钥。1976 年，Diffie 和 Hellman 为解决密钥的分发和管理问题，在“密码学的新方向”一文中，提出了一种新的密钥交换协议，允许在不安全的介质上通过通信双方交换信息，安全地传送密钥。在此思想的基础上，很快出现了公开密钥加密技术。

在该技术中，使用一个加密算法 E 和一个解密算法 D，它们彼此完全不同，并且解密算法不能从加密算法中推导出来。此算法必须满足下列 3 点要求：

①D 是 E 的逆，即 D[E(P)]=P。

②从 E 推导出 D 是极其困难的。

③对一段明文的分析，不可能破译出 E。

从上述要求可以看出，公开密钥加密技术中，加密密钥不等于解密密钥。加密密钥可对外公开，使任何用户都可以将传送给此用户的信息用公开密钥加密，而该用户唯一保存的私有密钥是保密的，使用私有密钥能将密文恢复为明文。图 7-6 为公开密钥加密方法的示意图。

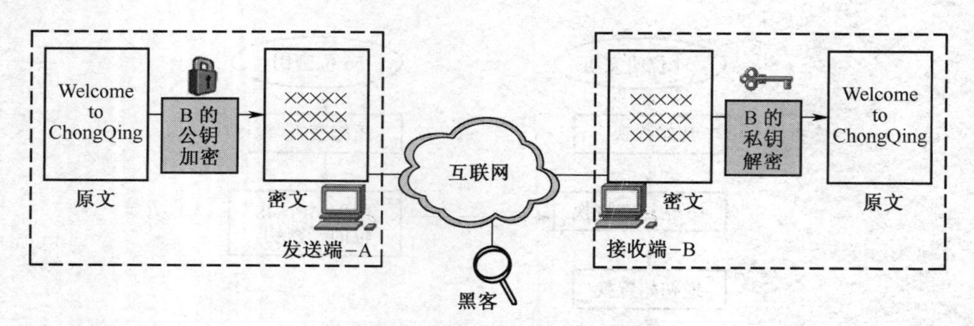

图 7-6 非对称密钥加密、解密原理

公开密钥加密技术与私有密钥加密技术相比，其主要优点是：

- 用户可以将加密的密钥，公开地分发给任何需要的其他用户，这解决了私有密钥加密技术中的“密钥分发”问题。
- 公开密钥加密技术能适应网络开放性的要求，是一种适合于计算机网络的安全加密方法。
- 公开密钥加密技术应用范围广泛，不再局限于数据加密，还可以用于身份鉴别、权限区分和数字签名等各种领域。公开密钥加密技术的主要缺点是：算法复杂，加密数据的速率较低。

因此，也就得到了非对称加密算法的两个主要用途：

- 发送保密信息。发送者用接收者的公钥加密，接收者用自己的私钥解密。由于别人不知道接收者的私钥，无法窃取信息。
- 确认发送者的身份。发送者用自己的私钥加密，接收者用发送者的公钥解密。由于别人不知道发送者的私钥，无法发出能用其公钥解开的信息，因此发送者无法抵赖。

在所有的公开密钥加密算法中，RSA 算法是理论上最成熟、完善，使用最为广泛的一种。RSA 算法由美国麻省理工学院的 R.Rivest、A.Shamir 和 L.Adleman 三位教授于 1978 年提出，RSA 就取自三位教授姓氏的第一个字母。该算法的数学基础是初等数论中的 Euler（欧拉）定理，其安全性建立在大整数因子分解的困难性之上。即寻找两个素数，相乘产生一个合数是比较容易的，但是要把一个合数分解为两个素数却极其困难。

最常用的公开密钥加密算法除 RSA 外，还有 Hash 函数和 Diffie-Hellman 算法等。

知识链接：任何加密方法的安全性取决于密钥的长度，以及攻破密钥所需要的计算量。公钥加密算法的开销比较大。另外，公钥的密钥分配还需要密钥分配协议。所以，不能简单说传统的对称密码体制不如公钥密码体制好。

3）两种特殊用途的“加密”算法。

①Hash 算法。

Hash 信息认证码（Hash Message Authentication Codes，HMAC）验证接收消息和发送消息的完全一致性（完整性）。这在数据交换中非常关键，尤其当传输介质如公共网络中不提供安全保证时更显其重要性。

HMAC 结合 Hash 算法和共享密钥提供完整性。Hash 算法通常也被当成是数字签名（Digital Signature），但这种说法不够准确，两者的区别在于：Hash 算法使用共享密钥，而数字签名基于公钥技术。Hash 算法也称为单向转换，称它为单向转换是因为：双方必须在发送数据前各自执行 Hash 算法计算；使用 Hash 算法很容易从消息计算出报文摘要，但其逆向过程以目前计算机的运算能力几乎不可实现。

- 报文摘要（Message Digest）。

报文摘要采用单向 Hash 函数对信息进行某种变换运算得到固定长度的摘要，并在传输信息时将之加入文件一同送给接收方；接收方收到文件后，用相同的方法进行变换运算得到另一个摘要；然后将自己运算得到的摘要与发送过来的摘要进行比较，如果一致说明数据原文没有被修改过是完整的。这种方法可以验证数据的完整性。报文摘要的工作原理如图 7-7 所示。

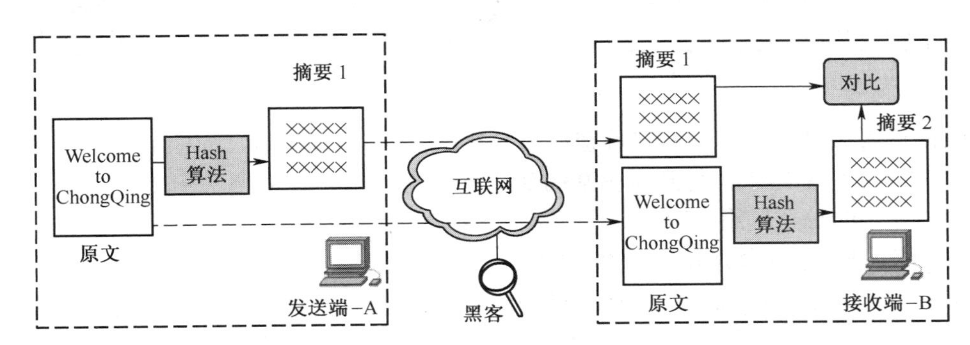

图 7-7 报文摘要的工作原理

发送方首先使用 HMAC 算法和共享密钥计算出报文摘要，然后将计算结果 A 封装进数据包中一起发送；接收方再对所接收的消息执行 HMAC 计算得出结果 B，并将 B 与 A 进行比较。如果消息在传输中遭篡改致使 B 与 A 不一致，接收方丢弃该数据包。

- 两种最常用的 Hash 函数。

MD5：MD5（报文摘要 5）基于 RFC1321。MD5 对 MD4 做了改进，计算速度比 MD4 稍慢，但安全性能得到了进一步改善。MD5 在计算中使用了 64 个 32 位常数，最终生成一个 128 位的报文摘要。

SHA：安全 Hash 算法（Secure Hash Algorithm）定义在 NIST FIPS 180-1，其算法以 MD5 为原型。SHA 在计算中使用了 79 个 32 位常数，最终产生一个 160 位的报文摘要。SHA 校验和长度比 MD5 更长，因此安全性也更高。

②Diffie-Hellman 算法。

Diffie-Hellman（DH）算法是用于密钥交换的最早最安全的算法之一。DH 算法的基本工作原理是：通信双方公开或半公开交换一些准备用来生成密钥的“材料数据”，在彼此交换过密钥生成“材料”后，两端可以各自生成完全一样的共享密钥。在任何时候，双方都绝不交换真正的密钥。

通信双方交换的密钥生成“材料”，长度不等，“材料”长度越长，所生成的密钥强度也就越高，密钥破译就越困难。

前面关于对称密码技术和非对称密码技术的讨论表明：前者具有加密速度快、运行时占用资源少等特点，后者可以用于密钥交换，使得密钥管理更安全。一般来说，并不直接使用非对称加密算法加密明文，而仅用它保护实际加密明文的对称密钥，即所谓的数字信封（Digital Envelope）技术，其工作原理如图 7-8 所示。

A 向 B 发送保密信息，A 用一个随机生成的对称密钥 K 加密要发送给 B 的原文，生成密文。此时不能将密文和对称密钥 K 通过公共的网络发送出去，因为对称密钥 K 可能被外人截获。因此可以把对称密钥 K 用接收端 B 的公钥加密，把加密后的对称密钥 K 与密文一并发送到 B。

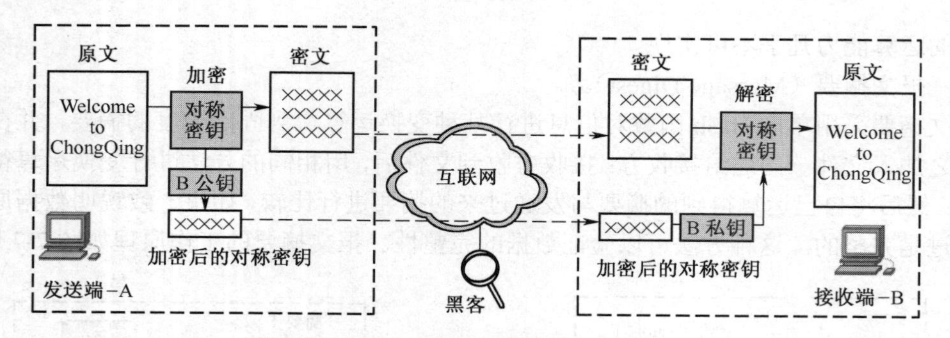

图 7-8　数字信封的工作原理

B 接收到 A 发送来的密文和对称密钥 K（用 B 的公钥加密了），首先 B 用自己的私钥把加密的对称密钥 K 解密出来，得到对称密钥 K，再用此对称密钥 K 解密密文。这样即实现了对称与非对称算法的综合运用。

（3）加密技术的典型应用——数字签名。

数字签名（Digital Signature）是指信息发送方使用公开密钥算法的主要技术，产生别人无法伪造的一段数字串。发送方用自己的私有密钥加密数据后，传给接收方。接收方用发送方的公钥解开数据后，就可确定数据来自于谁。同时，这也是对发送方发送信息真实性的一个证明，发送方对所发送的信息是不能抵赖的。

数字签名用来保证信息传输过程中信息的完整和提供信息发送者的身份认证。一个数字签名算法主要由两个算法组成，即签名算法和验证算法。其过程可描述为：甲首先使用他的秘密密钥对消息进行签名得到加密的文件，然后将文件发给乙，最后乙用甲的公钥验证甲的签名的合法性。这样的签名方法符合以下可靠性原则：

1）签名是可以被确认的。

2）签名是无法伪造的。

3）签名是无法重复使用的。

4）文件被签名后是无法被篡改的。

5）签名具有不可否认性。

6）数字签名既可用对称算法实现，也可用非对称算法实现，还可以用报文摘要算法实现。

（4）认证。

认证（Authentication）又称鉴别，它是证实某个人或某事物是否名副其实或者有效的一个过程。认证是防止主动攻击的重要技术。认证系统的信息理论基础是 G.J.Simmons 于 20 世纪 80 年代建立的，这一理论将信息论用于研究认证系统的安全性和实际的安全性问题，指出了认证系统的性能极限以及认证码设计必须遵循的原则。

认证的主要目的有两个：其一是验证信息的发送者是真实的，而不是冒充的，此为实体认证，包括信源、信宿等的认证和识别；其二是验证信息的完整性，此为消息认证，验证数据在传输过程中没有被篡改、重放或延迟等。

认证和加密是信息安全的两个不同属性的重要方面。对数据来说：加密用以确保数据的机密性，以防止对手的被动攻击，如截取、窃听等；认证则确保数据的真实性，以阻止对手的主动攻击，如对数据篡改、重放、冒充等。

认证的方法有很多。例如，利用消息认证码（MAC）验证消息的完整性；利用通信字、物理密钥、个人认证码（PAC）、生物特征（声纹、指纹、视网膜扫描、DNA 信息）、卡（磁条卡、IC 卡、CPU 卡）及访问控制机制等认证用户身份，防止假冒和非法访问；利用时间变量作为初始化向量，通过在消息中插入时间变量、使用一次性口令等认证消息的时间性，防止重放等。不过，当今最佳的认证方式仍是数字签名。

认证技术是信息安全理论的一个重要研究方面，认证往往是应用系统中安全保护的第一道防线。作为安全系统中的第一道关卡，用户在访问安全系统之前首先经过身份认证系统识别身份，一旦身份认证系统被攻破，那么系统的所有安全措施将形同虚设。所以加强身份认证理论及其应用的研究是一个非常重要的课题。

（5）加密工具软件介绍。

PGP 全称 Pretty Good Privacy，作为信息安全传输领域加密软件，技术上采用了非对称的“公钥”和“私钥”加密体系。软件的主要使用对象为具有一定商业机密的企业、政府机构、信息安全工作者。PGP 最初的设计主要是用于邮件加密，如今已经发展到了可以加密整个硬盘、分区、文件、文件夹，以及集成进邮件软件进行邮件加密，甚至可以对 ICQ 的聊天信息实时加密。双方安装了 PGP，就可利用其 ICQ 加密组件在聊天的同时进行加密或解密，保证聊天信息不被窃取或监视。

7. 量子加密技术

量子加密技术在密码学上的应用分为两类：一是利用量子计算机对传统密码调制的分析；二是利用单光子的测量不准原理在光纤一级实现密钥管理和信息加密，即量子密码学。量子计算机是传统意义上的超大规模并行计算系统，利用量子计算机可以在几秒钟内分解 RSA 129 的公钥。根据 Internet 的发展，全光网络将是今后网络连接的发展方向，利用量子技术实现传统的密码体制，在光纤一级完成密钥交换和信息加密是建立在“海森堡测不准原理”及“单量子不可复制定理”上的。如果攻击者企图接收并检测信息发送方的信息（偏振），则将造成量子状态的改变，这种改变对攻击者而言是不可复制的，而对接收方则很容易检测出信息是否受到攻击。目前，量子加密技术仍处于研究阶段，实验中的量子密码的最大传输距离没有超过 100km，其量子密钥分配在光纤的有效距离还达不到远距离通信的要求。

7.1.3 任务实施

1. 任务实施条件

交换机 1 台，安装有 Windows XP 操作系统的计算机 2 台，直连网线至少 2 条，PGP 软件一套。在如图 7-9 所示的环境下进行分组实验，两个人一组，以 A 与 B 为例，A 与 B 分别将自己的公钥上传到由教师指定的 FTP 服务器中，以便双方互相获取到对方的公钥，即将对方的公钥导入到自己的系统中来。

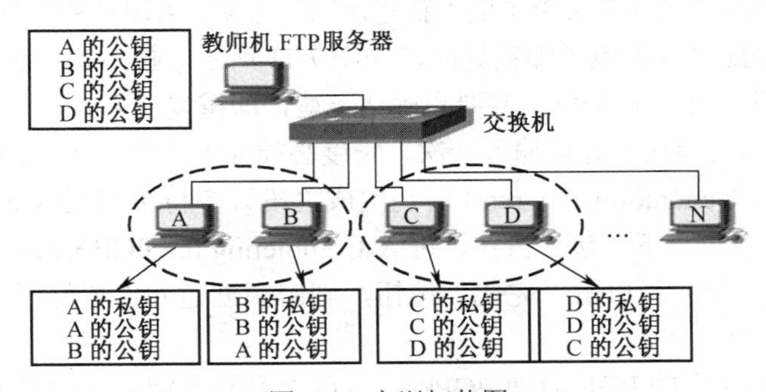

图 7-9　实训拓扑图

2. PGP8.1 的安装

软件的安装很简单，只是有几处需要解释一下，解压缩后，双击或运行安装程序后，进入安装界面，显示欢迎信息，单击 Next；出现许可协议，这里阅读后选择接受，即 Yes；进入提示安装 PGP 所需要的系统、以及软件配置情况的界面，建议阅读一下，特别是那条警告信息：Warning:Export of this software may be restricted by the U.S. Government（此软件的出口受美国政府的限制）。继续单击 Next 按钮，出现创建用户类型的界面，单击 Next 按钮。

3. PGP 的注册

PGP 安装完成后，重新启动，就会在托盘上出现一个金黄色的小锁，右键单击，选择 License，出现注册界面，选择 Manual，填入注册信息，如图 7-10 所示。

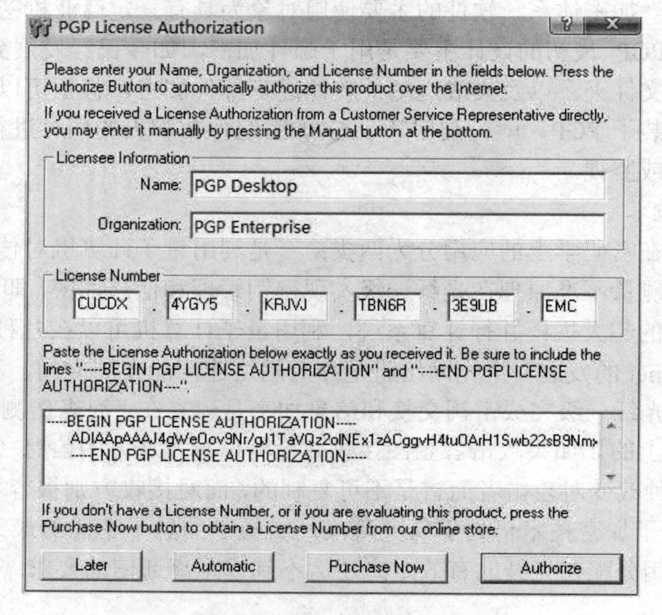

图 7-10 PGP 的注册界面

4. PGP 的汉化

执行 pgp81-cns-v2.exe，输入汉化密码，按提示一步步执行，重新启动计算机，就可以使用该软件了。

5. 生成密钥对

建立密钥之前，确保 Outlook 能收发电子邮件，此配置过程略。然后在托盘上单击 pgp，出现 PGPkeys 界面，选择“密钥”菜单中的“新建密钥”选项，出现密钥生成向导界面，单击“下一步”按钮，出现分配姓名和电子邮箱界面，如图 7-11 所示。接下来会提示要求输入用于保护私钥的密码，此密码不能少于 8 位，并要求确认一遍，即重复一遍。在 Passphrase 处输入需要的密码，Confirmation（确认）处再输入一次，长度必须大于 8 位，建议为 12 位以上。

接下来进入 Key Generation Progress（密钥生成阶段），等待主密钥（Key）和次密钥（Subkey）生成完毕（Done）。单击“下一步”按钮，进入 Completing the PGP Key Generation Wizard（完成该 PGP 密钥生成向导）再单击“完成”按钮，则密钥创建并设置好了。

6. 密钥查看

通过“开始”菜单中的 PGP 启动 PGPkeys，可以看到密钥的一些基本信息，如：Validity

（有效性，PGP 系统检查是否符合要求，如符合，就显示为绿色）、Trust（信任度）、Size（大小）、Description（描述）、Key ID（密钥 ID）、Creation（创建时间）、Expiration（到期时间）等。这些信息可以在菜单“View（查看）”中选择里面的全部选项，如图 7-12 所示。

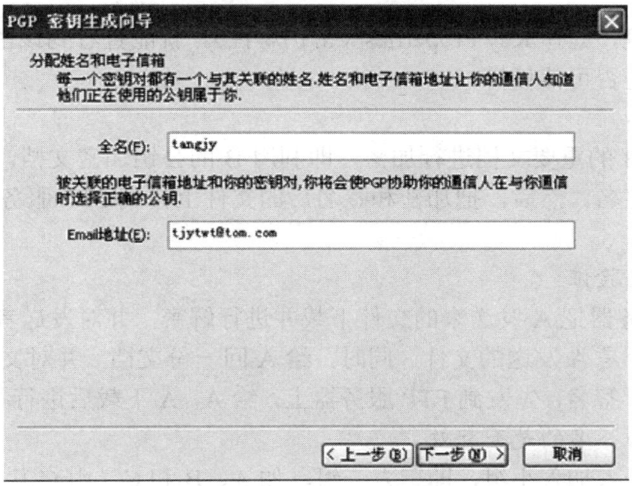

PGP 密钥生成向导
分配姓名和电子信箱
每一个密钥对都有一个与其关联的姓名.姓名和电子信箱地址让你的通信人知道他们正在使用的公钥属于你.
全名(F): tangjy
被关联的电子信箱地址和你的密钥对,你将会使PGP协助你的通信人在与你通信时选择正确的公钥.
Email地址(E): tjytwt@tom.com
< 上一步(B)
下一步(N) >
取消

图 7-11　PGP 密钥生成向导界面

PGPkeys
文件(F) 编辑(E) 查看(V) 密钥(K) 服务器(S) 用户组(G) 帮助(H)
密钥
有...
大小
描述
tangjy <tjytwt@tom.com>
2048/1024
DH/DSS key pair
tangjy <tjytwt@tom.com>
tangjy <tjytwt@tom.com>
DSS
1 个密钥已选择

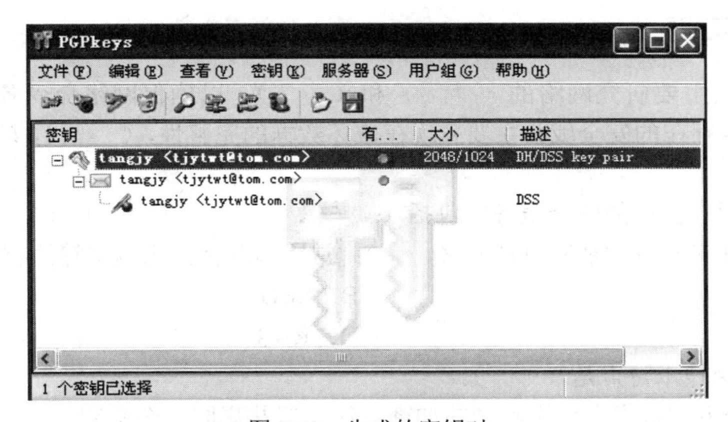

图 7-12　生成的密钥对

7. 重新创建密钥对

通过选择 PGP 程序窗口中的“密钥”菜单的“新建密钥”选项，则可以重新生成另外一对密钥。

8. 导出并发布自己的公钥

选中要导出密钥的用户，单击菜单“密钥”→“导出”命令，在出现的保存对话框中，确认只选中了“包含 6.0 公钥”，然后选择一个目录，再单击“保存”按钮，即可导出你的公钥，扩展名为.asc。导出后，就可以将此公钥发布出去（如将公钥上传到 FTP 服务器中），发给通信的对方，有重要的邮件或者重要文件要发的时候，通过 PGP 使用此公钥加密后再发回来，这样就能防止被窃取隐私或者商业机密，即使获得了，也无法解密出内容是什么。

9. 导入并设置其他人的公钥

可以从网上（如 FTP 服务器）获取对方的公钥，进行导入公钥：直接单击对方发来的扩展名为.asc 的公钥，将会出现选择公钥的窗口，在这里能看到该公钥的基本属性，如有效性、创建时间，信任度等，便于了解是否应该导入此公钥。选择要导入用户，单击“导入”按钮，即可导入进 PGP。设置公钥属性：接下来打开 PGPkeys，就能在密钥列表里看到刚才导入的密钥。

选中后单击右键，选择 Key Properties（密钥属性），就能查看到该密钥的全部信息，如是否是有效的密钥、是否可信任等。

10．加密与签名

A 把要发送给 B 的重要文档进行加密，即利用 B 的公钥加密文档，并进行签名，即利用 A 自己的私钥进行签名。然后，把加密和签名后的文件上传到 FTP 服务器上，并通知 B 进行下载解密。

11．实施解密与验证

B 通过 FTP 服务器把 A 发送来的文件下载并进行解密，并对发送者的身份进行确认，即通过签名验证，是否是 A 发送的文件。同时，给 A 回一份文档，并对文档用 A 的公钥进行加密，用 B 的私钥进行签名，先发到 FTP 服务器上，给 A，A 下载后进行与 B 类似的解密过程。

12．检查加密与签名的是否有效

此时可以再找一人加入小组，即三人一组，如 A、B 和 C。由 C 从 FTP 服务器把 A 用 B 公钥加密并用 A 私钥签名的文档下载到 C 主机上，并检查是否可以打开并查看里面的内容。

7.1.4 课后习题

1．网络安全主要研究网络的（　　）和（　　），以确保网络免受各种威胁和攻击。

2．目前网络存在的安全威胁主要表现在破坏数据的完整性，（　　），（　　），利用网络传播病毒。

3．网络为用户提供的安全服务应包括（　　）、（　　）、（　　）、（　　）、（　　）。

4．常用的非对称密钥加密算法有（　　）；常用的对称密钥加密算法有（　　）。

A．DES　　B．SED
C．RSA　　D．RAS

5．RSA 加密技术特点是（　　）。

A．加密方和解密方使用不同的加密算法，但共享同一个密钥
B．加密方和解密方使用相同的加密算法，但使用不同的密钥
C．加密方和解密方不但使用相同的加密算法，而且共享同一个密钥
D．加密方和解密方不但使用不同的加密算法，而且使用不同的密钥

6．数字签名是数据的接收者用来证实数据的发送者身份确实无误的一种方法，目前进行数字签名最常用的技术是（　　）。

A．秘密密钥加密技术　　B．公开密钥加密技术
C．以上两者都是　　D．以上两者都不是

7．身份认证又叫身份识别，它是通信和数据系统正确识别通信用户或终端的个人身份的主要途径，以下（　　）不是身份认证的基本方法。

A．智能卡认证
B．指纹识别和虹膜识别的生物识别方式
C．图章认证

D．利用用户口令、密钥、身份等进行身份认证

8．对称密码体制与非对称密码体制的特点是什么？各有什么优缺点？

9．经常使用的网络安全措施有哪几种？请最少举出 4 种并分别说明。

任务 2　实施网络访问控制策略

7.2.1　任务目的及要求

通过本任务让读者掌握防火墙的基本概念，了解防火墙的优点与不足，掌握防火墙常见的两种技术和体系结构，能够根据企业的实际需求部署防火墙，并针对网络安全问题，对防火墙实施有效的管理。

7.2.2　知识准备

本任务知识点的组织与结构，如图 7-13 所示。

防火墙的概念
防火墙的不足
防火墙的分类
防火墙的体系结构

图 7-13　任务 2 知识点结构示意图

读者在学习本部分内容的时候，请认真领会并思考以下问题：

（1）一种新的防火墙叫做云防火墙，它的安全性体现在什么地方？

（2）简述防火墙的分类及采用的主要技术是什么？

（3）正确配置防火墙，是否完全能够保证网络安全？

（4）防火墙的基本结构是什么？如何起到“防火墙”的作用？

1．防火墙的概念

“防火墙”（Firewall）本意是指为了防止火灾把土木结构的房屋烧毁，在房子周围砌起作为隔离带的一道石墙。如今，这个名词被借用到网络安全中，用来形象地比喻网络安全和保护，如图 7-14 所示。严格地说来，防火墙是一种概念，可以从以下三个层次来理解防火墙的概念。

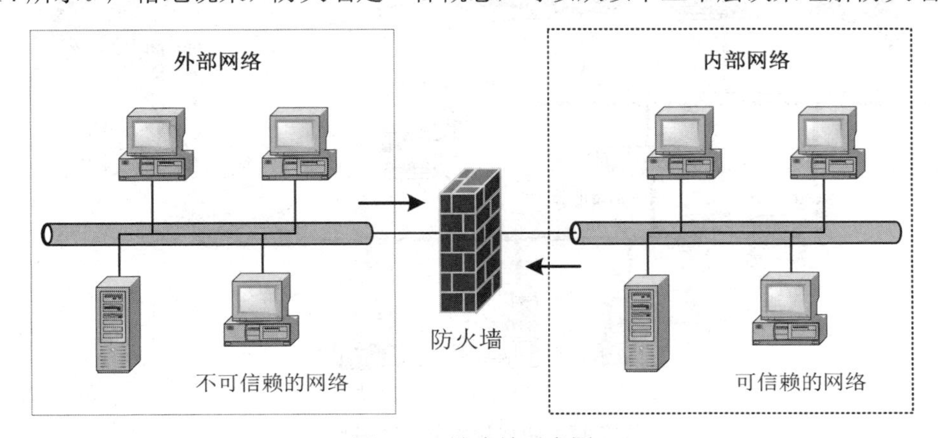

图 7-14　防火墙示意图

首先，“防火墙”是一种安全策略，它是一类防范措施的总称。事实上，有些人把凡是能保护内部网络不受外部侵犯而采取的应对措施都称作是防火墙。

其次，防火墙是一种访问控制技术，用于加强两个网络或多个网络之间的访问控制。防火墙在需要保护的内部网络与有攻击性的外部网络之间设置一道隔离墙，监测并过滤所有从外部网络传来的信息和通向外部网络的信息，保护网络内部敏感数据不被窃听和破坏。防火墙一方面“阻止”信息的流通，另一方面又允许信息流通。这是一对矛盾，也正是防火墙的本质。一种好的防火墙技术应当是在确保防火墙安全或比较安全的前提下，屏蔽的信息都是应该屏蔽的信息，准入的信息都是应该准入的信息。防火墙技术是保护网络安全最主要的技术之一，但它是一种被动技术，因为它假设了网络边界和服务，对内部的非法访问难以有效地控制。因此，防火墙适合于相对独立的网络，例如 Intranet 等相对集中的网络。

最后，防火墙作为内部网络和外部网络之间的隔离设备，是由一组能够提供网络安全保障的硬件、软件构成的系统。一个防火墙系统可以是一个路由器、一台主机或主机群，放置在两个网络的边界上，也可能是一套纯软件产品，安装在主机或网关中。防火墙系统决定了外界的哪些人可以访问内部的服务，以及哪些外部服务可以被内部人员访问。要使一个防火墙系统有效，所有来自和去往外部网络的信息都必须经过防火墙，接受防火墙的检查。

2. 防火墙的不足

（1）不能防范恶意的知情者。

防火墙可以禁止系统用户经过网络连接发送专有的信息，如果入侵者已经在防火墙内部，防火墙是无能为力的。内部用户可能窃取数据，破坏硬件和软件，并且巧妙地修改程序而不接近防火墙。对于知情者的威胁只能要求加强内部管理，如主机的安全和用户教育等。

（2）不能防范不通过它的连接。

防火墙能够有效地防止通过它进行的信息传输，然而不能防止不通过它而进行传输的信息。例如，如果站点允许对防火墙后面的内部系统进行拨号访问，那么防火墙绝对没有办法阻止入侵者进行拨号入侵，如图 7-15 所示。

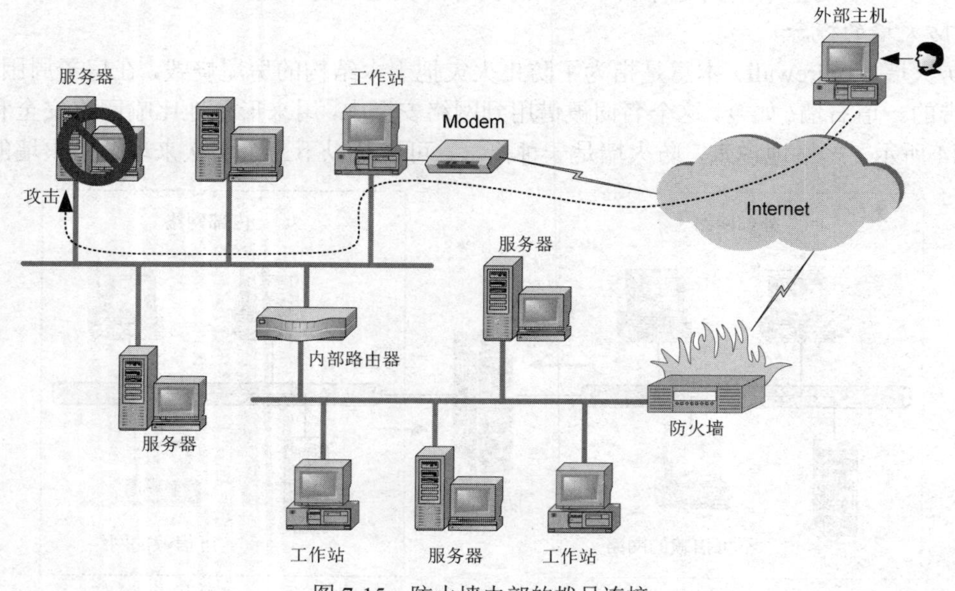

图 7-15　防火墙内部的拨号连接

（3）不能防备全部的威胁。

防火墙被用来防备已知的威胁，但没有一个防火墙能自动防御所有新的威胁。

（4）防火墙不能防范病毒。

防火墙不能消除网络上的 PC 机的病毒。当然，要想建立一个真正安全的计算机网络，仅使用防火墙是不够的，在实际的工程实践中，防火墙常常与其他安全措施，比如加密技术、防病毒技术等综合使用。

3. 防火墙的分类

按照通过防火墙数据的处理方法，大致可以将防火墙分为两大体系：包过滤（Packet Filtering）防火墙和应用代理（Application Proxy）防火墙（应用层网关防火墙）。前者以 CheckPoint 防火墙和 Cisco 公司的 PIX 防火墙为代表，后者以 NAI 公司的 Gauntlet 防火墙为代表。

（1）包过滤防火墙。

包过滤技术是一种基于网络层的防火墙技术，根据过滤规则，通过检查 IP 数据包来确定是否允许数据包通过，如图 7-16 所示。若过滤规则事先定义好，则称为静态包过滤防火墙，若过滤规则动态设置，则称为动态包过滤防火墙。

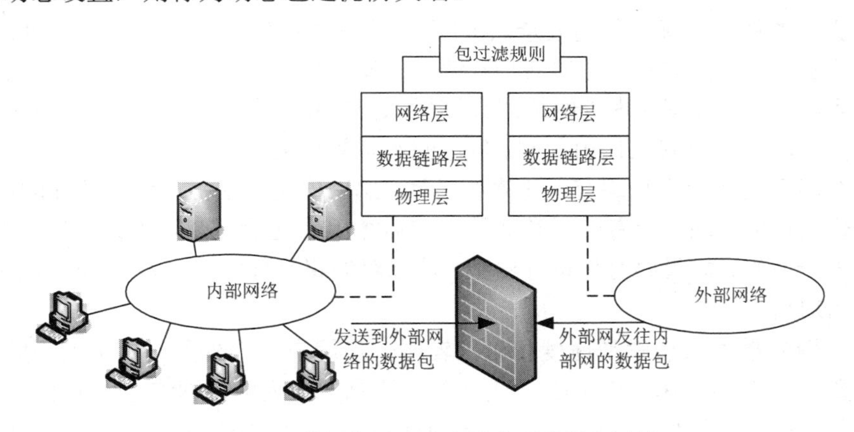

图 7-16 使用包过滤路由器实现数据包过滤

静态包过滤防火墙根据定义好的过滤规则审查每个数据包，以便确定其是否与某一条包过滤规则匹配。过滤规则基于数据包的包头信息进行制定。包头信息中包括 IP 源地址、IP 目标地址、传输协议（TCP、UDP 等）、TCP/UDP 目标端口、ICMP 消息类型等。包过滤类型的防火墙要遵循的一条基本原则是“最小特权原则”，即明确允许那些管理员希望通过的数据包，禁止其他的数据包。适当的过滤规则可以让防火墙工作得更安全有效，但是这种技术只能根据预设的过滤规则进行判断，一旦出现一个落在规则之外的有害数据包请求，整个防火墙的保护就会失效。

动态包过滤防火墙采用动态设置包过滤规则的方法，避免了静态包过滤所具有的问题。这种技术后来发展成为包状态监测（Stateful Inspection）技术。采用这种技术的防火墙对通过其建立的每一个连接都进行跟踪，并且根据需要可动态地在过滤规则中增加或更新条目。

（2）代理防火墙。

代理防火墙也叫应用层网关（Application Gateway）防火墙。这种防火墙通过一种代理（Proxy）技术参与到一个 TCP 连接的全过程。从内部发出的数据包经过这样的防火墙处理后，就好像是源于防火墙外部网卡一样，从而可以达到隐藏内部网结构的作用。这种类型的防火墙被网络安全专家和媒体公认为是最安全的防火墙，其核心技术就是代理服务器技术。

所谓代理服务器，是指代表客户处理连接请求的程序。当代理服务器得到一个客户的连接意图时，它们将核实客户请求，并经过特定的安全化的Proxy应用程序处理连接请求，将处理后的请求传递到真实的服务器上，然后接受服务器应答，并做进一步处理后，将答复交给发出请求的最终客户。代理服务器在外部网络向内部网络申请服务时发挥了中间转接的作用，如图7-17所示。

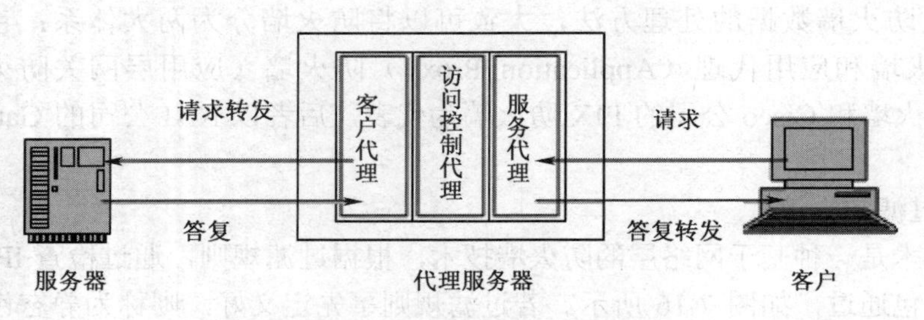

图7-17　代理防火墙工作原理

代理防火墙的最突出优点就是安全。由于每一个内外网络之间的连接都要通过Proxy的介入和转换，通过专门为特定的服务如HTTP编写的安全化的应用程序进行处理，然后由防火墙本身提交请求和应答，没有给内外网络的计算机以任何直接会话的机会，从而避免了入侵者使用数据驱动类型的攻击方式入侵内部网。包过滤类型的防火墙是很难彻底避免这一漏洞的。就像你要向一个陌生的重要人物递交一份声明一样，如果你先将这份声明交给你的律师，然后律师就会审查你的声明，确认没有什么负面的影响后才由他交给那个陌生人。在此期间，陌生人对你的存在一无所知，如果要对你进行侵犯，他面对的将是你的律师，而你的律师当然比你更加清楚该如何对付这种人。

代理防火墙的最大缺点就是速度相对比较慢，当用户对内外网络网关的吞吐量要求比较高时（比如要求达到75～100Mb/s时），代理防火墙就会成为内外网络之间的瓶颈。所幸的是，目前用户接入Internet的速度一般都远低于这个数字。在现实环境中，要考虑使用包过滤类型防火墙来满足速度要求的情况，大部分是高速网（ATM或千兆位以太网等）之间的防火墙。

自适应代理技术（Adaptive Proxy）是最近在商业应用防火墙中实现的一种革命性的技术。它可以结合代理防火墙的安全性和包过滤防火墙的高速度等优点，在毫不损失安全性的基础上将代理防火墙的性能提高10倍以上。组成这种类型防火墙的基本要素有两个：自适应代理服务器（Adaptive Proxy Server）与动态包过滤器（Dynamic Packet Filter）。

在自适应代理与动态包过滤器之间存在一个控制通道。在对防火墙进行配置时，用户仅仅将所需要的服务类型、安全级别等信息通过相应Proxy的管理界面进行设置就可以了。然后，自适应代理就可以根据用户的配置信息，决定是使用代理服务从应用层代理请求还是从网络层转发包。如果是后者，它将动态地通知包过滤器增减过滤规则，满足用户对速度和安全性的双重要求。

包过滤防火墙和代理防火墙各有优缺点，总结如表7-1所示。因此在实际应用中，构筑防火墙的解决方案很少采用单一的技术，大多数防火墙都是将数据包过滤和代理服务器结合起来使用的。

表 7-1　包过滤防火墙与代理防火墙比较

类型	包过滤防火墙	代理防火墙
优点	性能开销小，处理速度快，价格较低	内置了专门为提高安全性而编制的 Proxy 应用程序，能够透彻地理解相关服务的命令；对来往的数据包进行安全化处理；不允许数据包通过防火墙，避免了数据驱动式攻击的发生
缺点	定义复杂，容易出现因配置不当带来的问题；允许数据包直接通过，容易造成数据驱动式的攻击；不能理解特定上下文的环境，相应控制只能在高层由代理服务和应用层网关来完成	速度较慢，不太适合于高速网络之间的应用

4. 防火墙的体系结构

包过滤技术和代理技术在实现上各自有各自的缺点。包过滤技术的缺点是审计功能差，过滤规则的设计存在矛盾关系，若过滤规则简单，安全性就差，若过滤规则复杂，管理就困难。代理技术的缺点是对于每一种应用服务都必须为其设置一个代理软件模块来进行安全控制，而每一种网络应用服务的安全问题各不相同，分析和实现比较困难。出于对更高安全性的要求，通常的防火墙系统是解决不同问题的多种技术的有机组合。例如，把基于包过滤的方法与基于应用代理的方法结合起来，就形成了复合型防火墙产品。目前常见的配置有以下几种：

（1）屏蔽路由器（Screening Router）。

屏蔽路由器是防火墙最基本的构件，是最简单也是最常见的防火墙，屏蔽路由器作为内外连接的唯一通道，要求所有的数据包都必须在此通过检查，如图 7-18 所示。路由器上可以安装基于 IP 层的数据包过滤软件，实现数据包过滤功能。许多路由器本身带有数据包过滤配置选项，但一般比较简单。这种配置的优点是：容易实现、费用少，并且对用户的要求较低，使用方便。其缺点是日志记录能力不强，规则表庞大、复杂，整个系统依靠单一的部件来进行保护，一旦被攻击，系统管理员很难确定系统是否正在被入侵或已经被入侵了。

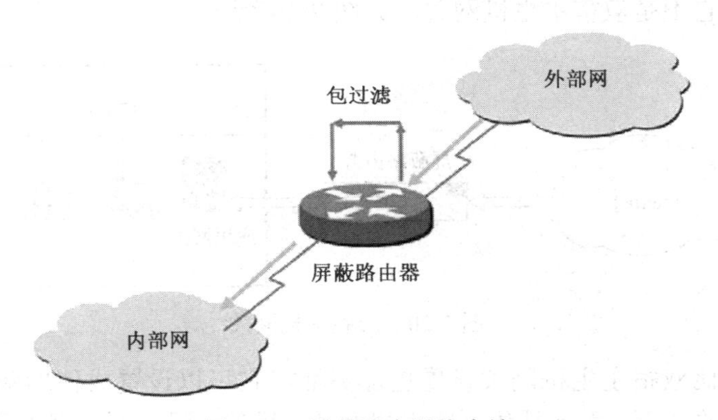

图 7-18　屏蔽路由器防火墙

（2）双宿主主机网关（Dual Homed Gateway）。

双宿主主机是一台安装有两块网卡的计算机，每块网卡有各自的 IP 地址，并分别与受保护内网和外部网相连。如果外部网络上的计算机想与内部网络上的计算机进行通信，它就必须与双宿主主机上与外部网络相连的 IP 地址联系，代理服务器软件再通过另一块网卡与内部网络相连接。也就是说，外部网络与内部网络不能直接通信，它们之间的通信必须经过双宿主主机的过滤和控制，如图 7-19 所示。

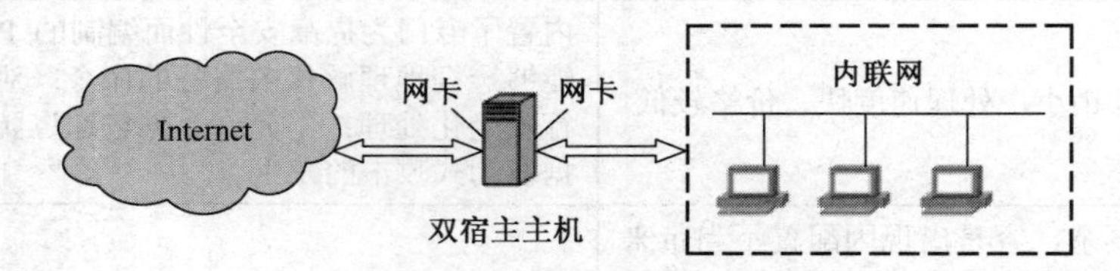

图 7-19　双宿主模式防火墙

这种配置是用双宿主主机做防火墙，两块网卡各自在主机上运行防火墙软件，可以转发应用程序、提供服务等。应该指出的是，在建立双宿主主机时，应该关闭操作系统的路由功能，否则从一块网卡到另一块网卡的通信会绕过代理服务器软件，而使双宿主主机网关失去“防火”的作用。

这种配置的优点在于：网关可将受保护的网络与外界完全隔离，代理服务器可提供日志，有助于网络管理员确认哪些主机可能已被入侵。同时，由于它本身是一台主机，所以可用于诸如身份验证服务器及代理服务器，使其具有多种功能。它的缺点是：双宿主主机的每项服务必须使用专门设计的代理服务器，即使较新的代理服务器能处理几种服务，也不能同时进行；另外，一旦双宿主主机受到攻击，并使其只具有路由功能，那么任何网上用户都可以随便访问内部网络了，这将严重损害网络的安全性。

（3）屏蔽主机网关（Screened Host Gateway）。

屏蔽主机网关由屏蔽路由器和应用网关组成，屏蔽路由器的作用是包过滤，应用网关的作用是代理服务。这样，在内部网络和外部网络之间建立了两道安全屏障，既实现了网络层安全，又实现了应用层安全。来自外部网络的所有通信都会连接到屏蔽路由器，它根据所设置的规则过滤这些通信。在多数情况下，与应用网关之外的机器的通信都会被拒绝。网关的代理服务器软件用自己的规则，将被允许的通信传送到受保护的网络上。在这种情况下，应用网关只有一块网卡，因此它不是双宿主主机网关，如图 7-20 所示。

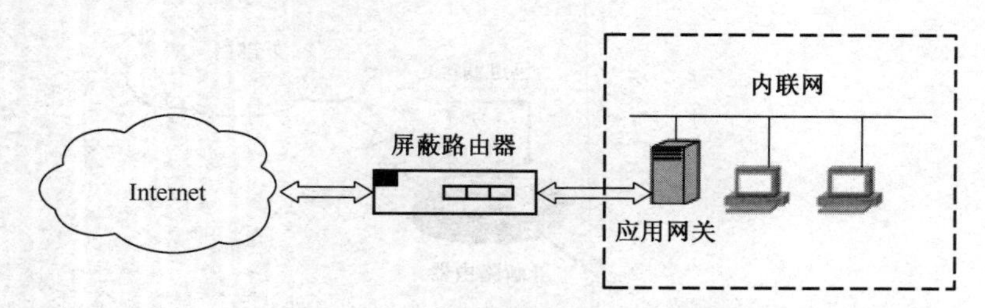

图 7-20　屏蔽主机网关

屏蔽主机网关比双宿主主机网关设置更加灵活，它可以设置成使屏蔽路由器将某些通信直接传到内部网络的站点，而不是传到应用层网关。另外，屏蔽主机网关具有双重保护，安全性更高。它的缺点主要是，由于要求对两个部件配置，使它们能协同工作，所以屏蔽主机网关的配置工作较复杂。另外，如果攻击者成功入侵了应用网关或屏蔽路由器，则内部网络的主机将失去任何的安全保护，整个网络将对攻击者敞开。

（4）屏蔽子网（Screened Subnet）。

屏蔽子网系统结构是在屏蔽主机网关的基础上再添加一个屏蔽路由器，两个路由器放在子网的两端，三者形成了一个被称为“非军事区（Demilitarized Zone，DMZ）”的子网，如图7-21所示。

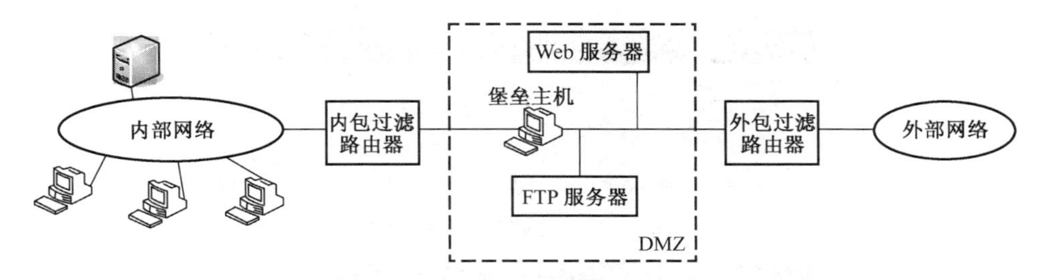

图 7-21　屏蔽子网网关

这种方法在内部网络和外部网络之间建立了一个被隔离的子网。用两台屏蔽路由器将这一子网分别与内部网络和外部网络分开。内部网络和外部网络均可访问被屏蔽子网，但禁止它们穿过被屏蔽子网通信。外部屏蔽路由器和应用网关与在屏蔽主机网关中的功能相同，内部屏蔽路由器在应用网关和受保护网络之间提供附加保护。为了入侵用这种体系结构构筑的内部网络，攻击者必须通过两个路由器。即使攻击者成功侵入了应用网关，他仍将面对内部路由器，这就消除了内部网络的单一入侵点。在屏蔽子网防火墙系统结构中，应用网关和屏蔽路由器共同构成了整个防火墙的安全基础。

屏蔽子网防火墙系统结构的不足是，它要求的设备和软件模块是上述几种防火墙系统结构中最多的，其配置也相当复杂和昂贵。

7.2.3　任务实施

1. 任务实施条件

1 台安装 Windows Server 2003 操作系统的计算机作为服务器，IP 地址为 192.168.16.102，开放文件共享服务，建有 Web 站点和 FTP 站点，用于测试和验证；1 台装有 Windows 2000/XP 的计算机作为客户机，IP 地址为 192.168.16.101，装有 Skynet_FireWall 软件当作防火墙，局域网连通，并接入 Internet。

2. 天网防火墙安装

启动下载的安装程序，进入安装界面，在欢迎界面中选中“接受许可协议”；单击“下一步”按钮，选择安装目录，然后一直单击“下一步”按钮，在开始安装页取消“安装雅虎助手”；单击“下一步”按钮，开始安装；在安装即将完成时会弹出天网防火墙设置向导，单击“下一步”按钮设置安全级别；这里选择中等级别，然后单击“下一步”按钮进行局域网信息设置，这里设置开机自动启动程序，以及本地主机在局域网中的 IP 地址。

单击“下一步”按钮进行常用应用程序设置，这里会列出系统常用程序的信息，默认全部允许这些程序访问网络。单击“下一步”按钮完成设置向导。安装完毕后，提示重新启动计算机，单击“确定”按钮，重新启动计算机。

3. 天网防火墙主界面

在主界面可以看到天网防火墙的功能菜单、安全级别和当前网络状态，如图 7-22 所示。

4. 应用程序规则模块

单击左边的应用程序规则图标，在下方会弹出“应用程序访问规则权限设置”对话框，如图 7-23 所示。在“应用程序访问网络权限设置”旁边有相应的功能图标，如“增加规则”、

“导入规则”、“导出规则”等。在下方选中应用程序，可单击右边的“选项”按钮来设置该应用程序的规则，如果要丢弃对该应用程序设置的规则，可以单击“删除”按钮来删除。

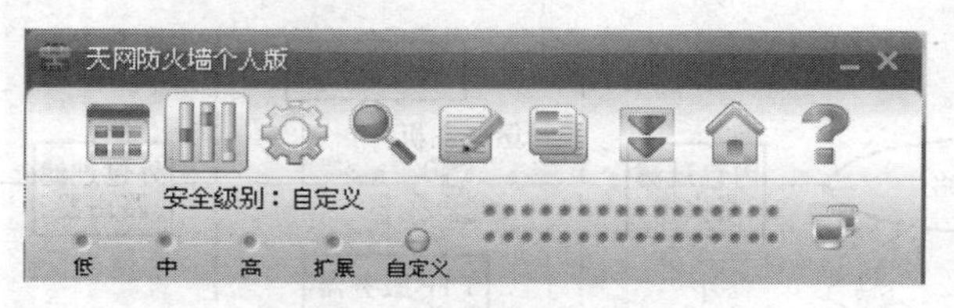

图 7-22　天网防火墙主界面

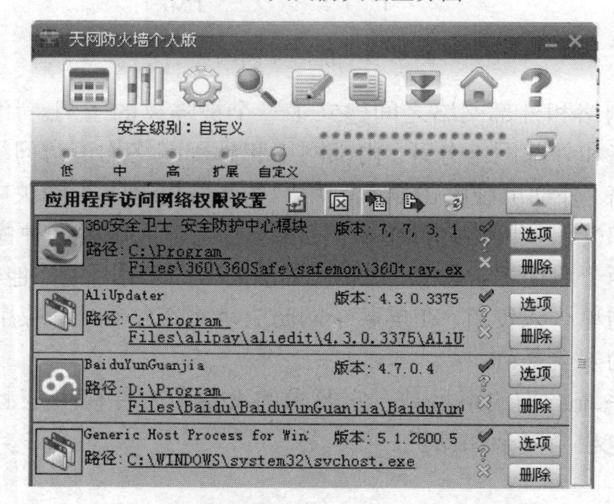

图 7-23　天网防火墙应用程序访问规则模块

单击“选项”按钮后会弹出应用程序规则高级设置框，用户可以根据自己的要求来进行规则设置，然后单击“确定”按钮，保存所设置的规则。

5. IP 规则管理模块

IP 规则管理模块提供用户根据自己的网络来增加或者删除 IP 规则。选择 IP 规则管理模块图标，在下方出现“自定义 IP 规则”面板，如图 7-24 所示。在面板中可以看到防火墙自身根据本地主机网络情况定义的一些 IP 规则，如“允许局域网的机器使用我的共享资源”。

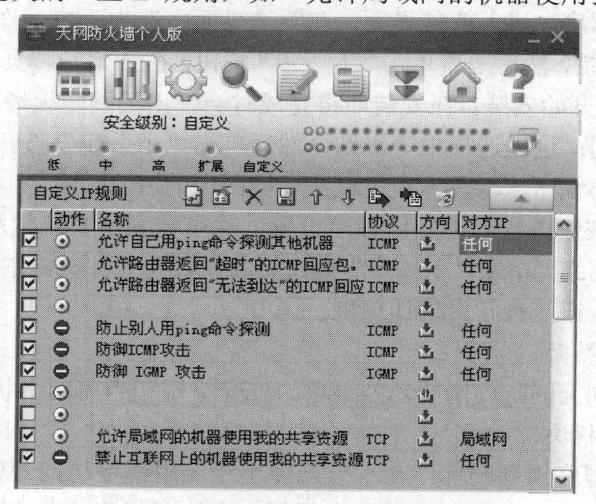

图 7-24　天网防火墙 IP 规则管理模块

单击“增加规则”图标，用户可以增加相应的 IP 规则，在弹出的增加 IP 规则设置框中输入相应的信息，然后单击“确定”按钮，规则即可添加完成。

6. 系统设置模块

系统设置模块是设置防火墙相应功能的一个模块，可以进行启动、IP 地址、在线升级、管理权限、入侵检测等功能的设置，如图 7-25 所示。各个选项卡都有对应的功能设置，可以根据自己的需要进行设置。

图 7-25　天网防火墙系统设置模块

7. 网络使用状况模块

网络使用状况模块监视当前网络中应用程序访问网络的状况。单击“当前系统中所有应用程序网络使用状况”图标，在下方会弹出应用程序网络状态的面板，如图 7-26 所示。

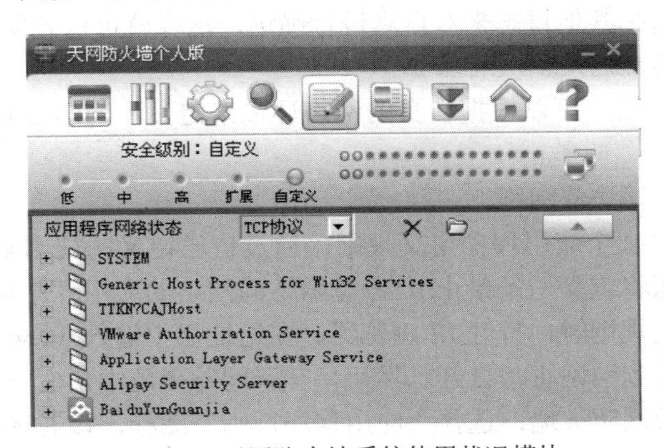

图 7-26　天网防火墙系统使用状况模块

在面板中可以查看当前应用程序的网络状况，访问网络的协议、监听的端口以及连接上数据包传输的状态。选择“TCP 协议”下拉列表框，可以选择不同协议的应用程序，比如 UDP，或者选择全部的协议。

8. 日志模块

日志模块是记录程序状况的一个模块。单击“日志模块”图标，在下方弹出日志面板。在面板中可以查看记录的日志信息，可以选择下拉框来筛选要查看的日志，其中可以选择的有系统日志、内网日志、外网日志。

9. 对防火墙的已有过滤规则进行验证

安装好天网防火墙后，程序默认定义了许多常用的IP规则。

（1）测试默认定义的“允许自己用ping命令探测其他机器”规则。

首先打开“开始”→“运行”，在“运行”对话框中输入cmd，然后在弹出的命令提示符中输入ipconfig来查看自己的IP，再用ping命令来探测192.168.16.101这台机器，实验中本地主机可以用ping命令来探测192.168.16.101这台机器。

禁用“允许自己用ping命令探测其他机器”这条规则，测试能否用ping命令探测192.168.16.102这台机器。这时，本地主机使用ping命令来探测192.168.16.102返回超时，也就是说本地主机已不能用ping来探测其他机器了。

（2）测试“允许DNS（域名解析）”规则。

在默认情况下，这条规则是生效的。打开“开始”→“运行”，在“运行”对话框中输入cmd，然后在弹出的命令提示符中输入Nslookup www.baidu.com来测试域名是否解析成功。

可以看到，域名成功被解析，返回IP地址为220.181.18.155。禁用天网防火墙中的“允许DNS（域名解析）”这条规则，再来测试域名解析是否成功。

可以看到，服务器返回了超时信息，域名无法被正常解析。

（3）防火墙日志处理。

在天网防火墙中，可以对日志进行设置与管理。这样可以通过日志来检查应用程序的运行情况。

在天网防火墙测试版中，日志大小默认为10M，而且是不可以更改的。在日志管理中可以设置自动保存日志以及自动保存的存储路径，默认程序是没有开启自动保存日志的，这样可以方便地查看日志信息。如果不想自动存储日志，用户可以在日志模块中查看。

在日志中，用户如果想保存日志以便以后查看，可以单击“保存”图标来保存日志；也可以在下拉列表框中选择其他日志来对日志进行筛选，这样就可以方便地对日志进行处理了。

10. 对防火墙编写过滤规则进行验证

在天网防火墙中，用户可以根据自身的网络环境来定义不同的规则，使网络更好地保护计算机。

（1）禁止IE浏览器访问网络。

天网防火墙可以对某个应用程序定义规则，通过自己定义的规则来确定某个应用程序是否可以访问网络。下面将定义一条禁止IE浏览器访问网络的应用程序规则。

首先，在没有定义规则时，打开IE浏览器，在地址栏中输入www.baidu.com来访问百度搜索网站，这时可以看到网站正常打开。然后，在天网防火墙中定义一条禁止IE访问网络的应用程序规则。打开天网防火墙，选择“应用程序规则”图标，接着选择“增加规则”，出现“增加应用程序规则”设置框。

单击右边的“浏览”按钮，选择将要定义规则的应用程序，这里选择IE浏览器的应用程序，然后将“该应用程序可以”下面的条件全部选中，在右边按默认选择“任何端口”，然后在“不符合上面条件时”选择“禁止操作”，如图 7-27 所示。然后单击“确定”按钮退出，这时，在应用程序规则面板上会多出一条规则，如图 7-28 所示。

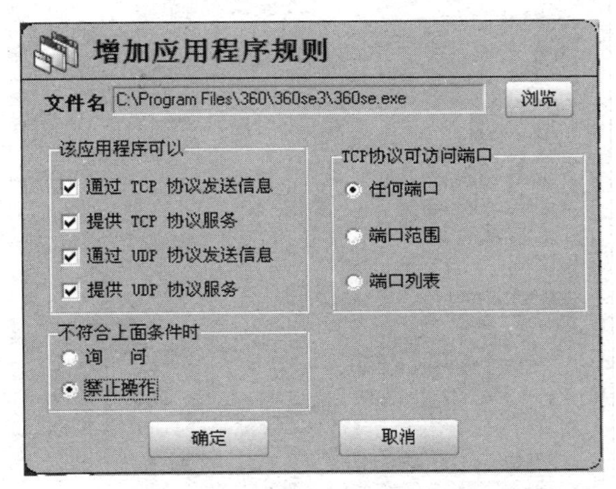

图 7-27　天网防火墙增加应用程序规则

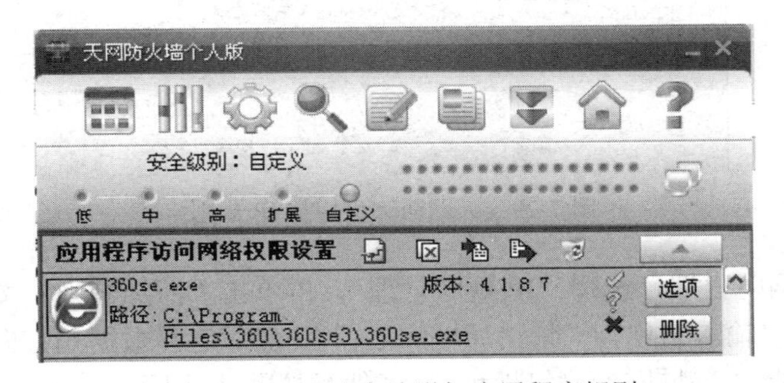

图 7-28　天网防火墙增加应用程序规则

定义完成后，打开 IE 浏览器，在地址栏中输入 www.baidu.com 来进行测试，结果网站打开失败，这时 IE 已经不能访问网络了。

（2）禁止访问 FTP。

在系统服务中，FTP 服务端口号为 21，当要连接一台 FTP 服务器时，FTP 客户端会连接到服务器的 21 号端口。要使用户禁止访问 FTP，只要拒绝来自外部网络中的 21 号端口的数据包就可以了。下面定义一条“禁止访问 FTP”的 IP 规则。

打开天网防火墙，选择“IP 规则管理”，然后选择“增加规则”，在出现的“增加 IP 规则”设置框中输入名称为“禁止访问 FTP”，选择数据包方向为“接收或发送”，再选择数据包协议类型为 TCP，在对方端口中输入 21，选择“当满足上面条件时”的操作为拦截，如图 7-29 所示。

然后单击“确定”按钮，再单击“保存”图标来保存规则。接下来打开命令提示符，输入 FTP://192.168.16.102 来测试是否能够访问。

因为防火墙成功地拦截了发送到对方 21 号端口的数据包，所以 FTP 会返回连接超时的信息。

（3）禁止局域网内通信。

天网防火墙不仅可以针对某个端口或者某个应用程序进行规则定义，而且可以对整个网段进行过滤。比如本地主机与整个局域网隔离开来，这样就可以通过天网防火墙来实现。

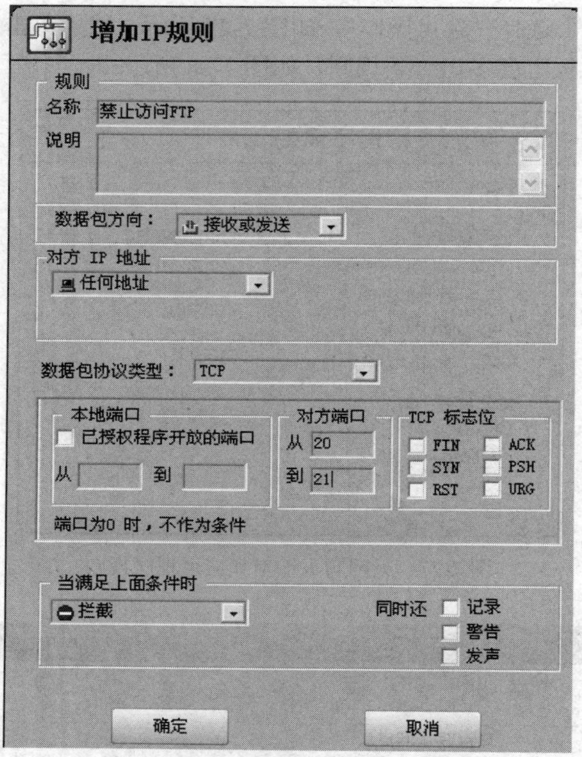

图 7-29　天网防火墙增加 IP 规则

首先，打开天网防火墙，选择“IP 规则管理”，再单击“添加规则”按钮，在弹出的“增加 IP 规则”设置框里输入名称为“禁止局域网通信”，然后选择数据包方向为“接收或发送”，在对方 IP 地址处选择“局域网的网络地址”，其他都按默认选择。

然后，单击“确定”按钮退出增加 IP 规则，再单击“保存”图标来保存规则。接下来在本地主机访问局域网中 IP 地址为 192.168.16.102 的 Web 站点，或者使用 ping 命令来测试是否可以连通 192.168.16.101，实验中如果不能访问 Web 站点或者 ping 命令不能成功地探测到 192.168.16.101 这台机器，说明局域网内的通信已经被防火墙完全地过滤了。

7.2.4　课后习题

1．为了保障（　　），防止外部网对内部网的侵犯，一般需要在内部网和外部公共网之间设置（　　）。

2．在企业内部网与外部网之间，用来检查网络请求分组是否合法，保护网络资源不被非法使用的技术是（　　）。

A．防病毒技术　　B．防火墙技术

C．差错控制技术　　D．流量控制技术

3．下列关于防火墙技术的说法不正确的一项是（　　）。

A．按防火墙的应用部署位置分为边界防火墙、个人防火墙和混合防火墙三大类

B．代理防火墙的最大缺点是速度比较慢，当用户内外部网络网关的吞吐量要求比较高时，代理防火墙就会成为内外部网络之间的瓶颈

C．包过滤防火墙工作在 OSI 网络参考模型的传输层和应用层，它根据数据包头源 IP 地址、目的 IP 地址、端口号和协议类型确定是否允许通过

D．防火墙的准则可以概括为以下之一：未说明许可的就是拒绝，未说明拒绝的均为许可

4．在组建 Intranet 时，为什么要设置防火墙？它具有什么优缺点？

5．防火墙分为哪几种，在保护网络的安全性方面，它们各起什么作用？

6．简要叙述包过滤型防火墙和代理防火墙各自的特点。

参考文献

[1] 唐继勇．计算机网络基础．北京：中国水利水电出版社，2010.
[2] 唐继勇．局域网组建技术教程．北京：中国水利水电出版社，2011.
[3] 唐继勇．无线网络组建项目教程．北京：中国水利水电出版社，2014.
[4] 唐继勇．网络安全系统集成．北京：中国水利水电出版社，2014.
[5] 谢希仁．计算机网络．5 版．北京：电子工业出版社，2008.
[6] 徐立新．计算机网络技术与应用．北京：机械工业出版社，2008.
[7] 杜煜．计算机网络基础．2 版．北京：人民邮电出版社，2009.
[8] 周舸．计算机网络技术基础．2 版．北京：人民邮电出版社，2008.
[9] 尚晓航．计算机网络技术教程．北京：人民邮电出版社，2008.
[10] 邢彦辰．计算机网络与通信．北京：人民邮电出版社，2008.
[11] 相万让．计算机网络应用基础．2 版．北京：人民邮电出版社，2008.
[12] 朱葛俊．计算机网络基础技术项目化教程．北京：中国电力出版社，2009.
[13] 肖建良．网络技术实验教程．北京：清华大学出版社，2009.